R과 함께하는
수치해석

오승교 지음

한나래 아카데미

R과 함께하는 수치해석

2019년 12월 20일 1판 1쇄 박음
2019년 12월 30일 1판 1쇄 펴냄

지은이 | 오승교
펴낸이 | 한기철

펴낸곳 | 한나래출판사
등록 | 1991. 2. 25. 제22–80호
주소 | 서울시 마포구 토정로 222, 한국출판콘텐츠센터 309호
전화 | 02) 738–5637 · 팩스 | 02) 363–5637 · e–mail | hannarae91@naver.com
www.hannarae.net

ISBN 978–89–5566–231–3 93310

* 이 도서의 국립중앙도서관 출판예정도서목록(CIP)은 서지정보유통지원시스템 홈페이지(http://seoji.nl.go.kr)와 국가자료종합목록 구축시스템(http://kolis-net.nl.go.kr)에서 이용하실 수 있습니다.(CIP제어번호: CIP2019049853)

최근 IT 분야 유망 직업군에 대한 대부분의 조사 결과에서 프로그램 언어 개발자는 최상위 그룹에 포함되어 있다. 여기서 4차산업혁명의 한 축을 형성하는 데이터 과학 분야로 범위를 좁히면 당연하게 R과 Python 개발자가 언급된다.

그동안 자연과학, 의학 및 공학 분야에서는 수치해석 문제를 해결하는 도구로 Fortran, C++ 등의 컴파일 언어 시대를 거쳐, Mathworks 사의 Wolfram 언어로 구현된 Matlab, 그리고 SAS, SPSS 등의 통계 소프트웨어가 인기를 끌었다. 그러나 정보 기술의 발전과 생활 모습의 변화로 분석이 필요한 데이터량이 급격하게 증가하고, 무정형, NA, NaN 등 데이터 유형도 매우 다양해지면서 기존의 도구만으로 데이터 분석과 통계적 해석을 하는 데 어려움이 생겼다. 이때 R과 같은 해석적 프로그램 언어가 문제의 해결점이 되었다.

이 책은 데이터 분석의 다양한 응용성과 대중성을 확보한 R 언어를 수치해석 분야에 활용하는 방법을 다룬다. 본문에 제시하는 코딩 예시들은 전문 IT 용어들을 최대한 배제하거나 풀어 써서 R 언어를 처음 접하거나, 프로그래밍해 본 경험이 없는 초보자들도 쉽게 이해할 수 있다. 또한 자연과학이나 공학 분야에서 생산된 데이터를 수치적으로 해석하는 알고리즘을 구사하는 등, 기존에 알려진 R 언어의 특징에 국한되지 않는 폭넓은 활용법을 담고 있다. 이러한 구성 덕분에 프로그래밍에 대한 기본 지식을 갖춘 숙련자들도 흥미를 가지고 접할 수 있다.

본문은 크게 두 부분으로 이루어져 있다. 1부(1장~11장)에는 R 프로그래밍 언어에 대한 기초 지식을, 2부(12장~18장)에는 R을 활용한 수치해석 문제 해결 방법을 담고 있다. 1부가 시작되는 1, 2장에서는 R 언어와 RStudio 통합개발환경을 다루었으며, 3장에서는 기본적인 R 사용법을, 4장과 5장에서는 R의 다양한 데이터 유형을 정리하였다. 6장에서는 R 제어문을 소개하였으며, 7장에서는 사용자 정의 함수와 R 패키지 함수를 사용하는 방법을 다루었다. 8장에서는 외부 데이터를 RStudio로 읽어오고 내보내는 방법을 다루었으며, 9장에서는 R 패키지를 RStudio에 설치하고 사용하는 방법을 설명하였다. 10장은 그래프를 작성하는 기본 데이터 시각화 방법을, 11장은 그래프 문법 패키지를 이용해서 데이터를 시각화하는 방법을 담았다. 그리고 2부가 시작되는 12장에서는 오차의 종류를 정리하였으며, 13장과 14장에서는 각각 연립방정식의 해를 구하는 방법과 데이터를 보간하는 방법을 살펴보았다. 16장에서는 데이터를 회귀 모델식에 접합하는 최소제곱법을 제시하였으며, 17장에서는 수치 미분과 수치 적분을 다루었다. 마지막으로 18장에서는 미분방정식의 해를 구하는 수치방법을 설명하였다.

처음 R을 접하는 독자라면 최신 버전의 R 함수와 R 패키지 사용법을 친절하게 안내하는 1부부터 차근차근 살펴보기 바란다. 반면, R 언어를 접해본 경험이 있는 독자라면 바로 2부로 넘어가 R을 활용한 다양한 수치해석 방법을 익힐 수 있다.

끝으로, 원고를 준비하는 내내 따듯한 격려를 보내주고, 늦은 시간까지 살뜰히 밤참을 챙겨준 나의 어머니 김귀순 여사, 그리고 아내 김수연에게 감사와 사랑을 전하고 싶다. 또한 이 책이 출간될 때까지 바쁜 일정 중에도 면밀하게 원고를 검토해주고 아낌없는 도움을 준 여러 분들께 감사의 뜻을 전하며, 특히 한나래 출판사 한기철 사장님, 조광재 상무님 및 편집부에 감사한다.

건양대학교 대전 메디컬캠퍼스 죽헌정보관에서

오승교

chapter

ch. 04 기본형 데이터

ch. 05 구조형 데이터

ch. 06 제어문과 반복문

ch. 07 함수 다루기

ch. 08 데이터 입출력

ch. 09 R 패키지

ch. 10 기본 데이터 시각화

ch. 11 고급 데이터 시각화

Part 2 R과 수치해석

ch. 12 오차

ch. 13 선형 시스템의 해찾기

ch. 14 보간법

ch. 15 비선형 함수의 해찾기

ch. 16 최소제곱법

ch. 17 수치 미분과 수치 적분

ch. 18 상미분 방정식

Part 1

R 언어

chapter 01

R과 친해지기

1 R 소개

R은 다른 데이터 활용 도구인 Python, SPSS, Matlab, Scilab, Minitab 등보다 데이터 분석력이 우수하며 다양한 그래픽으로 데이터 시각화가 뛰어나기 때문에 여러 분야에서 활용도가 높다. R은 데이터 과학 및 통계 분석뿐 아니라 과학 프로그래밍 및 시뮬레이션(scientific programming and simulation), 인공지능 신경망 기반에서 발전한 기계학습기술인 딥러닝(deep learning), 그리고 빅데이터 분석을 통하여 유용한 정보를 찾아내는 데이터 마이닝(data mining) 등의 분야에서 활용성을 인정받아 왔다. 최근에는 기업정보 수집활동(business intelligence), 고객관계관리(customer relationship management), 생물정보학(bioinformatics), 의료기관 환자의 진단 및 처방에도 R을 활용하기 시작했다.

S 언어로부터 진화된 R 언어는 오픈소스 프로그램으로 인터넷에서 자유롭게 무료로 다운받아 사용할 수 있으며, 간결한 내부의 명령어와 외부의 스크립트 함수형 패키지(packages)를 연동하는 방식으로 운영되는 해석 언어(interpreted language)이다. 빅데이터 분석 능력이 우수하다는 것 외에도 뛰어난 그래픽 기능, 데이터 시각화 및 리포트 제작 능력이 뛰어나다는 장점이 있다. 2019년 11월 기준으로 15000개가 넘는 패키지(일종의 서브루틴 같은 모듈)들이 다양한 기능을 지원하고 있으며 CRAN 사이트로 지속적으로 업데이트되고 있다. 패키지의 본질은 어떤 특정 분야에서 끊임없이 발생하는 데이터 분석을 위하여 작성된 코드들을 모아놓은 꾸러미이다. 패키지의 도움을 받아 R 개발 환경에서 도출

한 결과를 활용하는 것은 보람된 작업일 것이라고 확신한다. R은 Windows, Unix, (Mac) OS X 등 어떤 운영체제 환경에서도 사용 가능하다.

2 R 다운로드

R 프로그램을 내려받아 설치하는 방법은 매우 간단하다. 여기서는 Windows 운영체제 플랫폼에서 설치하는 방법만을 다루겠지만 다른 운영체제인 Unix 및 (Mac) OS X 플랫폼에서의 설치 과정도 이와 비슷하다.

먼저 The R Project for Statistical Computing 홈페이지 http://www.r-project.org 접속하여 화면 상단에 하이퍼링크 "download R"을 클릭한다.

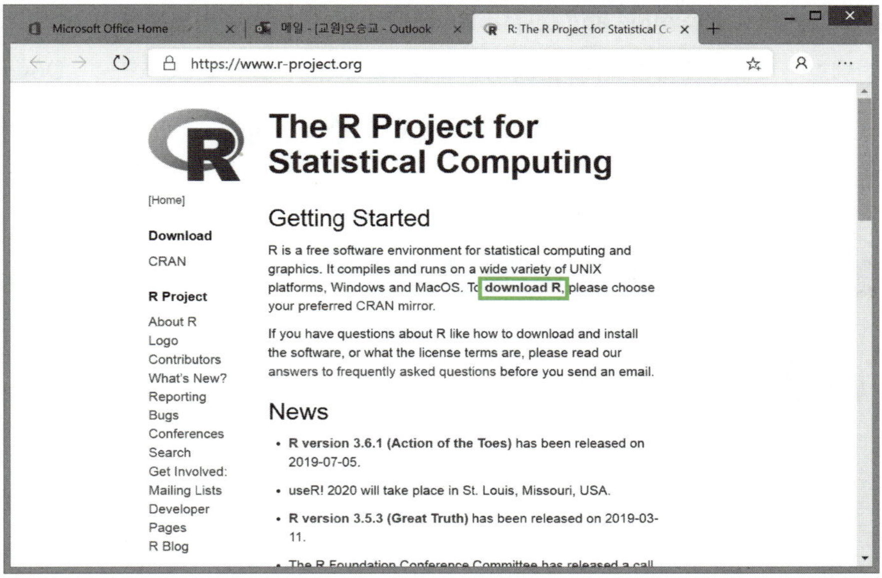

국가별로 나열된 CRAN(comprehensive R archive network) 미러 사이트 중에서 지역적으로 가까운 대한민국의 5개 미러 사이트 중 하나를 클릭한다.

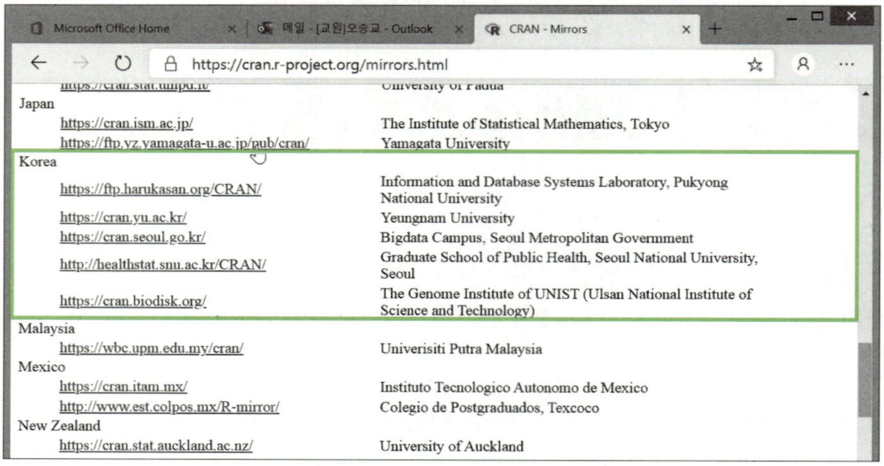

CRAN 사이트 "Downlod and install R" 화면에서 자신의 운영체제에 맞는 R 프로그램을 선택한다. 이 책에서는 윈도우 운영체제를 예로 들어 설명할 것이므로 "Download R for Windows" 하이퍼링크를 클릭한다. 리눅스와 (Mac) OS X 사용자라면 해당 하이퍼링크를 클릭하면 된다.

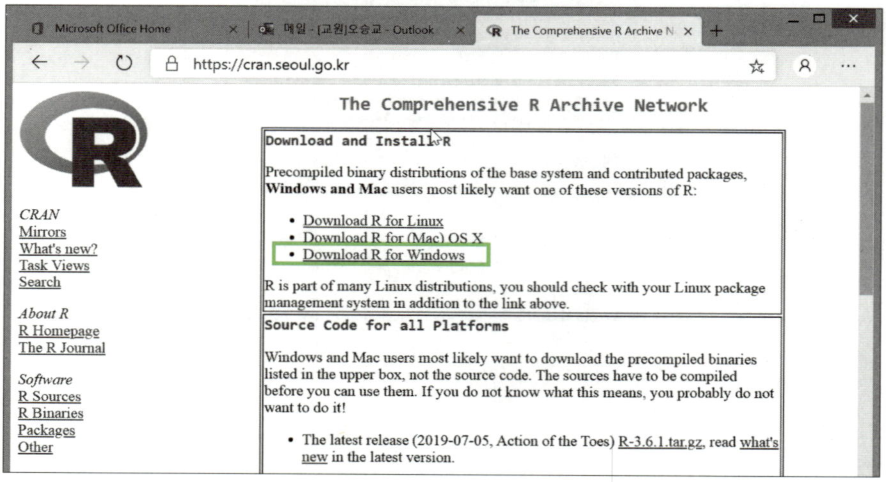

처음으로 R 프로그램을 설치하는 경우라면, "R for Windows" 화면의 서브디렉터리(subdirectories)에서 "base" 또는 "install R for the first time" 하이퍼링크를 클릭한다.

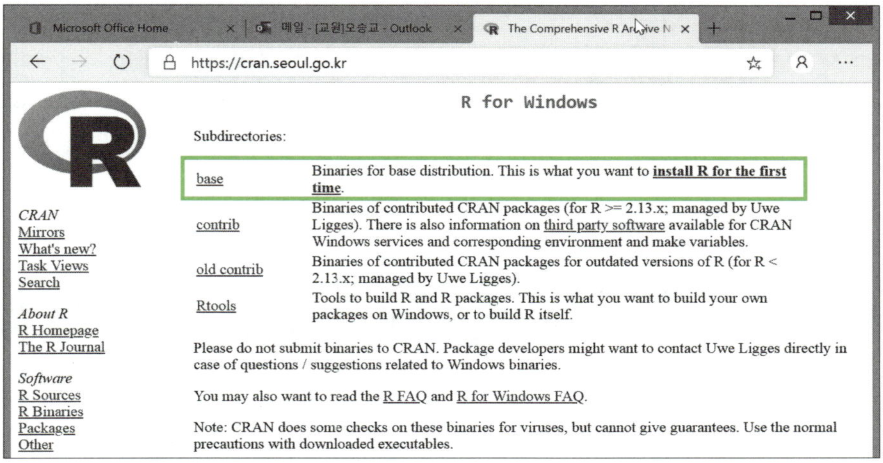

다음 화면에 나타나는 "R-3.6.1 for Windows(32/64 bit)*"라는 문구는 현재까지 개발된 R 프로그램의 최신 버전은 3.6.1이며 32비트(x86)와 x64비트(x64) 플랫폼에서 사용할 수 있다는 사실을 알려준다. "Download R-3.6.1 for Windows" 하이퍼링크를 클릭한다.

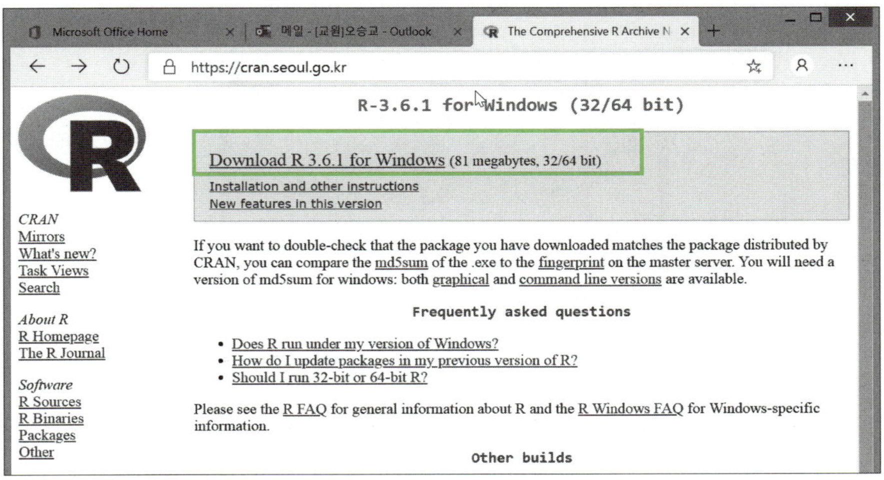

R 프로그램 설치 파일 선택 대화창에서 "실행" 버튼을 클릭하여 R 프로그램을 설치하거나, "저장" 버튼을 클릭하여 설치 파일(R-3.6.1-win.exe)을 저장하고 나중에 설치할 수 있다.

3 R 설치

이전 화면에서 "실행" 버튼을 누르거나 저장된 파일을 실행시키면 다음과 같은 화면을 볼 수 있다. 단, R 프로그램은 관리자 계정으로 설치해야 하므로 설치 파일을 오른쪽 마우스로 클릭하여 "관리자 권한으로 실행(A)"을 선택한다. "실행" 버튼을 누르면 설치가 진행되면서 사용할 언어를 선택하는 대화창이 나타난다. 기본값은 영어로 되어 있는데, 설치할 컴퓨터의 운영체제에 맞게 언어를 선택하면 된다. 이 책의 예시에서는 한글 윈도우 10 운영체제를 사용하고 있기 때문에 한국어를 선택하고 "확인" 버튼을 클릭한다.

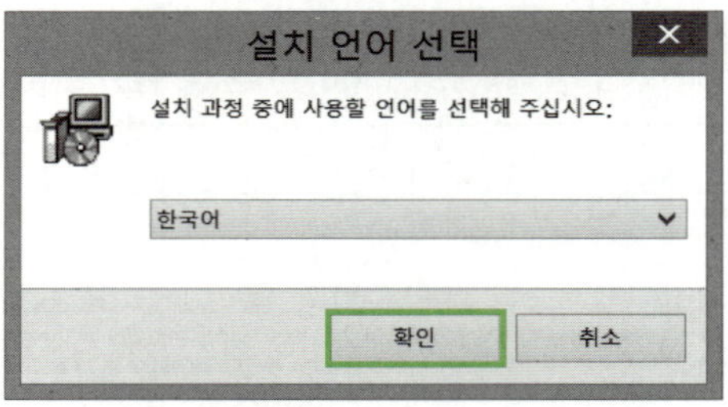

다음 화면의 "GNU General public License"는 FSF의 프리 소프트웨어 라이선스 형식으로, 저작권은 개발자에게 귀속되지만 소프트웨어의 복사, 수정 및 변경, 배포의 자유를 제3자에게 허용한다는 의미이다. 부담 없이 "다음" 버튼을 클릭한다.

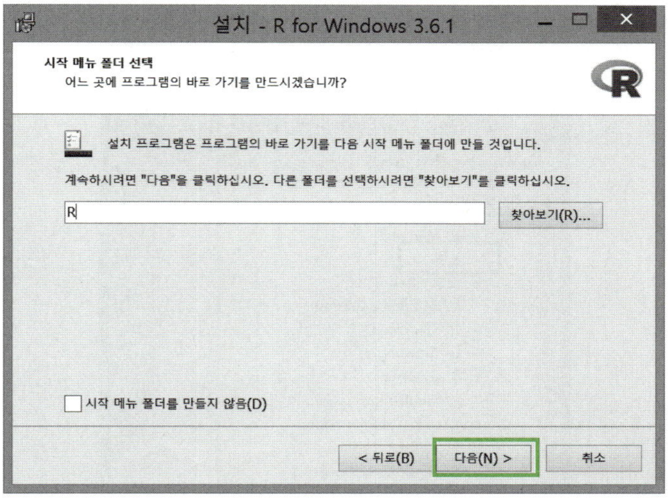

R 프로그램을 설치할 위치를 선택하는 대화상자에서 "다음" 버튼을 클릭하면 디폴트 디렉터리 C:\Program Files\R\R-3.6.1에 설치될 것이다.

그러나 다른 컴파일 언어 Fortran, C# 등을 빌드할 때 오류가 발생하는 문제 때문에 CRAN 사이트는 R 프로그램을 이름에 공백이 없는 디렉터리에 설치할 것을 권장한다. 디렉터리 이름 "program files"는 공백을 포함하기 때문에 가능하면 시스템 드라이브 C 이외의 다른 하드 드라이브에 공백이 없는 디렉터리에 설치하도록 한다. 공백이 없는 디렉터리를 선택하기 위하여 "찾아보기" 버튼을 클릭한다.

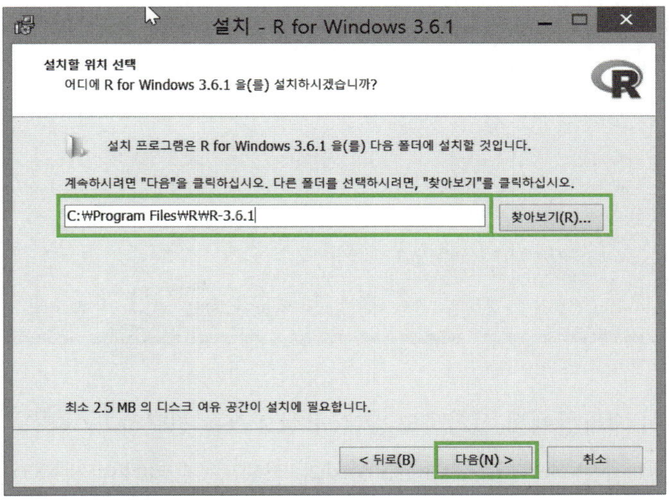

폴더 찾아보기 대화창이 나타나면 R을 설치할 디렉터리를 지정하고 "확인" 버튼을 클릭한다.

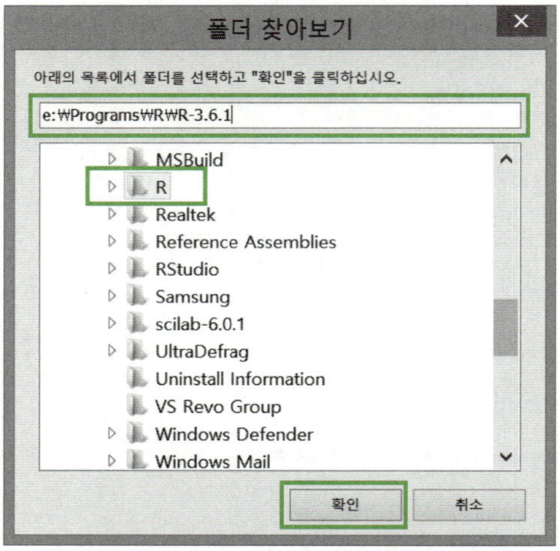

예시에서는 "E:₩Prgrams₩R₩R-3.6.1" 디렉터리를 R 프로그램 설치 위치로 선택하고 "다음" 버튼을 클릭하였다.

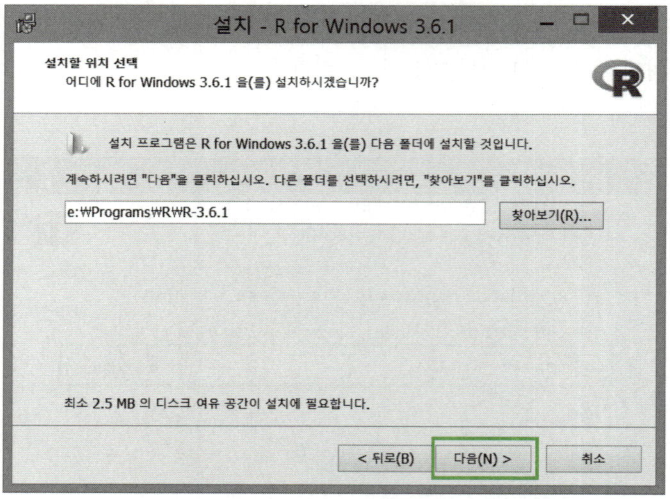

구성 요소 설치 대화창에서 설치하고 싶은 구성요소를 선택하고 "다음" 버튼을 클릭한다. 여기서 유의할 점은 패키지(packages) 설치와 실행 중 오차가 발생할 여지가 있으므로

32bit files과 64bit files 중 반드시 한 가지만 선택하여 설치해야 한다는 것이다. 예시에서는 32bit files 항목의 체크박스는 선택 해제하고 64bit files을 포함한 나머지 항목들은 선택한 채로 "다음" 버튼을 클릭하였다.

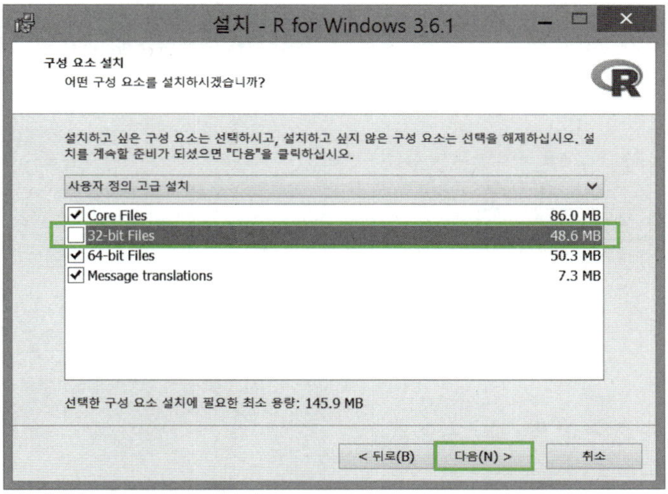

참고로, 자신의 컴퓨터 운영체제가 32비트인지 64비트인지를 확인하려면 컴퓨터 화면 좌측 하단에 있는 윈도우 로고 위에 커서를 놓고 우클릭하여 메뉴를 연다. 나타나는 메뉴에서 "시스템 → 시스템 사양" 항목에서 컴퓨터 운영체제를 확인할 수 있다.

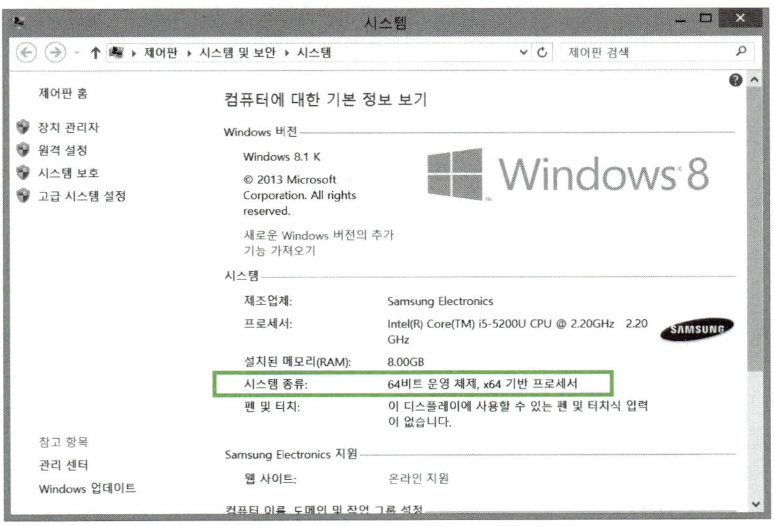

여기서는 R의 통합개발환경 플랫폼으로 RStudio 프로그램을 사용할 것이기 때문에 스타트업 옵션을 선택하는 대화상자가 나타나면, "No(기본값 사용)" 다이얼이 체크된 것을 확인하고 "다음" 버튼을 클릭한다.

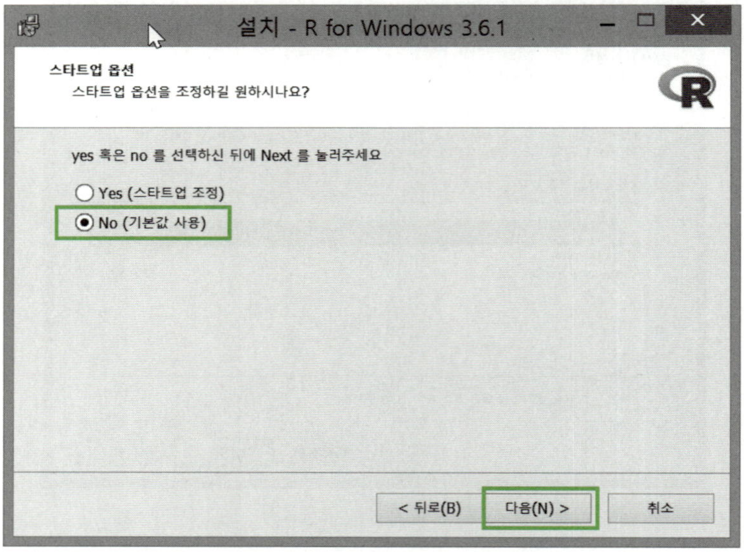

시작 메뉴 폴더 선택 대화상자에서 기본 폴더가 "R"로 선택된 것을 확인하고 "다음" 버튼을 클릭한다.

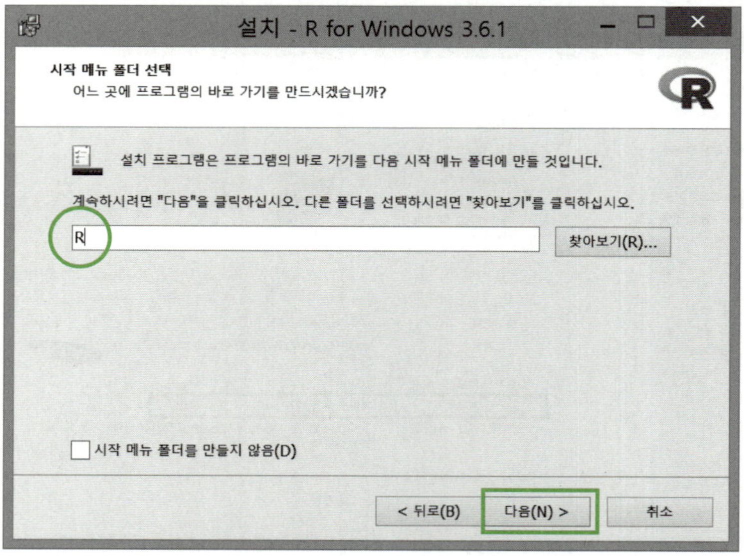

추가 사항 적용 대화상자에서 “바탕 화면에 아이콘 생성(D)” 체크박스를 선택하고, 레지스트리 항목들이 모두 선택된 것을 확인한 후 “다음” 버튼을 클릭한다.

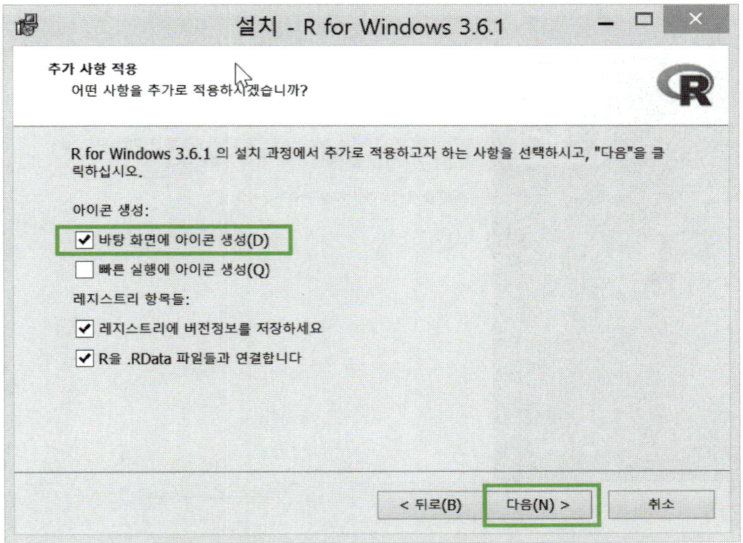

그러면 R 프로그램 설치가 진행 중인 화면을 보여준다.

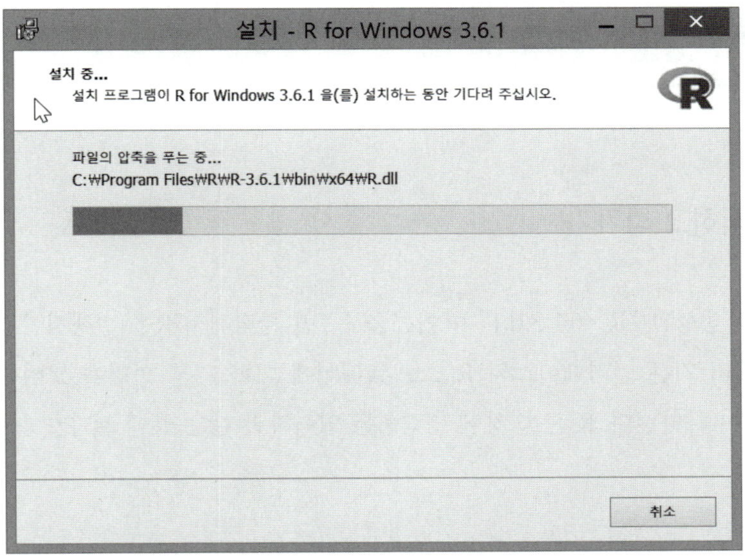

설치 과정이 종료되면 다음 화면에 보이는 "완료" 버튼을 클릭해서 R 프로그램 설치 작업을 마친다.

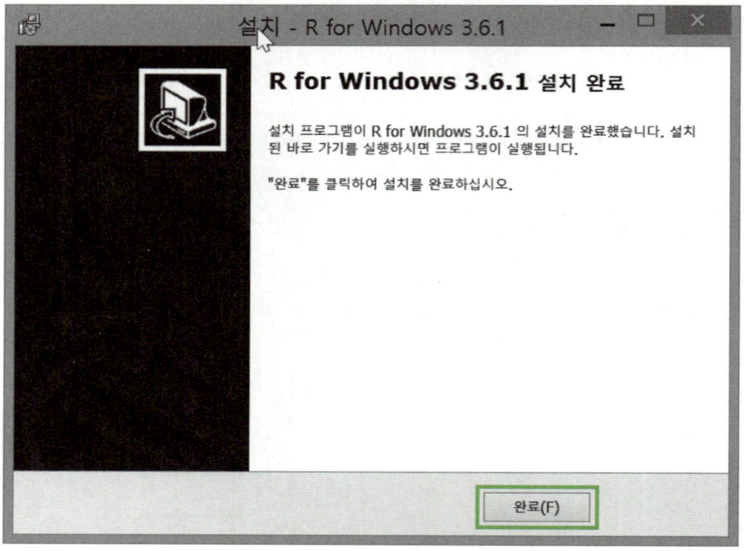

4 R 실행

4-1 R 시작하고 나가기

바탕 화면에 생성된 "R×64 3.6.1" 아이콘을 두 번 클릭해서 R을 실행시키면 다음 그림과 같이 RGui 기본 인터페이스와 R 소프트웨어에 대한 기본 설명을 보여주는 R 콘솔(console) 창이 나타난다. R 콘솔 창에 명령어를 입력하면 같은 창에 결과가 출력된다.

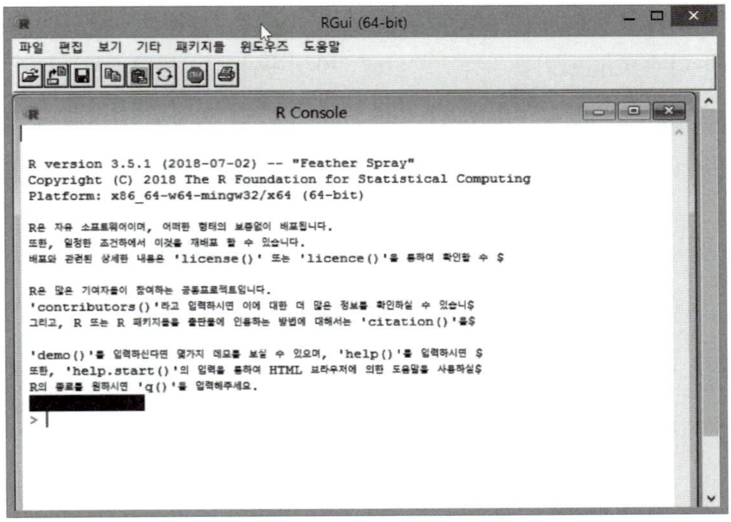

R 콘솔 창에서 ">" 프롬프트 다음에 명령어를 입력하고 Enter 키를 누르면 결과가 출력된다. 기본적으로 입력한 명령문과 대괄호 안에 행 번호와 함께 출력되는 실행 결과는 서로 다른 색으로 보인다.

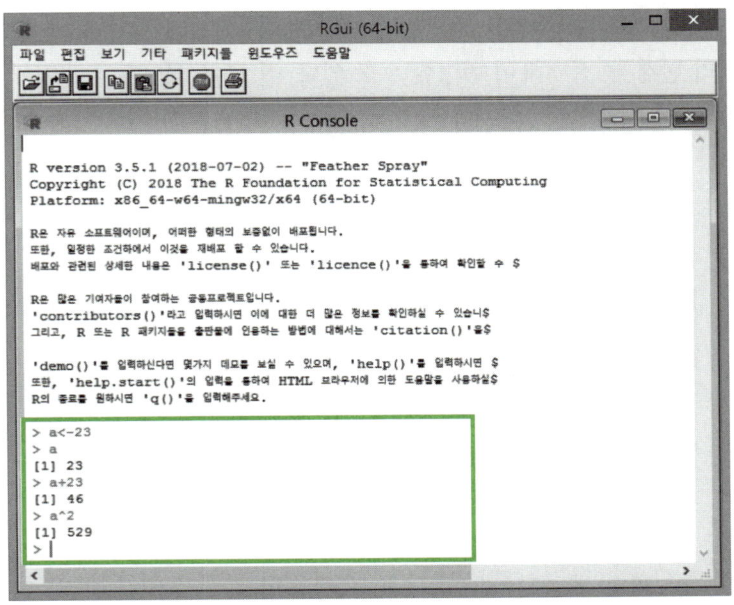

R 프로그램을 마치려면 메뉴에서 종료를 누르거나 콘솔 창에서 ">" 프롬프트 다음에 "q()"를 입력한 다음 Enter 키를 누른다. 이때 "작업공간 이미지를 저장하겠습니까?"라는 메시지가 나타나는데 "예"를 선택하면 할당된 변수들이 저장되어 다음에 R을 실행했을 때 저장된 변수와 함수를 재사용할 수 있다.

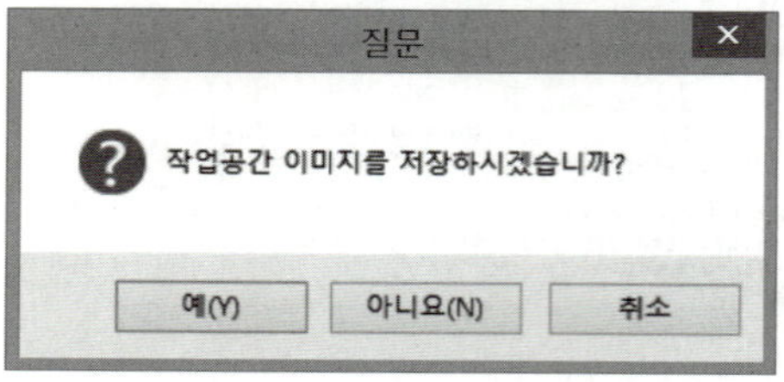

4-2 R 환경 설정

모든 파일을 입출력하는 기본 폴더를 작업 디렉터리(working directory)라고 부르는데 getwd() 명령어로 확인할 수 있다. 사용자의 문서 폴더 "C:/Users/Ozakyo/Documents"가 기본 작업 디렉터리로 지정되어 있으며, 작업 디렉터리를 설정하는 setwd("디렉터리 경로") 명령을 이용하여 상황에 맞도록 작업 디렉토리를 변경할 수 있다. 또는 "파일" 메뉴에서 "작업 디렉터리 변경"을 선택하여 변경할 수도 있다. 이 책에서는 문서 폴더에 "RData" 디렉터리를 생성한 다음 "C:/Users/Ozakyo/Documents/RData"로 변경하였다.

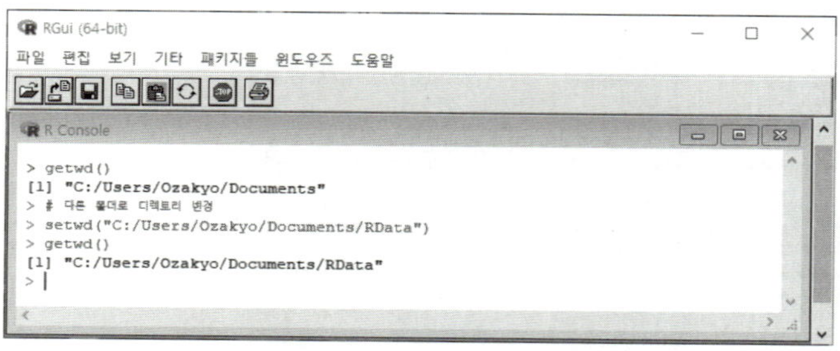

편집 메뉴에서 Gui 설정을 클릭하면 글꼴 및 글꼴의 크기와 색깔, 콘솔 창 화면의 색깔 등을 변경할 수 있다.

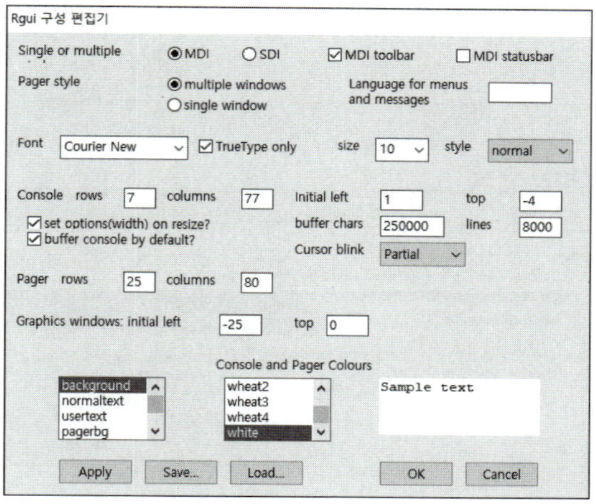

경우에 따라 단축키 Ctrl+L을 누르면 콘솔 창에 입력된 내용은 사라지지만, 객체로 할당되거나 실행 결과로 얻은 변수 값과 객체의 차원 등은 새롭게 정의되기 전까지 메모리에 저장된 채로 남아 있게 된다.

4-3 R 도움말

R은 훌륭한 도움말 시스템을 제공한다. 명령어 프롬프트 “>” 다음에 인수 없이 “help()”를 입력하면 명령어 사용법을 이해하기 쉽게 문서로 정리한 도움말을 확인할 수 있다.

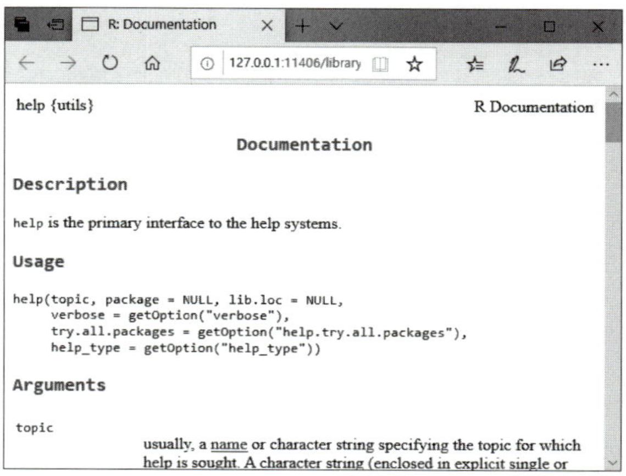

그리고 “help.start()”를 입력하면 다음과 같은 html 파일 유형으로 도움말을 볼 수 있다.

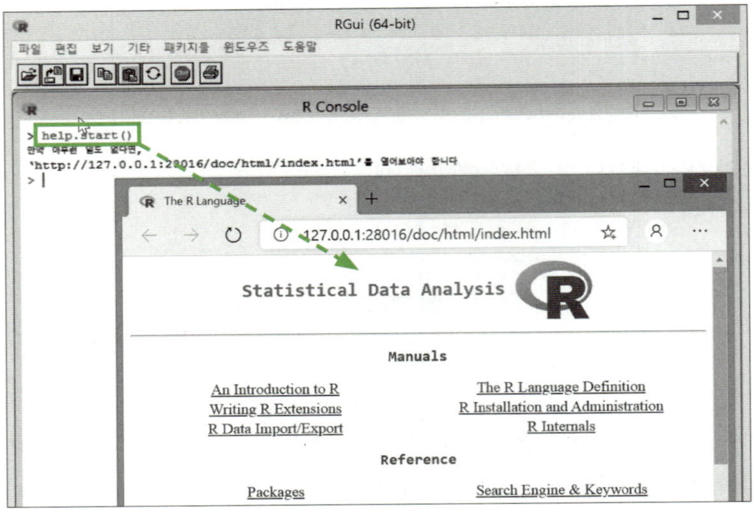

특정 함수에 대한 도움말을 확인하려면 “>” 프롬프트 다음에 help(“함수명”) 또는 “?함수명”을 입력한다. 예를 들어, “help(“plot”)” 또는 “?plot”을 입력하면 plot 함수에 관한 도움말을 확인할 수 있다. “??plot”처럼 입력하면 해당 함수가 관련된 문서찾기 결과를 확인할 수 있다.

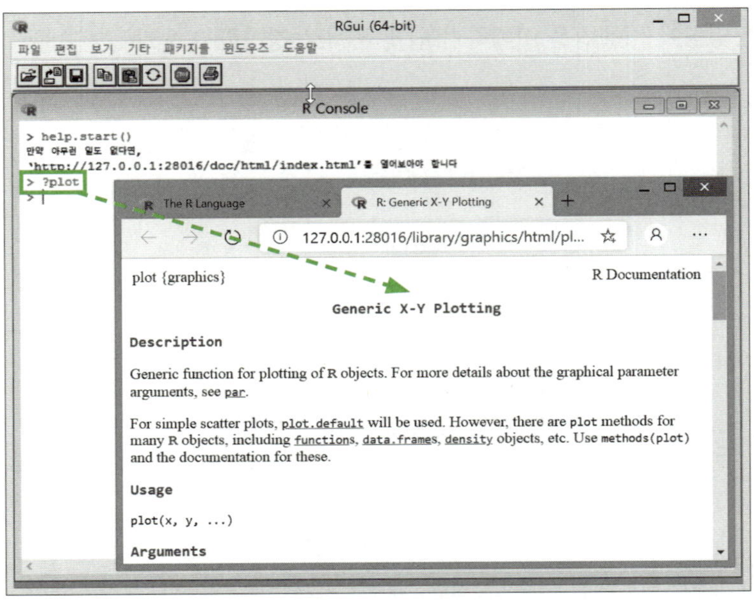

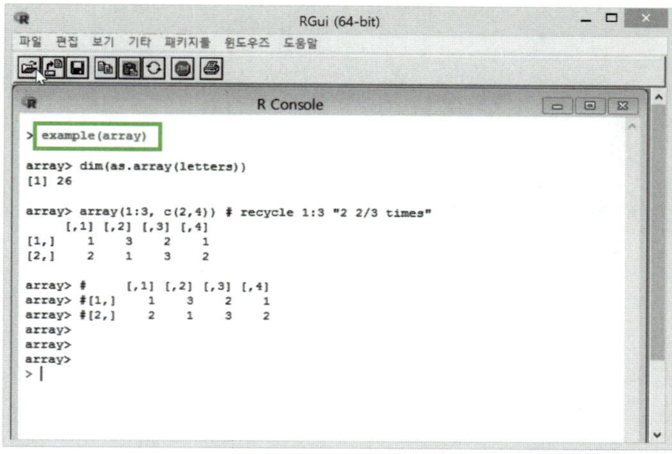

그리고 특정 함수에 대한 사용 예시 및 예제 파일을 제공하는 example() 함수를 활용하면 함수를 코딩할 때 매우 유용하다. 예를 들어 array 데이터 유형에 대한 예시를 확인하려면 "example(array)"을 입력하고 Enter 키를 누른다. demo() 함수를 실행하면 패키지 유형별로 참고할 수 있는 데모 리스트를 볼 수 있다.

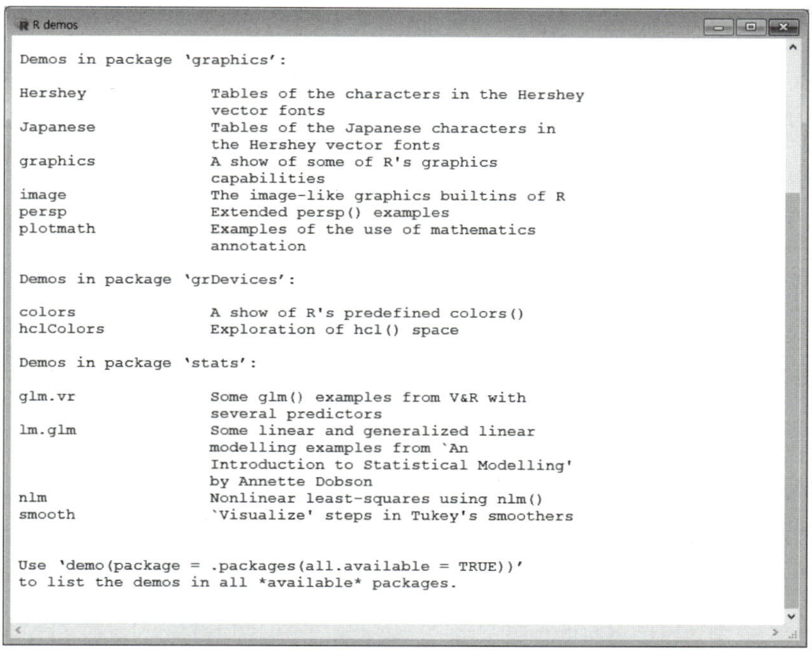

chapter 02 RStudio 시작하기

1 R의 친구, RStudio

R 콘솔에서 명령을 반복해서 실행하려면 메모리에 저장된 명령어가 나올 때까지 키보드의 위쪽 방향키를 눌러서 실행할 수 있다. 이는 편리할 때도 있지만 명령어를 한 줄씩 일일이 입력하고 실행 결과를 봐야 한다는 단점이 있다. 여러 개의 명령어를 한꺼번에 실행하려면, 파일 메뉴에서 새 스크립트를 선택해서 "R 편집기 창"에서 여러 줄의 명령어를 작성한 다음 "R 콘솔 창"으로 복사해서 사용하거나, Editplus, Sublime Text, Notepad++ 등 외부 텍스트 편집기에서 명령어들을 편집하고 R 스크립트 파일로 저장한 후 R 콘솔 창으로 돌아와서 복사해서 사용해야 하기 때문에 불편하다.

높은 수준(high level)의 컴파일 언어 C++, Fortran 등은 많은 메모리 용량을 요구하면서 실행 속도가 느리다. 반면, 낮은 수준(low level)의 스크립트 언어 R은 상대적으로 적은 메모리를 소비해서 실행 속도가 매우 빠르지만 시각적으로 직관적이지 못한 CLI(command line lnterface) 기반의 개발 환경으로 실행되는 점이 아쉽다. 이런 취약점을 보완하고 생산성을 높이기 위해 다양한 기능으로 R 프로그램 실행을 시각화하는 GUI(graphic user lnterface) 방식의 통합개발환경 도구들이 유효하다.

이 책에서는 유료 프로그램인 Microsoft Visual Studio Code 대신, 무료이면서도 많은 사용자로부터 우수함을 인정받고 있는 RStudio를 R의 통합개발환경 도구로 선택하였다. Java 기반으로 실행되는 RStudio는 완전히 코딩을 하지 않더라도 저장된 함수를 이용할 수 있는 환경을 제공하기 때문에 R보다 확실히 사용이 편리하다. 코드 완성 기능, 텍스트 편집 기능, Git 통합 기능, 프로젝트 관리 기능을 갖는 RStudio 덕분에 R의 실행 환경은 상당히 개선되었다.

2 RStudio 다운로드

RStudio를 다운받기 위하여 http://www.rstudio.com 사이트에서 화면 왼쪽 하단에 있는 "RStudio Download" 버튼을 클릭한다.

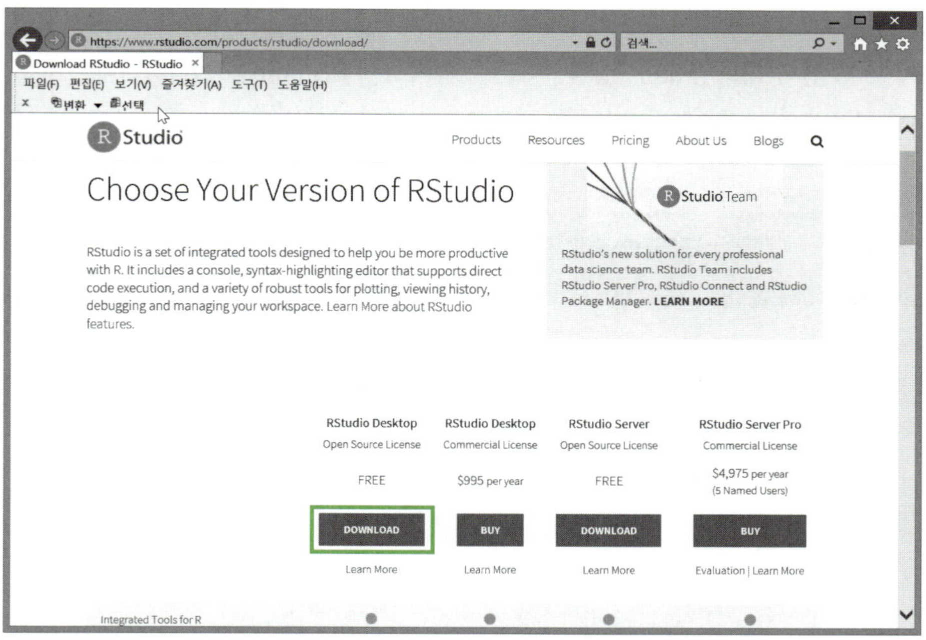

RStudio Desktop Open Source License 버전의 다운로드 버튼을 클릭하면 다음 그림에 보이는 것처럼 다양한 운영체제를 지원하는 설치 파일들이 나타난다. 여기서는 윈도우 10 플랫폼을 다룰 것이기 때문에 윈도우용 RStudio 설치기(installer)를 클릭한다.

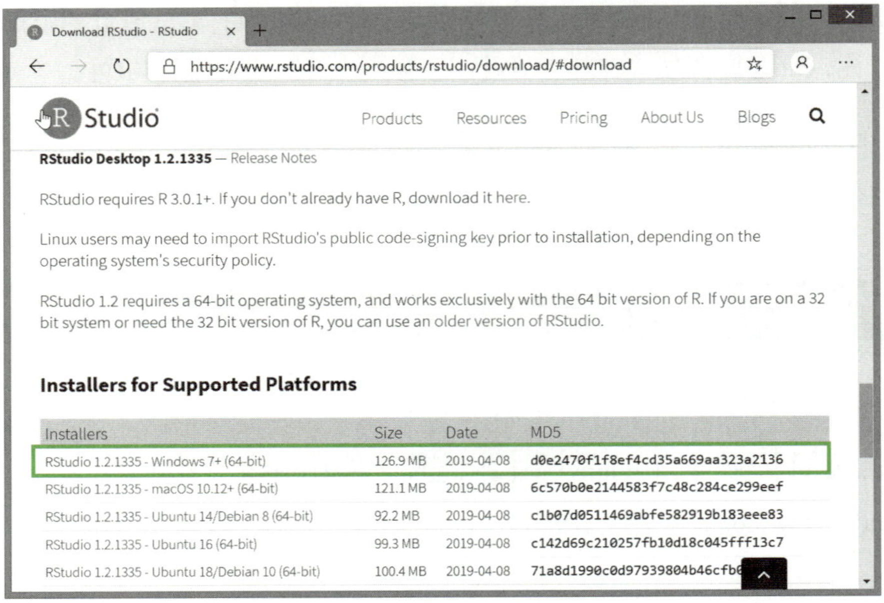

다운로드 선택 대화창에서 “실행” 버튼을 클릭하여 RStudio를 설치하거나, “저장” 버튼을 클릭하여 실행 파일을 저장하고 나중에 설치할 수 있다.

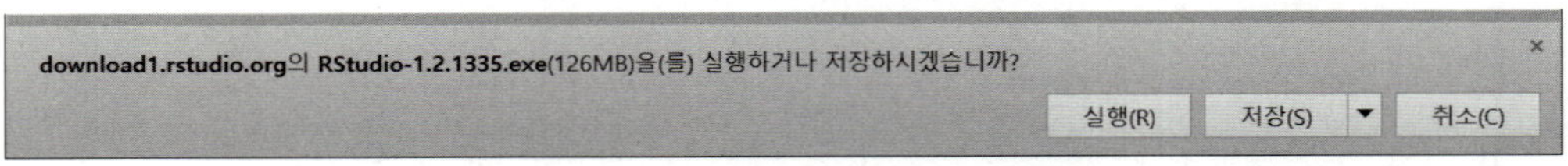

3 RStudio 설치

R 프로그램의 생산성을 높여주도록 고안된 통합개발환경 도구 RStudio는 java 스크립트 기반에서 실행되기 때문에 이미 모듈식으로 개발된 함수를 재코딩하지 않더라도 부담 없이 사용할 수 있는 환경을 제공한다.

RStudio를 설치할 때는 최신 버전의 Java SE 설치를 권고한다. 만약 최신 버전의 Java SE가 설치되어 있지 않으면 http://www.oracle.com 사이트에서 download → java SE로 접속하여 본인의 운영체제에 맞는 최신 버전의 Java SE Development Kit를 다운받아 설치한 후에 RStudio를 설치한다.

다운로드 화면에서 "실행" 버튼을 누르거나, 저장된 파일을 실행시키면 다음과 같은 화면을 볼 수 있다. RStudio는 관리자 계정으로 설치하는 것이 권장되므로 실행 파일을 마우스 오른쪽 버튼으로 클릭하여 "관리자 권한으로 실행(A)"을 선택하고 설치 화면에서 "다음" 버튼을 클릭한다.

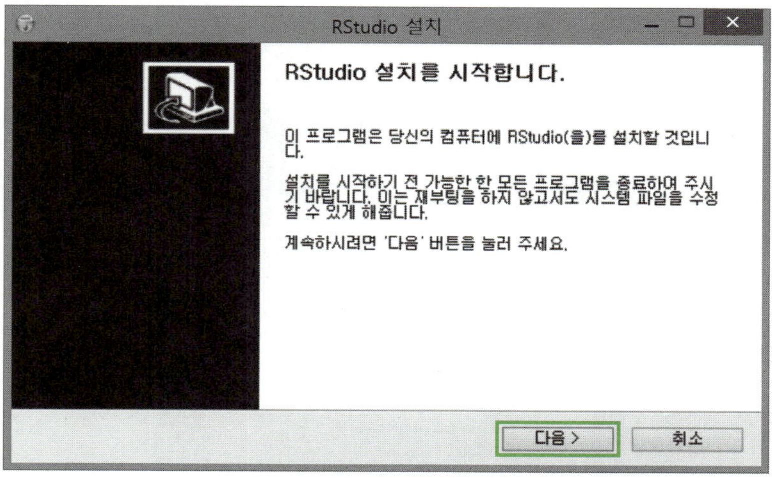

RStudio를 설치할 위치를 선택하는 대화창에서 "다음" 버튼을 클릭하면 기본으로 설정된 디렉터리인 C:₩Program Files₩RStudio에 설치될 것이다. 그렇지만 R과 마찬가지

로 이름에 공백이 있는 폴더에 RStudio를 설치하면 다른 컴파일 언어 등을 빌드(build)할 때 오류가 발생하는 경우가 있기 때문에 가능하면 시스템 드라이브 C 이외의 다른 하드 드라이브의 공백이 없는 디렉터리에 설치하기를 권장한다. 공백이 없는 디렉터리를 선택하기 위하여 "찾아보기" 버튼을 클릭한다.

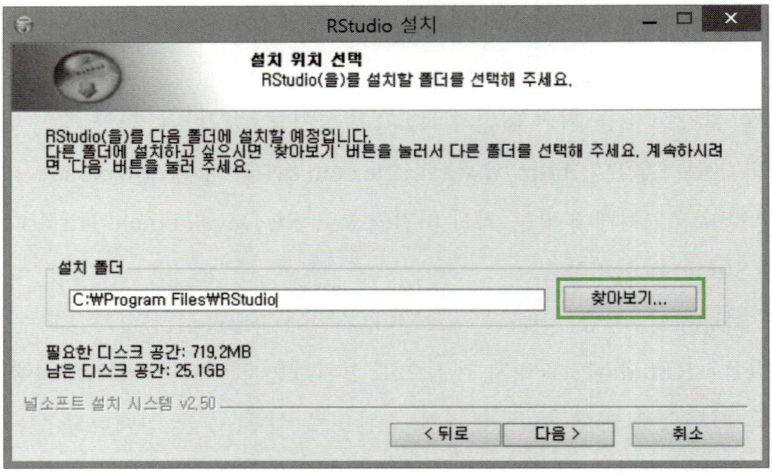

폴더 찾아보기 대화창에서 프로그램을 설치할 드라이브와 폴더를 선택한다.

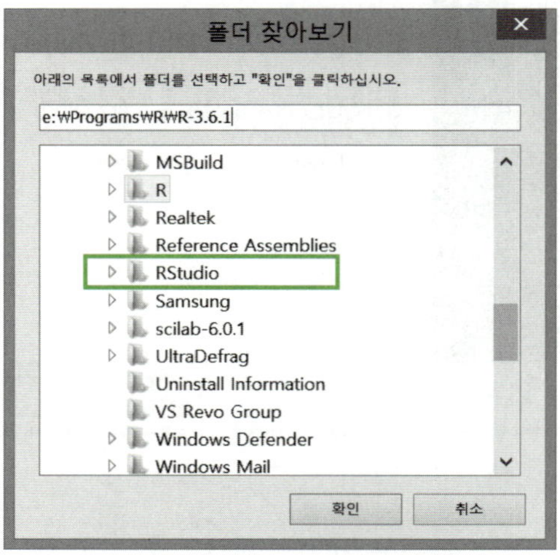

예시에서는 “E:₩Programs₩RStudio” 폴더를 설치 위치로 선택하고 “다음” 버튼을 클릭하였다.

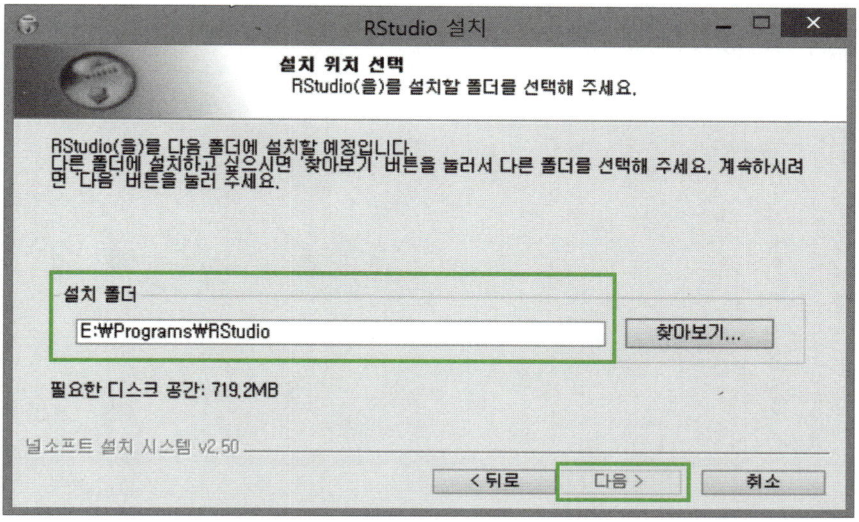

시작 메뉴 폴더로 RStudio 프로그램이 선택된 것을 확인하고 “설치” 버튼을 클릭한다.

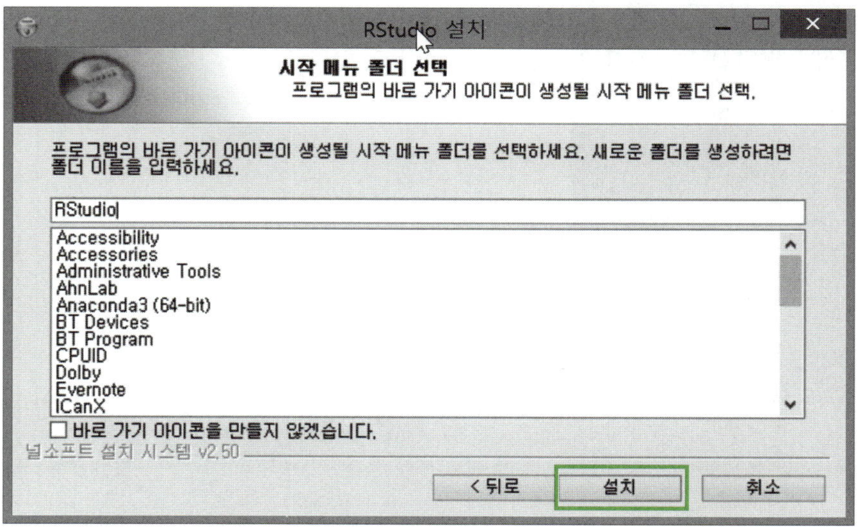

그러면 RStudio 프로그램 설치가 진행되고 있는 창을 볼 수 있다.

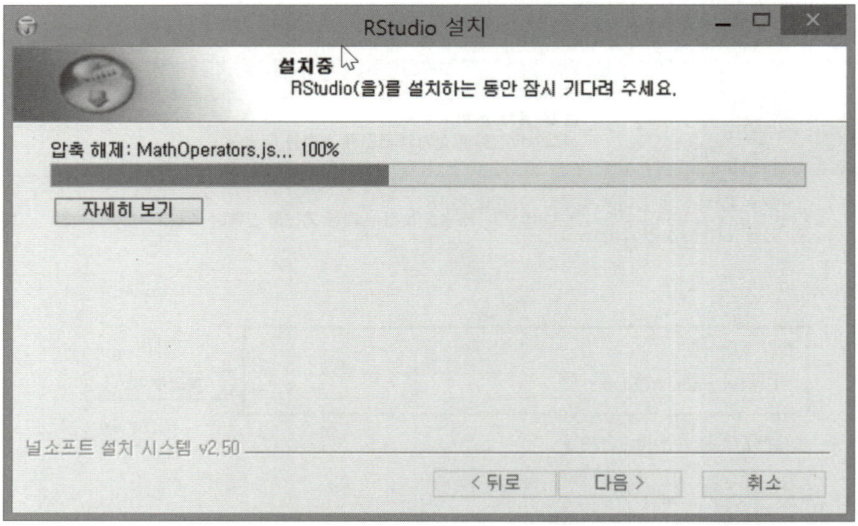

RStudio 설치가 완료되면 "마침" 버튼을 클릭하여 설치 과정을 마친다.

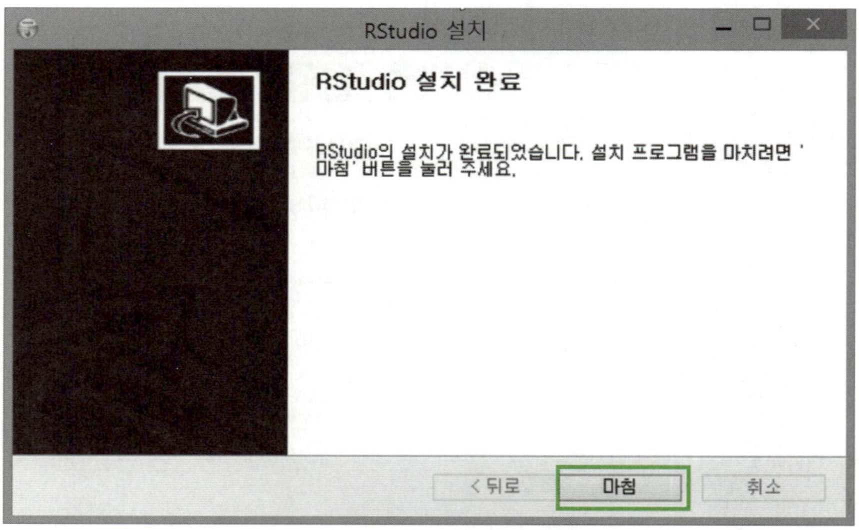

리눅스와 (Mac) OS X 버전도 유사한 과정을 거쳐 설치할 수 있으며 모든 기능과 인터페이스 또한 윈도우 버전과 동일하다.

4 RStudio 환경 설정

RStudio를 실행한 다음 제일 먼저 해야 하는 작업은 사용자에게 적합한 통합환경 인터페이스를 설정하는 것이다. 다양한 옵션을 선택할 수 있지만 여기서는 확인이 꼭 필요한 항목들만 제한적으로 설명할 것이다.

RStudio를 설치하면 기본적으로 "~"가 작업 디렉터리로 설정되며, 이는 사용자의 문서 폴더의 위치 "C:/Users/Documents"를 의미한다. 콘솔 창에서 "getwd()"를 입력하고 Ctrl+Enter 키를 누르면 현재의 작업 폴더(working directory)를 확인할 수 있다. 콘솔 창 ">" 프롬프트 다음에 setwd(디렉터리 경로) 명령어를 실행하여 작업 디렉터리를 변경할 수 있다. 예시에서는 "setwd("C:/Users/Ozakyo/Documents/RData")"로 설정하였다. 단, 윈도우 운영체제에서 디렉터리 경로는 역슬래시 "\"가 아닌 "/"로 구분한다는 것을 기억하라. 다음 그림은 변경된 작업 디렉터리 위치를 보여준다. 참고로 명령으로 실행되지 않는 주석을 입력할 때 명령 프롬프트 다음이나 명령어를 완성한 다음에 "#" 기호를 사용한다.

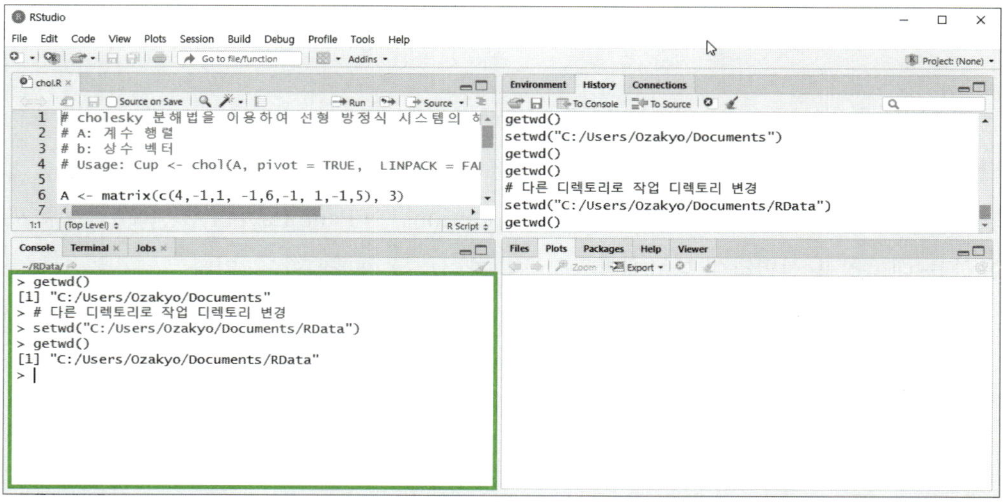

통합환경 메뉴에서 Tools → Global Options을 클릭하면 RStudio 툴 대화상자에서 다양한 선택 항목을 볼 수 있다. 대부분 기본 선택 사양을 사용하는데, 여기서는 몇 가지 필수 항목만 설명할 것이다. 프로젝트 규모의 작업이 아닌 단순 스크립트 작업의 경우, 메뉴의 Tools → Global Options → General을 클릭하면 나타나는 대화상자에서 "Default working directory" 항목의 "Browse" 버튼을 클릭하여 작업 디렉터리를 변경할 수도 있다.

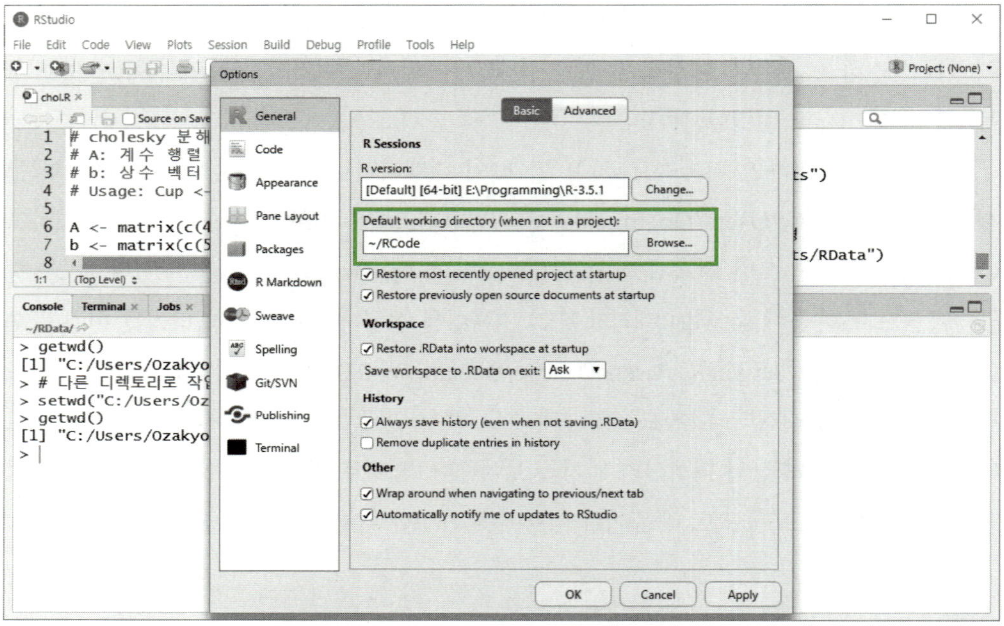

또 다른 방법으로 Session 메뉴 → Set Working Directory → Choose Directory(또는 단축키 Ctrl+Shift+H)를 선택한 다음 원하는 폴더로 작업 디렉터리를 변경할 수 있다.

초기 인터페이스 메뉴 중 Tools → Global Options → Pane Layout 옵션에서 자주 사용하는 대화창을 선별하여 통합개발환경 인터페이스를 재배열할 수 있다.

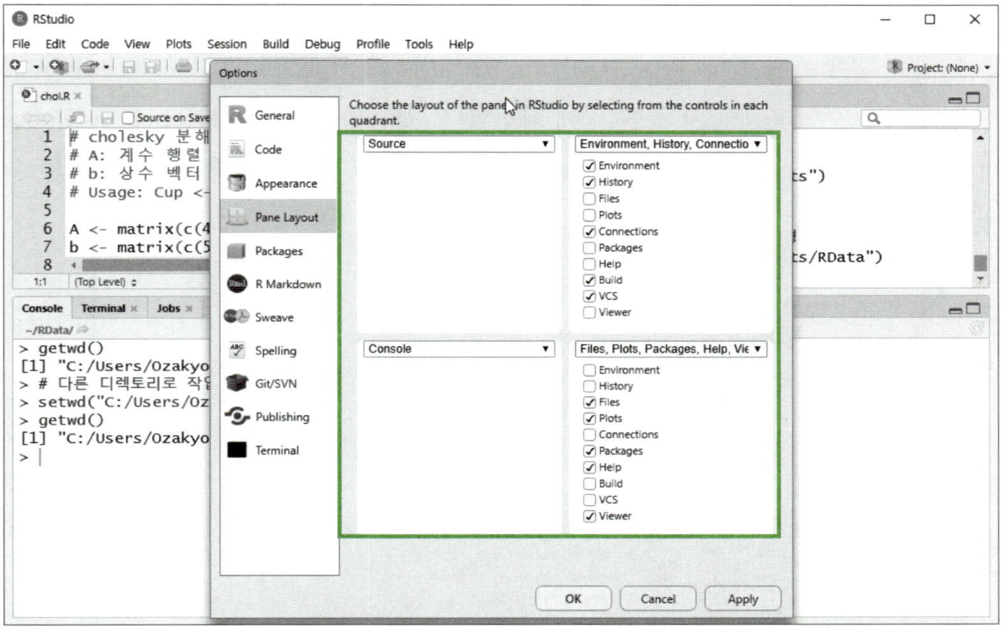

메뉴 Tools → Global Options → Code를 클릭하면 코드에 대한 편집, 디스플레이, 저장, 자동 완성 및 진단 옵션을 선택하는 대화상자를 볼 수 있다.

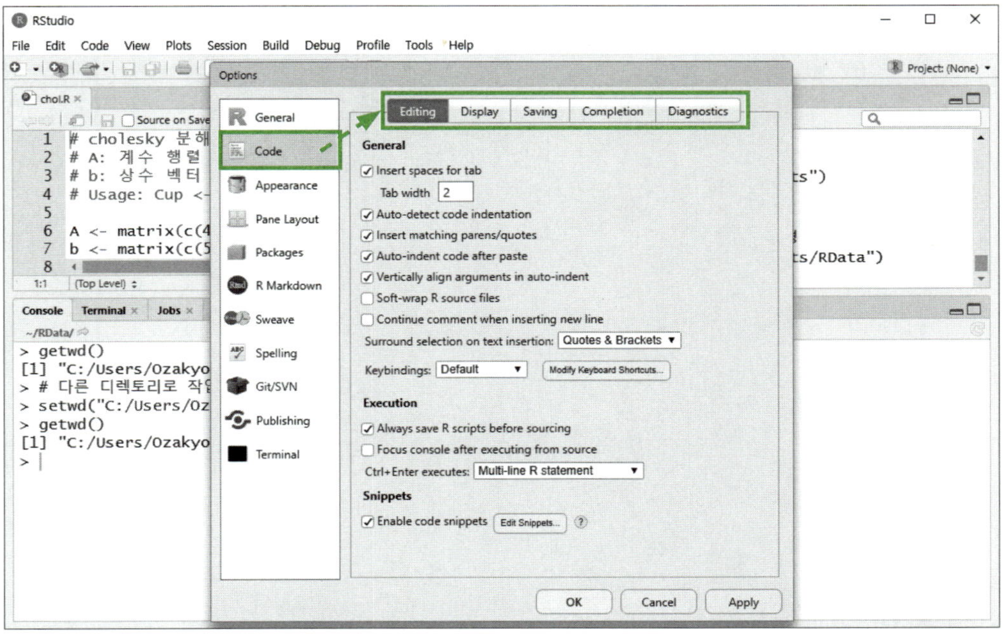

스크립트 창에서 명령어를 코딩하고 해당 줄에 커서를 놓고 Ctrl+Enter 키를 누르면 콘솔 창에 실행 결과가 나타난다. 하나 이상의 명령어를 블록으로 선택하고 Ctrl+Enter 키를 눌러도 실행 결과들이 콘솔 창에 나타난다. RStudio 메뉴에서 Tools → Global options → Code → Editing → Execution에서 기본적인 명령어 실행 방식을 변경할 수 있다.

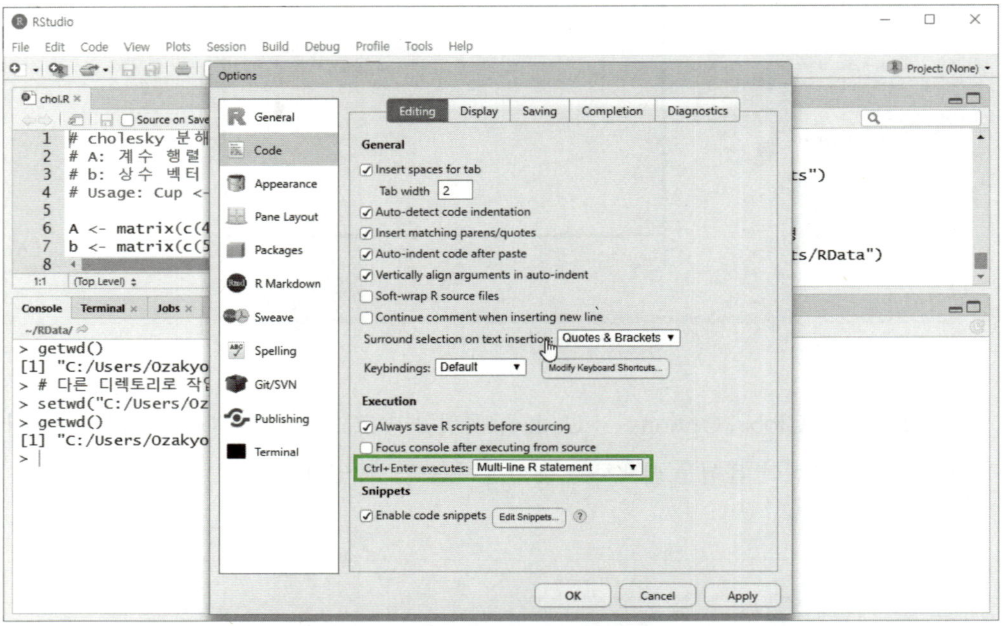

한글 입력이 깨지는 경우에는 메뉴의 Tools → Global Options → Code → Saving 대화상자에서 "Default test encoding"을 "UTF-8"로 변경하면 해결된다.

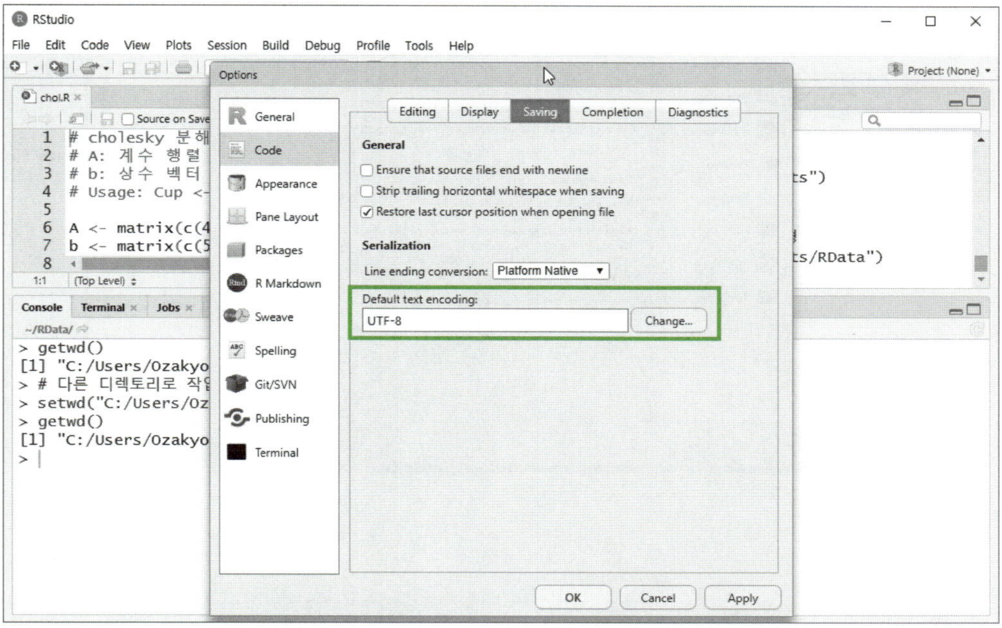

명령어를 코딩하거나 함수 또는 객체의 이름을 입력할 때 탭(tab) 키를 이용하면 RStudio에 포함된 코드 자동 완성 기능을 이용할 수 있다. 입력한 내용과 일치할 만한 함수 또는 객체가 하나 이상일 때는 대화상자가 나타나는데, 대화상자에서 원하는 것을 선택하여 명령문을 완성하면 RGui 콘솔보다 코딩이 매우 수월해진다. 코드 자동 완성 기능은 메뉴 Tools → Global Options → Code → Completion 대화상자에서 "Allow automatic completion in console" 왼쪽의 체크상자로 확인할 수 있다.

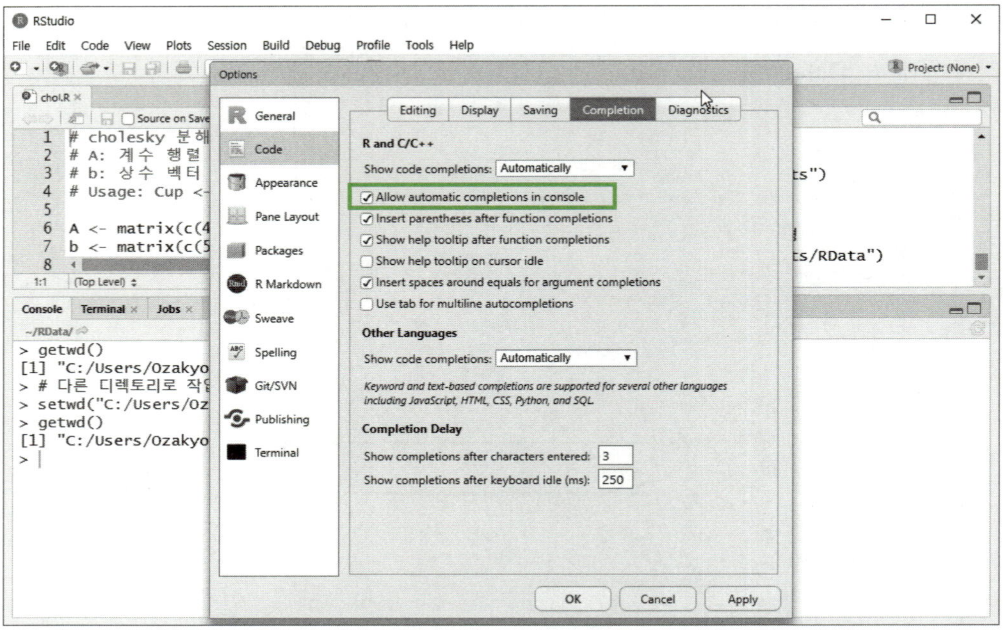

5 RStudio 화면 구성 및 기능

RStudio를 실행시키면 초기 통합개발환경 인터페이스를 볼 수 있다. RStudio는 기본적으로 4개의 인터페이스 창을 지원한다. ① 명령어를 입력하는 스크립트 창, ② 명령어를 실행하는 콘솔 창(RGui 콘솔과 동일), ③ 작업 디렉터리의 파일 탐색기, 그래프, 설치된 패키지들, 그리고 도움말을 보여주는 창, ④ 작업환경, 명령어 사용 내역, 그리고 연결된 데이터 소스 리스트를 보여주는 창이다.

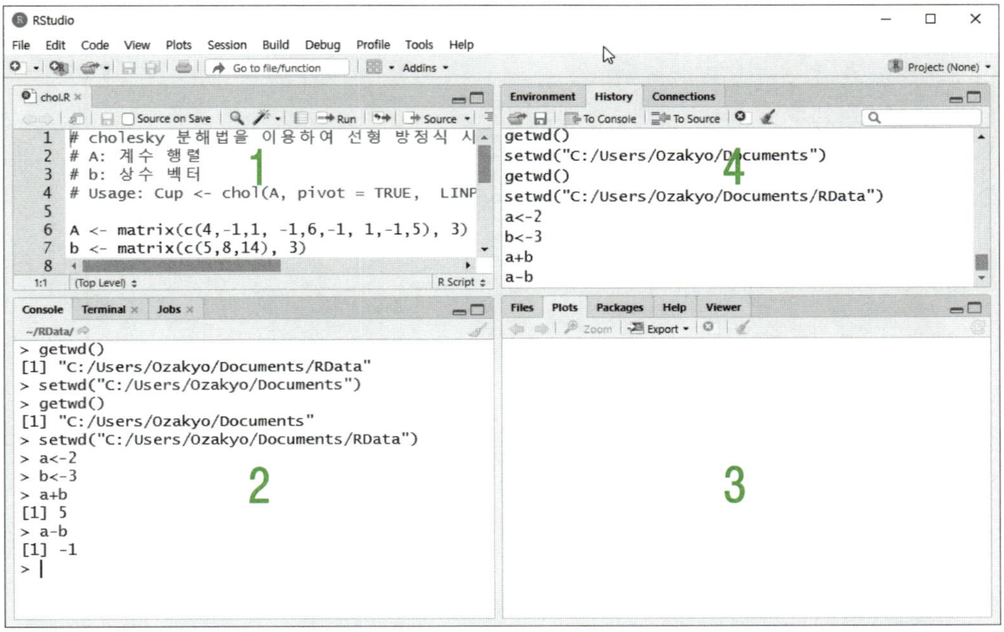

RStudio를 종료하려면 메뉴 바에서 File → Quit Session(Ctrl+Q)을 클릭하거나, 콘솔 창에서 프롬프트 ">" 다음에 "q()"를 입력하고 Enetr 키를 누른다. 그동안 작업하면서 할당된 변수들은 저장되며, 다시 RStudio를 실행하면 작업 내역 창에 보이는 것처럼 저장된 변수들을 재사용할 수 있다.

5-1 스크립트 창

Ctrl+1 단축키를 누르면 통합환경 인터페이스에서 왼쪽 상단 스크립트 창으로 이동할 수 있으며, 이는 단순한 명령어 입력 환경 CLI(command line Interface)를 갖는 R 편집기와 동일하다. 사용자에게 시각적으로 직관적인 GUI 환경으로 통합한 것이 RStudio이므로 당연히 R을 설치한 다음에 RStudio를 설치해야 한다.

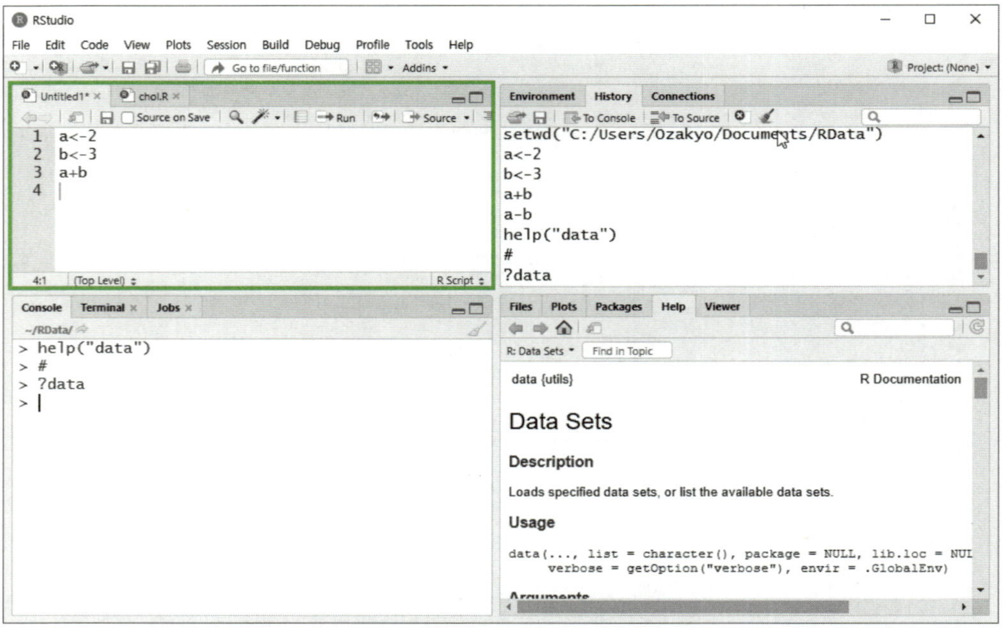

R은 파이썬과 다르게 스크립트 창에서 원하는 부분만 실행할 수 있어서 스크립트 창 활용이 매우 편리하다. Ctrl+Shift+1 단축키를 누르면 통합 인터페이스 왼쪽 상단의 콘솔 창만 확대되어 나타나며, 다시 한 번 Ctrl+Shift+1 단축키를 누르거나 메뉴의 View → Panes → Show all panes(Ctrl+Alt+Shift+O)를 체크하면 화면이 4개로 분할된 초기 인터페이스 환경으로 돌아갈 수 있다.

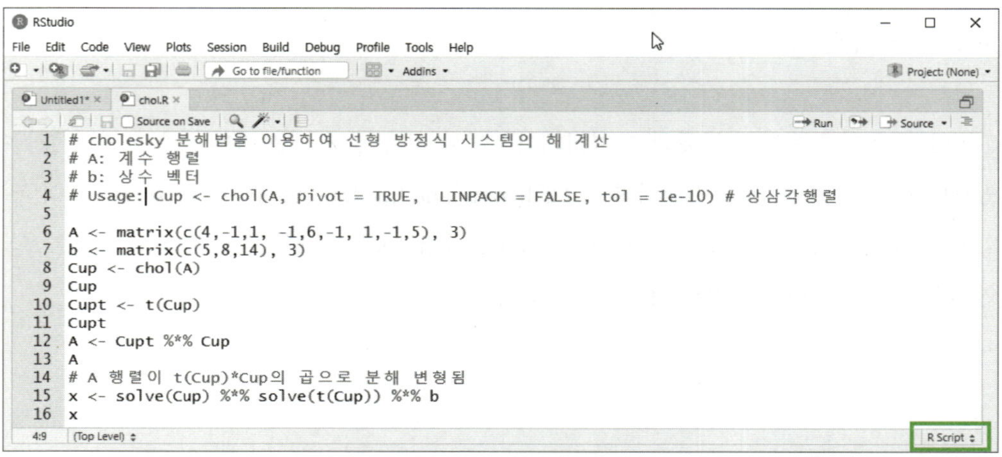

스크립트 창에서 명령어를 코딩하고 해당 줄에 커서를 놓고 Ctrl+Enter 키를 누르면 콘솔 창에 실행 결과가 나타난다. 하나 이상의 명령어를 블록으로 선택하고 Ctrl+Enter 키를 눌러도 실행 결과들이 콘솔 창에 나타난다. 설정하려면 메인 메뉴 Tools → Global options → Code → Editing 대화상자에서 "Execution" 항목으로 들어가서 "Ctrl+Enter executes"의 Ctrl+Enter 키 옵션을 선택하면 된다.

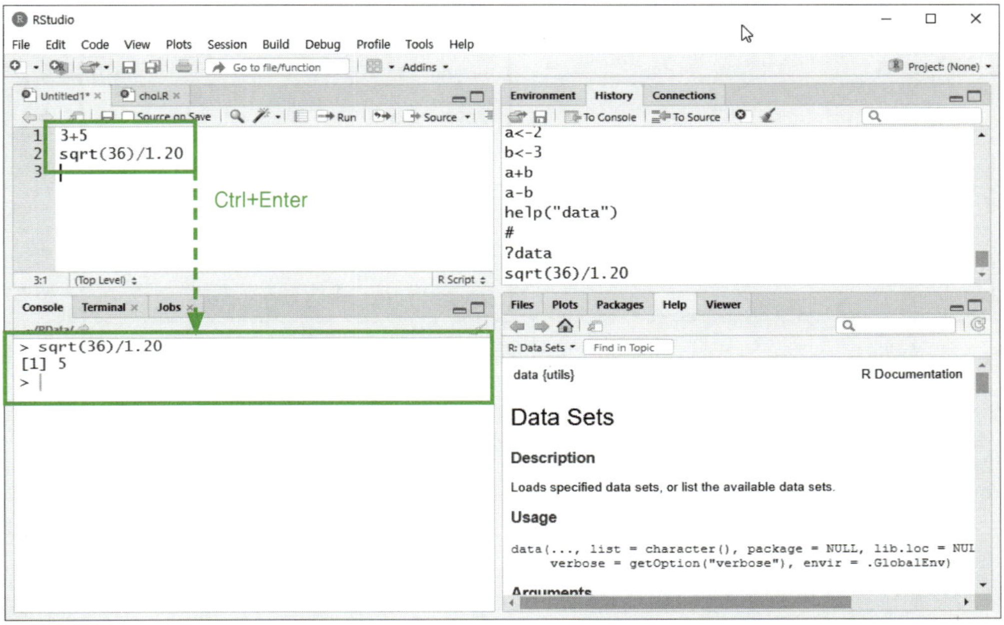

5-2 콘솔 창

Ctrl+2 단축키를 누르면 콘솔 창으로 이동할 수 있다. 이는 RGui CLI 환경의 콘솔과 동일하며, 스크립트 창에서 편집한 명령어의 실행 결과를 출력하는 공간을 제공한다.

Ctrl+Shift+2 단축키를 누르면 통합 인터페이스 왼쪽 하단의 콘솔 창만 확대되어 나타나며, 다시 한 번 Ctrl+Shift+2 단축키를 누르거나 메뉴 View → Panes → Show all panes(Ctrl+Alt+Shift+O)를 체크하면 화면이 4개로 분할된 초기 인터페이스 환경으로 돌아갈 수 있다.

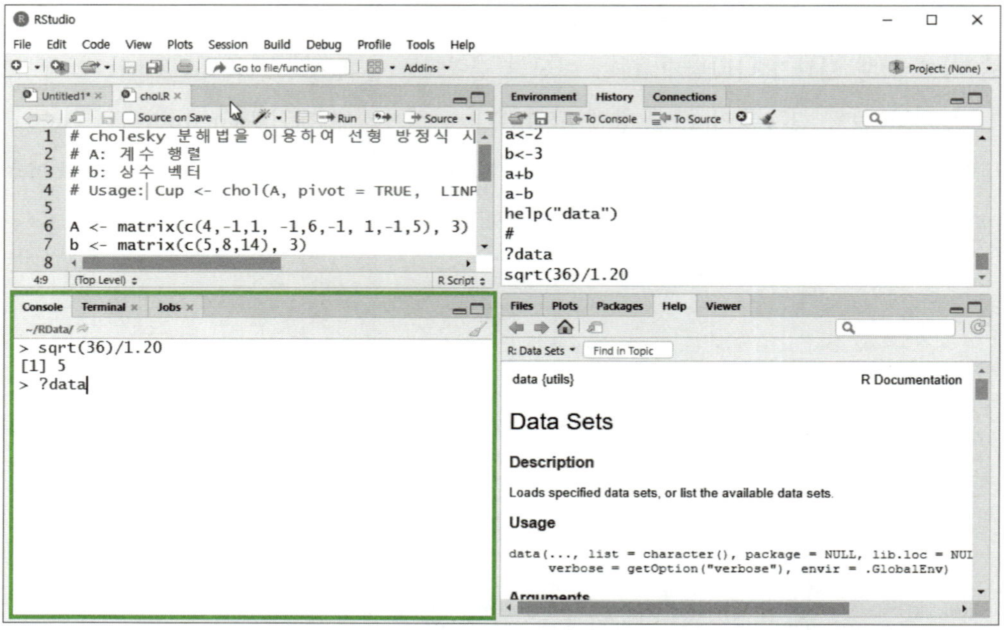

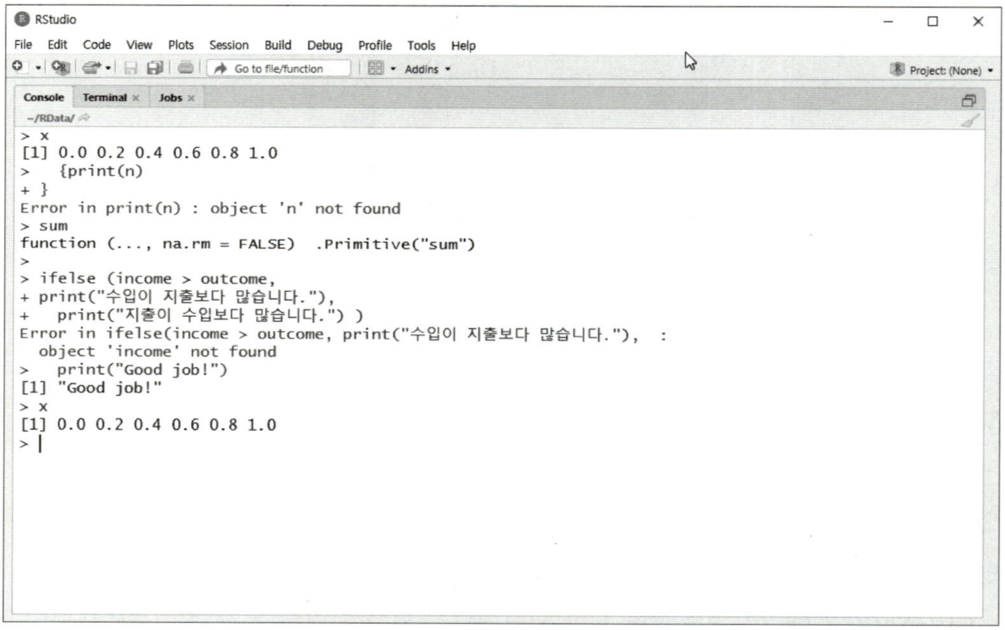

한 줄씩 명령어를 입력하고 Ctrl+Enter 키를 눌러 실행할 수도 있지만, 여러 줄의 명령어를 입력하는 경우 작은 수정만 있어도 처음부터 코딩을 반복해야 하는 까다로움 때문

에 스크립트 창에서 명령어를 입력하는 것이 권장된다. 경우에 따라 단축키 Ctrl+L을 누르면 콘솔 창에 입력된 내용이 지워져 직관적으로 화면이 비워지지만, 입력되거나 실행 결과로 얻은 변수의 값이나 차원 등은 새롭게 정의되기 전까지 메모리에 그대로 남아 있다.

5-3 작업 디렉터리 및 도움말 창

단축키 Ctrl+3을 사용하여 통합 인터페이스 오른쪽 하단의 작업 디렉터리 파일 탐색 창으로 이동할 수 있다. 이 창에서는 작업 디렉터리의 문서를 탐색하거나, 명령어 실행 결과가 그래프 또는 패키지 등으로부터 가공된 도표를 보여준다. 설치된 패키지나 설치하려는 패키지에 대한 정보를 확인할 수 있으며, 이해하기 쉽게 문서화된 도움말을 활용할 수 있다.

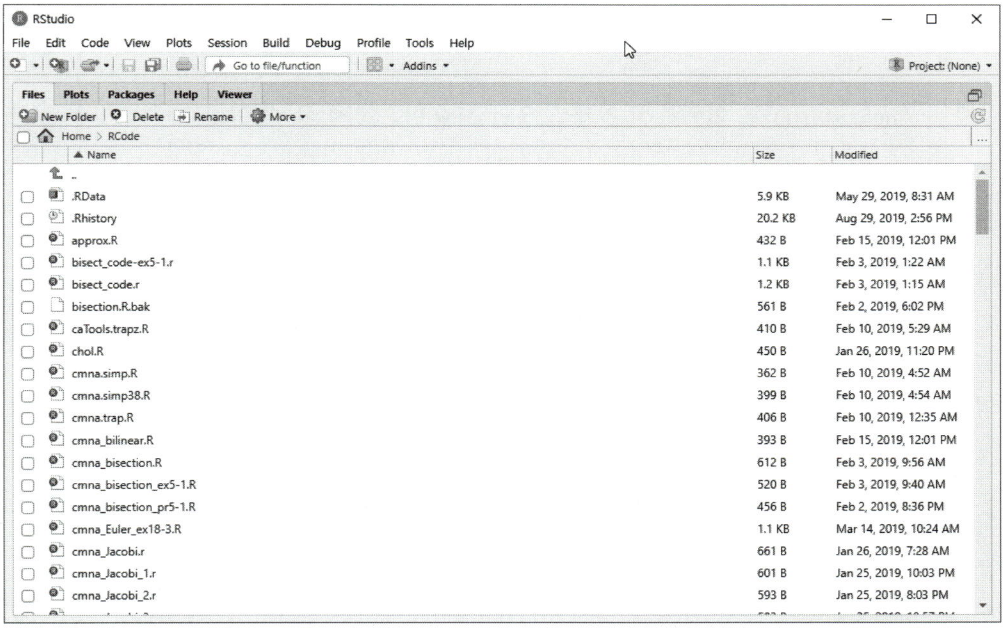

콘솔 창에서 프롬프트 “>” 다음에 인수 없이 “help()” 또는 “?help”를 입력하면 정리된 도움말 문서를 확인할 수 있다.

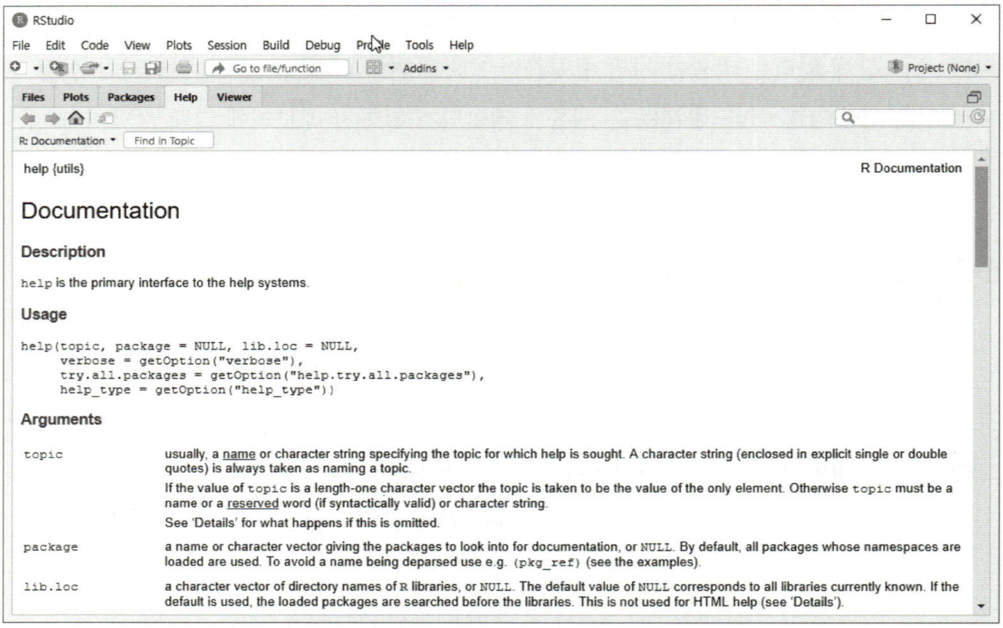

또는 "help.start()"를 입력하여 전체 도움말 사용법을 확인할 수 있다.

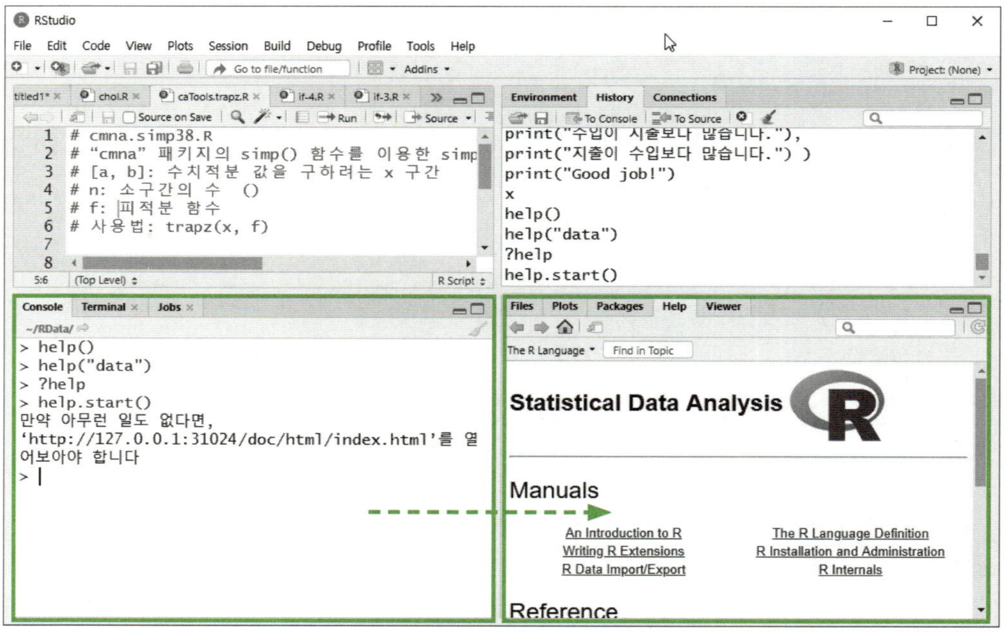

콘솔 창에서 "help(함수명)" 또는 "?함수명"을 입력하면 해당 함수에 대한 도움말을 확인할 수 있다. 예를 들어 "help(data)" 또는 "?data"를 입력하면 data 함수에 관한 사용법, 예시, 주의사항 등의 도움말을 참고할 수 있다.

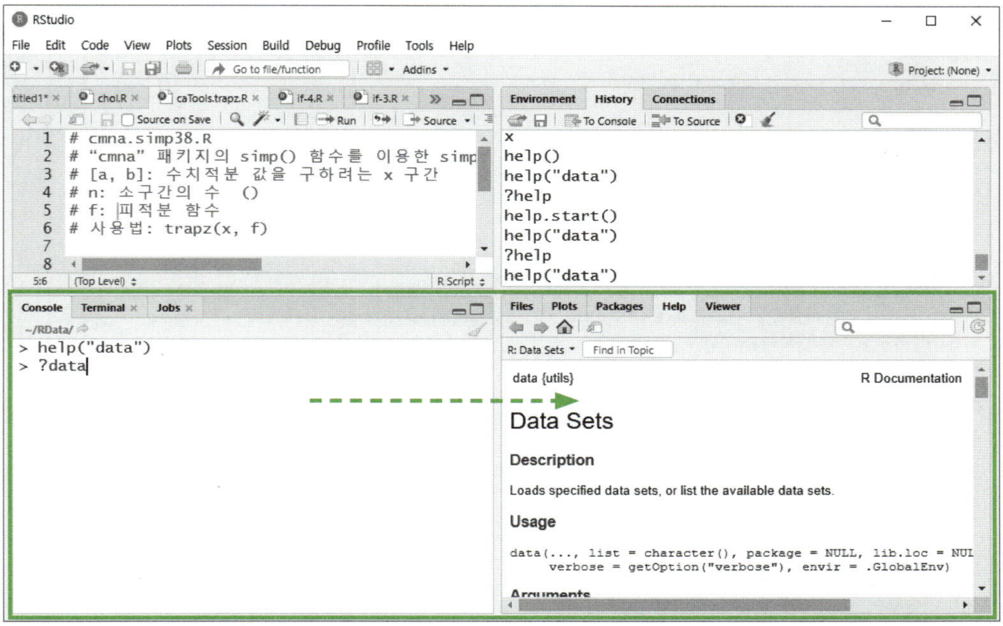

Ctrl+Shift+3 단축키를 누르면 오른쪽 하단의 작업 디렉터리, 플롯, 패키지, 도움 창만 확대되어 나타나며, 다시 한 번 Ctrl+Shift+3 단축키를 누르거나 메뉴 View → Panes → Show all panes(Ctrl+Alt+Shift+O)를 체크하면 화면이 4개로 분할된 초기 인터페이스 환경으로 돌아갈 수 있다.

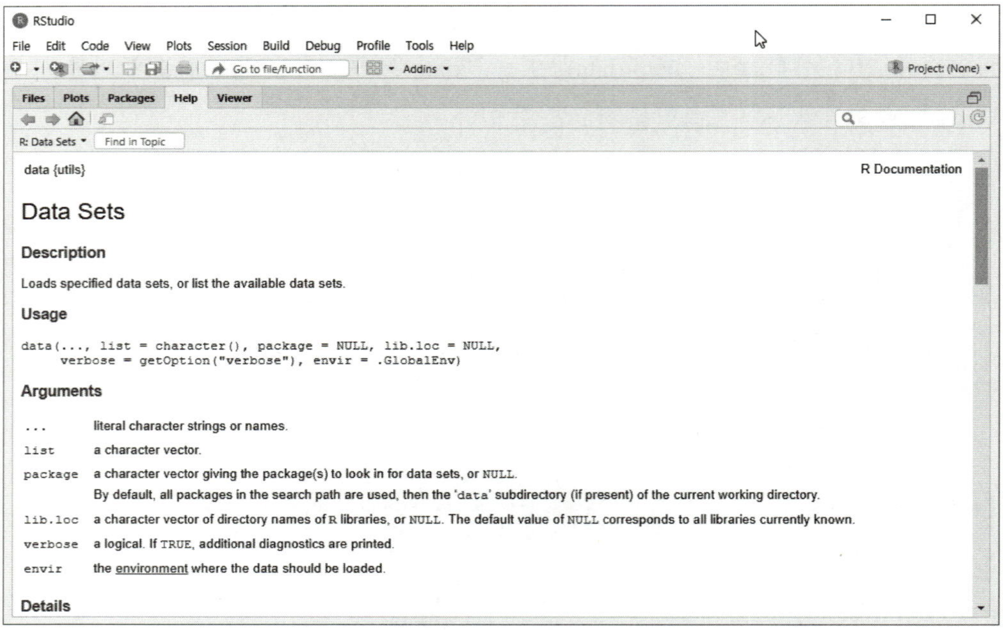

5-4 작업환경 및 작업내역 창

Ctrl+4 단축키를 누르면 통합 인터페이스 오른쪽 상단의 작업내역 창으로 이동한다. 기록된 명령어를 검색하거나, 실행을 원하는 명령어를 찾아 두 번 클릭하면 콘솔 창에 명령어가 자동으로 입력되어 명령어를 반복 코딩하는 수고를 덜어준다.

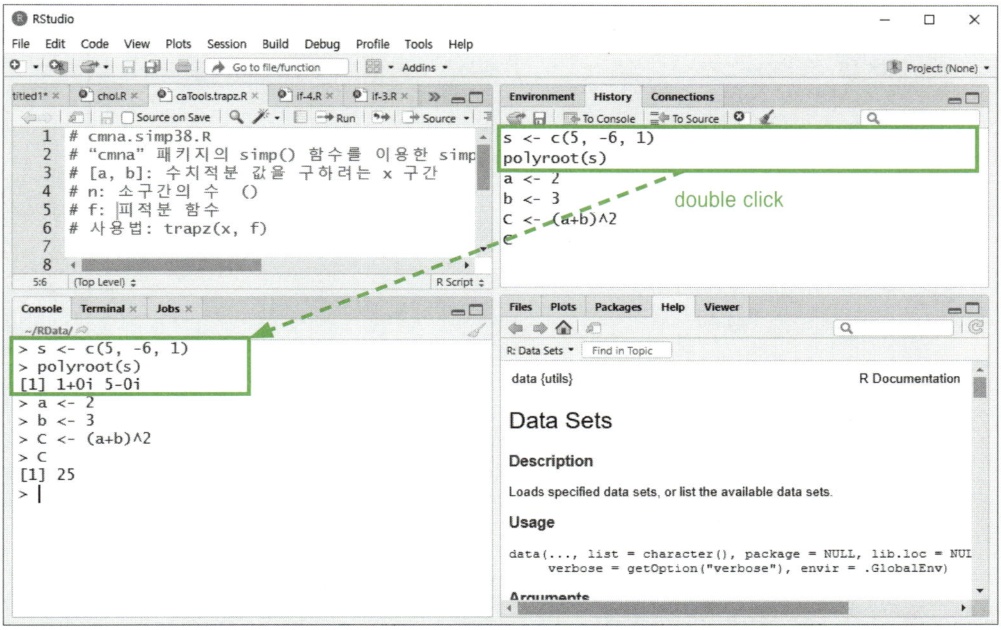

Ctrl+8 단축키를 누르면 통합 인터페이스 오른쪽 상단의 전역 환경(Global Environment) 창으로 이동하여 할당된 변수의 이름, 차원, 값 등을 확인할 수 있다.

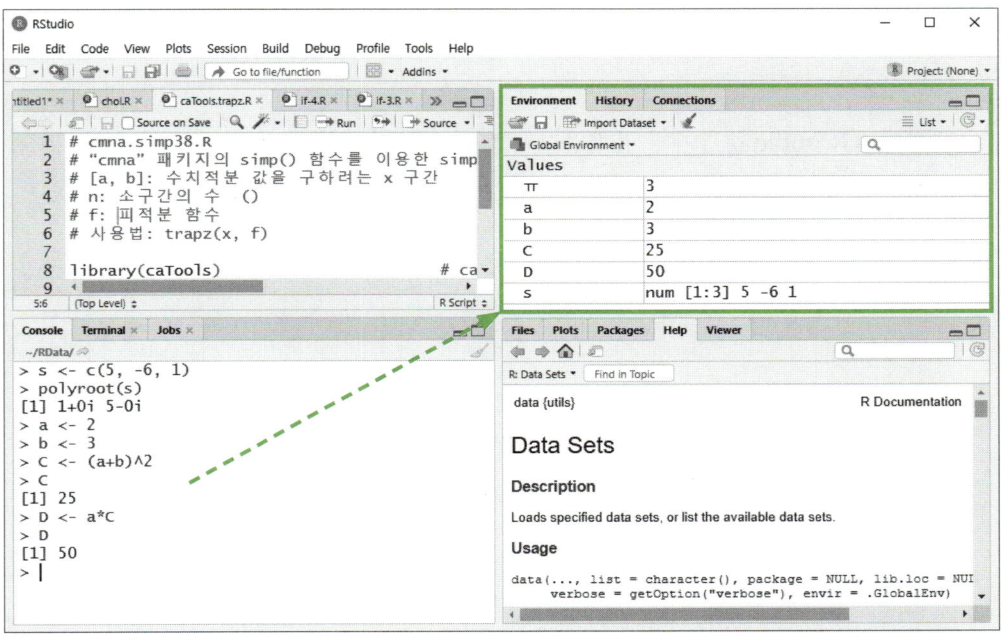

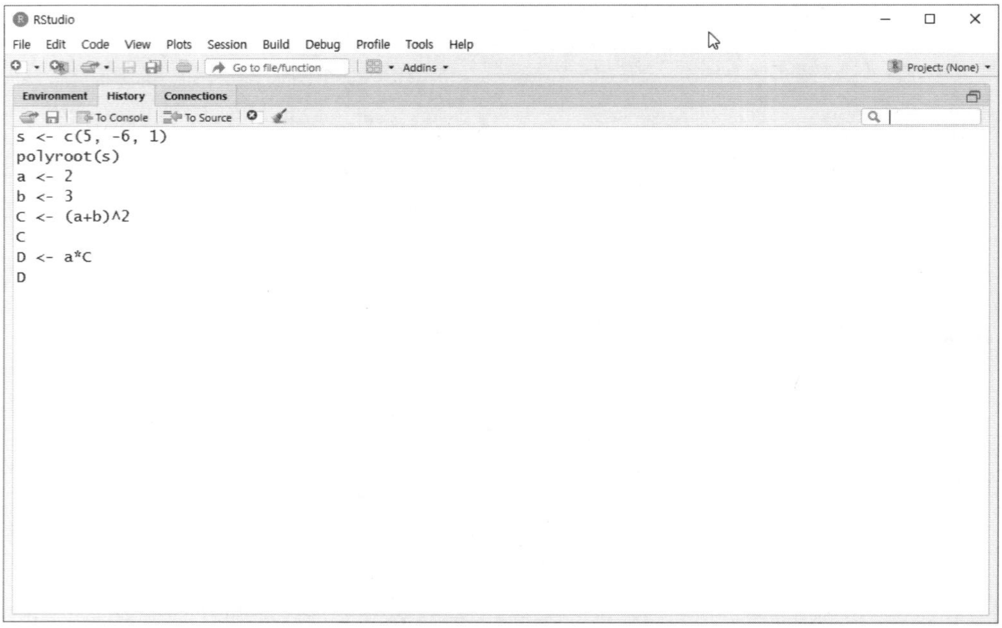

Ctrl+Shift+4 단축키를 누르면 인터페이스 오른쪽 상단의 전역 환경 창만 확대되어 나타나며, 다시 한 번 Ctrl+Shift+4 단축키를 누르거나 메뉴의 View → Panes → Show all panes(Ctrl+Alt+Shift+O)를 체크하면 화면이 4개로 분할된 초기 인터페이스 환경으로 돌아갈 수 있다.

3장에서는 RStudio 통합개발 플랫폼에서 데이터를 다루는 방법에 대한 설명을 이어갈 것이다.

chapter 03

R 기초 다지기

1 R 프로그래밍 개요

R은 통합개발환경 RStudio의 도움으로 Java, C++, 파이썬 등 다른 컴퓨터 언어처럼 계산 기능을 가진다. 또한, 상수, 벡터, 배열, 그리고 행렬 등 다양한 객체라는 기본 단위로 나뉘고 이 객체들의 상호작용을 서술하는 방식으로 프로그래밍한다. R은 기초 연산, 데이터 조작, 데이터 시각화, 과학적 계산, 통계 분석, 반응형 앱 개발 등의 문제를 해결할 수 있다. RStudio 환경의 스크립트 창에서 명령어를 편집하고, 콘솔 창에서 명령어를 실행한다. 즉, R 프로그래밍은 기본적으로 R 스크립트 편집과 R 스크립트 실행이라는 두 가지 동작으로 이루어진다.

(1) R 스크립트 편집

먼저 적합한 일련의 R 명령어들을 스크립트 창에서 편집한다는 것은 해야 할 일을 컴퓨터에게 지시하는 것과 같다. 컴퓨터가 R 명령어를 확실히 이해할 수 있도록 프로그래밍 언어가 갖는 문법을 따라야 한다.

(2) R 스크립트 실행

그러면 컴퓨터는 스크립트 창에 명시된 대로 콘솔 창에서 한 줄씩 R 명령어를 수행할 것이다. 즉, 컴퓨터는 명령받은 대로 자신이 할 일을 할 것이다.

2 기초 연산

콘솔 창은 명령어를 입력하는 공간과 결과를 출력하는 공간을 제공한다. 프롬프트(>) 다음에 명령어, 또는 내용을 입력하고 Enter 키를 누르면 다음 라인에 대괄호 [ ]와 함께 해당 명령이 실행된 결과 또는 반영된 내용을 반환한다.

다음 그림 같이 아주 단순한 계산으로 시작해보자.

```
2+5
[1] 7
2-5
[1] -3
2*5
[1] 10
1/3
[1] 0.333333
```

기초 수학의 일반적인 연산 순서를 준수한다.

```
(4+5)*2
[1] 18
4+5*2
[1] 14
(5^2+5)/2          # 5**2로 입력해도 동일
[1] 15
5 ^ 2 + 5/2
[1] 27.5
```

산술 연산에서 연산자 사이의 공백은 의미를 갖지 않는다.

나눗셈 연산에서 결과의 몫을 반환하는 산술 연산자는 "%/%"이며, 나머지를 반환하는 산술 연산자는 "%%"이다.

```
25%/%2
[1] 12              # 몫 반환
25%%2
[1] 5               # 나머지 반환. 2로 나누는 경우 홀수와 짝수 구별이 가능
```

복잡하고 긴 명령어를 입력하는 경우, 시각적인 직관성을 줄 필요가 있다. 입력하고 있는 명령어가 길어서 행이 넘어갈 때 아직 명령어가 끝나지 않았음을 알려 주기 위하여 연산자, 왼쪽 괄호 등을 이용하면 다음 행에 이어서 명령어를 입력할 수 있다. 다음 행으로 바뀌면서 프롬프트는 ">"에서 "+"로 바뀌는데, 이때 프롬프트 "+"는 덧셈 연산자를 의미하지 않으며 명령어 입력을 완성한 다음 Enetr 키를 누르면 ">" 프롬프트로 돌아온다. 원하지 않게 "+" 프롬프트가 나타날 때 Esc 키를 누르면 다시 ">" 프롬프트로 돌아온다.

```
(5^2 + 5)/          # (5^2 + 5)/2 완성하는 경우
 + 2
[1] 15
48*                 # 48*2 완성하는 경우
 + 2
[1] 96
```

객체 변수의 절댓값을 반환시키려면 abs() 함수를 이용하며, 소수점을 제외한 숫자의 수를 제한하려면 digits 인자가 지정된 options() 함수를 이용한다. 반환되는 숫자 값의 개수는 기본 7개로 설정되어 있다.

```
(23-45)/3
[1] -7.333333
abs((23-45)/3)
[1] 7.333333                # 기본 설정대로 7개 숫자로 반환
options(digits = 4)         # 결과를 4개 숫자로 반환하도록 설정 변경
abs((23-45)/3)
[1] 7.333
```

3 연산자

다음 표는 R 언어에서 사용되는 연산자들을 보여준다.

연산자 이름	기호	설명
주석 연산자	#	설명 등의 주석문을 입력할 때 사용하며 "#" 기호부터 해당 라인 끝까지 해석되지 않음.
연결 연산자	;	같은 라인에 하나 이상의 명령어 또는 변수를 할당할 때 사용
산술 연산자	+, -, *, /, ^ (**), %/%(몫), %%(나머지)	거듭제곱 연산자 ^ 대신 **를 사용해도 동일
할당 연산자	<-, =, ->	"<-" 기호를 사용하는 경우, 왼쪽에는 할당하고자 하는 변수명을, 오른쪽에는 할당하려는 변수 값을 입력 "x <- 23"과 "23 -> x"는 같은 값을 반환
논리 연산자	!=(not), &(and), |(or), &&(첫 요소만 AND 조사), ||(첫 요소만 OR 조사)	참/거짓의 2개의 논리값을 대상으로 하는 연산자 반드시 대문자로 반환(TRUE, FALSE)
비교 연산자 (조건문)	>(크다), >=(크거나 같다), <(작다), <=(작거나 같다), ==(일치), !=(불일치),	기호 왼쪽에 있는 변수 값을 기호 오른쪽에 있는 변수 값과 비교
모델식 연산자	~	회귀 분석 등에서 모델식을 생성할 때 사용 (예: 종속변수 ~ 독립변수)
인덱스(색인) 연산자	$	빅데이터 내 특정한 행 또는 열을 색인할 때 빅데이터 이름 바로 뒤에 $를 입력하고 행 또는 열 이름을 입력 요소 이름 연산자라고도 불림
수열생성 연산자	:	수열(등구간 벡터), 배열(array)을 생성할 때 사용
색인 연산자	[ ], [[ ]]	배열, 리스트 등 객체의 요소를 색인

다음은 논리 연산자를 사용했을 때 논리형 데이터 객체, 참(TRUE)과 거짓(FALSE)을 반환하는 예를 보여준다.

```
x <- 10 ; y <- 15 ; z <- 10
x ; y ; z
[1] 10
[1] 15
[1] 10
x == y          # x와 y는 같은가?
[1] FALSE
x == z          # x와 z는 같은가?
[1] TRUE
x < y           # x는 y보다 작은가?
[1] TRUE
y < x           # y는 x보다 작은가?
[1] FALSE
x != y          # x와 y는 다른가?
[1] TRUE
x != z          # x와 z는 다른가?
[1] FALSE
"R Programming" == "R programming"     # 대소문자를 구분
[1] FALSE
```

4 내장 상수

R 언어에는 pi, 26개의 로마 알파벳 대문자(LETTERS), 26개의 로마 알파벳 소문자(letters), 12개의 영문 월별 축약 이름(month.abb), 그리고 12개의 영문 월별 이름(month.name)의 상수가 내장되어 있다. "??Constants"를 입력하면 내장 상수에 대한 도움말을 확인할 수 있다.

```
pi
[1] 3.141593
LETTERS
 [1] "A" "B" "C" "D" "E" "F" "G" "H" "I" "J" "K" "L" "M" "N"
[15] "O" "P" "Q" "R" "S" "T" "U" "V" "W" "X" "Y" "Z"
letters
 [1] "a" "b" "c" "d" "e" "f" "g" "h" "i" "j" "k" "l" "m" "n"
[15] "o" "p" "q" "r" "s" "t" "u" "v" "w" "x" "y" "z"
month.abb
 [1] "Jan" "Feb" "Mar" "Apr" "May" "Jun" "Jul" "Aug" "Sep"
[10] "Oct" "Nov" "Dec"
month.name
 [1] "January"   "February" "March"    "April"
 [5] "May"       "June"     "July"     "August"
 [9] "September" "October"  "November" "December"
letters[c(1:3, 25:26)]       # 알파벳 처음의 글자 3개와 마지막 2개의 요소 반환
[1] "a" "b" "c" "y" "z"
month.name[c(1:3, 11:12)]  # 처음 3개, 마지막 2개의 요소 반환
[1] "January" "February" "March" "November" "December"
month.name[-c(10:12)]        # 10번째부터 12번째 요소를 제거
 [1] "January"   "February" "March"    "April"
 [5] "May"       "June"     "July"     "August"
 [9] "September"
```

5 변수 명명

변수의 이름을 정할 때 다음과 같은 규칙을 따라야 한다.

- 대문자와 소문자를 구별한다.
- 알파벳 소문자(a-z), 대문자(A-Z), 숫자, 마침표(.), 언더바(_)로 구성한다.
- 마침표(.)로 시작하고 마칠 수 있다.
- 마침표 다음에는 숫자가 올 수 없다.

- 숫자나 언더바(_)는 첫 글자가 될 수 없다.
- 하이픈(-)을 사용할 수 없다.
- R의 예약어(if, for, while, TRUE, FALSE, NA, NaN, lnf, −lnf, NULL 등)는 사용할 수 없다.

```
while <- 345
Error: unexpected assignment in "while <-"
TRUE <- 345
Error in TRUE <- 345 : invalid (do_set) left-hand side to assignment
lnf <- 345
Error in NaN <- 4.55 : invalid (do_set) left-hand side to assignment
NA <- 345
Error in NA <- 123 : invalid (do_set) left-hand side to assignment
```

- R의 내장 상수(예: pi)는 사용할 수 없다.
- 첫 문자는 소문자로 지정하고 변수의 의미가 세분화되는 내용의 대문자로 이어붙이는 Camel 법(예: 시스템의 출력을 프린트, SystemOutPrint)이나, 변수 이름 앞에 변수의 자료형의 약자를 넣는 Hungarian 법(예: 인스턴스의 핸들값, HINSTANCE)이 선호된다.

6 변수 할당

아래 박스는 변수를 할당하여 연산하는 예시이다. 변수를 할당한 다음 Enter 키를 누르더라도 변수 값이 자동으로 출력되지 않으며, 이후에 할당된 변수를 입력하고 Enter 키를 눌러야 값이 반환된다.

```
x <- 4.5    # 4.5을 변수 x에 할당. "<<-"도 사용 가능하나 권장하지 않음.
6.2 -> y    # 변수 y에 6.2을 할당. 할당 연산자는 반대 방향으로 사용할 수도 있다.
z <- x+y    # 변수 z는 변수 x와 변수 y의 합
z
[1] 10.7
```

한꺼번에 여러 개의 변수에 값을 할당할 수 있으며, ";"을 사용하여 동일한 라인에 여러 명령어를 동시에 실행할 수 있다.

```
a <- b <- 10        # 동시에 여러 개의 변수에 수치 값 할당
a
[1] 10
b
[1] 10
x ; y ; z           # 동일한 라인에 하나 이상의 명령어 실행
[1] 4.5             # 결과들이 동시에 출력됨
[1] 6.2
[1] 10.7
```

경우에 따라 assign() 함수를 이용하여 변수를 할당할 수도 있다.

```
assign("var", 15)
var
[1] 15
```

R에서 연산자, 변수, 함수를 사용하고 생성한 모든 것이 객체이다. 작업공간(workspace)에서 할당된 객체 리스트를 보려면 ls() 또는 objects() 함수를 사용한다.

값이 할당된 변수들은 통합개발 인터페이스 오른쪽 상단의 작업 공간에서 언제든지 불러와 사용할 수 있으며, 경우에 따라 rm() 함수를 사용하여 변수를 제거할 수 있다.

```
ls()                # 작업공간 메모리에 저장된 변수 리스트 확인
[1] "a", "b", "x". "y", "z", "var"
objects()           # 작업공간 메모리에 저장된 변수 리스트 확인
[1] "a", "b", "x". "y", "z", "var"
mode(x)             # 기본형 데이터 유형을 확인. 클래스형은 class() 사용
[1] "numeric"       # x 변수 데이터 객체의 유형이 수치형임을 확인
rm(a)               # 변수 a를 제거하는 함수
a
에러: 객체 'a'를 찾을 수 없습니다.  # 변수 x는 제거되었기 때문에 에러 발생
ls()                # 또 다시 작업 공간의 변수 리스트 확인
[1] "b", "x", "y", "z", "var"  # 변수 x가 변수 리스트에서 제거된 것이 확인됨.
```

7 내장 함수

log()는 밑수가 e인 자연로그 함수이고, 안티로그 함수는 exp()이다. log10()은 상용로그 함수이며, 안티로그 함수는 10^()이다.

```
log(10)          # 자연로그
[1] 2.303
exp(2.303)       # 안티 자연로그
[1] 10
log10(100)       # 상용로그
[1] 2
10^(2)           # 안티 상용로그
[1] 100
```

R 언어에서 삼각함수는 라디안(radian)을 사용한다. 2π 라디안(radian) = 360°이므로, 라디안 = 180°/π 관계가 성립된다.

```
sin(pi/2)
[1] 1
cos(0)
[1] 1
cos(pi)
[1] -1
```

반올림에는 올림(rounding up)에 사용하는 ceiling() 함수, 내림(rounding down)에 사용하는 floor() 함수, 소수점 이하를 절삭하는 trunc() 함수가 있다.

```
ceiling(3.6)
[1] 4
floor(3.6)
[1] 3
trunc(4.6)
[1] 4
```

컴퓨터는 필연적으로 함수를 보정하는 과정에서 반올림 오차(round-off error)를 유발한다. 가까운 정수로 반올림하는 round(numeric, digits) 함수를 사용하며, digits 인자를 추가하여 반환되는 값의 소수점 이하 또는 이상의 자릿수를 정한다. 인자를 입력하지 않으면 기본 설정값 0으로 해석된다.

```
options(digits=7)
round(1234.56789123)
[1] 1235                    # 기본 설정 소수점이 없음
round(1234.56789123, -2)
[1] 1200                    # 소수점 왼쪽 2자리까지 반올림
round(1234.56789123, 3)
[1] 1234.568                # 소수점 오른쪽 3자리까지 반올림
```

데이터의 숫자 값이 아주 작아 소수점 다음에 전치 영이 많거나 값이 매우 큰 경우, 과학적 표기법으로 나타내면 콘솔 창이 간결해보일 뿐 아니라 메모리를 적게 차지해서 연산 속도를 빠르게 할 수 있다.

```
sci <- 0.0000000023
sci
[1] 2.3e-09
sce <- 300000000000
sce
[1] 3e+11
```

다음은 R에 내장된 수학 함수를 요약한 표이다.

R 내장 함수	내용
floor(x)	x보다 작은 최대 정수
ceiling(x)	x보다 큰 최소 정수
trunc(x)	절삭(소수점 이하를 떼어냄) 양수에 대하여 floor()와 음수에 대하여 ceiling() 동일한 결과
round(x)	x를 정수로 반올림
round(x, n)	x를 소수점 n자리까지 반올림

signif(x, digits=n)	x의 n자리 과학적 표기법
options(digits=n)	n개의 숫자로 출력(소수점 제외)
runif(n)	균일 분포하는 0과 1 사이에서 n개의 난수를 생성
print(x)	x를 출력
mode()	일반형 데이터 객체의 속성 파악
class()	일반형과 구조형 데이터 객체의 속성 파악
typeof()	데이터 객체의 속성 파악 수치형 객체의 경우, 실수(double)와 정수(integer) 여부 반환
storage.mode()	데이터 객체의 속성 파악
length(x)	x인자의 수
abs(x)	x의 절댓값
plot(x, y)	x-y 그래프 생성
length(x)	벡터, 배열, 행렬, 리스트, 데이터 프레임 x를 이루는 요소의 수
nchar()	문자열의 길이(크기)를 반환
objects()	현재 작업환경에서 구동 중인 객체 리스트
ls()	현재 작업환경에서 구동 중인 객체 리스트
search()	현재 작업환경에서 구동 중인 패키지 리스트
names()	객체의 이름을 반환하거나 지정
setNames()	객체의 이름을 지정
head()	데이터 프레임의 앞부분 반환
tail()	데이터 프레임의 뒷부분 반환
View()	스크립트 창에서 데이터 확인
str()	객체의 구조, 속성 반환
dim()	객체의 행과 열의 수 반환
table()	벡터의 도수 분포도 작성. 요인형의 경우 (수준 대 빈도) 반환
summary()	문자형 객체에 대해 도수 분포도와 속성을 반환 수치형 객체에 대해 6가지 통계 변수 반환

chapter 04

기본형 데이터

1 기본형 데이터 유형과 속성

객체로 취급되는 데이터의 속성은 기본형과 구조형으로 구분될 수 있으며 데이터 유형과 속성을 검정하는 함수는 다음과 같다.

데이터	데이터 유형	속성을 감정하는 함수
기본형	수치형(실수와 정수), 논리형(참, 거짓), 복소수형, 문자형, 기타형	mode(), typeof(), class()
구조형 (또는 클래스형)	리스트(list), 벡터(vector), 배열(array), 요인(factor), 행렬(matrix), 데이터 프레임(data frame)	class()

기본형 데이터는 다음과 같은 규칙을 갖는다.

- 기본형 데이터 객체는 mode() 또는 typeof() 함수를 이용하여 속성을 확인할 수 있다.
- 수치형(numeric): 실수(double), 정수(integer) 등 숫자로 표현되며, 문자가 하나라도 포함되면 전체가 문자형(character)으로 변한다.
- typeof() 함수를 이용하여 수치형 데이터 속성을 확인하면 integer(실수) 또는 double(정수)을 반환한다.

- 문자형(character): 문자 또는 문자열(string) 등으로 표현되며 양쪽에 큰따옴표("")를 씌워서 할당된다.
- 논리형(logical): 참(TRUE), 거짓(FALSE)으로 표현되며, 반드시 대문자로 써야 한다. TRUE는 0 이외의 값을, FALSE는 0의 값을 나타낸다. 축약하여 T 또는 F로 사용할 수 있지만 변수로 인식되어 오류가 발생하는 경우가 있기 때문에 권장하지 않는다.
- 복소수형(complex) 데이터는 실수 값 다음의 허수 값에 알파벳 "i"를 포함시켜 할당된다.
- 기타형 데이터 유형에는 NA, NaN, NULL 등이 있다.

다음 표는 기본형 데이터의 유형을 보여준다. 구조형(또는 클래스형) 데이터 객체의 유형은 다음 장에서 다룰 것이다.

기본형 데이터 유형	세부 유형	예	비고
수치형(numeric)	실수(double) 정수(integer)	33.5, - 56.90 23, 45	
문자형(character)	문자(character) 문자열(character string)	"예" "잠시 외출 중!"	
논리형(logical)	참 거짓	TRUE FALSE	
복소수형(complex)	실수부분, Re(A) = 3 허수부분, Im(A) = 4 켤레복소수, Conj(A) 복소수의 크기, Mod(A) 복소수의 위상, Arg(A)	A <- 3 + 4i	
기타형	결측치(Not Available, Missing Data) 비숫자(Not a Number) 무한대(Infinite) 적절한 값이 존재하지 않음	NA NaN -Inf, Inf NULL	-10/0, 10/0

is.*()는 객체 데이터의 속성을 검정하는 함수이다. 숫자 끝에 알파벳 L을 추가하면 수치형 데이터를 소수점이 없는 정수형 데이터 객체로 할당할 수 있다.

```
x <- 35              # x에 실수 35를 할당
is.numeric(x)        # x는 수치형인가?
[1] TRUE             # x는 수치형이므로 참을 반환
typeof(x)            # x의 데이터 속성을 확인
[1] "double"
is.double(x)         # x는 실수인가?
[1] TRUE             # x는 수치형이므로 참을 반환
is.integer(x)        # x는 정수인가?
[1] FALSE            # x는 정수가 아니므로 거짓을 반환
x <- 35L             # x에 정수 35를 할당
is.integer(x)        # x는 정수인가?
[1] TRUE             # x는 정수이므로 참을 반환
typeof(x)          # 수치형 데이터의 속성(정수:integer, 또는 실수:double) 반환 mode(x),
class(x)와 같은 결과 반환
[1] "integer"
```

typeof() 함수는 mode(), class()와 동일한 결과를 반환하지만, 수치형 데이터의 경우 실수(double)와 정수(integer)를 구분할 수 있다. 이외의 데이터 객체를 검정하는 함수에는 is.character(), is.list(), is.array(), is.data.frame(), is.function() 등이 있다.

문자형 데이터 객체를 할당하려면 큰따옴표("")를 사용한다. as.*() 함수는 강제형 객체 변환 함수이며, 객체 데이터의 속성을 변환하는 함수이다. 문자형 객체는 큰따옴표로 묶인 것과 수치형 객체를 문자형 객체로 강제 변환시킨 것에 주목한다. 다음은 논리형 데이터 객체의 예를 보여준다.

```
y <- "Sample Character is 문자형 데이터" # x에 문자형 데이터를 할당
y
[1] "Sample Character is 문자형 데이터"  # 문자형 객체를 반환
print(y)                                 # 데이터 객체를 출력
[1] "Sample Character is 문자형 데이터"
mode(y)                                  # x의 속성을 파악
[1] "character"
is.character(y)                          # x의 속성을 검정
[1] TRUE
```

```
x <- 350L ; z <- 45.67               # x를 정수로, z를 실수로 할당
as.double(x)                         # 정수 x를 실수로 강제 변환
[1] 350
as.integer(z)                        # 실수 z를 정수로 강제 변환
[1] 45
as.character(x)                      # 정수 x의 속성을 문자형으로 강제 변환
[1] "350"                            # x가 문자형 객체이므로 큰따옴표로 묶임
```

다음은 데이터 유형별로 사용되는 객체의 속성을 검정하는 함수와 강제로 데이터 객체의 유형을 변환시키는 함수를 정리한 표이다.

데이터 유형	속성 검정 함수	강제형 객체 변환 함수
수치형	is.numeric()	as.numeric()
정수형	is.integer()	as.integer()
실수형	is.double()	as.double()
문자형	is.character()	as.character()
논리형	is.logical()	as.logical()
복소수형	is.complex()	as.complex()
벡터형	is.vector()	as.vector()
미가공 데이터형	is.raw()	as.raw()
리스트형	is.list()	as.list()
배열형	is.array()	as.array()
행렬형	is.matrix()	as.matrix()
요인형	is.factor()	as.factor()
시계열형	is.ts()	as.ts()
표형	is.table()	as.table()
행렬형	is.matrix()	as.matrix()
데이터 프레임형	is.data.frame()	as.data.frame()
함수형	is.function()	as.function()
직교행렬형	is.QR()	as.QR()

다음은 모든 요소의 데이터 유형을 확인하고 논리형 데이터 객체 또는 속성을 반환하는 예시를 보여준다.

```
all.equal(10, 2*5, 100/10)      # 인수들이 모두 동일한 데이터 속성을 갖는가?
[1] TRUE                        # 참으로 판단
all.equal(13, "This")           # 수치형 데이터와 문자형 데이터를 입력한 경우
[1] "Modes: numeric, character"
[2] "target is numeric, current is character"
```

다음은 복소수 데이터 객체를 할당하고 관련 함수들을 적용한 예를 보여준다.

```
A <- 3 + 4i        # 복소수형 데이터를 A에 할당
Re(A)              # 복소수 A의 실수 부분
[1] 3
Im(A)              # 복소수 A의 허수 부분
[1] 4
Conj(A)            # 복소수 A의 켤레복소수
[1] 3 - 5i
Mod(A)             # 복소수 A의 크기
[1] 5
Arg(A)             # 복소수 A의 위상
[1] 0.9272952
```

2 Inf, −Inf와 NaN

다음은 infinity(무한대), −inf(음의 무한대) 그리고 NaN(Not a Number, 비숫자)의 예를 보여준다. NaN은 수가 아님을 의미하며, NA(Not Available, 결측치)와는 의미가 다르다.

```
10/0
[1] Inf
-10/0
[1] -Inf
log(0)
[1] -Inf
Inf*Inf
[1] Inf
Inf-Inf
[1] NaN
Inf/Inf
[1] NaN
0/0
[1] NaN
is.infinite(10)        # 무한값 검정
[1] FALSE
is.finite(10)          # 유한값 검정
[1] TRUE
is.infinite(Inf)
[1] TRUE
is.finite(Inf)
[1] FALSE
```

3 NA와 NULL

NA(결측치)와 NULL(적절한 값이 존재하지 않음)은 데이터 분석과 통계 계산에서 중요한 역할을 한다. 이 둘은 비슷하게 보이지만 서로 다른 개념을 갖는 객체이므로 사용할 때 주의해야 한다. 다음은 기타형 데이터 객체 NA와 NULL의 속성을 비교한 표이다.

NA	NULL
0이 아니다. 설문조사 등에서 특정 항목에 값을 입력하지 않은 경우처럼 값이 없는 공백을 의미한다.	프로그램 편의상 변수의 변수가 초기화가 되지 않은 경우처럼 값을 비워둔 상태를 의미한다. 특정 함수가 적용되면 값이 채워진다.
x가 데이터 객체일 때 is.na(x): x가 결측치 여부를 확인한다.	x가 데이터 객체일 때 is.null(x): x가 아직 결정되지 않는 값인지 확인한다.
예: is.na(x) !is.na(x)	예: is.null(x) !is.null(x)

데이터를 분석할 때 다양한 이유로 발생한 결측치를 포함한 데이터를 다뤄야 하는 경우가 있다. R 언어의 결측치(NA)는 벡터 객체의 한 요소의 값으로 사용될 수 있다. is.na() 함수와 부정을 나타내는 느낌표(!)가 추가된 !is.na() 함수를 사용하여 객체의 결측치 여부를 확인할 수 있다.

```
a <- c(10, 20)            # 2개의 요소로 이루어진 a 벡터 생성
a[4] <- 40                # a의 4번째 요소로 40을 할당
a
[1] 10 20 NA 40           # a의 3번째 요소를 결측치로 할당
is.na(a)                  # 객체 a의 요소별 결측치 검정
[1] FALSE FALSE TRUE FALSE
any(is.na(a))             # 객체 a의 결측치 검정
[1] TRUE
any(!is.na(a))            # 객체 a의 결측치 검정
[1] FALSE
sum(is.na(a))             # 객체 a의 결측치 수
[1] 1
```

벡터 요소 중 하나라도 NA를 포함하는 벡터에 결과로 스칼라를 반환하는 함수(예: sum, min, max, mean, var, sd 등)를 적용하면 결과는 NA가 된다. 결측치를 제거한 나머지 요소에 대하여 연산을 실행시키려면 인자를 "na.rm=TRUE"로 설정해줄 수 있다.

```
a
[1] 10 20 NA 40
sum(a)
[1] NA
mean(a)
[1] NA
mean(a, na.rm=TRUE)        # 결측치를 제외한 평균 반환
[1] 23.33333
```

그리고 결과를 요소별로 반환하는 함수(예: 사칙연산 등)를 적용하면 NA를 갖는 요소에 대한 결과만 NA를 반환한다.

```
a <- c(10, 20, NA, 40) ; b <- c(5, 10, 15, 20)
a+b
[1] 15 30 NA 60
a*b
[1]  50 200  NA 800
a[is.na(a)] <- 45        # 결측치 요소에 값 할당
a
[1] 10 20 45 40
```

NULL은 결측치가 아니라 값이 존재하지 않는다는 것을 의미한다. 어떤 함수는 NULL을 반환하기도 하고, 함수의 인자가 NULL 값을 갖기도 한다. NA와 NULL의 중요한 차이점은 NULL은 벡터의 일부가 될 수 없으며, 벡터에 할당하더라도 저장되지 않고 사라진다. 벡터의 길이(요소의 개수)에 반영되지 않는다.

```
n <- c(5, 10, NULL, 20)
n
[1] 5  10  20            # 원래 벡터 n의 3번째 요소 NULL이 사라짐
n[3]
[1] 20                   # 벡터 d의 n번째 요소는 20
length(n)
[1] 3                    # 벡터 n의 요소는 3개
```

NULL 값을 확인하는 is.null() 함수를 적용하면 거짓을 반환한다.

```
n <- c(5, 10, NULL, 20)
is.null(n)
[1] FALSE
```

하지만 단일 요소를 갖는 벡터, 스칼라에 NULL 값을 할당하면 is.null() 함수는 참을 반환한다.

```
n <- NULL
is.null(n)
[1] TRUE
```

chapter 05

구조형 데이터

1 구조형 데이터의 유형

스칼라는 수치형, 문자형, 또는 논리형 데이터 객체 중 한 가지 크기만 갖는 값이며, R에서 하나의 요소를 갖는 벡터로 간주된다. 벡터는 수치형, 복소수형, 문자형, 또는 논리형 데이터 객체 중에서 한 가지 유형만 사용하여 1차원으로 배열한 데이터 묶음이다. 행렬은 같은 유형의 객체를 2차원으로 나열한 데이터 묶음이며, 배열은 3차원 구조로 배열한 데이터 묶음이다. 요인 객체는 수치형 또는 문자형 데이터 중 한 가지 유형으로 구성되며 서로 연관성이 없는 나열형(예: 국어, 과학, 수학, 영어)과 연관성을 갖는 순서형(예: spring, summer, autumn, winter)으로 구분된다. 리스트(list) 객체는 서로 다른 데이터 유형을 인위적으로 묶어놓은 객체이다. 마지막으로 데이터 프레임은 열(column)마다 데이터 유형(mode)이 다른 구조(테이블 형태)로 구성된다. 다음 표는 구조형(또는 클래스형) 데이터 객체마다 요구되는 데이터 개수와 데이터 할당 규칙을 보여준다.

구조형 데이터 유형	데이터 개수	데이터 할당 규칙	함수명
스칼라 (scalar)	1	한 가지 단수 데이터 (수치형, 문자형, 논리형)	
벡터 (vector)	복수	한 가지 데이터 유형으로만 구성 (수치형, 문자형, 논리형)	c()
배열 (array)	복수	한 가지 데이터 유형으로만 구성 (수치형, 문자형, 논리형)	array()
요인 (factor)	복수	한 가지 데이터 유형으로만 구성 (수치형, 문자형, 논리형)	factor()
리스트 (list)	복수	스칼라를 제외한 모든 데이터 유형을 포함하여 구성 가능	list()
행렬 (matrix)	복수	한 가지 데이터 유형으로만 구성 (수치형, 문자형, 논리형)	matrix()
데이터 프레임 (data frame)	복수	인자(열 또는 필드)별로 한 가지 데이터 유형으로만 구성	data.frame()

2 벡터

벡터는 실수(double), 정수(integer), 문자열(string), 또는 논리값(logical) 데이터 객체를 요소로 가질 수 있지만 서로 다른 유형의 객체를 혼용하여 사용할 수 없다. 다시 말해 벡터는 같은 유형의 데이터 객체로 구성되어야 하며, 다양한 방법으로 벡터를 생성할 수 있다.

① 콜론(:) 연산자를 사용하면 손쉽게 정수 수열을 만들 수 있다. 증가 및 감소 방향 모두 가능하다.

```
A <- 1 : 10
A
[1] 1 2 3 4 5 6 7 8 9 10
B <- 1 : -10
B
 [1]  1  0 -1 -2 -3 -4 -5 -6 -7 -8 -9 -10
```

② c() 함수는 변수 값들을 직접 연결(concatenation)시켜 백터를 만들 수 있다.

```
A <- c(1.2, log(1.5), 0.03, -sqrt(12))          # 실수 수치형 벡터 데이터 객체
A
[1] 1.2000000 0.4054651 0.0300000 -3.4641016
B <- c(10L, 20L, 30L, 40L)                      # 정수 수치형 벡터 데이터 객체
B
[1] 10 20 30 40
C <- c("Seoul", "Busan", "Kwangju", "Daegu")    # 문자열형 벡터 데이터 객체
C
[1] "Seoul"   "Busan"   "Kwangju" "Daegu"
nchar(C)                                        # 각 요소의 문자열 길이(크기)를 반환
[1] 5 5 7 5
D <- c(TRUE, FALSE, FALSE, TRUE)                # 논리형 벡터 데이터 객체
D
[1]  TRUE FALSE FALSE  TRUE
```

③ 벡터명 다음에 대괄호 기호 "[]"를 추가하여 기존 벡터 객체의 일부분을 색인, 추가 또는 추출할 수 있다. 색인에 마이너스 기호 "-"를 사용하여 특정 요소를 제거할 수 있다.

```
A <- c (1.2, 10^2, 0.03, -12)      # c() 함수를 이용하여 벡터 A 생성
A
[1]   1.20 100.00   0.03 -12.00
A[3]                               # 벡터 A의 세 번째 요솟값 색인
[1] 0.03
A[c(2, 4)]                         # 벡터 A의 두 번째와 네 번째 요솟값 색인
[1] 100 -12
A[-c(2, 4)]                        # 벡터 A의 두 번째와 네 번째 요솟값 추출
[1] 1.20 0.03
A[3 : 5] <- c(200, 300, 500)       # 벡터 A에 3개의 요솟값 추가
A
[1]   1.20 100.00 200   300   500
```

④ 벡터의 특정 조건에 충족되는 요솟값만 추출 제거할 수 있다.

```
A <- c(10, 23, 55, 87, 105)
A
[1] 10 23 55 87 105
A[A<55]              # 벡터 A 중 55보다 작은 요소 확인
[1] 10 23
sum(A>55)            # 벡터 A에서 55보다 큰 요소의 개수
[1] 2
sum(A[A>55])         # 벡터 A에서 55보다 큰 요솟값들의 합
[1] 192
A < 30               # 벡터 A 요솟값들이 30보다 작은지에 대한 논리적 확인
[1]  TRUE  TRUE FALSE FALSE FALSE
```

⑤ 수치형 객체 요소의 벡터를 names() 또는 setNames() 함수를 이용하여 문자열 객체 요소의 벡터로 변환할 수 있다. 또는 이름-값 쌍으로 입력하여 요소에 이름을 지정할 수 있다. 벡터와 벡터명의 길이는 같아야 한다.

```
grade <- c(78, 95, 80, 75)
names(grade) <- c("Chemistry","Physics","Math","English") # grade 벡터에 이름 지정
grade
Chemistry  Physics  Math  English
   78       95       80     75
setNames(c(78, 95, 80), c("Chem.", "Phys.", "Math."))
Chem. Phys. Math.
 78    95    80
```

⑥ 벡터의 요소 중 결측치가 있으면 NA로 처리된다.

```
grade <- c(78, 95, 80)
grade[5] <- 90
grade
 78   95   80   NA   90     # grade 벡터의 네 번째 요소가 결측치로 반환
is.na(grade)                # grade 벡터에 결측치 NA를 포함하는지 검정
 FALSE FALSE FALSE TRUE FALSE
grade[4] <- 55              # grade 벡터의 네 번째 요솟값 할당
grade
 78   95   80   55   90
```

⑦ append() 함수를 이용하면 원하는 위치에 벡터의 요소를 추가하거나, 대괄호([]) 안에 마이너스 기호(-)를 이용하여 벡터의 요소를 제거할 수 있다.

```
append(grade, 35, after=5)          # 벡터의 다섯 번째 요소 다음에 추가
  78    95    80    55    90    35
append(grade, 35, after=0)          # 벡터의 제일 처음 위치에 추가
  35    78    95    80    55    90
grade[-4]                           # 벡터의 네 번째 요소를 제거
grade
  35    78    95    80    90
grade[-4]
  35    78    95    90
```

⑧ seq() 함수를 사용하면 일정한 규칙을 가지면서 연속적으로 생성되는 값을 갖는 벡터를 손쉽게 생성할 수 있다.

```
vec1 <- seq(from=1, to=10, by=1)      # 1부터 10까지 1씩 증가하는 수열
vec1
[1] 1 2 3 4 5 6 7 8 9 10
vec2 <- 1 : 10
vec2
[1] 1 2 3 4 5 6 7 8 9 10
vec3 <- seq(from=1, to=10, 2)       # 옵션 "by="는 생략 가능
vec3
[1] 1 3 5 7 9
vec4 <- 1 : -5
vec4
[1] 1 0 -1 -2 -3 -4 -5
```

⑨ 복제 함수 rep(x, n)를 이용하면 손쉽게 벡터를 생성할 수 있다. x는 수치형, 문자형, 또는 논리형 객체이며, n번 반복해서 벡터를 생성한다.

```
s1 <- rep(2, 5)                 # rep(x, n) 또는 rep(x, times=n)
s1
[1] 2 2 2 2 2
s2 <- rep("Time", 3)
s2
[1] "Time" "Time" "Time"
```

⑩ 벡터 연산은 구성 요소별로 행해진다.

```
x <- c(1 : 5) ; y = c(3, 4, 5, 6, 7)
x+y
[1]  4  6  8 10 12
x-y
[1] -2 -2 -2 -2 -2
x*y
[1]  3  8 15 24 35
x/y
[1] 0.33333 0.50000 0.60000 0.66667 0.71429
x^y
[1] 1   16  243  4096  78125
```

⑪ 논리값으로 구성된 논리값 벡터(logical vector)를 생성할 수 있다.

```
sec1 <- x==5                    # 비교 연산자
print(sec1)
[1] FALSE FALSE FALSE FALSE  TRUE
sec2 <- x>=3
print(sec2)
[1] FALSE FALSE  TRUE  TRUE  TRUE
sec3 <- (x>2) & (y>4)           # 논리 연산자 AND
print(sec3)
[1] FALSE FALSE  TRUE  TRUE  TRUE
sec4 <- (x>2) | (y>4)           # 논리 연산자 OR
print(sec4)
[1] FALSE FALSE  TRUE  TRUE  TRUE
sec5<- (x>2) != (y>4)           # 논리 연산자 NOT
print(sec5)
[1] FALSE FALSE FALSE FALSE FALSE
```

⑫ 데이터량이 많지 않고 간단한 경우 “>” 프롬프트(R의 콘솔창)에서 키보드로 데이터를 입력해서 벡터를 생성할 수 있다. scan() 함수를 이용해 한 번에 하나의 값을 입력하고 마지막 줄에서 Enter 키를 눌러 벡터를 생성한다. 입력을 마치면 Enter 키를 두 번 누르고, 잘못 입력하여 취소하려면 Esc 키를 누른다.

```
vector <- scan()
1: 23
2: 12
3: 45.5
4: 78.0
5:
Read 4 items
vector
[1] 23.0 12.0 45.5 78.0
```

스페이스바를 이용해 공백을 입력하면 한 행에 여러 데이터를 입력할 수 있다.

```
vector <- scan()
1: 23.45  22.33
3: 45.0  3.45  45.60
6: 78.0   12
8:
Read 7 items
vector
[1] 23.45 22.33 45.00  3.45 45.60 78.00 12.00
summary(vector)      # 수치형 데이터에 대하여 6개의 요약된 통계 변수들 반환
  Min.  1st Qu.  Median  Mean  3rd Qu.  Max.
  3.45   17.16   23.45   32.83   45.30   78.00
```

summary() 함수는 수치형 객체에 대하여 6가지 통계 변수들(최솟값, 일사분값, 중앙값, 평균값, 삼사분값, 최댓값)을 반환하지만, 문자열 객체에 대해서는 통계량을 계산할 수 없으므로 빈도와 속성을 반환한다.

기본적으로 scan() 함수는 수치형 데이터 객체만 받아들이도록 설정되었기 때문에 문자형 데이터를 입력하면 에러 메시지가 나타난다.

```
vector <- scan()
1: This
1: is
Error in scan() : scan() expected 'a real', got 'This'
Read 4 items
```

문자형 데이터를 입력하려면 what=character() 변수를 추가한다. 문자형 데이터를 입력하는 경우에도 스페이스바(공백)를 이용하면 한 행에 여러 데이터를 입력할 수 있다.

```
vector <- scan(what = character())
1: Eagles
2: Twins
3: Bears Nexan
5: Tigers
6:
Read 5 items
vector
[1] "Eagles" "Twins" "Bears" "Nexan" "Tigers"
```

⑬ as.factor() 함수를 이용하면 벡터를 R 언어에서 모형을 만들 때 중요한 요인 객체로 강제 변환할 수 있다. 레벨(levels)도 함께 출력되는데 벡터 요소의 고유 값이다. 아래 경우는 로마 알파벳 문자의 순서에 대한 레벨을 보여준다. 일반적으로 나열형 요인 객체에서 레벨의 순서는 중요하지 않으며, 서로 차이가 없다.

```
week <- c("Mon", "Tues", "Wed", "Thurs", "Fri", "Sat", "Sun")
week.Factor <- as.factor(week)        # 벡터를 요인형 객체로 변환
week.Factor
[1] Mon  Tues Wed  Thurs  Fri  Sat  Sun
Levels: Fri Mon Sat Sun Thurs Tues Wed
```

그러나 순서형 요인형 객체로 변환하려면 order 인자를 TRUE로 지정하고 레벨 인자에서 그 순서를 정할 수 있다.

```
factor(x= c("Spring", "Summer", "Autumn", "Winter"),
+ levels=c("Spring", "Summer", "Autumn", "Winter"),
+ order=TRUE)
[1] Spring Summer Autumn Winter
Levels: Spring < Summer < Autumn < Winter
```

⑭ 여러 개의 문자로 이루어진 문자형 벡터에 paste() 함수를 이용하면 하나의 문자형 객체로 결합시킬 수 있다. 인자로 사용되는 collapse 인자에는 빈칸, 따옴표, 언더바 등 문자들을 결합시키는 방법을 지정한다.

```
name <- c("I", "am", "a", student", "studying", "computer science")
name
[1] "I"  "am"  "a"  "student"  "studying"  "computer science"  # 6개의 문자열들
nchar(name)
[1] 1 2 1 7 8 16                                                # 개별 문자열들의 문자 수
new.name <- paste (name, collapse = " ")                        # 빈칸으로 문자들을 결합
new.name
[1] "I am a student studying computer science"
other.name <- paste (name, collapse = "_")                      # 언더바로 문자들을 결합
other.name
[1] "I_am_a_student_studying_computer science"
nchar(other.name)
[1] 40                                                          # 단일 문자열 객체의 문자 수
```

⑮ sort() 함수를 벡터에 적용하면 오름차순으로 정렬되며, rev() 함수를 벡터에 적용하면 역순으로 배열된다. 오름차순으로 정렬된 결과에 rev() 함수를 적용하면 내림차순으로 정렬된 결과가 나타난다.

```
v <- c(3, 5, 2, 6, 10, 19, 4, 5, 8, 0)
sort(v)
 [1] 0 2 3 4 5 5 6 8 10 19
rev(v)
 [1] 0 8 5 4 19 10 6 2 5 3
rev(sort(v))
 [1] 19 10 8 6 5 5 4 3 2 0
```

⑯ 외부 파일(*.csv, *.txt, *.xlsx 등)을 R로 불러와서 벡터를 사용하는 방법은 8장 데이터 입출력에서 자세히 다룰 것이다.

생성된 벡터에 산술 연산, 수학 함수 등을 적용한 데이터 분석은 매우 의미 있는 작업이다. 다음은 수학 벡터 함수를 정리한 표이다.

R 수학 함수	내용
log()	밑수가 e인 자연로그
exp()	ln()의 안티로그(2.718^x)
log(x, n)	밑수가 n인 로그 x
log10(x)	밑수가 10인 상용로그 x. 안티로그=10^x
abs()	절댓값
sqrt()	제곱근
factorial(n)	n!. n 계승함수. $\int_0^\infty x^n e^x \, dx \ (n > 0)$
choose(n, x)	이항계수. $\frac{n!}{x!\,(n-x)!}$
gamma(n)	$\Gamma(x)$, 감마함수. $\int_0^\infty x^{n-1} e^x \, dx \ (n > 0)$
lgamma(x)	감마함수. $\Gamma(x)$의 자연로그
cos()	코사인 삼각함수
sin()	사인 삼각함수
tan()	탄젠트 삼각함수
acos(), asin(), atan()	실수 또는 복소수의 역삼각함수
cosh(), sinh(), tanh()	실수 또는 복소수의 쌍곡 삼각함수
Re(x)	복소수 x+yi의 실수 부분
Im(x + yi)	복소수 x+yi의 허수 부분
Conj(x + yi)	복소수 x+yi의 켤레복소수. x - yi
Mod(x + yi)	복소수 $re^{i\theta}$의 크기. $r = \sqrt{x^2 + y^2}$
Arg(x + yi)	복소수 $re^{i\theta}$의 위상. $\theta = \arctan(y/x)$
length(x)	벡터 x의 요소의 수
rnorm(n)	n개의 난수 생성, 난수의 평균과 표준편차를 설정할 수 있다. rnorm(n, mean= , sd=).

다음은 기술 통계 함수를 정리한 표이다.

R 통계 함수	내용
min(x)	x의 최솟값
max(x)	x의 최댓값
sum(x)	x 값들의 합
mean(x)	x 값들의 평균
median(x)	x 값들의 중간값
range(x)	x 값들의 범위, min(x)와 max(x)의 벡터
var(n)	x의 분산
sd(x)	x의 표준편차
cor(x, y)	벡터 x와 y의 상관관계
sort(x)	x의 요소들을 오름차순으로 정렬
rev(x)	x의 요소들을 역순으로 정렬
rev(sort(x))	x의 요소들을 오름차순으로 정렬시킨 다음, 역순으로 정렬 rev(x)와 결과는 동일
rank(x)	x 값들의 순위
quartile(x)	사분위수. 분위수 = quartile(x, c(0.25, 0.5, 0.75))
scale(x)	표준화 값 생성
cumsum(x)	각 요소마다 요소들의 합
cumprod(x)	각 요소마다 요소들의 곱
cummin(x)	각 요소마다 요소들의 최솟값
cummax(x)	각 요소마다 요소들의 최댓값
pmin(x)	각 벡터의 동일 위치에 있는 요소들의 최솟값
pmax(x)	각 벡터의 동일 위치에 있는 요소들의 최댓값

3 배열(array)

일단 데이터 객체를 벡터로 읽어들인 다음 array() 함수를 이용하여 재배치하면 차원이 바뀐 배열을 생성할 수 있다. 배열은 본질적으로 다차원의 벡터이며, 배열의 요솟값은 모두 같은 유형의 데이터이어야 한다. 대괄호를 이용하여 배열의 요솟값에 접근할 수 있으며, 첫 번째 숫자는 행의 색인(index of row), 두 번째 숫자는 열의 색인(index of column), 그리고 나머지는 그 이상의 차원(예: 3차원, 4차원 등)이다. 즉, 행렬은 2차원(행과 열)에 국한되는 사각형 형태의 데이터 객체이지만, 배열은 다차원으로 이루어진 데이터 객체이다.

```
A <- array(1:12, dim=c(3,4))                  #12개의 수치형 데이터 벡터를 3x4 배열로 변형
A
   [,1] [,2] [,3] [,4]
[1,]  1  4  7 10
[2,]  2  5  8 11
[3,]  3  6  9 12
B <- array(1:18, dim=c(3, 3, 2))
                          #18개의 수치형 데이터 벡터를 2x3x3 배열(중첩된 3x3 행렬)로 변형
B
, , 1
   [,1] [,2] [,3]
[1,]  1  4  7
[2,]  2  5  8
[3,]  3  6  1
, , 2
   [,1] [,2] [,3]
[1,]  2  5  8
[2,]  3  6  1
[3,]  4  7  2
```

4 요인(factor)

요인은 수치형(정수, 실수), 문자열, 논리형 같은 스칼라 유형의 데이터로 이루어진 벡터에 속하며 연산에는 참여할 수 없다. R 언어에서 모델을 만들 때 중요하며, "결혼", "미혼", "별거" 같이 값이 아닌 수준(levels)을 특정하는 문자형 데이터 객체의 모임이다. 여러 텍스트 객체들로 구성된 문자열 벡터를 생성한 다음, 벡터에 as.factor()를 적용시켜 요인형 벡터를 생성할 수 있다. 요인 객체는 관계 또는 흐름 등 연관성을 갖는 수준으로 구성된 순서형 요인과 연관성을 갖지 않는 나열형 요인으로 구분된다.

```
Fact <- c(month.name)        # 내장 상수 month.name로부터 문자열 벡터 생성
Fact
 [1] "January"    "February" "March"     "April"
 [5] "May"        "June"     "July"      "August"
 [9] "September"  "October"  "November"  "December"
FACT <- as.factor(Fact)     # 문자형 벡터를 요인형 벡터로 변환
FACT
 [1] January   February  March    April      May
 [6] June      July      August   September  October
[11] November  December
12 Levels: April August December February January ... September
                             # 요인형 요인 벡터와 함께 12개의 수준도 함께 보여줌.
is.factor(FACT)              # 요인형 요인 벡터 여부를 확인
[1] TRUE
     [,1] [,2] [,3] [,4] [,5] [,6]
[1,]  1    3    5    7    9   11
[2,]  2    4    6    8   10   12
```

대부분의 경우 요인형 벡터임을 명시할 필요는 없지만 factor() 함수를 이용하여 문자열 벡터를 요인형 벡터로 지정할 수 있다. 요인형 벡터의 수준(levels)은 요인 변수의 유일한 값(unique value)이며, 수준의 순서가 중요하지 않은 요인을 나열형 요인이라고 한다.

```
factor(c("Pusan", "Pusan", "Incheon", "Seoul", "Seoul"))
[1] Pusan  Pusan  Incheon  Seoul  Seoul      # 나열형 요인
Levels: Incheon Pusan Seoul
```

수준의 순서가 중요할 때 ordered 인자를 TRUE로 지정하면 요인에 순서가 생긴다. levels 인자에서 순서를 지정할 수 있으며, 이를 순서형 요인이라고 한다. table() 함수는 자동으로 문자열 벡터를 요인형 객체로 변형시켜 수준과 빈도의 도수분포표를 작성해준다.

```
City <- factor(c("Pusan", "Pusan", "Incheon", "Seoul", "Seoul"),
levels=c("Pusan", "Junju", "Incheon", "Seoul"), ordered=TRUE)
City
[1] Pusan  Pusan  Incheon  Seoul  Seoul
Levels: Pusan < Junju < Incheon < Seoul
table(City)
City
  Pusan  Junju Incheon  Seoul
      2      0       1      2
```

수치형 데이터 벡터를 요인형 데이터 객체로 변환시키면, 데이터 유형이 숫자여도 문자형 벡터로 취급된다. nlevel() 함수를 이용하여 수준의 개수를, levels() 함수를 이용하여 수준의 목록을 확인할 수 있다.

```
fac <- factor(c(1, 4, 1, 3, 4, 5, 2))
nlevels(fac)
[1] 5
levels(fac)
[1] "1" "2" "3" "4" "5"      # 숫자지만 문자형 벡터로 취급
```

5 리스트(list)

리스트는 list() 함수를 이용하며 이 함수의 각 인자가 리스트의 성분이 된다. 다음은 3개의 그룹 성분을 가진 리스트와 하나의 성분을 가진 리스트의 예를 보여준다.

```
list (1, 2, 3)          # 그룹마다 하나의 요소를 갖는 3개의 그룹으로 구성된 리스트
[[1]]
[1] 1

[[2]]
[1] 2

[[3]]
[1] 3

list (c(1, 2, 3))       # 3개의 요소를 갖는 하나의 그룹으로 구성된 리스트
[[1]]
[1] 1 2 3
```

같은 유형의 데이터 객체뿐 아니라 다른 유형의 데이터 객체로 구성된 벡터를 정의하는 경우에 R에서는 리스트를 사용한다. 데이터 유형에 상관없이 모든 객체를 받아들일 수 있다. 따라서 리스트는 수치형, 문자형, 논리형 또는 하나 이상의 데이터 유형이 혼합된 벡터, 데이터 프레임, 심지어 리스트만으로도 구성될 수 있다.

다음은 2개의 성분을 갖는 첫 번째 수치형 벡터, 1개의 성분을 갖는 두 번째와 세 번째 문자형 벡터, 그리고 논리형과 문자형 유형의 데이터가 결합된 네 번째 벡터로 구성된 리스트를 보여준다.

```
myList <- list(c(120, 240), "My name is", "You", list(TRUE, "Home"))
myList
[[1]]                # 수치형 벡터 성분으로 구성된 첫 번째 그룹
[1] 120 240
```

```
[[2]]
[1] "My name is"  # 문자형 벡터 성분을 가진 벡터

[[3]]
[1] "You"

[[4]]
[[4]][[1]]          # 논리형 벡터 성분을 가진 벡터
[1] TRUE

[[4]][[2]]          # [[4]][[2]]는 네 번째 그룹의 두 번째 성분 색인
[1] "Home"
```

위에서 보듯이 4개의 그룹으로 할당된 리스트는 객체 유형이 다른 성분들로 구성되며, [[1]] 및 [[3]]처럼 이중 대괄호를 사용하여 색인이 된 것을 알 수 있다. 예를 들어, [[4]][[2]]는 네 번째 그룹의 두 번째 성분 "Home"을 색인한다.

리스트의 성분에 큰따옴표를 사용하여 이름을 지정할 수 있으며, 특정 성분을 색인하려면 "$" 기호를 사용한다. 특정 성분 벡터를 색인하려면 이중 대괄호 "[[ ]]" 대신 단일 대괄호 "[]"를 사용해야 한다.

```
Address <- list(City.name="Daejeon", Gu.name="Seogu", Street.name="Kwanjeo-
dong", zipcode=32986)
Address$City.name      # 리스트 Address의 City.name 성분 색인
[1] "Daejeon"

Address[c(3,4)]        # 리스트 Address의 세 번째, 네 번째 벡터 성분 색인
$'Street.name'
[1] "Kwanjeo-dong"
$zipcode
[1] 32986

Address[[2]]           # 리스트 Address의 두 번째 성분은? Address[2]와 동일
[1] "Seogu"
Address[[4]] <- 35365  # 리스트 Address의 네 번째 성분을 수정
                       # 또는 Address$zipcode <- 35365
```

ls.list() 함수를 이용하면 리스트의 유형을 논리적으로 검정할 수 있다.

```
is.list(Address)
[1] TRUE
```

lapply()는 리스트의 각 성분에 동일한 함수를 반복적으로 적용한 값을 반환하는 함수이며 문자형과 논리형 객체보다 수치형 객체에 무리 없이 사용할 수 있다. 참고로 리스트와 표에 동일 함수를 반복적으로 적용할 수 있는 lapply()와 tapply() 함수는 R을 설치할 때 기본적으로 설치되는 dplyr 패키지에 포함되므로 추가로 설치할 필요는 없다.

```
Grade <- list(c(1:4), (1:3/4))
Grade
[[1]]
[1] 1 2 3 4

[[2]]
[1] 0.25 0.50 0.75

lapply(Grade, mean)          # 그룹별로 리스트의 각 성분에 평균값 적용
[[1]]
[1] 2.5

[[2]]
[1] 0.5

lapply(Grade, max)           # 그룹별로 리스트의 각 성분에 최댓값 적용
[[1]]
[1] 4

[[2]]
[1] 0.75
```

6 행렬(matrix)

6-1 행렬의 정의

스칼라는 하나의 데이터 객체 크기를 가지며, 벡터는 하나 이상의 데이터로 이루어진 1차원 객체를 의미한다면, 행렬은 행과 열의 구조를 갖는 2차원 데이터 객체를 대표한다. 통계학에서 연산할 때 핵심적인 역할을 하는 행렬은 행과 열로 구성된 사각형 모양의 2차원 데이터 객체라는 점과 행과 열에 각각 이름을 부여할 수 있다는 점이 데이터 프레임과 비슷해보인다. 하지만 행렬을 이루는 각 열의 모든 요소는 동일한 유형의 데이터를 갖는다는 점이 데이터 프레임과 다른 점이다. 대부분 수치형 데이터 객체로 구성되며 행렬의 연산은 벡터의 경우처럼 같은 위치에 있는 요소들끼리 행해진다.

6-2 행렬의 생성

R에서 행렬은 여러 가지 방법으로 생성할 수 있다. 행렬을 생성하는 가장 기본적인 방법은 matrix() 함수를 이용하여 요솟값을 직접 입력하는 것이다.

```
M <- matrix(c(1, 2, 3, 4, 5, 6), nrow=3, ncol=2)
M
   [,1] [,2]
[1,]  1   4
[2,]  2   5
[3,]  3   6

m <- c(1, 2, 3, 4, 5, 6)          # 또는 m <- c(1:6)
M <- matrix(m, 3, 2)
M
   [,1] [,2]
[1,]  1   4
[2,]  2   5
[3,]  3   6
```

생성하려는 행렬을 구성하는 행의 수는 "nrow=" 변수로 지정하며, 생성하려는 행렬을 구성하는 열의 수는 "ncol=" 변수로 지정한다. 요소에 따라 nrow 또는 ncol 중 하나를 생략할 수 있다. "byrow=" 변수는 행렬의 요소를 행 순서로 입력할 것인지 열 순서로 입력할 것인지를 설정하여 가독성을 높인다. 행 순서로 입력되기를 원하면 "byrow=TRUE"로 설정하며, 이를 생략하면 기본값인 열 순서대로 입력된다.

벡터에 matrix() 함수를 적용하여 벡터를 2차원 객체로 재배치해서 행렬을 생성하는 방법은 다음과 같다. 데이터 벡터만 변수로 입력하고, nrow, ncol 등의 다른 변수를 입력하지 않고 matrix(), 또는 as.matrix() 함수를 사용하면 (n×1) 행렬인 행 벡터가 생성된다.

```
matrix(1:6, nrow=3, ncol=2)       # 행 3개와 열 2개로 이루어진 행렬 생성
                                  # matrix(1:6, nrow=3, 2)와 동일
  [,1] [,2]
[1,]  1  4
[2,]  2  5
[3,]  3  6
matrix(1:6, 3, 2, byrow=TRUE)  # 가독성 향상을 위해 요솟값을 채워나가는 순서로 행렬 생성
  [,1] [,2]
[1,]  1  2
[2,]  3  4
[3,]  5  6
A <- matrix(1:6, 2, 3)
  [,1] [,2] [,3]
[1,]  1  3  5
[2,]  2  4  6
A <- matrix(1:6)                  # A <- as.matrix(1:6)와 동일한 결과 반환
A
  [,1]
[1,]  1
[2,]  2
[3,]  3
[4,]  4
[5,]  5
[6,]  6
```

colnames()과 rownames() 함수를 이용하여 행렬의 행과 열에 이름을 지정하면 (이후 절에서 공부하는) 데이터 프레임 세트와 비슷한 역할을 할 수 있다.

```
A <- matrix(1:6, 3, 2)
colnames(A) <- c("First", "Second")
rownames(A) <- c("Monday", "Tuesday", "Wednesday")
A
          First  Second
Monday      1      4
Tuesday     2      5
Wednesday   3      6
```

edit() 함수를 이용하면 데이터 편집기 화면에서 행렬 또는 벡터를 쉽게 수정할 수 있다.

```
edit(A)
```

데이터 프레임처럼 ncol(), nrow(), dim(), length() 함수를 적용하여 속성을 확인할 수 있다.

```
A <- matrix(1:6, 2, 3)
nrow(A)
[1] 2
ncol(A)
[1] 3
dim(A)              # 행렬의 차원(행의 수, 열의 수)
[1] 2 3
length(A)           # 행렬의 요소의 수
[1] 6
```

행렬을 생성하는 또 다른 방법은 rbind() 및 cbind() 함수를 이용하여 2개 이상의 행렬을 결합하는 것이다. (1×n) 차원의 행렬은 행 벡터, (n×1) 차원을 갖는 행렬은 열 벡터로 취급된다.

```
Hana <- c(1, 2, 3)              # 행 벡터 또는 (1x3) 행렬 생성
Dul  <- c(4, 5, 6)
Set  <- c(7, 8, 9)
HDS <- cbind(Hana, Dul, Set)
                                # (1x3) 행 벡터들을 행 방향으로 결합하여 3x3 행렬을 생성
HDS
     Hana Dul  Set
[1,] 1     4    7
[2,] 2     5    8
[3,] 3     6    9

Net <- matrix(11:16, nrow=2)
Net
      [,1] [,2] [,3]
[1,] 11    13   15
[2,] 12    14   16
HDSN <- rbind(HDS, Net)  # 2개의 행렬을 열 방향으로 결합하여 5x3 행렬을 생성
HDSN
     Hana Dul  Set
[1,] 1     4    7
[2,] 2     5    8
[3,] 3     6    9
[4,] 11    13   15
[5,] 12    14   16
```

6-3 행렬의 연산

R에서 스칼라와 행렬의 연산이 요소별로 이루어진다.

```
A <- matrix(c(1:4), 2, 2) ; B <- matrix(c(5:8), 2, 2)
A ; B
     [,1] [,2]
[1,]    1    3
[2,]    2    4
     [,1] [,2]
[1,]    5    7
[2,]    6    8

A+2
     [,1] [,2]
[1,]    3    5
[2,]    4    6

B-5
     [,1] [,2]
[1,]    0    2
[2,]    1    3

2*A
     [,1] [,2]
[1,]    2    6
[2,]    4    8

A/2
     [,1] [,2]
[1,]  0.5  1.5
[2,]  1.0  2.0
```

벡터처럼 행렬에도 수학 함수를 적용할 수 있다.

```
A <- matrix(c(1:4), 2, 2) ; B <- matrix(c(5:8), 2, 2)
A ; B
   [,1] [,2]
[1,]  1    3
[2,]  2    4
   [,1] [,2]
[1,]  5    7
[2,]  6    8

options(digits=3)
log(A)
      [,1] [,2]
[1,] 0.000 1.10
[2,] 0.693 1.39

exp(A)
     [,1] [,2]
[1,] 2.72 20.1
[2,] 7.39 54.6

sqrt(A)
     [,1] [,2]
[1,] 1.00 1.73
[2,] 1.41 2.00
```

다음은 요소별로 행해진 벡터와 행렬, 그리고 행렬과 행렬의 연산을 보여준다.

```
A <- matrix(c(1:4), 2, 2) ; B <- matrix(c(5:8), 2, 2)
A ; B
   [,1] [,2]
[1,]  1    3
[2,]  2    4
   [,1] [,2]
[1,]  5    7
[2,]  6    8

C <- A+B
A+B
```

```
   [,1] [,2]
[1,]  6   10
[2,]  8   12
A-B
   [,1] [,2]
[1,] -4   -4
[2,] -4   -4
A*B
   [,1] [,2]
[1,]  5   21
[2,] 12   32
A/B
          [,1]      [,2]
[1,] 0.2000000 0.4285714
[2,] 0.3333333 0.5000000
```

"==" 연산자를 사용하면 행렬의 같은 위치에 있는 요솟값의 일치 여부를 논리적으로 검정할 수 있다.

```
a <- matrix(c(1, 4, 2, 3), nrow=2, ncol=2)
b <- matrix(c(6, 2, 2, 5), 2, 2)
a == b
      [,1]  [,2]
[1,] FALSE  TRUE
[2,] FALSE FALSE
a < b
      [,1]  [,2]
[1,]  TRUE FALSE
[2,] FALSE  TRUE
```

다음은 행렬 연산자 및 행렬 함수를 나타낸 표이다.

R 함수	내용
+, -, *, /	요소별 행렬 연산자
%*%	수학적 행렬의 곱셈(행렬의 외적)
crossprod(x)	전치행렬과 행렬의 곱셈 = t(x) %*% x
nrow()	행의 수
ncol()	열의 수
byrow=	행 순서로 요소값들이 입력되기를 원하면 "byrow=TRUE"
length()	행렬 요소의 수
dim()	행렬의 차원(행의 수, 열의 수)
determinant.matrix()	행렬값
rownames()	행렬의 행에 이름 지정
colnames()	행렬의 열에 이름 지정
rowMeans()	데이터 프레임 또는 행렬 x의 행별 평균
rowSums()	데이터 프레임 또는 행렬 x의 행별 합
colMeans()	데이터 프레임 또는 행렬 x의 열별 평균
colSums()	데이터 프레임 또는 행렬 x의 열별 합
t()	전치행렬 생성
solve(A)	A가 역행렬이 존재하는 비정칙행렬(nonsingular matrix)인 경우, solve(A,b)를 사용해서 Ax=b 행렬 방정식을 구함
diag(n)	크기 n의 단위 행렬
diag(m,n)	대각 요소 m, 크기 n인 대각 형렬
sum(A)	A 행렬의 모든 요솟값의 합
lower.tri()	하삼각행렬의 논리값 반환
upper.tri()	상삼각행렬의 논리값 반환
data()	R에 포함된 예제 dataset 리스트 확인

위에 열거된 함수를 이용하여 행렬의 행별 및 열별의 합과 평균을 구할 수 있다.

```
A
     [,1] [,2]
[1,]    1    3
[2,]    2    4
B
     [,1] [,2]
[1,]    5    7
[2,]    6    8
rowMeans(A)
[1] 2 3
rowSums(A)
[1] 4 6
colMeans(B)
[1] 5.5 7.5
colSums(B)
[1] 11 15
```

수학적으로 행렬과 행렬의 곱셈은 앞 행렬(예: 3×4)의 열의 수와 뒤에 오는 행렬(예: 4×2)의 행의 수가 일치하는 경우에만 수행될 수 있다. 곱셈 결과로 얻어지는 행렬의 차원은 앞에 있는 행렬의 행의 수가 결과 행렬의 행의 수(예: 3)가 되며, 뒤에 오는 행렬의 열의 수(예: 2)가 결과 행렬의 열의 수가 된다.

```
E <- matrix(c(1:6), 3,2)
F <- matrix(c(7:12), 2,3)
E ; F
     [,1] [,2]
[1,]    1    4
[2,]    2    5
[3,]    3    6
     [,1] [,2] [,3]
[1,]    7    9   11
[2,]    8   10   12
E %*% F              # 결과 행렬의 차원 = E[3x2] * F[2x3] = [3x3]
     [,1] [,2] [,3]
[1,]   39   49   59
[2,]   54   68   82
[3,]   69   87  105
```

```
F %*% E              # 결과 행렬의 차원 = F[2x3] * E[3x2] = [2x2]
     [,1] [,2]
[1,]   58  139
[2,]   64  154
```

행렬의 거듭제곱과 행렬의 곱셈은 다르다.

```
A
     [,1] [,2]
[1,]    1    3
[2,]    2    4
A^2                  # 행렬의 거듭제곱
     [,1] [,2]
[1,]    1    9
[2,]    4   16
A %*% A              # 행렬의 곱셈(외적)
     [,1] [,2]
[1,]    7   15
[2,]   10   22
```

t() 함수를 이용하면 주어진 행렬의 전치행렬을 구할 수 있다.

```
A = matrix(c(1:9), 3, 3, byrow=TRUE)
A
     [,1] [,2] [,3]
[1,]    1    2    3
[2,]    4    5    6
[3,]    7    8    9

t(A)                 # 행렬 A의 전치행렬
     [,1] [,2] [,3]
[1,]    1    4    7
[2,]    2    5    8
[3,]    3    6    9
```

주어진 행렬과 그 전치행렬의 곱셈은 %*% 또는 crossprod() 함수를 이용한다.

```
A <- matrix(c(1:4), 2, 2)
A
     [,1] [,2]
[1,]    1    3
[2,]    2    4

t(A)
     [,1] [,2]
[1,]    1    2
[2,]    3    4
A %*% t(A)              # 행렬 A와 행렬 A의 전치행렬의 곱
     [,1] [,2]
[1,]   10   14
[2,]   14   20
t(A) %*% A              # 행렬 A의 전치행렬과 행렬 A의 곱
     [,1] [,2]
[1,]    5   11
[2,]   11   25
crossprod(A)            # 행렬 A의 전치행렬과 행렬 A의 곱. A^T.A
     [,1] [ ,2]
[1,]    5   11
[2,]   11   25
```

solve() 함수를 이용하면 주어진 행렬 A의 역행렬을 구할 수 있다.

```
A <- matrix (c(1, 2, 3, 4), 2, 2)
A
     [,1] [,2]
[1,]    1    3
[2,]    2    4

solve(A)                 # 행렬 A의 역행렬
     [,1] [,2]
[1,]   -2  1.5
[2,]    1 -0.5
```

```
solve(A) %*% A          # 행렬 A와 역행렬 A-1의 곱은 단위행렬이 된다.
     [,1] [,2]
[1,]  1    0
[2,]  0    1
```

주어진 행렬의 역행렬이 존재하려면 행렬값이 0이 아닌 정칙행렬(non-singular matrix)이거나, 역행렬을 구할 수 있는 가역행렬(invertible matrix)이어야 한다.

행렬 연산의 특성으로부터 주어진 행렬 앞에 그 역행렬을 곱하면 단위행렬(unit matrix)이 된다($A^{-1}*A=I$). 이런 경우의 행렬은 행과 열의 수가 같은 정방행렬(square matrix)이어야 한다. 연립 방정식을 행렬식으로 변환시키고 R에서 역행렬을 구하면 손쉽게 해를 구할 수 있다. 선형 행렬 방정식 $AX=b$의 해를 구하는 방법은 13장 선형시스템의 해찾기에서 자세히 다룰 것이다.

대각행렬(diagonal matrix)과 단위 또는 항등행렬(identity matrix)은 diag() 함수로부터 생성할 수 있다.

```
diag(c(1:3))
     [,1] [,2] [,3]
[1,]  1    0    0
[2,]  0    2    0
[3,]  0    0    3

diag(1, 4)                      # diag(4)와 동일
     [,1] [,2] [,3] [,4]
[1,]  1    0    0    0
[2,]  0    1    0    0
[3,]  0    0    1    0
[4,]  0    0    0    1

diag(1, ncol=4, nrow=4)         # diag(ncol=4, nrow=4)와 동일
     [,1] [,2] [,3] [,4]
[1,]  1    0    0    0
[2,]  0    1    0    0
[3,]  0    0    1    0
[4,]  0    0    0    1
```

```
diag(c(3,4,5,1), 4)          # diag(c(3,4,5,1))과 동일
   [,1] [,2] [,3] [,4]
[1,]  3    0    0    0
[2,]  0    4    0    0
[3,]  0    0    5    0
[4,]  0    0    0    1
```

그리고 eigen() 함수를 이용하면 행렬의 고유 값(eigen value)과 고유 벡터(eigen vector)를 구할 수 있다.

```
A <- matrix(c(1, 2, 3, 4), 2)
A
   [,1] [,2]
[1,]  1    3
[2,]  2    4

eigen(A)
eigen() decomposition
$'values'
[1] 5.372 -0.372

$vectors
       [,1]    [,2]
[1,] -0.566  -0.909
[2,] -0.825   0.416
```

주어진 행렬을 하삼각행렬(lower triangular matrix)과 상삼각행렬(upper triangular matrix)으로 변형시킬 수 있다. 삼각행렬(triangular matrix)은 lower.tri()와 upper.tri() 함수로 정의되며, diag=TRUE이면 대각 원소값이 0으로 변환되고, diag=FALSE이면 대각 원소값이 0으로 변환되지 않는다.

```
mat <- matrix(1:16, 4) ; mat
   [,1] [,2] [,3] [,4]
[1,]  1    5    9   13
[2,]  2    6   10   14
[3,]  3    7   11   15
[4,]  4    8   12   16
```

```
lower.tri(mat)
      [,1]  [,2]  [,3]  [,4]
[1,] FALSE FALSE FALSE FALSE
[2,]  TRUE FALSE FALSE FALSE
[3,]  TRUE  TRUE FALSE FALSE
[4,]  TRUE  TRUE  TRUE FALSE

mat_lo <- mat                   # mat 행렬을 mat_lo로 복제
mat_lo [lower.tri(mat, diag=TRUE)] <- 0 ; mat_lo
   [,1] [,2] [,3] [,4]
[1,]  0    5    9   13          # 대각 원소값을 0으로 채운 상삼각행렬
[2,]  0    0   10   14
[3,]  0    0    0   15
[4,]  0    0    0    0

mat_lo_new <- mat               # mat 행렬을 mat_lo_new로 복제
mat_lo_new [lower.tri(mat, diag=FALSE)] <- 0 ; mat_lo_new
   [,1] [,2] [,3] [,4]
[1,]  1    5    9   13          # 대각 원소값을 변환시키지 않은 상삼각행렬
[2,]  0    6   10   14
[3,]  0    0   11   15
[4,]  0    0    0   16

upper.tri(mat)
      [,1]  [,2]  [,3]  [,4]
[1,] FALSE  TRUE  TRUE  TRUE
[2,] FALSE FALSE  TRUE  TRUE
[3,] FALSE FALSE FALSE  TRUE
[4,] FALSE FALSE FALSE FALSE

mat_up <- mat                   # mat 행렬을 mat_up으로 복제
mat_up [upper.tri(mat, diag=TRUE)] <- 0; mat_up
   [,1] [,2] [,3] [,4]
[1,]  0    0    0    0          # 대각 원소값을 0으로 채운 하삼각행렬
[2,]  2    0    0    0
[3,]  3    7    0    0
[4,]  4    8   12    0
```

```
mat_up_new <- mat                  # mat 행렬을 mat_up으로 복제
mat_up_new [upper.tri(mat, diag=FALSE)] <- 0; mat_up_new
     [,1] [,2] [,3] [,4]
[1,]  1    0    0    0         # 대각 원소값을 변환시키지 않은 하삼각행렬
[2,]  2    6    0    0
[3,]  3    7   11    0
[4,]  4    8   12   16
```

7 데이터 프레임(data frame)

R 프로그래밍에서 대용량 데이터를 저장하는 방식 중 가장 유용한 데이터 프레임은 길이가 같은 벡터들을 요소로 갖는 리스트의 모음으로 간주할 수 있다. 데이터 프레임은 행렬처럼 2차원 구조를 가지지만, 각 열(리스트)의 데이터 유형이 서로 다를 수 있다는 차이가 있다. 각 열은 개별적인 벡터이기 때문에 같은 유형의 데이터로 이루어진다. 행과 열을 가진 엑셀 등의 스프레드시트처럼 보이지만 통계적 측면에서 각 행은 관측 객체이며 각 열은 관측 변수로 취급된다.

일반적으로 데이터 프레임 객체를 만드는 방법은 c() 연결 함수를 이용하여 변수 벡터들을 생성한 다음에 data.frame() 함수를 이용하여 변수들을 결합하는 것이다.

```
school <- c("Elementary", "Middle", "High", "University")
grade <- c(23, 45, 11, 30)
fruit <- c("Apple", "Pear", "Mellon", "Strawberry")
DF <- data.frame(school, grade, fruit)
DF
      School    Grade    Fruit
1 Elementary     23      Apple
2   Middle       45       Pear
3    High        11      Mellon
4 University     30    Strawberry
```

data.frame() 함수에 변수와 변수 값을 나열해서 한번에 데이터 프레임을 생성할 수 있다.

```
DF <- data.frame(school = c("Elementary", "Middle", "High", "University"),
       grade = c(23, 45, 11, 30),
       fruit = c("Apple", "Pear", "Mellon", "Strawberry"))
DF
    School     Grade    Fruit
1 Elementary   23      Apple
2  Middle      45       Pear
3   High       11      Mellon
4 University   30   Strawberry
```

좌측에 보이는 행 번호와 함께 4개의 행과 3개의 열로 구성된 데이터 프레임에서 각각의 벡터들은 관측 객체 요소로 해석된다. 데이터 프레임을 만드는 과정에서 rownames() 함수를 이용하면 행 이름을 지정할 수 있다.

```
rownames(DF) <- c("Park", "Kim", "Lee", "Yoon")
DF
    School     Grade    Fruit
1 Elementary   23      Apple
2  Middle      45       Pear
3   High       11      Mellon
4 University   30   Strawberry
```

(2) 행렬에 as.data.frame() 함수를 적용시켜 데이터 프레임으로 변환시키는 방법이 있다. 이렇게 생성된 데이터 프레임의 행 이름은 기본적으로 V1, V2, … 등으로 명명된다. names() 함수를 이용하여 열 이름을 지정하거나 확인할 수 있다.

```
mat <- matrix (1:6, 2, 3)               # (2x3) 행렬 생성
dframe <- as.data.frame(mat)            # (2x3) 행렬을 데이터 프레임으로 변환
dframe
  V1 V2 V3
1 1  3  5
2 2  4  6
```

```
names(dframe) <- c("Football", "Ballyball", "Basketball") # 행 이름 지정
names(dframe)                                              # 행 이름 확인
[1] "Football"  "Ballyball" "Basketball"
dframe
  Football Ballyball Basketball
1     1        3         5
2     2        4         6
is.data.frame(dframe)                                      # 데이터 프레임의 여부 확인
[1] TRUE
class(DF)                                                  # 데이터 프레임의 객체 유형
[1] "data.frame"
```

rownames() 함수를 이용하면 데이터 프레임 행의 이름을 확인하거나 지정할 수 있다.

```
rownames(dframe)
[1] "1" "2"
rownames(dframe) <- c("Asia", "World")   # 행 이름 지정
rownames(dframe)
[1] "Asia"  "World"
dframe
  Football Ballyball Basketball
1     1        3         5
2     2        4         6
```

행렬처럼 데이터 프레임의 행의 수, 열의 수, 그리고 차원을 확인할 수 있다.

```
DF
     School    Grade    Fruit
1 Elementary    23      Apple
2   Middle      45       Pear
3    High       11     Mellon
4 University    30   Strawberry

nrow(DF) ; ncol(DF) ; dim(DF)
[1] 4               # 데이터 프레임의 행의 수
[1] 3               # 데이터 프레임의 열의 수
[1] 4 3             # 데이터 프레임의 행과 열의 수
```

str() 함수를 이용하면 데이터 프레임의 구조(structure)를 확인할 수 있다. 데이터 프레임을 구성하고 있는 관측 및 변수의 수, 그리고 각 열의 이름과 데이터 유형을 보여준다. 첫 번째와 세 번째 행의 데이터 유형은 요인형이며, 두 번째 행은 데이터형이라는 것을 알 수 있다. 해당 열의 속성이 요인형인 경우 수준(levels)도 함께 반환된 것을 볼 수 있다.

```
DF
    School     Grade    Fruit
1 Elementary    23      Apple
2  Middle       45       Pear
3   High        11      Mellon
4 University    30    Strawberry
str(DF)
'data.frame':  4 obs. of 3 variables:          # 4개의 관측과 3개의 변수
 $ School: Factor w/ 4 levels "Elementary","High",..: 1 3 2 4
 $ Grade : num  23 45 11 30
 $ Fruit : Factor w/ 4 levels "Apple","Mellon",..: 1 3 2 4
```

"$" 기호는 데이터 프레임의 열을 색인할 때 사용된다. 데이터 프레임의 이름 다음에 "$" 기호와 열 이름을 입력하면 해당 열의 요소들을 색인할 수 있으며, 요인형 데이터의 경우 요소의 수준을 알 수 있다.

```
DF
    School     Grade    Fruit
1 Elementary    23      Apple
2  Middle       45       Pear
3   High        11      Mellon
4 University    30    Strawberry
DF$Grade                       # 수치형 데이터 Grade 열 색인
[1] 23 45 11 30
DF$Fruit                       # 문자형 리스트 Fruit 열 색인
[1] Apple   Pear   Mellon   Strawberry
Levels: Apple Mellon Pear Strawberry
```

데이터 프레임 이름 다음에 대괄호 [ ]를 사용하면 특정 열을 확인, 추가, 또는 제거할 수 있다.

```
DF
     School    Grade   Fruit
1 Elementary    23     Apple
2   Middle      45      Pear
3    High       11     Mellon
4 University    30   Strawberry
DF[3]                                        # 세 번째 열 확인
     Fruit
1    Apple
2    Pear
3    Mellon
4   Strawberry
DF[4] <- c("Spring", "Summer", "Autumn", "Winter")  # 네 번째 열 추가
DF
     School    Grade   Fruit        V4
1 Elementary    23     Apple      Spring
2   Middle      45      Pear      Summer
3    High       11     Mellon     Autumn
4 University    30   Strawberry   Winter
names(DF)[4] <- "Season"                     # 네 번째 열의 이름 할당
DF
     School    Grade   Fruit       Season
1 Elementary    23     Apple       Spring
2   Middle      45      Pear       Summer
3    High       11     Mellon      Autumn
4 University    30   Strawberry    Winter
DF <- DF[-2]                                 # 두 번째 열 제거
DF
     School      Fruit      Season
1 Elementary     Apple      Spring
2   Middle        Pear      Summer
3    High        Mellon     Autumn
4 University  Strawberry    Winter
rownames(DF) <- c("Kim", "Park", "Yoon", "Lee")   # 각 행에 이름 할당
DF
        School       Fruit      Season
Kim  Elementary      Apple      Spring
Park   Middle         Pear      Summer

Yoon    High         Mellon     Autumn
Lee  University   Strawberry    Winter
```

하나 이상의 데이터 프레임을 행 방향 또는 열 방향으로 묶어서(bind) 새로운 차원의 데이터 프레임을 생성하려면 cbind() 함수와 rbind() 함수를 사용한다. 묶이는 데이터 프레임들의 차원은 동일해야 한다. 즉 행 방향으로 묶으려면 행의 수가 같아야 하고, 열 방향으로 묶으려면 열의 수가 같아야 한다.

```
a <- data.frame(x = 3:5, y=c("March", "April", "May"))
b <- data.frame(x = 6:8, y=c("June", "July", "Agust"))
c <- data.frame(z =c(TRUE, FALSE, FALSE))
a
  x   y
1 3 March
2 4 April
3 5 May
b
  x   y
1 6 June
2 7 July
3 8 Agust

c
    z
1 TRUE
2 FALSE
3 FALSE

cbind(a,b)
  x    y   x    y
1 3 March  6  June
2 4 April  7  July
3 5  May   8  Agust

cbind(a,c)
  x    y     z
1 3  March  TRUE
2 4  April  FALSE
3 5   May   FALSE
```

```
rbind(a,b)
  x  y
1 3 March
2 4 April
3 5 May
4 6 June
5 7 July
6 8 Agust

rbind(a,c)
Error in rbind(deparse.level, ...) :
 numbers of columns of arguments do not match
# 열 방향으로 데이터 프레임의 차원이 다르다는 메시지
```

할당된 변수를 기준으로 두 데이터 프레임을 합병할 때 merge() 함수를 사용하며 기준 변수는 by="변수명"으로 지정한다.

```
A <- data.frame(Class=c("Math", "Eng", "Chem"), Score=c(45, 56, 78))
B <- data.frame(Class=c("Eng", "Chem", "Stat"), Score=c(45, 80, 90))
merge(A, B, by="Class")
  Class  Score.x  Score.y
1 Chem     78       80
2  Eng     56       45

merge(A, B, by="Grade")
Error in fix.by(by.x, x) : 'by' must specify a uniquely valid column

merge(A, B, by="Score")
  Score Class.x  Class.y
1   45    Math     Eng
```

데이터 프레임 내 단 하나라도 결측값이 포함되면 수치형 객체라도 문자형으로 인식되어 함수 적용이 되지 않는다. 함수를 적용하면 "NA"가 반환되어 올바른 연산이 실행되지 않는다. 데이터 프레임 요소 내 결측값(NA)이 존재하는 경우 na.omit() 함수를 이용하여 해당 열(관측 개체)을 제거하면 이런 문제를 해결할 수 있다. 또한, 데이터 프레임 내 문자형 객체로 구성된 행 벡터는 요인형이라는 것을 확인할 수 있다.

```
Kim <- data.frame(mid=c("국어", "영어", "수학", "물리", "생물"), final=c(80, NA, 70,
95, 85))
Kim
  mid  final
1 국어   80
2 영어   NA                              # 행이 "영어"일 때 결측값를 보여준다.
3 수학   70
4 물리   95
5 생물   85

mean(Kim)
Error in mean(Kim) : 'x' must be numeric
New_Kim <- na.omit(Kim)          # 결측값 제거
New_Kim
  mid  final
1 국어   80
3 수학   70
4 물리   95
5 생물   85
mean(New_Kim$final)
[1] 82.5
sum(New_Kim$final)
[1] 330
class(New_Kim)
[1] "data.frame"
class(Kim$mid)                           # 문자형 열이 요인형 객체로 간주된다.
[1] "factor"
Fac <- Kim$mid
Fac
[1] 국어 영어 수학 물리 생물
Levels: 국어 물리 생물 수학 영어
```

이와 같이 데이터 프레임을 RStudio에서 생성 및 편집하기도 하지만, read.table(), read.csv() 등의 함수를 이용하여 외부로부터 데이터를 읽어오는 경우가 대부분이다. 데이터를 읽어오는 방법은 8장 데이터 입출력에서 다룰 것이다.

chapter 06

제어문과 반복문

1 제어문(조건문)

조건에 따라 프로그램의 흐름이 바뀌는 제어문을 조건문이라고도 부른다. 하나의 조건이 참일 때 프로그램이 실행되는 if 조건문, 참과 거짓의 판별에 따라 실행되는 if-else 조건문과 if-else if 조건문, 조건이 중첩될 때 사용하는 ifelse 조건문과 조건이 많을 때 사용하는 select 조건문이 이에 속한다.

if 조건문은 하나의 판별 조건이 참일 때 사용하는 가장 간단한 제어문이다. 실행문이 하나인 경우 중괄호 "{}"를 생략할 수 있다.

```
a <- 5 ; b <- 5
if(a == b)
+ print("Good job!")
[1] "Good job!"
```

실행문이 하나 이상이면 중괄호 "{}"로 묶는다.

```
if(A <- 12/2 == 6)
 {
 print("Good job!")
 print(A)
 }
[1] "Good job!"
[1] TRUE
```

다음은 판별 조건이 하나일 때 참이면 if 조건문을, 거짓이면 다른 실행문을 실행하기 위하여 else 조건문을 추가로 실행하는 방식의 조건문이다.

```
income <- 200  ; outcome <- 300
{
 if(income > outcome)
 { print("수입이 지출보다 많습니다.")      # 참일 때 반환하는 값
  }
 else
  print("지출이 수입보다 많습니다.")       # 거짓일 때 반환하는 값
 }
[1] "지출이 수입보다 많습니다."
```

다음은 2개 이상의 판별 조건을 포함하는 경우, 한 조건이 참이면 if 조건문을, 다른 조건이 참이면 else if 조건문을, 앞의 두 가지 판별 조건이 모두 거짓이면 else 조건문을 추가로 실행하는 구조의 조건문이다.

```
income <- 500  ; outcome <- 300
{
 if(income > outcome) {
  print("수입이 지출보다 많습니다.")
  }
 else if(income < outcome)
  { print("지출이 수입보다 많습니다.") }
 else
 {
  print("수입과 지출이 같습니다.") }
 }
[1] "수입이 지출보다 많습니다."
```

if, else if, else 구조의 조건문은 함수로 만들어서 실행할 수도 있다.

ifelse() 함수를 사용하면 if 조건문을 대신할 수 있다. 다음은 하나의 판별 조건에 대하여 ifelse() 조건문을 적용한 결과이다. 첫 번째 인자는 판별 조건, 두 번째 인자는 참일 때 반환하는 값, 세 번째 인자는 거짓일 때 반환하는 값이다.

```
# 조건문 대신 함수 사용
income <- 500  ; outcome <- 300
ifelse (income > outcome,                    # 판별 조건
 print("수입이 지출보다 많습니다."),          # 참일 때 반환하는 값
  print("지출이 수입보다 많습니다.") )        # 거짓일 때 반환하는 값
[1] "수입이 지출보다 많습니다."
```

else if 조건문의 판별 조건이 많아지면 코드가 복잡해서 효율적이지 못하기 때문에 이런 경우에는 switch 조건문을 사용한다. 첫 번째 인자는 판별 조건 변수이며, 다른 인자들은 판별 조건의 변수 값이 해당 값과 일치할 때 실행되는 결과이다. 마지막 인자는 판별 조건에 해당하지 않을 때 실행되는 결과이다.

```
F_switch <- function(x)
 {
  switch(x,                     # 판별 조건 변수
      "a" = "Animal",
      "b" = "Bear",
      "c" = "Carmel",
      "d"="Dog",
      "e" = "Elephant",
      "Other"
      )
 }

F_switch("a")
[1] "Animal"
F_switch("b")
[1] "Bear"
F_switch("b")
[1] "Bear"
F_switch("e")
[1] "Elephant"
F_switch("t")
[1] "Other"
```

2 반복문

for 반복문은 종료 조건을 만족할 때까지, 또는 종료 횟수까지 명령문을 반복적으로 수행하게 하는 반복문 중 하나이다. 변수가 시작과 종료 벡터 구간에서 하나씩 할당되면서 명령문을 수행하는 방식이며 3개의 인자로 이루어진 구조이다. for 반복문에 사용되는 3개의 인자는 각각 벡터 값이 변화되면서 할당되는 변수, 변수가 벡터 구간에 포함된다는 의미의 in, 그리고 수치형 벡터 구간이다. 벡터 구간이 반드시 연속적일 필요는 없다.

```
for (변수 in 수치형 벡터 구간(시작값:종료값)) {
    명령문
}
```

다음은 가장 단순한 for 반복문을 작성한 예이다.

```
for (i in 1:5) {
 print(1 : i)
}

[1] 1
[1] 1 2
[1] 1 2 3
[1] 1 2 3 4
[1] 1 2 3 4 5
```

다음은 1부터 10까지의 합을 구하는 for 반복문이다.

```
sum <- 0
for (i in 1:10) {
  sum <- sum + i
  print(sum)
 }
```

```
[1] 1
[1] 3
[1] 6
[1] 10
[1] 15
[1] 21
[1] 28
[1] 36
[1] 45
[1] 55

sum
[1] 55
```

for 반복문에 사용되는 벡터 구간을 자주 변경하는 경우에는 for 반복문을 함수로 사용하는 것이 편리하다.

```
# for 문을 함수로 변형
for2func <- function(x) {
 sum <- 0
 for (i in 1:x) {
  sum <- sum + i
  print(sum)
 }
 sum
 }

for2func(100)
[1] 5050
```

for 반복문이 실행되면서 판별 조건을 만족할 때는 명령문을 실행하지 말고 다음 단계로 진행하라는 명령어 next를 추가할 수 있다. 다음은 n=10일 때 print(n) 명령어를 실행하지 않은 결과를 보여준다.

```
for (n in c(2, 5, 10, 20, 50))
  {
  if(n == 10) next
  print(n^2)
 }

[1] 4
[1] 25
[1] 400
[1] 2500
```

for 반복문이 실행되면서 판별 조건을 만족할 때 더 이상 명령을 반복하지 말고 완전히 for 반복문을 마치라는 명령어 break를 추가할 수 있다. 다음은 n=10일 때 완전히 for 반복문을 종료한 결과를 보여준다.

```
for (n in c(2, 5, 10, 20, 50))
  {
  if(n == 10) break
  print(n)
 }

[1] 2
[1] 5
```

while 반복문은 for 반복문만큼 자주 사용하지는 않는데, 판별 조건을 만족시키는 동안 해당 명령어를 계속 반복해서 실행하라는 뜻이다. while 반복문의 구조는 다음과 같다.

```
while (판별 조건)
{
 명령어
}
```

다음은 while 반복문을 사용하여 1부터 5까지의 합을 보여준다.

```
i <- 1
sum <- 0
while(i <= 5) {
 sum = sum + i
 print(sum)
 i = i+1
}

[1] 1
[1] 3
[1] 6
[1] 10
[1] 15
```

다음은 while 반복문에 R 내장 함수를 이용한 예이다.

```
i <- 1
while(i <= 5) {
 i = i + i
 }

[1] 0.8519907
[1] 0.65501270 0.05234255
[1] 0.4906862  0.7029163 0.2123574
[1] 0.2887655  0.9696091 0.2270941  0.5092796
[1] 0.3543313  0.7750630 0.1922685  0.3581774  0.8221494
```

for 반복문의 경우처럼 while 반복문에서도 next를 추가해서 사용할 수 있다.

```
i <- 1
while(i < 10){
  if(i == 3) next
   print(i)
  i = i + 1
 }

[1] 1
[1] 2
[1] 3
```

다음은 for 반복문의 경우처럼 while 반복문에 break를 추가한 결과이다.

```
i <- 1
while(i < 10){
  if(i == 7) break
   print(i)
  i = i + 1
 }

[1] 1
[1] 2
[1] 3
[1] 4
[1] 5
[1] 6
```

chapter 07

함수 다루기

1 사용자 정의 함수

반복적으로 자주 사용하는 코드는 스크립트 또는 함수 파일로 작성해서 사용하는 것이 편리하다. 함수 파일은 한꺼번에 일련의 명령들을 자동 실행하는 스크립트 파일과 다르게 RStudio 스크립트 창에서 사용자의 목적에 맞도록 함수를 정의하는 것이다. Ctrl+Enter 키를 누르면 콘솔 창에 함수가 실행되며, 함수는 외부로부터 인자 값(독립변수 값)을 입력받아 연산을 수행한 후에 연산 결과를 반환한다. 반면에 스크립트는 여러 라인에 걸쳐 명령문들을 작성하고 저장한 후에 Ctrl+Enter 키를 눌러 실행시키면 콘솔 창에서 명령어들이 차례로 실행되며, 외부로부터 값을 입력받거나 결과를 반환하지 않는다는 점이 함수와 다르다.

반복적으로 동일한 명령을 수행해야 하는 경우 작성한 스크립트 파일을 저장해두고 활용하는 것이 코딩하는 시간을 줄일 수 있어 경제적이다. RStudio의 스크립트 창에서 편집되는 스크립트 파일과 함수 파일은 모두 확장자 R을 가지며, 작업 디렉터리에 저장되어 언제든지 불러와 편집하거나실행할 수 있다.

가능한 한 코딩의 양을 줄이는 방향으로 프로그래밍하는 것이 바람직하고, 유지 관리 및 재사용이 편리하다. R 프로그래밍에서 변수에 데이터 객체를 할당했듯이 할당 연산자 "<-"를 사용하여 객체로 함수를 정의하며, 기본 형식은 다음과 같다.

```
함수명 <- function {
    명령문
   return(결과 반환 값)
}
```

다음은 대표적인 수학 함수 중 하나인 피타고라스 정리를 함수로 작성한 예다.

```
pita <- function(x, y) {
 sqrt(x^2 + y^2)
}
```

스크립트 창에서 함수를 작성한 다음 Ctrl+Enter 키를 누르면 콘솔 창에 함수가 실행된다. 함수명과 함께 인자 값(독립변수 값)을 입력하면 결과 값이 나온다.

```
pita <- function(x, y) {
  sqrt(x^2 + y^2)
 }                          # 사용자 정의 함수

pita(3, 4)                  # 함수 실행문
[1] 5
pita(5, 12)                 # 함수 실행문
[1] 13
```

"function" 다음 소괄호 내에 입력해야 할 인자, 독립변수들을 나열한다. 어떤 인자도 필요 없는 경우에는 괄호 안이 비어 있을 수도 있다. 다음 행으로 넘어가는 경우 함수의 몸통을 중괄호로 묶어주며, 한 행으로 된 경우에는 중괄호를 생략할 수 있다. 다음은 인자가 없고 한 행으로 작성된 사용자 정의 함수의 예다.

```
hello <- function () print("Hello, World")     # 사용자 정의 함수
hello()                                         # 함수 실행문
[1] "Hello, World"
```

2 루프 함수

for 또는 while 반복문은 프로그래밍할 때 유용하지만, 실행 과정에서 인자를 입력하는 방법에 불편함이 있다. 반복문을 보완하는 루프(loop) 함수들을 이용해서 지루하게 반복되는 코딩 시간을 절약할 수 있다. 특히 대용량 데이터의 경우에는 연산 속도가 크게 향상되는 것을 느낄 수 있다.

함수명	용도
apply()	배열의 범위(행, 열, 행과 열)에 함수를 적용
lapply()	리스트의 각 요소에 반복적으로 함수를 적용
sapply()	lapply() 함수와 같지만 가능한 한 결과를 단순화
tapply()	벡터의 부집합에 함수를 적용
mapply()	다변수에 대한 lapply 함수(lapply 함수의 다변수 버전)
split()	lapply() 함수와 결합하여 사용되는 보조 함수

2-1 apply 함수

str(함수명)을 입력하면 간단한 함수 명령문의 구조를 파악할 수 있다. 대체로 처음 인자는 객체를 의미하며, 함수마다 처리할 수 있는 데이터 객체의 유형이 조금씩 다르다.

```
str(apply)
function (객체, MARGIN, FUN, ...)
```

범위 인자 margin=1이면 행, margin=2면 열, margin=c(1,2)면 행과 열 모두에 반복적으로 함수를 적용하게 된다. 함수 인자 function은 객체에 적용할 함수를 의미하며, 연이어 함수에 관련된 인자들을 추가할 수 있다. apply() 함수는 객체가 행렬 또는 배열일 때 사용할 수 있으며, 결과는 리스트 객체로 반환된다.

```
group <- rbind(g1 = 1:8, g2 = c(4:1, 5:8), g3=18:11)
group
   [,1] [,2] [,3] [,4] [,5] [,6] [,7] [,8]
g1   1    2    3    4    5    6    7    8
g2   4    3    2    1    5    6    7    8
g3  18   17   16   15   14   13   12   11

apply(group, 1, sum)
 g1  g2  g3
 36  36 116                      # 각 행의 합 반환

apply(group, 2, max)
[1] 18 17 16 15 14 13 12 11      # 각 열의 최댓값 반환
```

다음은 결측치를 포함한 데이터 객체에 apply() 함수를 적용한 예를 보여준다.

```
group[3, 5] <- NA                # 3번째 측정치의 5번째 변수를 결측치로 할당
group
   [,1] [,2] [,3] [,4] [,5] [,6] [,7] [,8]
g1   1    2    3    4    5    6    7    8
g2   4    3    2    1    5    6    7    8
g3  18   17   16   15   NA   13   12   11

apply(group, 1, sum)
g1 g2 g3
36 36 NA                         # 결측치를 제외하지 않고 함수가 적용된 결과

apply(group, 1, sum, na.rm=TRUE)
 g1  g2  g3
 36  36 102                      # 결측치를 제외하고 함수가 적용된 결과
```

2-2 lapply 함수

```
str(lapply)
lapply(object, function, ...)
```

객체가 리스트, 데이터 프레임, 벡터일 때 lapply() 함수를 실행할 수 있다. 명령문 입력 형식은 다음과 같고 리스트로 결과를 반환한다. 다음은 리스트에 lapply() 함수를 적용한 예를 보여준다.

```
List.x <- list(alpha = 1:10, beta = exp(-3:4),
       logic = c(TRUE, FALSE, FALSE, TRUE, FALSE))
List.x
$'alpha'
 [1] 1 2 3 4 5 6 7 8 9 10

$beta
[1] 0.04978707 0.13533528 0.36787944 1.00000000
[5] 2.71828183 7.38905610 20.08553692 54.59815003

$logic
[1] TRUE FALSE FALSE TRUE FALSE

lapply(List.x, sum)
$'alpha'
[1] 55

$beta
[1] 86.34403

$logic
[1] 2
```

lapply() 함수를 문자열 벡터 객체에 적용하면 결과는 다음과 같다.

```
string.x <- c("You", "are", "my", "destiny", "!")
string.x
[1] "You"   "are"   "my"    "destiny" "!"

lapply(string.x, nchar)
[[1]]
[1] 3

[[2]]
[1] 3

[[3]]
[1] 2

[[4]]
[1] 7

[[5]]
[1] 1
```

다음은 4개의 난수를 생성하는 for 반복문과 lapply() 함수를 사용했을 때 동일한 결과(난수 생성이기 때문에 숫자는 같지 않다)를 반환하는 예를 보여준다.

```
x <- 1:4
lapply(x, runif)                    # lapply 함수 사용했을 때
[[1]]
[1] 0.1283596
[[2]]
[1] 0.7095617 0.7554044
[[3]]
[1] 0.6703177 0.7265171 0.5021045
[[4]]
[1] 0.11479537 0.23807248 0.03378378 0.75541734
```

```
                                    # for 반복문 사용
for (i in 1:4) {
  print(runif(i))
 i <- i + 1
 }

[1] 0.9349472
[1] 0.3654404 0.8884786
[1] 0.1802011 0.9703501 0.4860843
[1] 0.2672431 0.1319367 0.4270159 0.5536621
```

2-3 sapply 함수

sapply() 함수는 가능한 한 결과를 단순하게 반환하는 lapply() 함수이며, 함수의 속성은 다음과 같다.

- 결과가 모든 요소가 1인 리스트면, 벡터가 반환된다.
- 결과가 모든 요소의 길이가 1보다 큰 리스트면, 행렬이 반환된다.
- 결과가 분명치 않으면, 리스트가 반환된다.

```
string.x
[1] "You"   "are"   "my"   "destiny" "!"
sapply(string.x, nchar)
  You   are   my destiny   !
   3     3     2    7     1
```

lapply() 함수처럼 리스트, 데이터 프레임 그리고 벡터 객체에 실행할 수 있다. 입력 형식도 lapply() 함수와 같지만, 벡터, 행렬 또는 리스트의 결과를 간략하게 반환한다는 점이 다르다.

2-4 tapply 함수

tapply() 함수는 벡터, 데이터 프레임의 열(column of data frame), 그리고 리스트의 요소(element of a list)에 실행시킬 수 있으며, 명령문은 다음과 같이 입력한다.

```
str(tapply)
tapply(object, lndex, function, ...)   # index는 서브세트 객체 x에 사용된 요인
```

tapply() 함수는 객체의 색인(부집합으로 사용되는 요인) 기준으로 함수를 적용한다는 점이 다른 apply 함수와 다르다. 다음은 치료법(treatment)별로 나이(Age)의 평균을 반환하도록 벡터와 데이터 프레임에 tapply 함수를 실행했을 때 동일한 결과가 반환되는 것을 보여준다.

```
PatientID <- 1:10
PatientID
 [1] 1 2 3 4 5 6 7 8 9 10
Age <- c(32, 45, 44, 21, 45, 55, 67, 23, 44, 51)
Age
 [1] 32 45 44 21 45 55 67 23 44 51

Treatment <- c("a", "c", "b", "a", "a", "b", "b", "b", "c", "b")
Treatment
 [1] "a" "c" "b" "a" "a" "b" "b" "b" "c" "b"
tapply(Age, Treatment, mean)
# 치료법별로 나이의 평균을 반환하도록 벡터에 tapply 함수 실행
       a        b        c
 32.66667 48.00000 44.50000

Med.df <- data.frame(PatientID, Age, Treatment)
Med.df
   PatientID Age  Treatment
1        1    32        a
2        2    45        c
3        3    44        b
4        4    21        a
5        5    45        a
6        6    55        b
7        7    67        b
8        8    23        b
```

```
9      9      44       c
10     10     51       b
tapply(Med.df$Age, Med.df$Treatment, mean)
    a        b        c
 32.66667 48.00000 44.50000
# 치료법별로 나이의 평균을 반환하도록 데이터 프레임에 tapply 함수 실행
```

2-5 mapply 함수

mapply() 함수는 일련의 독립변수(arguments)와 다변수에 동시에 함수를 적용시킬 수 있는 apply() 함수이다. 리스트, 데이터 프레임 및 벡터 객체에 실행시킬 수 있으며, 결과는 리스트를 반환한다. 명령문은 다음과 같이 입력한다.

```
str(mapply)
mapply(function, ..., MoreArgs = NULL, SIMPLIFY = TRUE, USE.NAMES = TRUE)
```

function 인자는 mapply()를 적용할 함수이고, "..."는 함수에 적용하는 변수들을 포함하며, MoreArgs 인자는 함수에 적용할 일련의 또 다른 독립변수들을 포함한다. 그리고 SIMPLIFY 변수는 결과를 단순화해야 할지를 결정한다. 예를 들어, 다음과 같이 동일한 명령어를 반복적으로 코딩하는 작업은 매우 지루하다.

```
list (rep(1:4), rep(2:3), rep(3:2), rep(4:1))
```

이때 다음과 같이 mapply() 함수를 이용하면 반복 작업을 간략하게 마칠 수 있으며, 반환되는 결과는 동일하다.

```
mapply(rep, 1:4, 4:1)
[[1]]
[1] 1 1 1 1

[[2]]
[1] 2 2 2

[[3]]
[1] 3 3

[[4]]
[1] 4
```

이외에 rapply(), vapply(), eapply(), mapply() 등의 함수들도 데이터 수정 및 정제에 사용할 수 있다.

2-6 aggregate 함수

aggregate() 함수는 구분된 변수별로 함수를 적용해서 그룹화된 변수를 반환하는 함수이며, 명령문은 다음과 같이 입력한다.

```
str(aggregate)
aggregate(formula, data, function, ...)
## Formulas: one ~ one, one ~ many, many ~ one, and many ~ many variable(s)
```

함수(function)가 적용되는 공식(formular)은 "y ~ x"의 형태를 취하며, 데이터(data)의 변수 x별로 변수 y값을 반환한다. 공식은 단변수~단변수, 단변수~다변수, 다변수~단변수, 다변수~다변수일 수 있으며, ". ~ x" 또는 "y ~ ."처럼 공식에 사용된 마침표(.)는 나머지 모든 변수들을 의미한다. 다음은 3개의 변수(breaks, wool, tension)와 54개의 측정치를 갖는 R의 warpbreaks 데이터 프레임 세트에 대하여 wool 변수별로 breaks 변수의 합계값, 그리고 wool, tension 변수별로 breaks 변수의 평균값을 반환시키도록 aggregate() 함수를 적용한 예이다.

```
head(warpbreaks)              # warpbreaks 데이터 프레임 첫부분
 breaks wool tension
1   26  A    L
2   30  A    L
3   54  A    L
4   25  A    L
5   70  A    L
6   52  A    L

tail(warpbreaks)              # warpbreaks 데이터 프레임 뒷부분
  breaks wool  tension
49   17  B    H
50   13  B    H
51   15  B    H
52   15  B    H
53   16  B    H
54   28  B    H

str(warpbreaks)               # warpbreaks 데이터 프레임의 구조
'data.frame':   54 obs. of  3 variables:
 $ breaks : num  26 30 54 25 70 52 51 26 67 18 ...
 $ wool   : Factor w/ 2 levels "A","B": 1 1 1 1 1 1 1 1 1 1 ...
 $ tension: Factor w/ 3 levels "L","M","H": 1 1 1 1 1 1 1 1 1 2 ...

aggregate(breaks ~ wool, data = warpbreaks, sum)
 wool breaks                # wool 변수별로 breaks 변수의 합계값 반환
1  A   838
2  B   682

aggregate(breaks ~ wool + tension, data = warpbreaks, mean)
 wool  tension  breaks      # wool과 tension 변수별로 breaks 변수의 평균값 반환
1  A    L   44.55556
2  B    L   28.22222
3  A    M   24.00000
4  B    M   28.77778
5  A    H   24.55556
6  B    H   18.77778
```

chapter 08

데이터 입출력

1 데이터 읽어오기

R 프로그램에서 데이터 입력은 데이터 분석, 가공 및 시각화하기 이전에 수행되는 필수 과정이다. 앞에서는 스크립트나 콘솔 창에서, 또는 R 자체 편집기에서 직접 입력하여 데이터 객체를 생성하는 방법을 다루었다. 여기서는 R에서 실행할 데이터 분석을 위하여 다양한 외부 데이터 파일을 읽어들이는 방법에 대해 공부할 것이다.

PC의 문서 폴더 내에 RData를 생성한 후, RStudio의 통합개발환경 설정(global options)에서 "~/Rdata"를 작업 디렉터리(working directory)로 지정한 것을 기억하면서, RData 폴더 안에 확장자 csv, txt, sav, xlsx, dat 등의 데이터 파일을 준비한다. RStudio 프로그램을 실행한 콘솔 창에서 다음과 같이 작업 디렉터리를 확인한다.

```
getwd()
[1] "C:/Users/Ohskyo/Documents/RData"          # "~/RData"로 해석
```

불러들이는 데이터 객체의 첫 행에 변수 이름이 있으면 header 변수를 TRUE로 설정하고, 없으면 FALSE로 설정한다. 직사각형 형태로 텍스트가 저장된 확장자 txt 파일, 또는 엑셀 파일을 데이터 프레임으로 읽어오려면 read.table() 함수를 사용한다.

```
txt.Data <- read.table (file="파일명.txt", header=TRUE)
excel.Data <- read.table (file="파일명.xls", header=TRUE)
```

객체 데이터 사이가 콤마로 구분된 확장자 csv(comma separated variable)를 가진 파일을 불러들여 데이터 프레임으로 저장하여 분석하려면 read.table() 함수가 변형된 read.csv() 함수를 사용한다. 데이터 객체들이 구분자(delimiter)를 지정하려면 sep 인자를 사용하고 큰따옴표 안에 사용된 구분자를 입력한다. dec 인자에는 소수점을 나타내는 기호를 지정한다.

```
csv.Data <- read.csv (file="파일명.csv", header=TRUE, sep=",", dec=".")
```

구분자가 탭(\t)인 dat 파일을 읽어오려면 read.table 함수가 변형된 read.delim() 함수를 사용할 수 있다.

```
delim.Data <- read.delim (file="파일명.dat", header=FALSE, sep="\t", dec=".")
```

이외에도 sep 인자가 세미콜론(;)이며 콤마(,)로 소수점을 나타내는 read.csv2() 함수, sep 인자가 탭(\t)이며 콤마(,)로 소수점을 나타내는 read.delim2() 함수를 사용할 수 있다.

```
csv2.Data <- read.csv2 (file="파일명.csv", sep=";", dec=",")
delim2.Data <- read.delim2 (file="파일명.dat", sep="\t", dec=",")
```

작업 디렉터리가 아닌 다른 위치에 있는 파일을 읽어오려면 파일명 앞에 경로를 함께 입력한다.

```
table.Data <- read.table (file="D:\RDataSet\파일명.dat", header=TRUE)
```

행정안전부에서 관리하는 공공 데이터 포털(http://data.go.kr), 또는 열린 데이터 광장(http://data.seoul.go.kr) 사이트 등에 접속하여 원하는 데이터를 내려받은 다음에 불러오거나, 인증키와 함께 URL 주소를 입력하여 읽어올 수 있다. 인터넷 ftp 사이트로부터 데이터 파일을 불러오는 경우, file 인자에 URL 주소 다음에 파일명을 입력하여 직접 읽어올 수 있다.

readxl 패키지를 설치한 다음 read.excel() 함수를 이용하거나, readr 패키지를 설치한 다음 read.delim() 함수를 사용할 수도 있다. XML 데이터를 읽어오려면 XML 패키지를 설치해야 한다.

위와 같이 file 변수를 사용하여 읽어올 파일을 지정하지 않고 file.choose() 인자를 사용하여 명령을 실행시켜 선택 창에서 읽어올 파일을 선택할 수 있다.

```
new.Data <- read.table (file.choose(), header=FALSE)
```

외부 파일을 읽어오는 것처럼 직접 R에서 데이터 프레임을 만들려면 read.table() 함수에 text 변수를 사용한다.

```
direct.Data <- read.table(header = TRUE, text = "
 A B
 3 4
 7 8
 4 5 ")

direct.Data
 A B
1 3 4
2 7 8
3 4 5
```

View() 함수를 이용하여 데이터를 R로 올바르게 불러왔는지 스크립트 창에서 확인할 수 있다.

2 데이터 내보내기

R에서 생성된 객체를 단순히 콘솔 창에 출력하려면 객체 이름을 입력하거나 print() 함수를 사용한다.

```
out <- c(1:10)
out
 [1] 1 2 3 4 5 6 7 8 9 10
print(out)
 [1] 1 2 3 4 5 6 7 8 9 10
```

벡터 객체를 파일로 내보내려면 write() 함수를 사용한다.

```
export <- c("Spring", "Summer", "Fall", "Winter")
export
[1] "Spring" "Summer" "Fall"  "Winter"

write(export, file="save.txt")       # write(객체 이름, file="저장할 파일 이름.txt")
View(export)                         # 스크립트 창에서 확인
```

write.table() 또는 write.csv() 함수를 사용하면 데이터 프레임, 행렬, 그리고 배열처럼 표 형태로 생성된 객체를 파일로 저장할 수 있다.

```
write.table(sample, file="sample.txt")
write.csv(sample, file="sample.csv")
```

파일로 저장할 때 R은 기본적으로 행 이름을 할당한다. 행 이름이 없는 경우 row.names 인자를 FALSE로 지정하면 1부터 시작하는 일련번호로 행 이름이 명명되어 저장된다.

```
write.table(sample, file="sample.txt", row.names=FALSE)
```

나중에 활용할 목적에 맞게 write.ftable(), write.csv(), write.csv2() 등의 함수를 사용하여 생성된 객체를 파일로 저장할 수 있다. xlsx 패키지를 설치한 후에 write.xlsx() 함수를 이용할 수도 있으며, foreign 패키지는 SPSS, SAS, STATA 등의 상용 통계 프로그램에서 읽어들이기 위한 read.foreign() 함수들을 포함한다. 예를 들어, IBM SPSS 파일로 저장하려면 foreign 패키지를 설치한 다음 read.foreign() 함수를 실행한다.

```
install.packages("foreign")
library(foreign)
write.foreign(데이터 프레임 이름, 파일 이름.sav, package = "SPSS")
# write.foreign(df, datafile, codefile, package = c("SPSS", "Stata", "SAS"),
...)
```

작성한 객체 일부분을 저장하려면 save() 함수를 사용하며, 필요할 때 load() 함수를 실행해서 읽어올 수 있다.

```
xValue <- c(1:10)
xValue
 [1] 1 2 3 4 5 6 7 8 9 10

save(xValue, file="xData.R")
load("xData.R")
```

chapter 09

R 패키지

1 패키지 설치하기

패키지는 인자를 입력받아 특정한 연산을 수행하는 기능을 가진 함수들을 모아둔 묶음이라고 정의할 수 있다. R은 확장성 높은 데이터 프로그래밍 언어를 사용하기 때문에 다양하게 활용할 수 있는 패키지가 많이 개발되어 있다. 필요에 따라 적합한 패키지를 내려받아 기능을 확장할 수 있다. 2019년 11월 기준으로 CRAN(comprehensive R archive network) 사이트에 약 15000개 이상의 패키지가 등재되어 있는 것을 확인할 수 있다. 깃허브(http://github.com)에서 내려받을 수 있는 패키지까지 포함하면 활용할 수 있는 패키지는 2만 개가 넘는 것으로 알려져 있다.

기본적으로 제공하는 기능이라고 하더라도 패키지를 활용하면 더 효율적인 경우도 있다. 마치 R 프로그램의 일부처럼 데이터 조작에 사용되는 tidyr과 dplyr, 데이터 시각화에 사용되는 ggplot2, 동적인 표를 생성할 수 있는 rCharts, 데이터 수집에 사용되는 rvest, R로 웹앱을 구현할 수 있는 shiny 등이 대표적으로 유용하게 활용되는 패키지들이다. 각 패키지는 관련 함수들을 포함하는데, 예를 들어 대표적인 데이터 시각화용 ggplot2 그래프 작성 패키지는 plyr(), gtable(), qplot(), rlang() 등 수십 가지 관련 함수들을 포함한다.

R 프로그램을 설치할 때 기본적으로 포함되는 패키지는 RStudio View 메뉴에서 "Show packages"를 선택하거나 단축키 Ctrl+7 키를 눌러 확인할 수 있다.

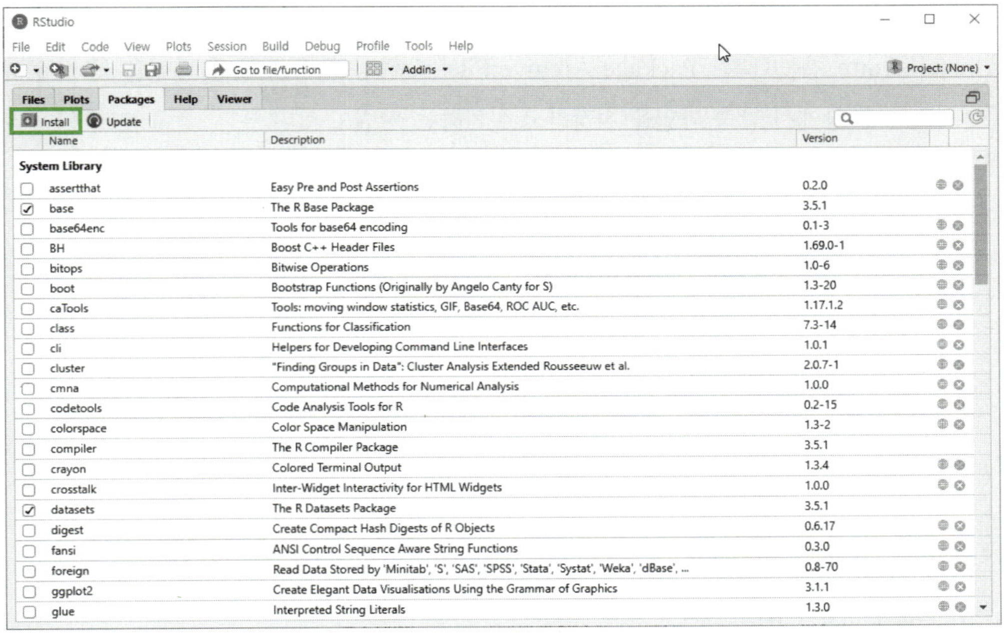

RStudio의 "Packages" 창에서 왼쪽 상단에 보이는 "Install" 버튼을 클릭하면 다음과 같은 창이 보인다. 설치하고자 하는 패키지 이름을 입력하고 "Install" 버튼을 클릭하여 R 패키지를 설치할 수 있다. 하나 이상의 패키지를 설치하려면, 콤마로 구분하여 입력하며, "Install dependencies" 왼쪽에 있는 박스를 체크하면 설치하려는 패키지에 필요한 다른 패키지도 함께 설치된다. 예를 들어, coefplot 패키지는 jsonlite, yaml, zoo, xts, dygraphs 등의 패키지들을 필요로 하며, 이들 패키지는 또 다른 패키지들을 필요로 할 수도 있다.

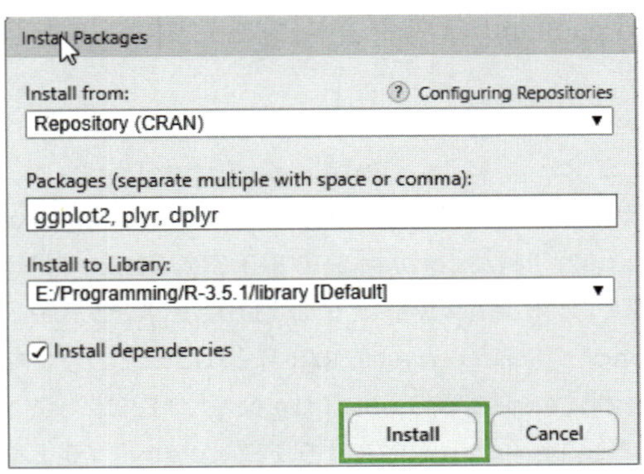

zip 또는 tar.gz 등의 다운로드한 압축 파일을 이용하여 패키지를 설치하는 경우에는 "Install from" 옵션에서 "Package Archive File"로 변경한 후에 해당 파일을 찾아 설치한다. R 콘솔 창에서 압축 파일을 지정하고 설치하는 방법도 있다.

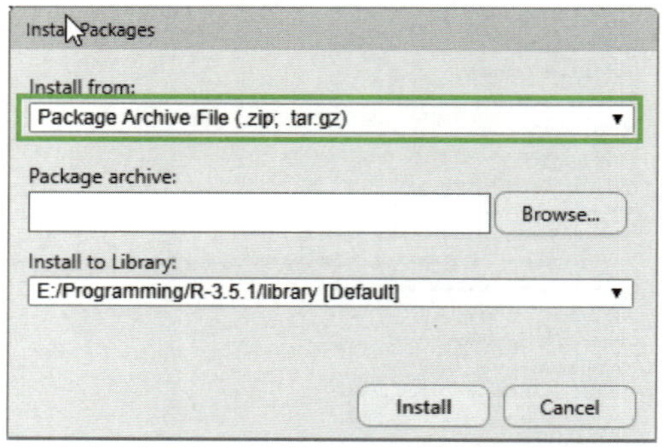

가장 쉽게 R 패키지를 설치하는 방법은 콘솔 창에서 큰따옴표로 패키지 이름을 묶은 install.packages() 함수를 사용하는 것이다.

```
install.packages("ggplot2")          # 패키지 설치
```

또 다른 R 패키지 설치 방법은 install.packages() 함수에 다운받은 압축 파일을 이용하는 것이다.

```
install.packages ("ggplot2_3.2.1.zip”)  # 압축된 파일로 패키지 설치
```

콘솔 창에서 installed.packages() 함수를 실행해도 설치된 패키지들을 확인할 수 있다.

```
installed.packages()
      Package    LibPath          Version  Priority
assertthat "assertthat" "E:/Programs/R/R-3.5.1/library" "0.2.0"  NA
backports "backports" "E:/Programs/R/R-3.5.1/library" "1.1.2"  NA
base    "base"   "E:/Programs/R/R-3.5.1/library" "3.5.1"  "base"
base64enc "base64enc" "E:/Programs/R/R-3.5.1/library" "0.1-3"  NA
BH    "BH"    "E:/Programs/R/R-3.5.1/library" "1.66.0-1" NA
bindr   "bindr"    "E:/Programs/R/R-3.5.1/library" "0.1.1"  NA
bindrcpp "bindrcpp"  "E:/Programs/R/R-3.5.1/library" "0.2.2"  NA
```

```
bitops   "bitops"   "E:/Programs/R/R-3.5.1/library" "1.0-6"  NA
boot   "boot"   "E:/Programs/R/R-3.5.1/library" "1.3-20"  "recommended"
broom  "broom"   "E:/Programs/R/R-3.5.1/library" "0.5.0"   NA
callr   "callr"   "E:/Programs/R/R-3.5.1/library" "3.0.0"   NA
caTools "caTools"  "E:/Programs/R/R-3.5.1/library" "1.17.1"  NA
cellranger "cellranger" "E:/Programs/R/R-3.5.1/library" "1.1.0"   NA
class  "class"   "E:/Programs/R/R-3.5.1/library" "7.3-14"  "recommended"
.......
```

설치된 패키지가 제공하는 비네트(vignette)를 이용하면 해당 패키지에 대한 짤막한 글이나 요약문을 볼 수 있는데, 세부 내용을 이해하고 목적에 맞도록 변수를 지정할 때 유용하게 활용된다. 설치된 모든 패키지가 제공하는 비네트를 확인하려면 browseVignettes() 명령어를 사용하며, 각 소품문은 PDF, HTML, 소스, 그리고 R 코드에 대한 정보를 제공한다.

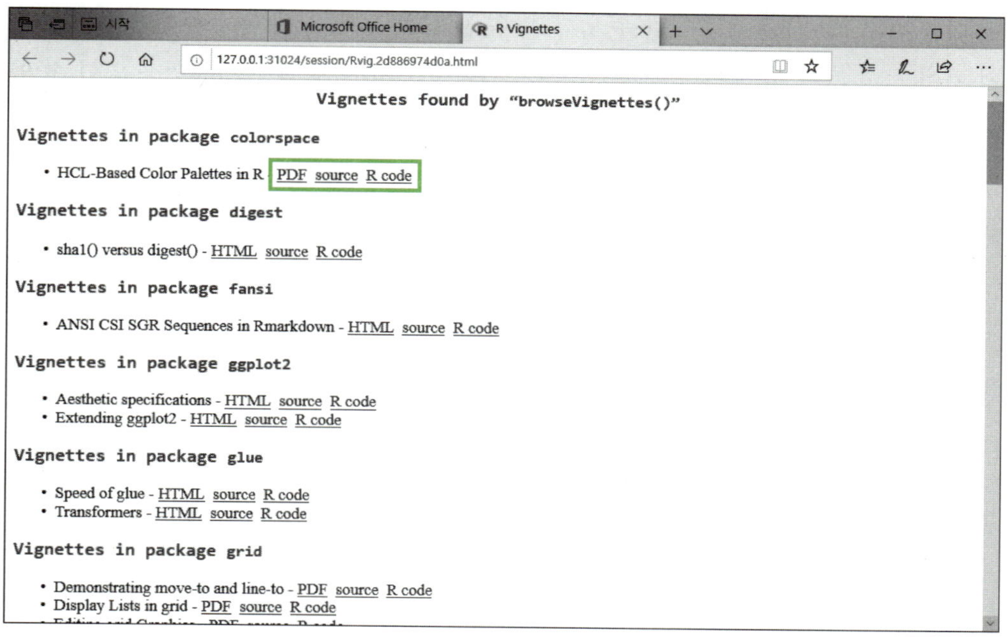

특정 비네트의 내용을 보려면 vignette() 명령어를, 소스를 보려면 edit(vignette()) 명령어를 이용할 수 있다. 설치되지 않은 패키지에 대한 비네트는 CRAN 사이트(https://cran.r-project.org/web/packages)에서 확인할 수 있다.

설치된 특정 패키지가 제공하는 비네트 목록을 확인하려면 browseVignettes("패키지명") 명령어를 사용한다. browseVignettes("ggplot2") 명령을 실행하면 ggplot2에 대한 2개의 비네트(Aesthetic specifications, Extending ggplot2)가 유효하다는 것을 알 수 있다.

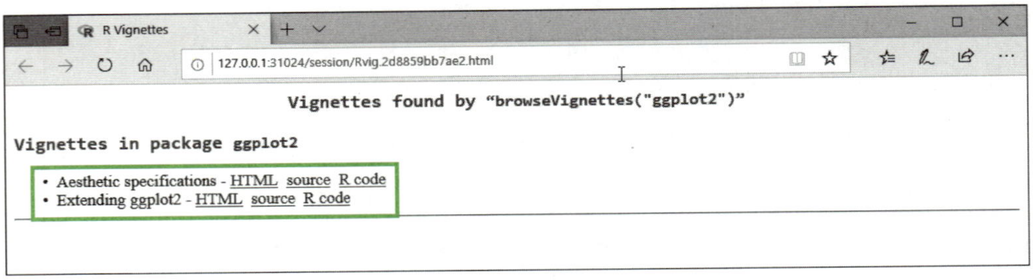

Aesthetic specifications의 HTML 문서를 클릭하면 ggplot() 함수의 미학적 세부 사항에 대한 비네트의 내용을 파악할 수 있다. 변수 설명, 지정 값, 선택 유무에 따른 그래프 출력 차이 등이 그림 및 예시와 함께 설명되어 있어 어렵지 않게 함수 사용법을 익힐 수 있다.

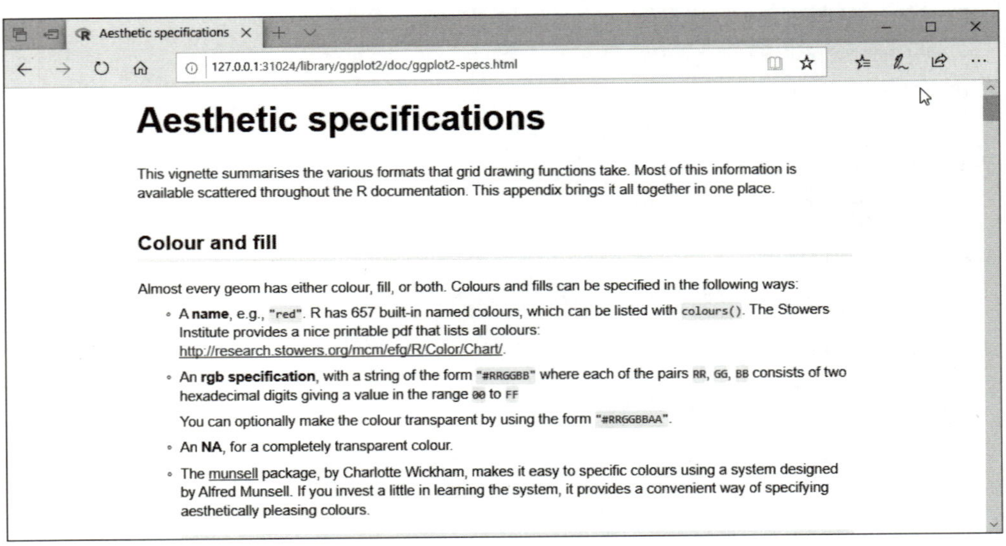

ggplot 패키지에 대한 두 번째 비네트 Extending ggplot2의 HTML 문서를 클릭하면 ggplot2의 기능을 확장하는 방법을 파악할 수 있다. 이 문서의 대부분은 데이터 시각화에 대한 내용으로 11장 5절 ggplot 그래프에서 자세히 설명할 것이다.

2 패키지 제거하기

패키지를 제거하는 경우는 많지 않지만, 필요한 경우 리스트에서 해당 패키지 리스트 오른쪽 끝에 있는 회색 x 버튼(⊗)을 클릭하여 제거할 수 있다.

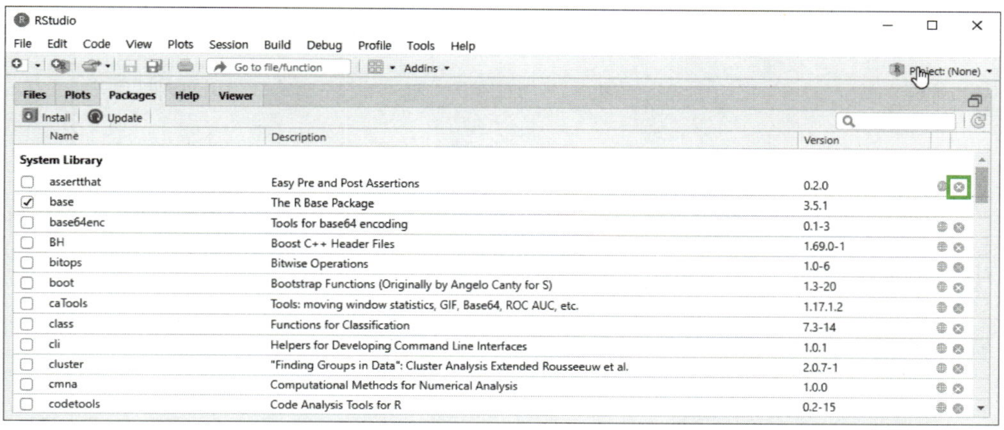

콘솔 창에서 다음과 같은 명령어로 패키지를 제거할 수도 있다.

```
remove.packages ("matrixStats_0.54.0.zip")  # remove.packages ("패키지명")
```

3 패키지 첨부하기와 떼어놓기

패키지는 한 번만 설치하면 되지만, 설치된 패키지를 사용할 때마다 다음과 같은 명령어를 이용하여 패키지를 로딩시켜야 한다. 패키지를 함수로 로딩시키려면 require() 함수를 사용한다.

```
library ("ggplot2")              # 패키지 첨부
require ("ggplot2")              # 함수로 패키지 첨부
```

해당 패키지에 의존하는 다른 패키지에 대한 정보를 출력하지 않으려면 quietly 인자를 추가하고 값을 TRUE로 지정한다.

```
library ("ggplot2", quietly=TRUE)    # 의존하는 패키지 정보의 출력 없이 패키지 로딩
```

패키지를 떼어놓으려면(detach) 패키지 창에서 해당 패키지 왼쪽 박스의 체크를 제거하거나, detach() 함수를 사용한다.

```
detach ("package:ggplot2")       # 패키지 떼어놓기
```

chapter 10

기본 데이터 시각화

데이터를 표현하는 방법에 따라 데이터 분석 결과의 전달력에는 많은 차이가 생긴다. 그래프를 이용하여 데이터를 시각화하면 분석 결과를 효과적으로 표현할 수 있다. 수치로 작성된 리스트나 테이블보다 그래프, 동영상, 또는 사용자의 요구에 반응하는 데이터 시각화는 훨씬 매력적이다. 이 장에서는 R에서 제공하는 분석용 데이터 프레임 세트를 이용하여 변수의 속성에 맞게 자료를 통계적 방법으로 변형 요약하고, 다양한 그래프 작성을 통해 데이터 시각화를 구현해볼 것이다. R에 내장된 분석용 데이터 세트를 사용하여 R에서 구현할 수 있는 기본형(base), 격자형(lattice) 그리고 ggplot2 패키지형 그래프 작성 방법을 알아보자.

1 그래프 체계

(1) R에서 구현할 수 있는 기본형 그래프 체계

- 예술가가 빈 캔버스 위에 이미지를 그린 다음 그 위에 또 다른 이미지를 중첩해서 의도한 방향으로 이미지 효과를 구현하는 팔레트 모형(또는 레이어 구조)처럼, 비어 있는 배경 위에 그래프 문법 성분들을 추가한다.

- 주석 함수(annotation function)를 사용해서 텍스트, 선, 점, 축 등을 추가하고 수정한다.
- 그래프 작성 방법과 데이터 분석 방법을 시각적으로 잘 보여준다.
- 일단 그림을 그리기 시작하면 (예를 들어, 여백 조정 등을 위해) 전으로 되돌릴 수 없으므로, 사전에 철저한 계획을 세워야 한다.
- (그래프 언어가 아니므로) 일단 새로운 그래프가 구현되면 다른 형태로 바꾸기가 어렵다. 그래프는 그저 일련의 R 명령어일 뿐이다.

(2) R에서 구현할 수 있는 격자형 그래프 체계

- 단일 함수 명령문(xyplot, bwplot 등)으로 그래프를 생성한다.
- 그래프 유형을 조절하는 가장 유용한 방법은 전체 수준에서 x에 따라 y를 변화시키는 것이다.
- 한번에 많은 그래프 성분들이 지정되기 때문에 전체 그래프는 여백/공백이 자동으로 세트처럼 취급된다.
- 한 화면에 많은 그래프를 담을 수 있지만, 단일 함수 명령문으로 전체 그래프를 규정하는 것이 가끔 불편하다.
- 그래프에 포함된 주석이 직관적이지 못한 단점이 있다.
- 패널과 아래 첨자 기능을 활용하려면 사전에 철저하게 준비해야 한다.
- 일단 그래프가 생성되면 다른 객체를 추가할 수 없다.

(3) R에서 구현할 수 있는 ggplot2 그래프 체계

- ggplot2 그래프는 기본형 그래프와 격자형 그래프의 특징을 절반씩 절충한 체계이다.
- 간격, 텍스트, 제목 등을 자동으로 개별 레이어에 추가할 수 있다.
- 표면적으로 격자형 그래프와 유사하지만 대체로 더 사용하기 쉽고 직관적이다.
- 기본 모드에서 제공하는 다양한 선택 사항을 변경할 수 있어 사용자에게 편리하다.
- ggplot2 패키지에서 가장 기본적인 qplot() 함수는 기본형 그래픽 체계의 plot() 함수처럼 다양한 유형의 그래프를 구현할 수 있다.

- 격자형과 유사하게 데이터 프레임, 또는 그 부모 환경의 데이터를 사용하여 기하학적(점, 선 등) 객체에 미학적(크기, 모양, 색상) 객체를 추가하여 그래프를 작성한다.
- 부집합으로 표현할 때 요인 객체 데이터는 매우 중요하기 때문에 다른 특성을 갖는다면 분류되어야 한다.
- qplot()은 내부에서 일어나는 사항을 겉으로 드러내지 않으며, 대부분의 그래프에 사용된다.
- ggplot()은 qplot()이 처리할 수 없는 데이터 시각화를 유연하게 처리할 수 있는 핵심 함수이다.

2 점 차트

하나의 범주형 변수와 그에 해당하는 정량 변수로 점 차트를 작성할 수 있다. 위치, 색상-차트의 색조, 기호 등의 미적 성분을 매핑할 수 있으며 기하학적 디자인 변수들을 지정할 수 있다. 다음과 같이 명령문을 입력하면 점 차트를 생성할 수 있다.

```
dotchart(x, labels = NULL, groups = NULL, gdata = NULL,
    cex = par("cex"), pt.cex = cex,
    pch = 21, gpch = 21, bg = par("bg"),
    color = par("fg"), gcolor = par("fg"), lcolor = "gray",
    xlim = range(x[is.finite(x)]),
    main = NULL, xlab = NULL, ylab = NULL, ...)
```

다음은 R 프로그램이 제공하는 자동차가 달리는 속도(speed)와 제동거리(dist) 사이의 관계를 나타내는 cars 데이터 프레임 세트를 이용하여 속도의 빈도를 보여주는 점 차트를 작성한 예다. attach() 함수를 사용해서 R에 포함된 데이터, 또는 메모리에 남아있는 데이터 세트를 불러오고, 각기 다른 데이터 세트에 속한 변수들끼리 충돌하지 않도록 detach() 함수를 사용한다.

```
attach(cars)                # 데이터를 불러옴
str(cars)
'data.frame':   50 obs. of 2 variables:
            # 50개의 관측치와 2개의 변수로 구성된 데이터 프레임
 $ speed: num  4 4 7 7 8 9 10 10 10 11 ...
 $ dist : num  2 10 4 22 16 10 18 26 34 17 ...

head(cars, 6)               # 데이터 앞부분의 일부 데이터 반환
  speed dist
1   4   2
2   4  10
3   7   4
4   7  22
5   8  16
6   9  10

dotchart(cars$speed, xlab="속도(speed)", ylab="속도 수", main="속도에 따른 빈도 수", col="blue")
detach(cars)                # 메모리에서 cars 데이터베이스를 지움
```

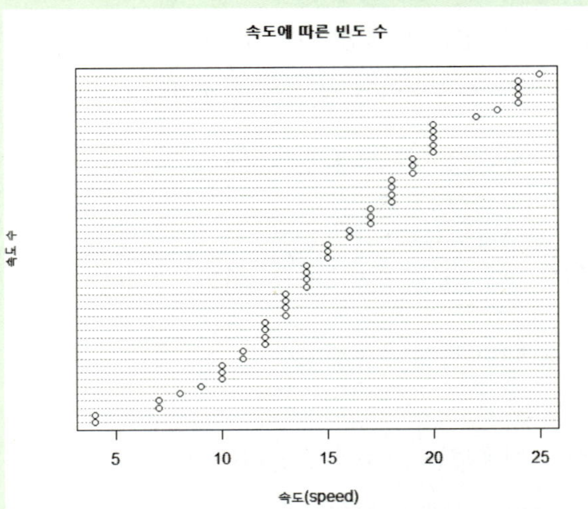

다음은 콘솔 창에서 "example(points)"을 실행했을 때 나타나는 이미지로, R에서 구현할 수 있는 점 차트의 예와 선택 사항들을 보여준다.

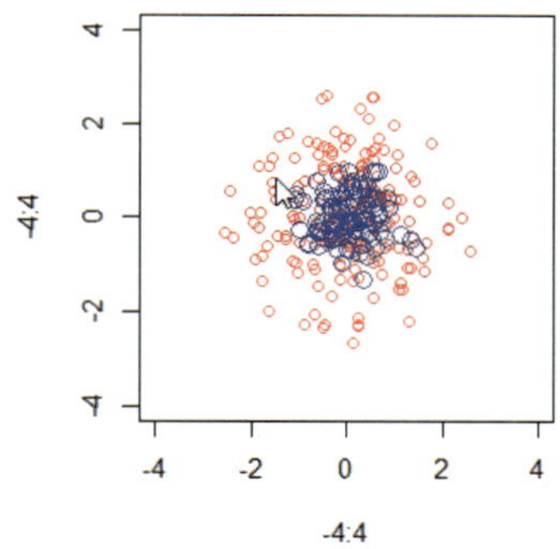

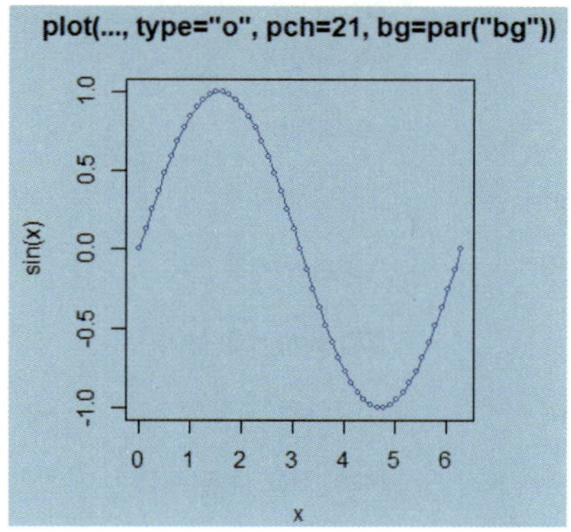

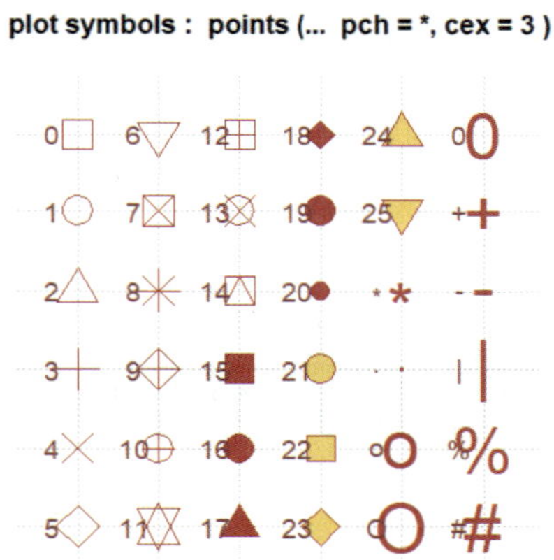

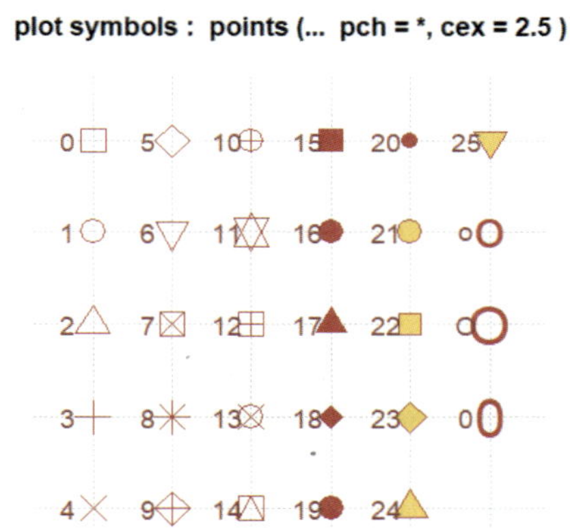

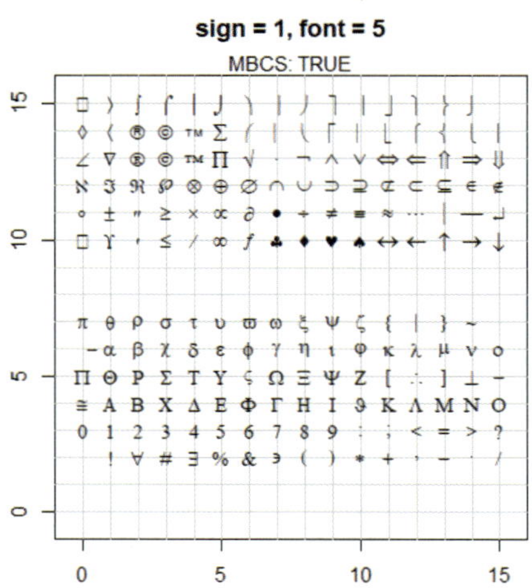

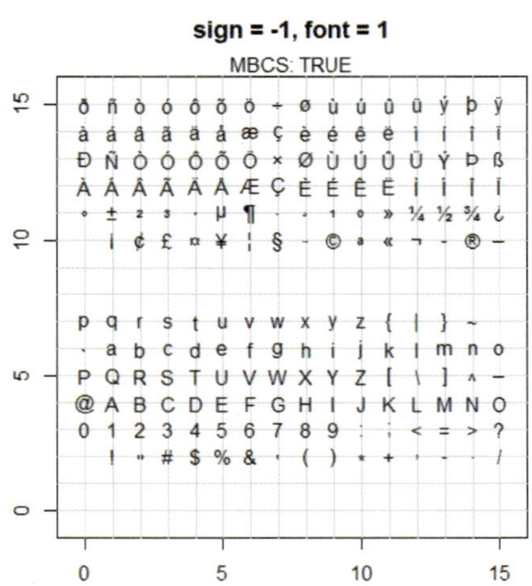

다음은 점 차트 등의 그래프를 작성할 때 보편적으로 지정해야 하는 인자들이다.

인자	내용	인자		내용
x=	x축 데이터	type=	p	관측값 점을 "o"으로 표시
y=	y축 데이터		l	선으로 그리기
main=	그래프 제목		b	점과 선으로 그리기
sub=	그래프 부제목		c	점선으로 그리기
pch=	점의 표시기호 선택		o	선을 점 위에 겹쳐 그리기
cex=	점의 크기		h	수직선 히스토그램으로 그리기
xlim=	x축의 좌표 눈금 지정		s	계단 형식으로 그리기
ylim=	y축의 좌표 눈금 지정		n	그래프에 아무것도 그리지 않기
xlab=	x축 제목	axes=		축 관련 선택 사항
ylab=	y축 제목	col=		색 지정

3 바 플롯

하나의 변수와 그에 따른 정량 변수로 빈도를 한눈에 파악할 수 있는 그래프를 바 플롯이라고 부르며, 변수들을 지정하여 작성할 수 있다. 다음은 R의 cars 데이터 프레임 세트를 이용하여 제동거리에 따른 빈도 수를 나타내는 바 플롯이다.

```
tail(cars)
  speed dist
45   23   54
46   24   70
47   24   92
48   24   93
49   24  120
50   25   85

barplot(cars$dist, ylim=c(0,120), xlab="제동거리", ylab="제동거리 수", main="거리에 따른 빈도 수", col="yellow")
```

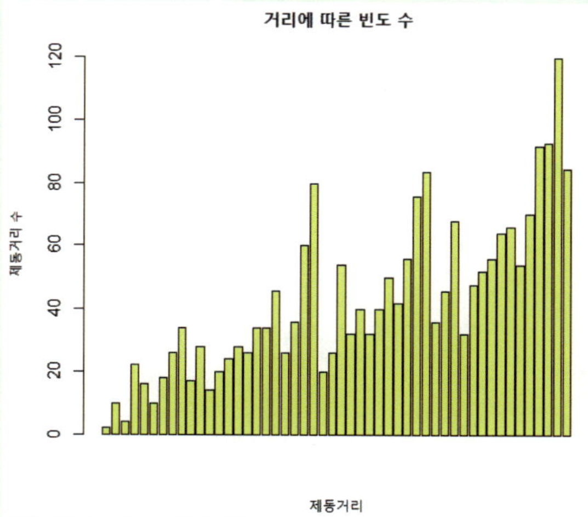

4 히스토그램

다음은 hist() 함수를 이용하여 범주형 변수와 그에 해당하는 정량 변수로 구성된 이산 데이터 프레임 세트에 대한 히스토그램 그래프를 작성한 예를 보여준다.

```
hist(cars$dist, xlab="제동거리", ylab="빈도", main="히스토그램", col="lightblue",
prob=TRUE)
```

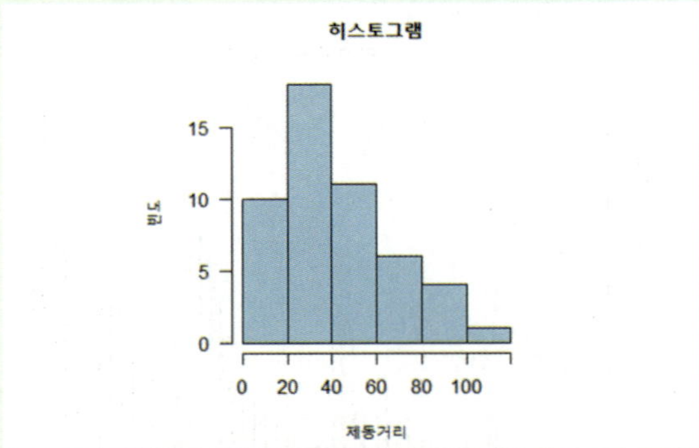


```
# 추정된 확률 밀도 함수를 히스토그램에 추가하려면 다음 명령문을 추가한다.
lines(density(cars$dist), col="blue")
```

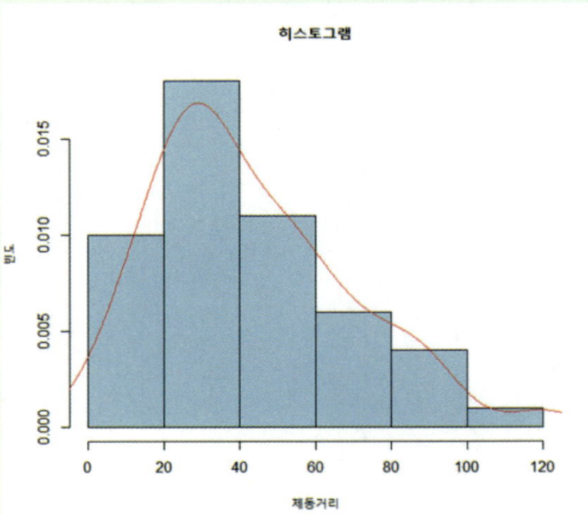

5 박스 플롯

수치형 데이터를 요약하여 시각화하면서 박스 플롯을 이용할 때 1과 3 사분위수, 평균, 중앙값 등 통계 변수들이 사용되며, 작성된 박스 플롯으로부터 데이터의 분포도, 대칭도 및 이상치 등을 파악할 수 있다. 박스 플롯을 실행시키는 명령문은 다음과 같은 형식으로 구성된다.

```
boxplot(formula, data = NULL, ..., subset, na.action = NULL,
    drop = FALSE, sep = ".", lex.order = FALSE)
```

formula는 그룹화되는 요인 변수와 그룹 변수(벡터)의 관계를 나타내는 공식이며, data는 변수들을 포함하는 데이터 세트이다. 다음은 R의 cars 데이터 프레임 세트를 이용하여 속도(speed)와 제동거리(dist)의 관계를 보여주는 박스 플롯의 예이다.

```
boxplot(cars$dist ~ cars$speed, cars, boxwex = 2.0, col = c("orange",
"yellow"), xlab = "스피드(speed)", ylab = "제동거리(dist)", sep = ":", lex.order =
TRUE, ylim = c(0, 120), main="스피드에 따른 제동거리를 보여주는 박스 플롯")
```

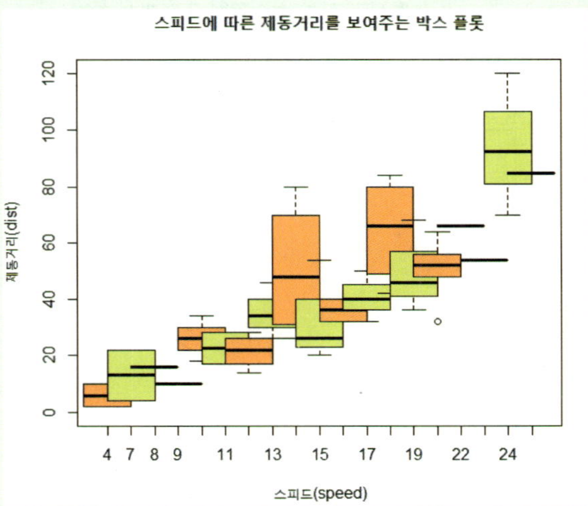

독립 요인 변수 속도와 종속변수 제동거리의 관계를 보여주는 박스 플롯으로부터 이상치는 관측되지 않았다. 대부분의 속도에서 중심 위치가 중앙에 위치하는 사실로부터 대칭 분포를 확인할 수 있으며, 두 변수 사이에 선형 관계가 있음을 파악할 수 있다.

6 기본 x-y 그래프

데이터를 시각화할 때 x-y 그래프는 가장 일반적으로 사용된다. 명령문은 다음과 같은 형식으로 입력하며, 다양한 선택 사항을 지정할 수 있다.

```
plot(x, y, main = NULL, xlab = NULL, ylab = NULL, type = NULL,
    cex = NULL, pch = NULL, asp = NULL, ...)
```

다음은 R이 제공하는 cars 데이터 프레임 세트를 이용하여 연속값의 두 변수 속도(speed)와 거리(dist)의 관계를 보여주는 가장 일반적인 x-y 그래프의 예를 보여준다. lowess() 함수를 이용하여 회귀선을 추가하였다.

```
plot(cars, col="blue", main="Speed vs. Dist", type="p")
lines(lowess(cars))             # 추정된 확률 변수로부터 회귀선 추가
```

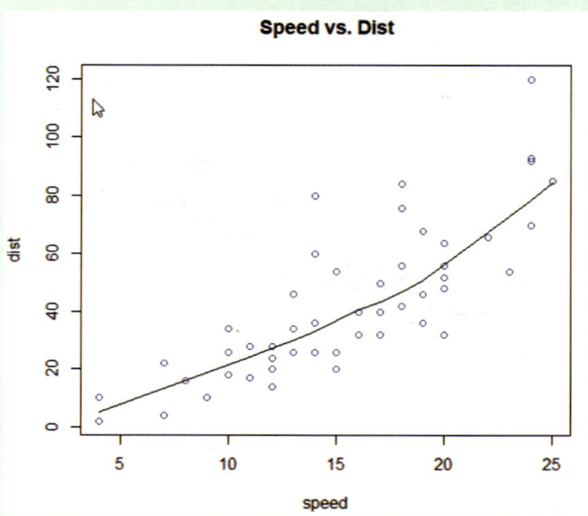

7 격자형 분산 그래프

다수의 변수를 관측한 데이터 프레임 세트에 포함된 각 쌍의 변수들 간 상관관계는 격자(또는 행렬) 구조의 분산 그래프를 이용해서 시각화될 수 있다. 데이터 프레임 세트에 대해 pairs() 함수를 실행하면 변수의 크기와 같은 정방행렬(square matrix) 구조의 그래프 환경이 조성되면서, 각 쌍의 변수에 대한 상관관계를 나타내는 분산 그래프가 생성된다.

다음은 R에서 제공하는 주행 속도(speed)에 따른 제동 거리(dist)를 50번 측정한 cars 데이터 프레임 세트를 이용해서 속도와 거리 변수 사이의 상관관계를 보여주는 행렬형 분산 그래프의 예다. 이 경우 2개의 변수에 대하여 2×2 정방행렬 요소의 위치에 격자형 분산 그래프들이 생성된다. 예를 들어, 두 번째 행과 첫 번째 열 위치에 속도(x축)–거리(y축), 첫 번째 행과 두 번째 열 위치에 거리(x축)–속도(y축) 분산 그래프가 생성된다. 행렬의 행과 열 위치가 같은 대각선 원소의 경우는 속도(x축)–속도(y축), 또는 거리(x축)–거리(y축)처럼 동일 변수에 해당하므로 그래프가 생성되지 않으며 대신 변수명만 보여준다.

```
pairs(cars, col="darkred", main="격자형 분산 그래프")
```

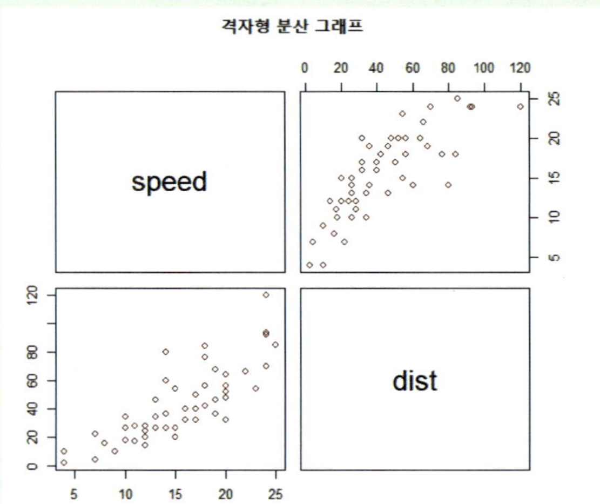

다음은 5개의 변수를 포함하는 R에서 제공하는 "attenu" 데이터 프레임 세트에 대하여 변수 쌍 사이의 관계를 보여주는 격자형(또는 행렬형) 분산 그래프의 예를 보여준다.

```
pairs(iris, col="blue", main="5개의 변수별 격자형 분산 그래프")
```

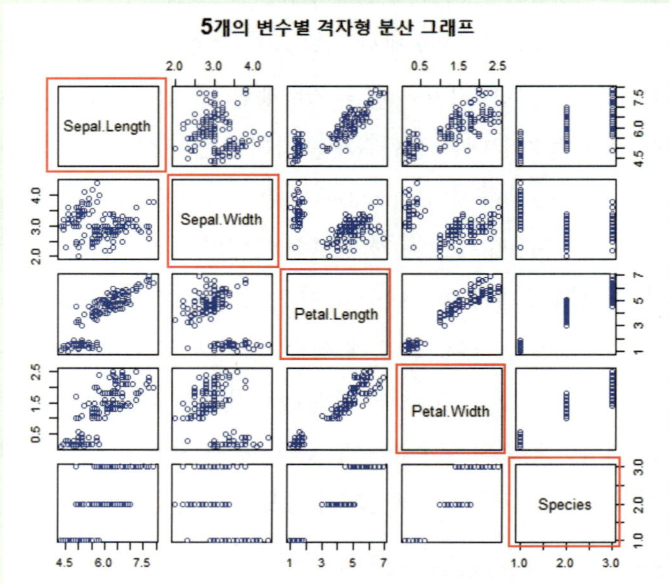

8 줄기-잎 차트

줄기-잎 차트를 작성하면 변수의 분포 상태를 개략적으로 파악할 수 있을 뿐만 아니라 원래 데이터에 대한 정보도 보여주기 때문에 직관적으로 분포의 속성을 파악할 수 있다. stem() 함수의 scale 변수 기본값은 1이며, 줄기 수를 줄이고 싶다면 1보다 작게, 늘리고 싶다면 1보다 크게 지정할 수 있다.

```
stem(cars$speed, scale=1)
 The decimal point is at the |

  4 | 00
  6 | 00
  8 | 00
 10 | 00000
 12 | 00000000
 14 | 0000000
 16 | 00000
 18 | 0000000
 20 | 00000
 22 | 00
 24 | 00000
```

9 선 그래프

이해를 돕기 위하여 작성된 그래프에 하나 또는 그 이상의 직선을 추가하려면 abline() 함수를 이용한다. 명령문 입력 형식은 다음과 같다.

```
abline(a = NULL, b = NULL, h = NULL, v = NULL, reg = NULL,
    coef = NULL, untf = FALSE, ...)
```

a와 b는 각각 절편과 기울기 상수, h는 수평선에 대한 y값, v는 수직선에 대한 x값, 그리고 coef는 절편과 기울기 벡터이다.

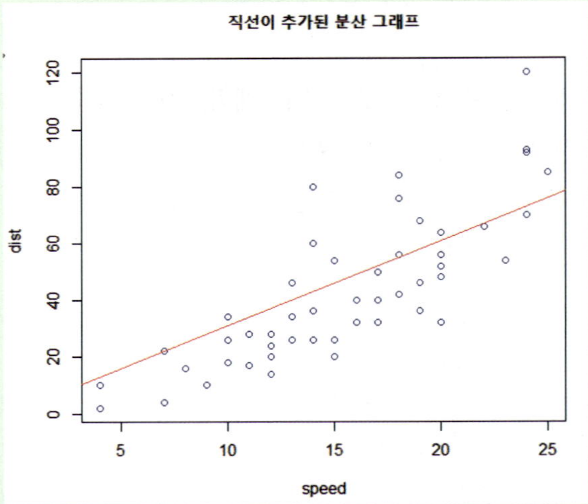


```
plot(cars, col="blue", type="p", main="직선이 추가된 분산 그래프")
abline(a = 1, b = 3, col = 2)
```

그래프에 그리드를 추가하려면 grid() 함수를 이용한다. nx와 ny는 각각 x 방향과 y 방향 그리드 셀의 수, lty와 lwd는 각각 선의 스타일과 두께를 지정하는 변수이다.

```
grid(nx = NULL, ny = nx, col = "lightgray", lty = "dotted",
   lwd = par("lwd"), equilogs = TRUE)
```

다음은 R에서 제공하는 cars 데이터 프레임 세트에 대한 속도(speed)와 제동 거리(dist) 변수 사이의 관계를 보여주는 분산 그래프에 격자(grid)가 추가된 그래프이다. 격자의 크기 변수 5×5, 선 스타일 lty=1, 선 두께 lwd=2, 그리고 색상 col="pink"로 설정하였다.

```
plot(cars, col="blue", type="p", main="격자형 분산 그래프")
grid(5, 5, lty=1, lwd = 2, col="pink")
```

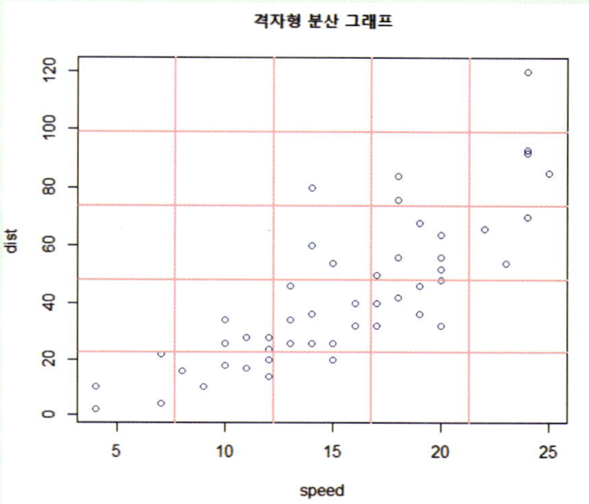

chapter 11

고급 데이터 시각화

1 ggplot2 패키지 소개

그래프를 통하여 데이터를 시각화할 때 가장 많이 사용하는 ggplot2 패키지는 아이오와 주립대 대학원생이던 Laland Wilkinson이 그래프에 문법을 구현한 것으로부터 시작해서 기본형(base)과 격자형(lattice) 그래픽 체계에 이어 R을 위한 제3의 그래픽 체계로 발전하였다. 그래프 문법(grammar of graphics)은 그래프의 아이디어와 객체를 요약하여 표현하는 그래프 '이론'이라고 할 수 있다. 새로운 형식의 그래프 객체를 (직관적으로) 단시간에 구축하기 위해 데이터를 그래프의 동사, 명사, 형용사로 해석한다. 다시 말해, 그래프 문법이란 '통계 그래프는 데이터로부터 기하학적 객체들(점, 선, 막대 등)에 미학적 속성의 객체들(색상, 모양, 크기)을 레이어 방식으로 매핑하는 것'이라고 할 수 있다. 그래프는 통계적으로 변형된 데이터를 포함할 수 있으며, 특정 좌표계에서 작성될 수 있다(출처: ggplot2 book).

대부분의 데이터 과학자들이 가장 선호하는 데이터 시각화 패키지 중 하나가 ggplot2 패키지이며, 여기에 포함된 ggplot() 함수는 쉽고 간단한 문법으로 우수한 그래프를 구현하여 데이터의 시각화 효과를 증대시키는 것으로 알려져 있다. ggplot2 패키지에는 ggplot(), qplot(), geom_point(), geom_histogram(), stat_summary(), geom_smooth() 등 수많은 그래프 관련 함수들이 포함되어 있다. 패키지를 설치하고 로딩하면 이런 함수들을 사용할 수 있는데, 설치는 한 번만 하면 되지만 패키지를 사용할 때마다 로딩이 필요하다.

qplot() 함수는 기능이 다양하지는 않지만 사용법이 간단해서 주로 예비 단계에서 빠르게 데이터를 확인하기 위해 그래프를 작성할 때 사용한다. 세심하게 데이터 시각화를 완성하여 분석 결과를 최종 보고할 목적으로 그래프를 작성하려면 ggplot() 함수를 사용하는 것이 바람직하다. ggplot2 패키지를 이용한 그래프 작성은 포토샵의 레이어 구조와 유사한데, 데이터가 입력된 레이어에 요약된 내용의 레이어를 중첩시키고 다시 그 위에 메타데이터와 주석 등을 포함한 레이어를 중첩시키는 방식으로 구현된다. qplot()과 ggplot() 함수로 구현된 그래프의 결과는 유사하지만, 그래프 문법을 사용하는 방법이 서로 다르다.

2 ggplot2 패키지 설치

가장 쉽게 ggplot2 패키지를 설치하는 방법은 데이터 과학용 R 패키지 모음 tidyverse를 설치하거나, install.packages() 명령문을 실행해서 CRAN 서버로부터 ggplot2 패키지를 다운받아 자동으로 설치하는 것이다. ggplot2 패키지는 한 번만 설치하면 되지만, 사용할 때마다 library() 또는 require() 함수로 로딩시켜야 패키지를 사용할 수 있다.

```
install.packages("tidyverse")   # tidyverse 패키지 설치
install.packages("ggplot2")     # ggplot2 패키지 설치
library(ggplot2)                # ggplot2 패키지 로딩 또는
require(ggplot2)                # ggplot2 패키지를 함수로 로딩
```

tidyverse 패키지로 로딩시킬 수도 있지만, 이 같은 대규모 tidyverse 패키지는 ggplot2를 비롯한 많은 다른 패키지들을 수반하기 때문에 로딩 과정에서 다음과 같이 충돌을 일으키는 경우가 있다.

```
require(tidyverse)
필요한 패키지를 로딩중입니다: tidyverse
-- Attaching packages --------------------------------------- tidyverse 1.2.1 --
√tibble 1.4.2   √purrr  0.2.5
√tidyr  0.8.1   √dplyr  0.7.6
√readr  1.1.1   √stringr 1.3.1
√tibble 1.4.2   √forcats 0.3.0

-- Conflicts ------------------------------------------ tidyverse_conflicts()
--
×dplyr ::filter() masks stats ::filter()
×dplyr ::lag()   masks stats ::lag()
```

깃허브 사이트로부터 개발자용 버전을 설치하려면 다음 명령어를 입력하면 된다.

```
# install.packages("devtools")
devtools ::install_github("tidyverse/ggplot2")
```

installed.packages() 명령어를 입력하면 이전에 설치되어 있는 패키지들을 확인할 수 있다.

```
installed.packages("ggplot2")    # 설치된 패키지들 확인
```

http://ggplot2.org 사이트를 방문하면 R을 이용한 데이터 시각화에 대한 정보를 얻을 수 있으며, RStudio 커뮤니티(http://community.rstudio.com)와 Stack Overflow(https://stackoverflow.com/questions/tagged/ggplot2?sort=frequent&pageSize=50) 사이트를 방문하면 ggplot2 사용법에 대한 질문을 남길 수 있다.

3 ggplot2 그래프 문법

ggplot2의 가장 큰 장점은 데이터를 입력하는 성분과 그래프를 출력하는 성분이 독립적으로 지정되는 그래프 문법을 구현하여 더욱 정교한 그래프를 생성할 수 있다는 것이다. 그래프 문법을 수용한 ggplot2는 간단한 변수 수정만으로 다양한 유형의 그래프를 구현할 수 있어서 빅데이터를 시각화할 때 매우 편리하고 유용하다.

모든 그래프 문법의 성분들은 다음과 같다. 처음 3개는 ggplot2 그래프 문법의 기본 성분으로, 나머지는 고급 성분으로 분류된다.

성분	설명(관심 변수)
데이터(data)	그래프에 표현되는 데이터 프레임 세트 (data)
미학(aesthetics)	데이터가 표현되는 미학적 구조와 규모 (x-axis, y-axis, color, size, alpha, linewidth, linetype, fill, labels, shape, line type, scale)
기하학(geometrics)	데이터를 나타내는 기하학적 유형 (point, line, histogram, bar, boxplot)
양상(facets)	변수별로 데이터를 구분하여 표현 (columns, rows)
통계(statistics)	데이터 분석을 이해하기 위한 표현 (binning, quartile, smoothing, descriptive, inferential)
좌표(coordinates)	데이터가 표현되는 기하학적 공간 (cartesian, fixed, polar, limits)
테마(themes)	데이터 이외에 그래픽 성분 배경 등 전역적으로 규정하는 경우에만 사용

ggplot2 그래프 문법에서 레이어를 중첩하려면 플러스(+) 연산자를 사용한다. 다음은 보편적으로 구현된 레이어의 구조를 나타낸 그림이다.

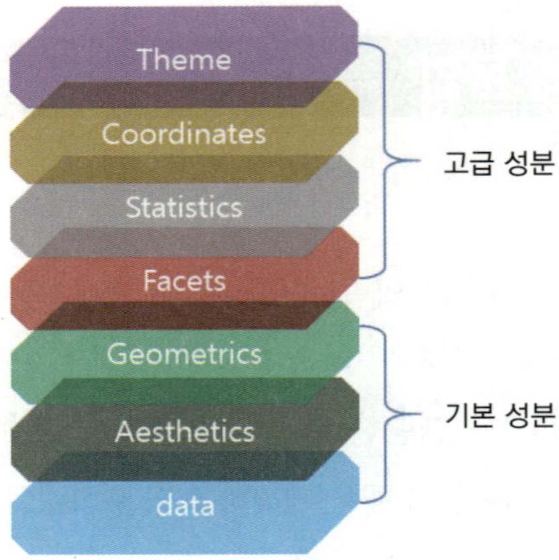

ggplot2 그래프 문법의 레이어 구조

ggplot2 패키지에 포함된 mpg 데이터 세트를 이용하여 다양한 그래프 시각화를 시도해볼 것이다. ggplot2 패키지를 설치하고 로딩시킨 다음 str() 명령어로 mpg 데이터 세트의 구조 및 속성을 확인할 수 있다.

```
install.packages("ggplot2")          # ggplot2 패키지 설치
library(ggplot2)                     # ggplot2 패키지 로딩

str(mpg)
Classes 'tbl_df', 'tbl' and 'data.frame':    234 obs. of 11 variables:
 $ manufacturer: chr "audi" "audi" "audi" "audi" ...
 $ model    : chr "a4" "a4" "a4" "a4" ...
 $ displ     : num 1.8 1.8 2 2 2.8 2.8 3.1 1.8 1.8 2 ...
 $ year     : int 1999 1999 2008 2008 1999 1999 2008 1999 1999 2008 ...
 $ cyl      : int 4 4 4 4 6 6 6 4 4 4 ...
 $ trans     : chr "auto(l5)" "manual(m5)" "manual(m6)" "auto(av)" ...
 $ drv      : chr "f" "f" "f" "f" ...
 $ cty      : int 18 21 20 21 16 18 18 18 16 20 ...
 $ hwy      : int 29 29 31 30 26 26 27 26 25 28 ...
 $ fl       : chr "p" "p" "p" "p" ...
 $ class     : chr "compact" "compact" "compact" "compact" ...
```

위의 결과로부터 ggplot2 패키지가 제공하는 mpg 데이터 세트는 테이블_데이터 프레임(tbl_df), 테이블(tbl), 데이터 프레임 속성을 가지며 234개의 측정치와 11개의 변수들로 구

성된 것을 알 수 있다. 11개 변수의 속성은 다양하다. 예를 들어, displ 변수는 수치형, cyl 변수는 정수형, drv 변수는 문자형 데이터 객체라는 것을 알 수 있다.

다음 표는 mpg 데이터 세트에 포함된 11개의 관측 변수가 의미하는 내용을 정리한 것이다.

변수명	의미	변수명	의미
manufacturer	제조 회사	model	자동차 모델명
displ(displacement)	배기량	year	생산년도
cyl(cylinders)	실린더 수	trans(transmission)	변속기 유형
drv(drive wheel)	구동 방식	cty(city)	도심 연비
hwy(highway)	고속도로 연비	fl(fuel)	연료 유형
class	자동차 유형		

mpg 같은 데이터 프레임 세트에 summary() 함수를 이용하면 더욱 구체적으로 mpg 데이터의 속성을 파악할 수 있다. 수치형 변수에 대해서는 요약된 6가지 통계변수들(최솟값, 일사분위값, 중앙값, 삼사분위값, 최댓값)을 보여주며, 문자형 변수에 대해서는 통계변수들을 계산할 수 없으므로 변수의 크기(length)와 속성(class, mode)을 보여준다.

```
install.packages("ggplot2")          # ggplot2 패키지 설치
library(ggplot2)                     # ggplot2 패키지 로딩

summary(mpg)                         # 6개의 통계변수 요약
 manufacturer      model         displ        year
 Length:234      Length:234      Min.   :1.600  Min.   :1999
 Class :character  Class :character  1st Qu.:2.400  1st Qu.:1999
 Mode  :character  Mode  :character  Median :3.300  Median :2004
                                 Mean   :3.472  Mean   :2004
                                 3rd Qu.:4.600  3rd Qu.:2008
                                 Max.   :7.000  Max.   :2008
```

```
  cyl      trans        drv         cty
Min.  :4.000  Length:234   Length:234    Min.  : 9.00
1st Qu.:4.000  Class :character  Class :character  1st Qu.:14.00
Median :6.000  Mode :character Mode :character  Median :17.00
Mean  :5.889                    Mean  :16.86
3rd Qu.:8.000                   3rd Qu.:19.00
Max.  :8.000                    Max.  :35.00
  hwy      fl       class
Min.  :12.00  Length:234   Length:234
1st Qu.:18.00  Class :character  Class :character
Median :24.00  Mode :character  Mode :character
Mean  :23.44
3rd Qu.:27.00
Max.  :44.00
```

4 qplot 그래프

이전에 언급했듯이, 데이터 분석 결과를 빠르게 예비적으로 판단하려 할 때는 qplot 함수가 유용하다. 여기서는 ggplot2 패키지가 제공하는 데이터 세트를 이용하여 qplot 그래프를 구현하는 방법을 알아보자. 다음은 ggplot2 패키지가 제공하는 mpg 데이터 세트를 이용하여 고속도로 연비(hwy)의 빈도를 나타낸 막대 그래프와 fill 변수를 drv 인자로 지정한 다음 구동 방식(drv)별로 다른 색상으로 표현한 막대 그래프이다.

```
library(ggplot2)
qplot(data=mpg, x=hwy)
```

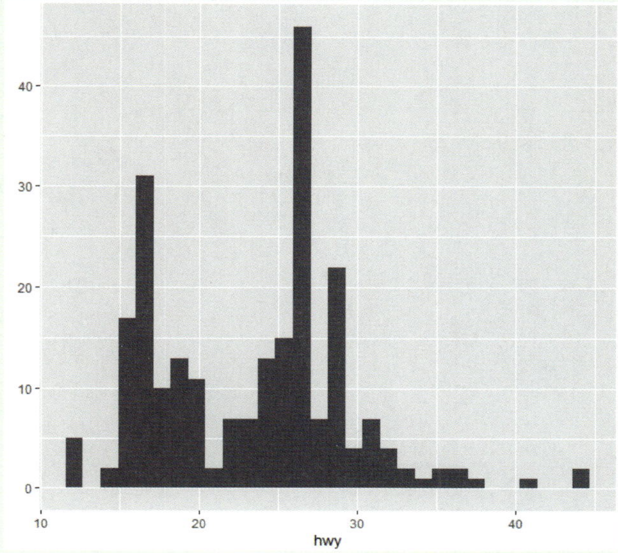


```
library(ggplot2)
qplot(data=mpg, x=hwy, fill=drv)
'stat_bin()' using 'bins = 30'. Pick better value with    # 경고 메시지
'binwidth'.
```

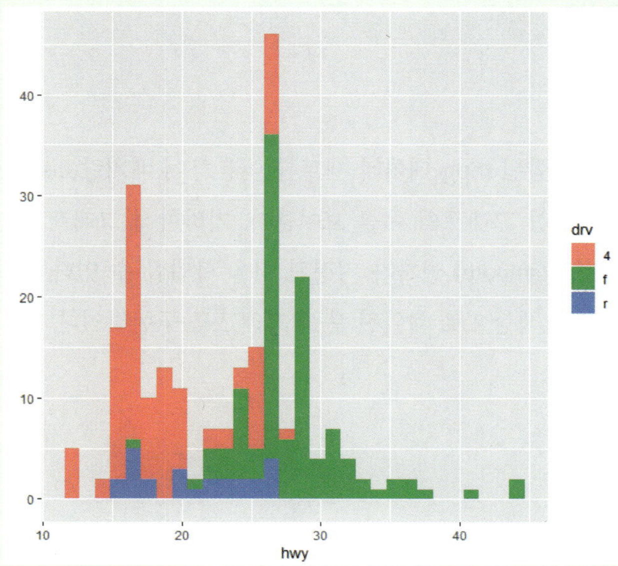

다음은 mpg 데이터 세트를 이용하여 배기량(displ)에 따른 고속도로 연비(hwy)를 나타내는 분산 그래프와 구동 방식(f: 전진구동, r: 후진구동, 4: 사륜구동)별로 다른 색상으로 나타낸 분산 그래프이다.

```
library(ggplot2)
qplot(data=mpg, x=displ, y=hwy)
qplot(data=mpg, x=displ, y=hwy, color=drv)
```

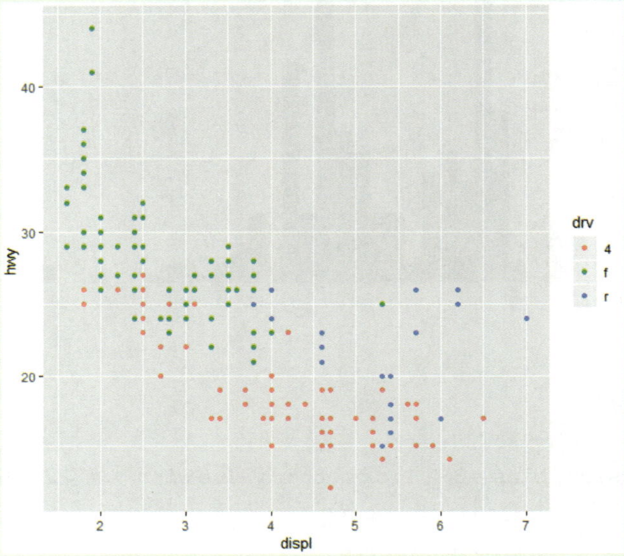

다음은 ggplot2에 포함된 mpg 데이터 세트를 이용하여 배기량(displ)에 따른 고속도로 연비(hwy)를 구현한 분산 그래프의 예를 보여준다. 기하학적 그래프 문법 성분(geom) 객체에 점(point)과 스무딩(smooth) 인자가 지정된 것을 확인할 수 있다. 그 아래에는 자동차의 종류(class)별로 다른 색상으로 채워진 분산 그래프를 구현하였다.

```
qplot(data=mpg, x=displ, y=hwy, geom=c("point", "smooth"))
'geom_smooth()' using method = 'loess' and formula 'y ~ x'
```

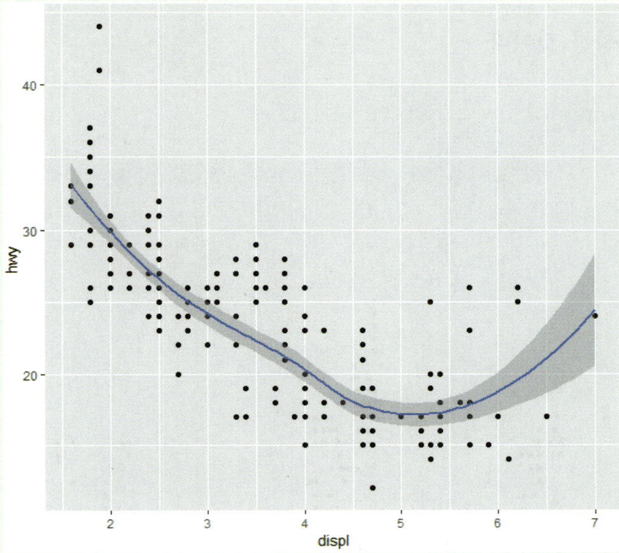


```
qplot(data=mpg, x=displ, y=hwy, geom=c("point", "smooth"), color=class)
'geom_smooth()' using method = 'loess' and formula 'y ~ x'
There were 18 warnings (use warnings() to see them)
```

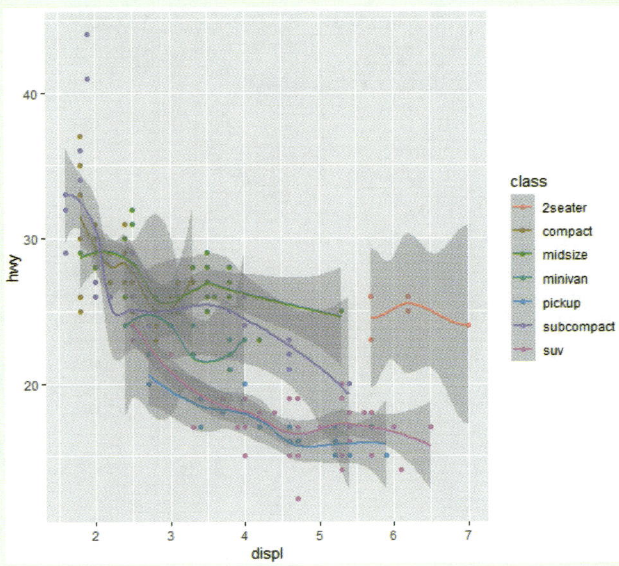

다음은 구동 방식(f: 전진구동, r: 후진구동, 4: 4륜구동)별로 구분한 그래프를 구현하기 위하여, 그래프 문법 성분으로 양상(facets) 레이어를 사용해서 배기량에 따른 고속도로 연비를 나타낸 분산 그래프이다. 그 아래는 자동차의 종류(class)별로 다른 색상으로 나타낸 분산 그래프를 생성한 것이다.

```
qplot(data=mpg, displ, hwy, facets= . ~ drv)
```

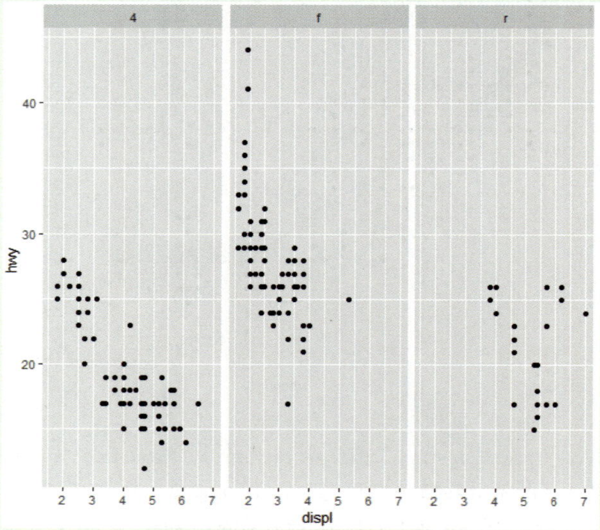


```
qplot(data=mpg, displ, hwy, facets= . ~ drv, color=class)
```

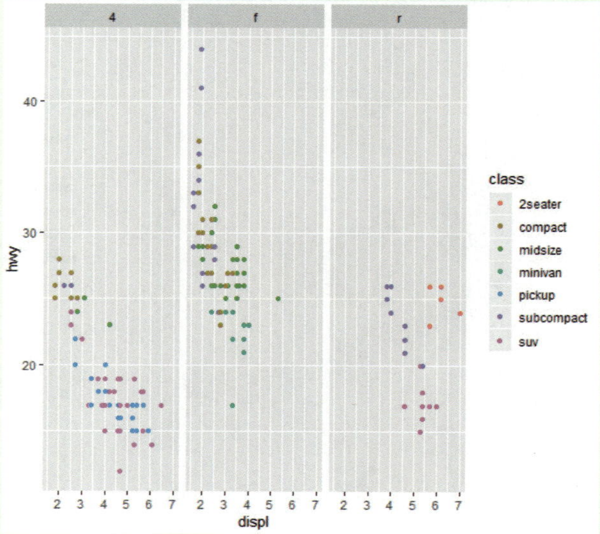

```
qplot(data=mpg, displ, hwy, facets= . ~ drv, color=class)
```

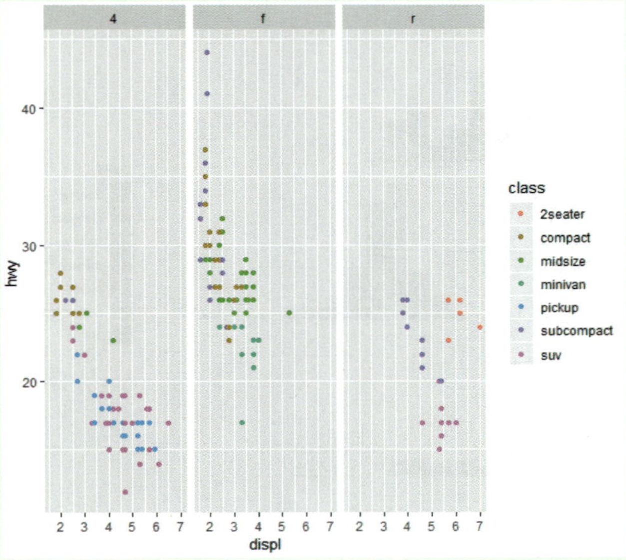

다음은 구동 방식(drv)별로 데이터를 구분하기 위하여 facets 레이어를 그래프 문법의 성분으로 사용한 막대 그래프와 자동차의 종류(class)별로 다른 색상으로 나타낸 막대 그래프를 구현한 것이다.

```
qplot(data=mpg, hwy, facets= drv ~., binwidth=2)
```

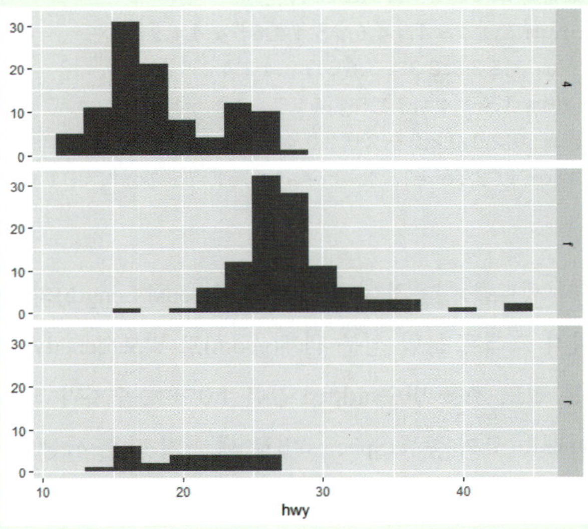

```
qplot(data=mpg, hwy, facets= drv ~., binwidth=2, color=class)
```

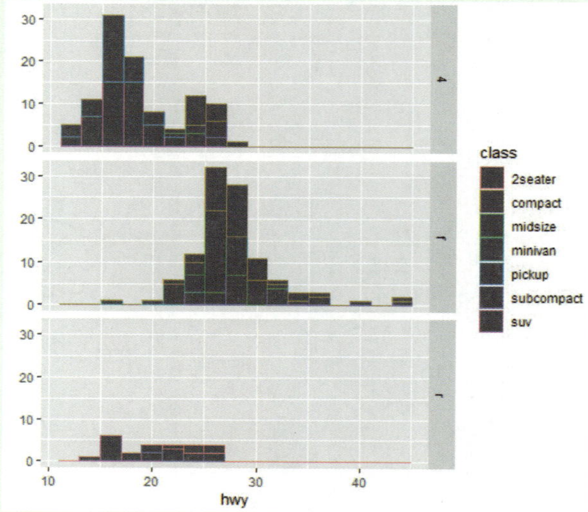

기본적으로 R 프로그램에 포함된 iris 데이터 세트는 150개의 관측치와 5개의 변수(꽃받침의 길이와 넓이, 꽃잎의 길이와 넓이, 꽃의 종)로 이루어지며, 세 가지 꽃의 종류(setosa, versicolor, virginica)는 3개의 수준(level)을 갖는 요인 객체로 간주된다.

```
str(iris)
'data.frame':   150 obs. of 5 variables:
 $ Sepal.Length: num 5.1 4.9 4.7 4.6 5 5.4 4.6 5 4.4 4.9 ...
 $ Sepal.Width : num 3.5 3 3.2 3.1 3.6 3.9 3.4 3.4 2.9 3.1 ...
 $ Petal.Length: num 1.4 1.4 1.3 1.5 1.4 1.7 1.4 1.5 1.4 1.5 ...
 $ Petal.Width : num 0.2 0.2 0.2 0.2 0.2 0.4 0.3 0.2 0.2 0.1 ...
 $ Species     : Factor w/ 3 levels "setosa","versicolor",..: 1 1 1 1 1 1 1 1 1 1 ...
```

다음은 iris 데이터 세트를 이용하여 꽃받침 길이(Sepal.Length)의 빈도를 나타내는 밀도 그래프다. 기하학적 그래프 문법 성분 객체(geom)로 밀도(density) 인자가 지정된 것을 확인할 수 있다. 기본 밀도 조율 변수 adjust 값은 1.0이며, 숫자가 작을수록 밀도는 날카롭게 표현된다. 그 아래는 꽃의 종류(Species)별로 세 가지 다른 색상으로 표현된 그래프를 구현하였다.

```
qplot(data=iris, Sepal.Length, geom="density", color="pink", adjust=0.2)
```

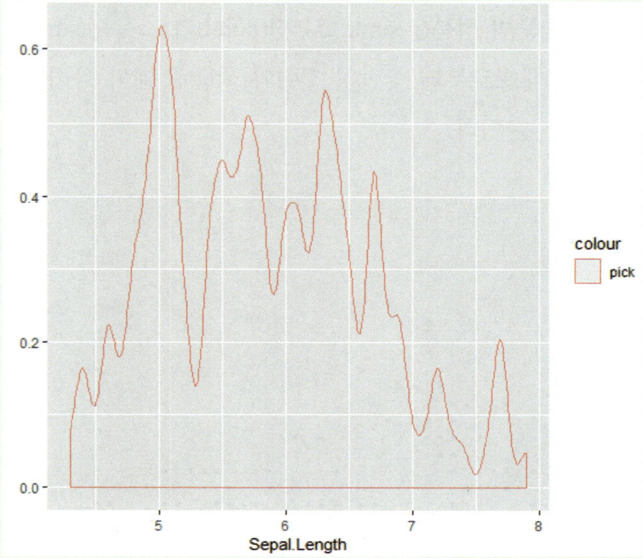


```
qplot(data=iris, Sepal.Length, geom="density", adjust=0.2, color=Species)
```

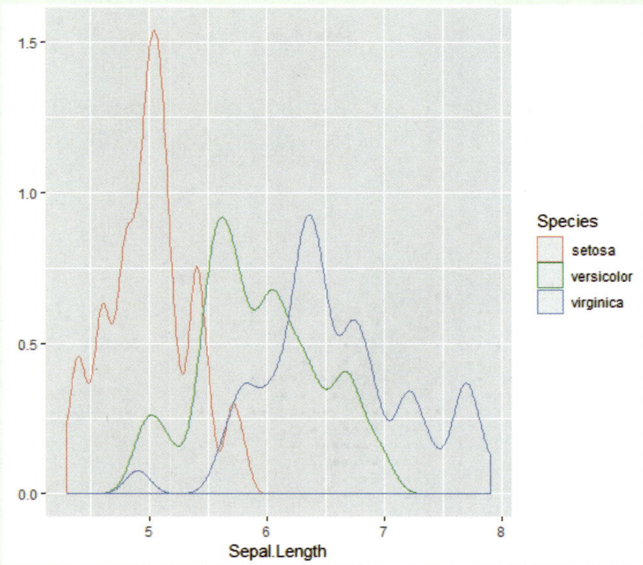

다음은 꽃받침 길이(Sepal.Length)에 따른 꽃받침 넓이(Sepal.Width)를 나타내는 분산 그래프다. 세 가지 꽃의 종류(Species)별로 점의 모양(shape) 또는 색상(color)을 다르게 표현하고, 기하학적 그래프 문법 성분(geom)으로 점(point)과 스무딩(smooth) 인자가 지정된 것을 알 수 있다. 분산 그래프로부터 꽃받침 길이와 꽃받침 넓이 사이에는 어떠한 상관관계도 없다는 것을 파악할 수 있다.

```
qplot(data=iris, Sepal.Length, Sepal.Width)
```

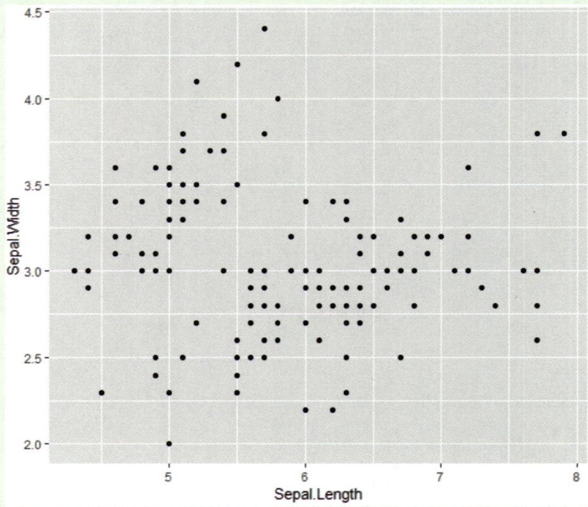


```
qplot(data=iris, Sepal.Length, Sepal.Width, shape=Species)
```

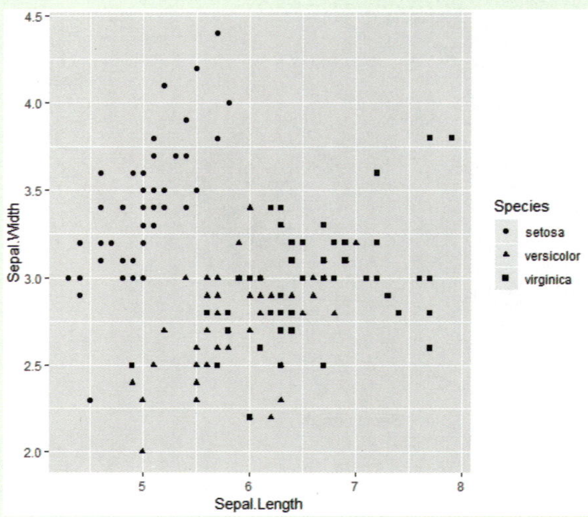

```
qplot(data=iris, Sepal.Length, Sepal.Width, color=Species)
```

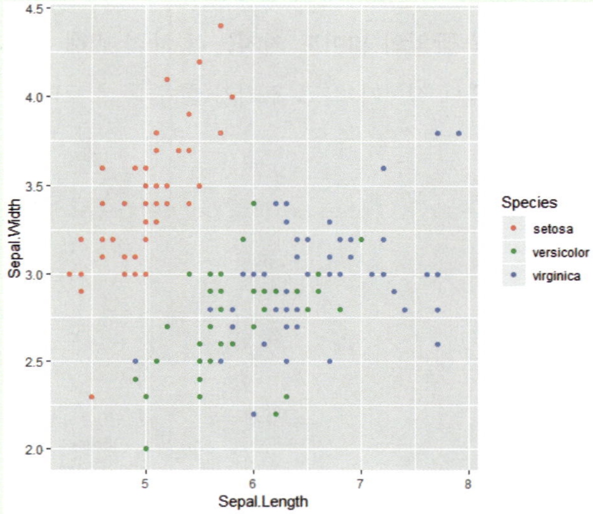


```
qplot(data=iris, Sepal.Length, Sepal.Width, color=Species, geom=c("point",
"smooth"))
'geom_smooth()' using method = 'loess' and formula 'y ~ x'
```

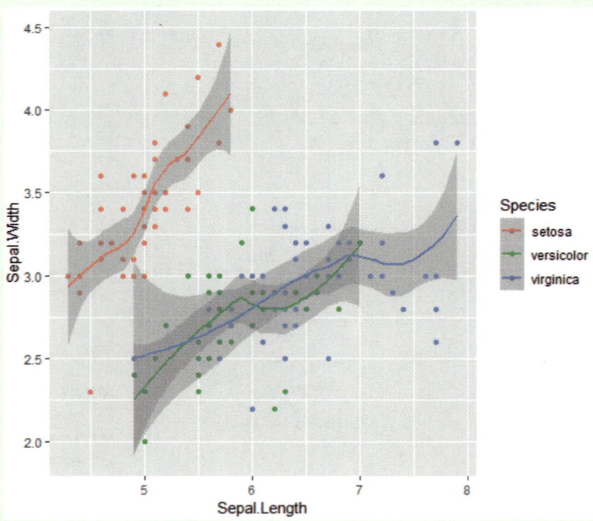

다음은 꽃잎 길이(Petal.Length)에 따른 꽃잎 넓이(Petal.Width)를 나타내는 박스 그래프와 흐트러짐(jitter) 그래프를 보여준다. 꽃의 종류(Species)별로 박스 색상을 다르게 하고,

기하학적 그래프 문법 성분(geom)에 흐트러짐 인자가 지정된 것을 알 수 있다. 꽃잎의 길이와 넓이는 setosa, versicolor, virginica순으로 길고 넓다는 것을 알 수 있다. 박스 그래프에서 꽃잎의 길이가 길수록 꽃잎의 넓이도 커지는 일차적 비례 관계가 있음을 파악할 수 있으며, 흐트러짐 그래프에서 길이가 길고 크기가 클수록 흐트러짐 정도가 크다는 것을 알 수 있다.

```
qplot(data=iris, Petal.Length, Petal.Width, geom="boxplot", color=Species)
```

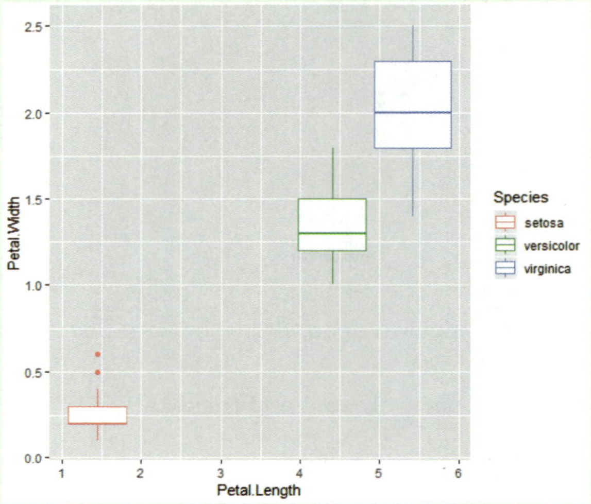


```
qplot(data=iris, Petal.Length, Petal.Width, geom=c("boxplot", "jitter"),
color=Species)
```

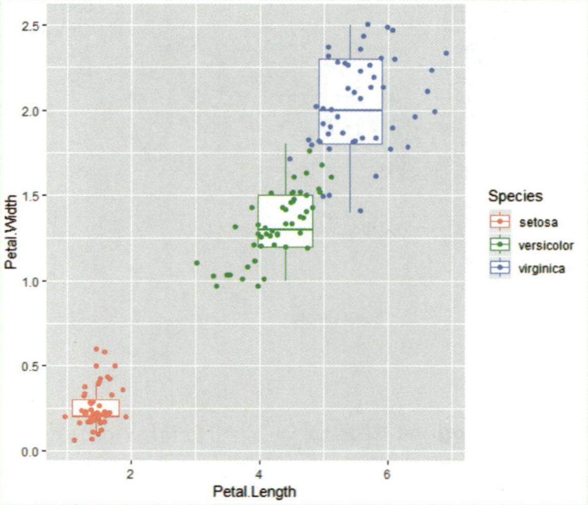

다음은 꽃잎 길이(Petal.Length)에 따른 꽃잎 넓이(Petal.Width)를 나타내는 박스 그래프와 흐트러짐 그래프를 보여준다. 꽃받침과 꽃잎의 길이 사이의 관계는 꽃잎의 길이와 넓이 사이의 관계와 비슷한 비례 관계를 보여준다.

```
qplot(data=iris, Sepal.Length, Petal.Length, geom = c("boxplot", "jitter"),
method="lm", facets=. ~ Species, color=Species)
Warning: Ignoring unknown parameters: method        # 경고 메시지
```

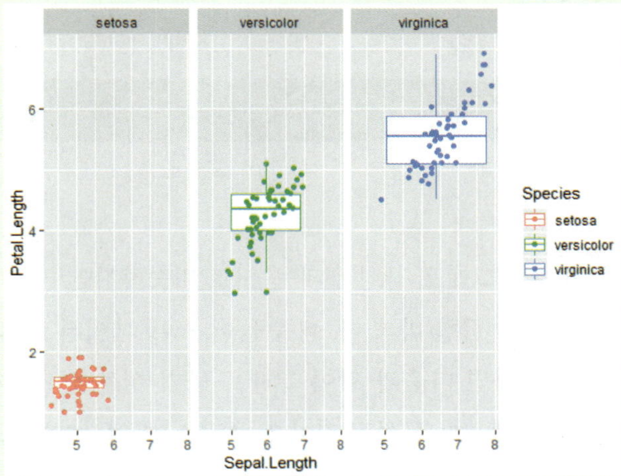


```
qplot(data=iris, Petal.Width, Petal.Width, geom = c("boxplot", "jitter"),
method="lm", facets=. ~ Species, color=Species)
Warning: Ignoring unknown parameters: method        # 경고 메시지
```

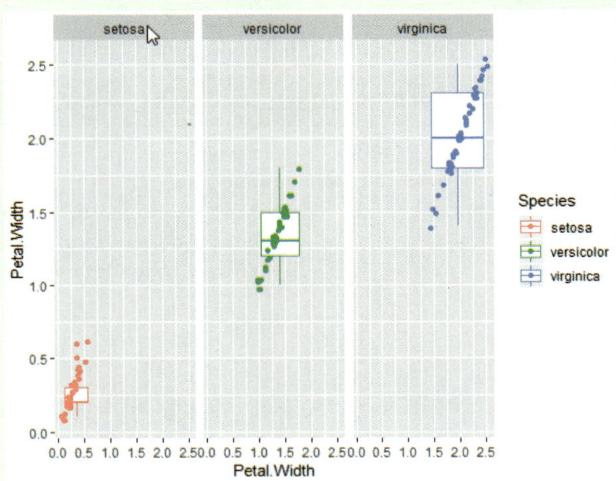

qplot() 함수 요약
• qplot() 함수는 R 언어에서 기본적으로 제공하는 plot() 함수와 유사하지만 보다 많은 기능을 제공한다. • 기본형과 격자형 그래프 중간 정도의 명령어로 손쉽게 그래프를 구현한다. • 작성된 그래프는 데이터 분석 결과를 예비적으로 빠르게 파악하려 할 때 유용하다. • 더 정교하게 수정해서 디자인적으로 활용하거나, 출판에 사용할 수 있는 높은 품질의 그래프를 구현해서 데이터 시각화 효과를 높이려면 전적으로 ggplot() 함수를 이용하는 것이 바람직하다.

5 ggplot 그래프

ggplot()과 qplot() 함수에서 그래프 작성 결과는 서로 비슷하지만, 각각에 사용되는 그래프 문법은 다르다는 사실을 언급한 바 있다. 예를 들어, hwy 데이터 프레임 세트를 이용하여 ggplot 그래프를 구현한다면 다음과 같이 그래프 문법 성분을 지정하는 레이어를 하나씩 중첩하는 방식으로 그래프가 구현될 것이다. 플러스(+) 연산자는 레이어들을 중첩하는 역할을 한다.

기본 문법 성분: data, aesthetics, geometrics	
• 시각화를 원하는 데이터 지정 • x축과 y축에 사용할 변수를 지정 • 그래프 배경 설정	p <- ggplot(data=iris, aes(x=Sepal.Length, y=Sepal.Width)) p + geom_point(color='red')
고급 문법 성분: facets, statistics, coordinates, theme	
• 변수의 인자별로 색상, 모양 등을 다르게 표현하도록 지정 • 데이터 통계 분석 표현 • 그래프 좌표의 유형 설정 • 테마 추가	p + facet_grid(. ~ Species, scales = "free", margins = TRUE) p + stat_identity() p + coord_cartesian(xlim = c(325, 500)) p + theme(legend.position = "top")

시각화를 원하는 데이터를 불러와 x축과 y축에 사용할 변수를 지정해서 그래프 배경을 생성한다(예: ggplot(data, aes(x= , y=))). 제일 먼저, 그래프 유형(예: 점 플롯, 막대 그래프, 분산 그래프, 밀도 그래프, 선 그래프, 박스 플롯, 바이오린 그래프 등)을 지정한다. 그리고 기본

적인 그래프 배경을 설정하고, 그 위에 점, 막대, 선, 박스 등의 미학적 성분들을 추가한 다음, 축의 범위, 색상 등의 기하학적 성분을 지정한 레이어를 종속시키는 방식으로 그래프를 작성한다. 여기서는 ggplot() 함수를 이용하여 점 플롯, 막대 그래프, 분산 그래프를 구현하는 방법을 공부할 것이다.

5-1 점 플롯

기본적으로 R 프로그램에 포함된 cars 데이터 세트를 이용하여 불연속 정량 변수(speed)의 빈도(count)를 나타내는 점 플롯을 구현하려고 한다. 우선 ggplot2 패키지를 로딩시킨 다음 aes 미학 성분 객체에 data=cars로 지정하고, x축에 사용할 데이터 세트의 변수 이름을 지정하면 점 플롯의 기본 배경이 생성된다.

```
ggplot(data=cars, aes(speed))
```

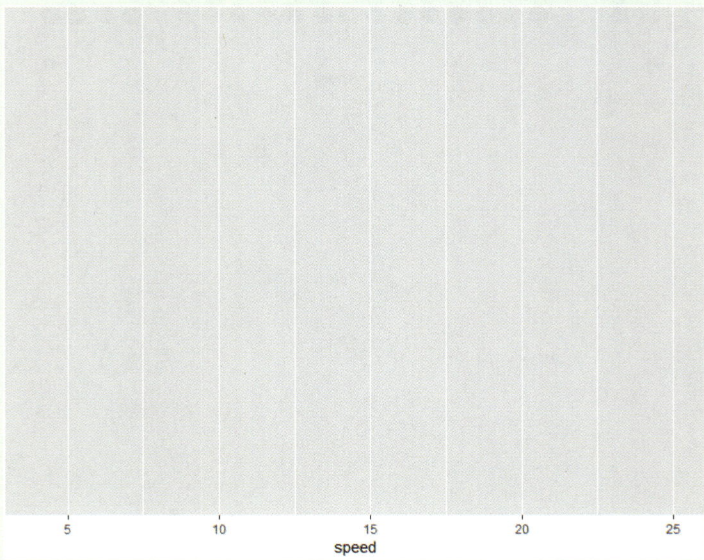

미학 성분 객체 geom_dotplot() 함수를 레이어로 종속시키면 속도의 빈도를 나타내는 기본형 점 플롯이 생성된다. 투명도를 50%로 변경하기 위해 alpha=0.5라고 입력하였다.

```
ggplot(data=cars, aes(speed)) + geom_dotplot(alpha=0.5)
'stat_bindot()' using 'bins = 30'. Pick better value with 'binwidth'
```

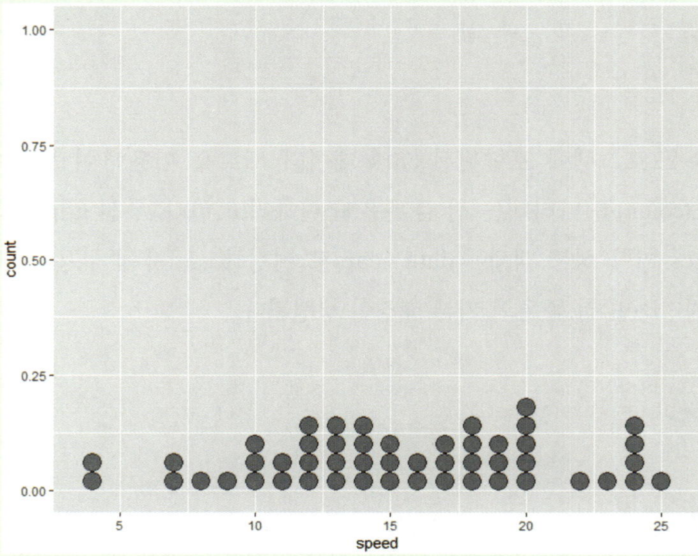

점의 크기 dotsize=1.5, 점의 위치 position="stack", 점의 색상 fill="yellow", 점의 윤곽선 color="blue"로 변경하여 점 플롯을 구현하였다.

```
ggplot(data=cars, aes(speed)) + geom_dotplot(dotsize = 1.0, position =
"stack", fill="yellow", color="blue")
Error: unexpected symbol in "stackgroups=TRUEggplot(data=cars,
aes(speed)) + geom_dotplot(dotsize = 1.0, position = "stack", fill="yellow",
color="blue", stackgroups=TRUE)ggplot"      # 경고 메시지
```

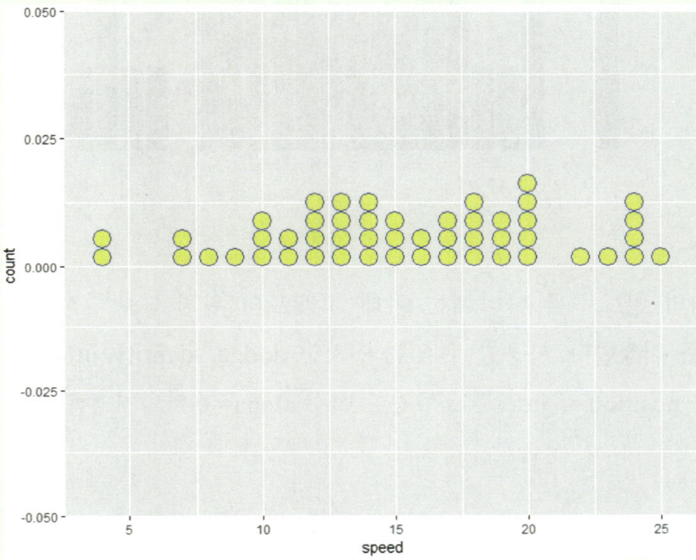

5-2 막대 그래프

기본적으로 R 프로그램에 포함된 cars 데이터 세트를 이용하여 불연속 정량 변수(speed)의 빈도(count)를 나타내는 막대 그래프를 구현하려고 한다. 우선 ggplot2 패키지를 로딩시킨 다음 aes 미학 성분 객체에 data=cars로 지정하고, x축에 사용할 데이터 세트의 변수 이름을 지정하면 기본형 막대 그래프가 생성된다.

```
ggplot(data=cars, aes(speed)) + geom_bar()
```

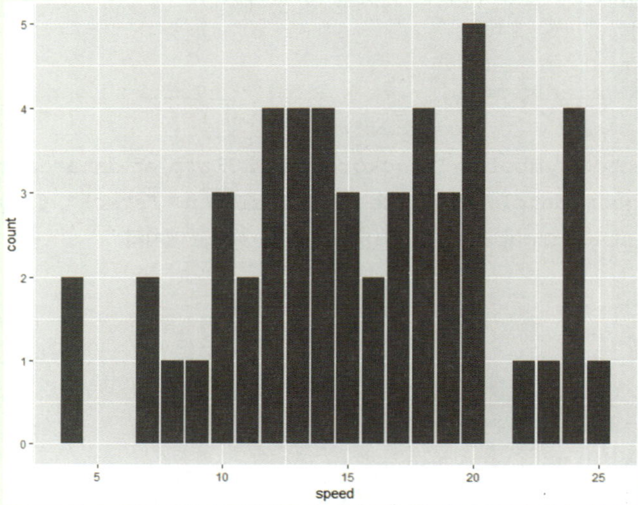

속도(speed)의 빈도수를 나타내는 막대 그래프의 위치를 미학적으로 변경하려면 position 변수를 지정한다. 사용할 수 있는 인자는 dodge, identity, jitter, nudge, stack이 있다. 여기서는 position="jitter"로, 투명도 변수 alpha=0.5로 지정한 막대 그래프를 구현하였다.

```
ggplot(data=cars, aes(speed)) + geom_bar(alpha=0.5, position = "jitter")
```

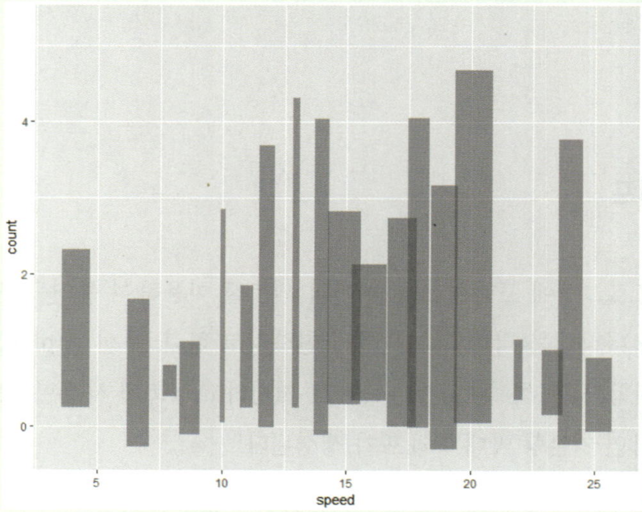

속도(speed)에 따른 빈도수 점 차트를 시계방향으로 90º 회전시키려면 미학 객체 함수 coord_flip()을 추가하고, 막대 윤곽선의 색상을 변경하려면 colour 변수를 추가한다.

```
ggplot(data=cars, aes(speed)) +
geom_bar(colour = "red", position = "jitter") +
coord_flip()
```

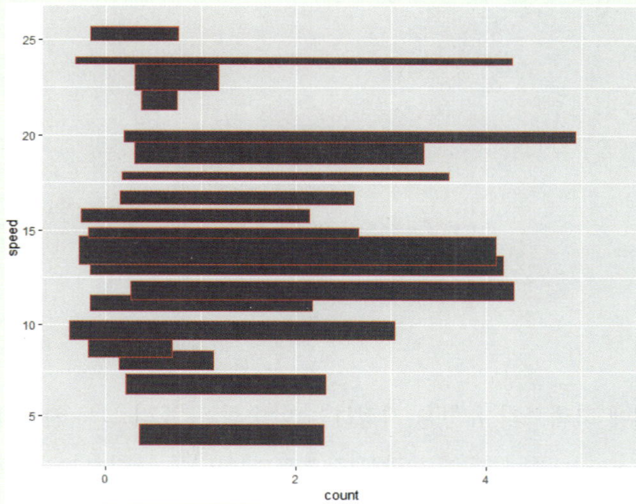

미학 성분 객체 geom_bar() 함수는 가공하지 않은 비가공 데이터에 사용한다. 정제, 축소, 또는 통계처리 등의 과정을 거친 가공 데이터를 막대 그래프로 구현하려면 geom_col() 함수를 사용한다.

5-3 분산 그래프

ggplot2 패키지에 포함된 mpg 데이터 세트를 이용하여 연속하는 두 변수 사이의 상관관계를 나타내는 분산 그래프를 구현하려고 한다. 우선 ggplot2 패키지를 로딩시킨 다음 aes 미학 성분 객체에 data=mpg로 지정하고, x축과 y축에 사용할 데이터로 각각 배기량(displ)과 도심 연비(cty)를 선택하면 배기량에 따른 도심 연비를 나타내는 분산 그래프의 배경이 생성된다.

```
ggplot(data=mpg, aes(x=displ, y=cty))
```

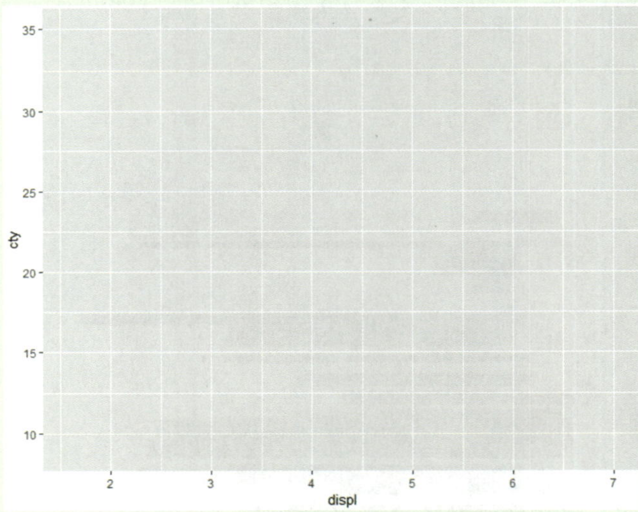

그래프 배경 위에 그래프의 유형을 지정하는 함수들은 플러스(+) 연산자로 레이어를 종속시킨다. geom_point() 함수를 추가해서 점으로 데이터를 표현하는 분산 그래프를 구현하였다.

```
ggplot(data=mpg, aes(x=displ, y=cty)) +geom_point()
```

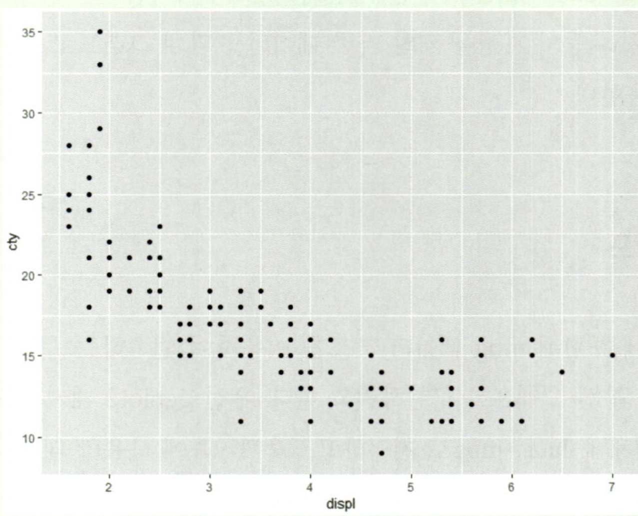

플러스(+) 연산자를 이용하여 그래프의 축 범위를 지정하는 변수를 추가할 수 있다. 그래프 배경의 축 범위는 기본적으로 최솟값과 최댓값 사이의 모든 범위에 데이터를 표현하도록 설정되어 있다. 특정 범위 내 일부분의 데이터만 표현하고 싶다면 축 범위를 지정할 수 있다. xlim() 변수에 최솟값 2와 최댓값 5를 쉼표로 구분하여 x축의 범위를 지정하고, ylim() 변수에도 y축의 범위를 10부터 20까지 변경한 분산 그래프를 구현하였다.

```
ggplot(data=mpg, aes(x=displ, y=cty)) + geom_point() + xlim(2, 5) + ylim(10, 20)
Warning message:
Removed 90 rows containing missing values (geom_point).    # 경고 메시지
```

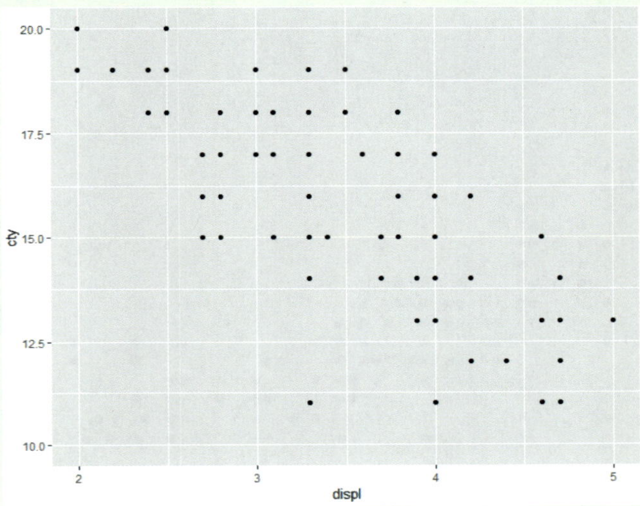

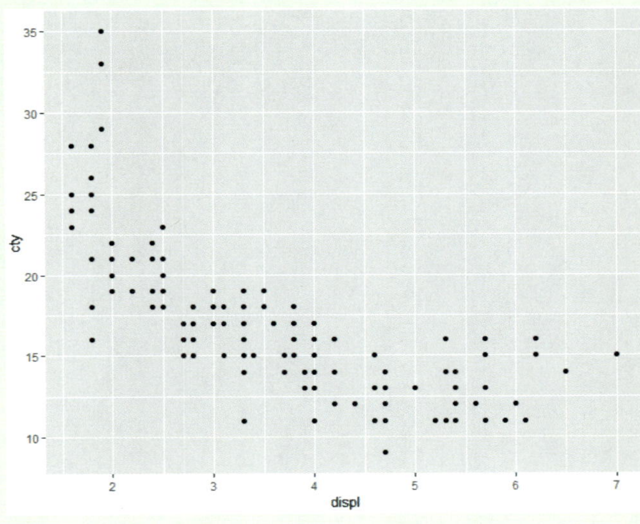

그 위에 플러스(+) 연산자를 사용하여 점의 모양 변수 shape=16, 색상 변수 color ="blue", 크기 변수 size=3, 윤곽선의 두께 변수 stroke=0.2로 지정해서 배기량(displ)에 따른 도심 연비(cty)를 나타내는 그래프를 구현하였다. 10장 2절(점 차트)의 선택 사항을 참고할 수 있다.

```
ggplot(data=mpg, aes(x=displ, y=cty)) +
geom_point(shape = 16, colour = "blue", size = 3, stroke = 0.5)
```

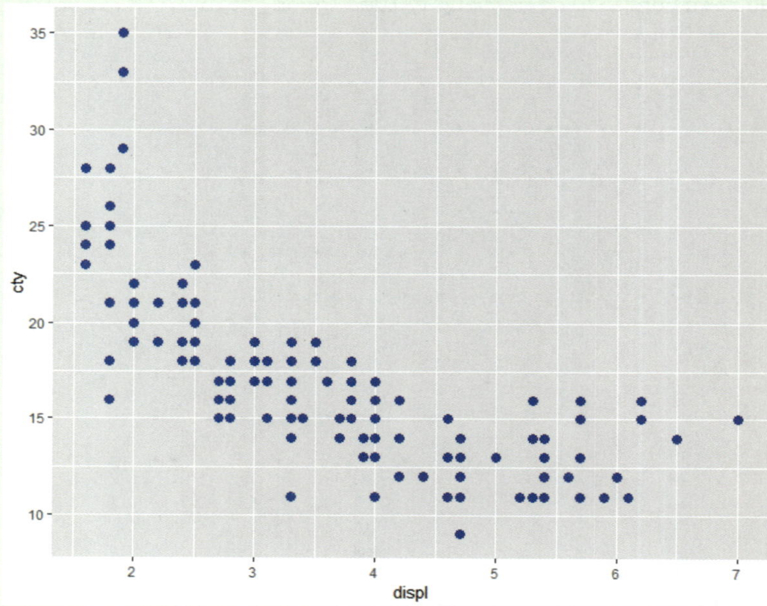

geom_smooth() 함수의 method 변수를 loess 인자로 지정하여 분산 데이터(점)들을 연결하는 회귀곡선을 추가한 분산 그래프를 구현하였다.

```
ggplot(data=mpg, aes(x=displ, y=cty)) +
geom_point(shape = 16, colour = "blue", size = 3, stroke = 0.5) + geom_
smooth(method=loess)
```

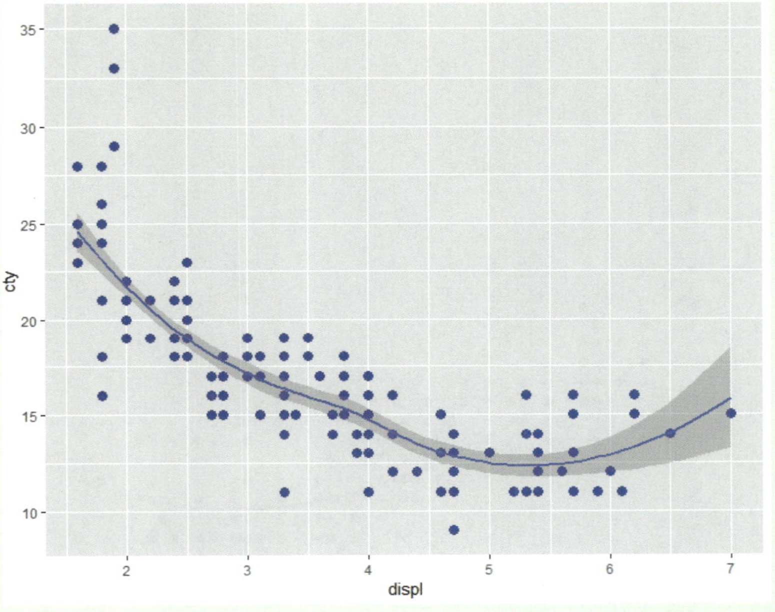

분산 데이터에 대한 최소제곱 모델로부터 얻어진 회귀곡선을 추가하려면 geom_smooth() 함수에 method="lm"으로 지정한다. geom_smooth() 함수에 se=FALSE를 추가해서 회귀곡선 주변에 추가된 오차영역이 제거된 분산 그래프를 구현하였다.

```
ggplot(data=mpg, aes(x=displ, y=cty)) +
geom_point(shape = 16, colour = "blue", size = 3, stroke = 0.5) + geom_
smooth(method = lm, formula = y ~ splines::bs(x, 3), se = FALSE)
```

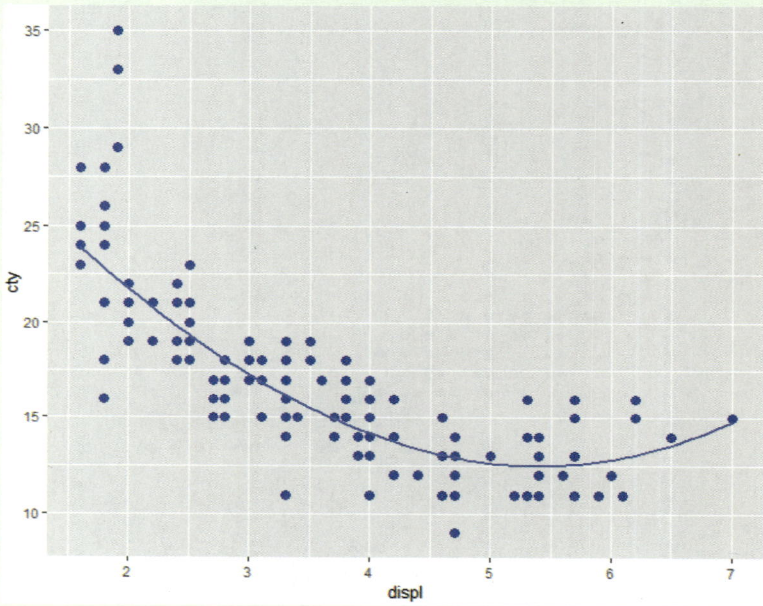

전진(f), 후진(r), 및 사륜(4) 구동 방식별로 구분하여 배기량(displ)에 따른 도심 연비(cty)를 나타내는 분산 그래프를 구현하려면 미학 성분 facet_wrap(~drv) 함수를 추가한다.

```
ggplot(data=mpg, aes(x=displ, y=cty)) +
geom_point(shape = 16, colour = "blue", size = 3, stroke = 0.5) + geom_
smooth(method = lm, formula = y ~ splines::bs(x, 3), se = FALSE) +
facet_wrap(~drv)
```

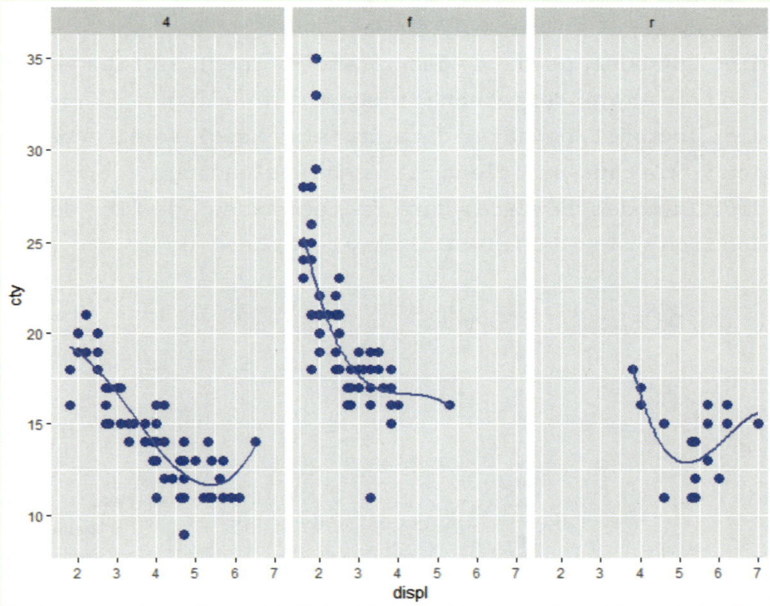

자동차 종류별로 다른 색상의 회귀곡선이 포함된 배기량에 따른 도심 연비를 나타내는 분산 그래프를 구현하려면, 미학 성분 aes() 객체의 색상 변수 colour=class를 추가한다. 자동차 종류별로 구분된 다른 색상의 회귀곡선이 반영된 것을 분산 그래프 우측의 범례를 통해 확인할 수 있다.

```
ggplot(data=mpg, aes(x=displ, y=cty, colour=class)) +
geom_point(shape = 16, colour = "blue", size = 3, stroke = 0.5) + geom_
smooth(method = lm, formula = y ~ splines::bs(x, 3), se = FALSE) +
facet_wrap(~drv)
Warning messages:                # 경고 메시지
1: ln predict.lm(model, newdata = data.frame(x = xseq), se.fit = se,  :
 prediction from a rank-deficient fit may be misleading
2: ln predict.lm(model, newdata = data.frame(x = xseq), se.fit = se,  :
 prediction from a rank-deficient fit may be misleading
3: ln predict.lm(model, newdata = data.frame(x = xseq), se.fit = se,  :
 prediction from a rank-deficient fit may be misleading
```

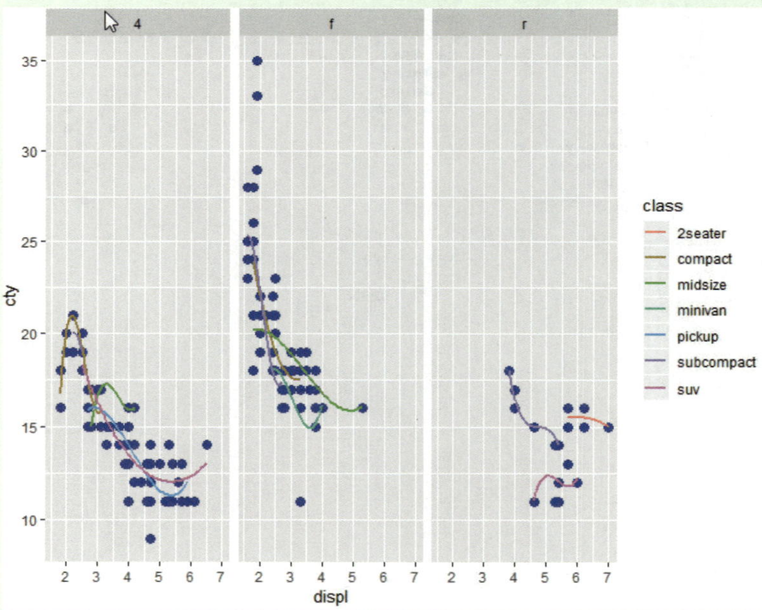

5-4 밀도 그래프

기본적으로 R 프로그램에 포함된 diamonds 데이터 세트에 대한 기본 그래프 배경 위에 5개 수준의 절삭 품질별로 색상을 다르게 나타내는 밀도 그래프를 구현하려면 미학 성분 aes() 객체에 data=depth로 지정한 배경 레이어를 준비한다. 그리고 색상 변수 colour=cut을 추가하고, geom_density() 객체 함수를 상위 레이어에 종속시킨 다음 x축의 범위를 50부터 75까지 설정한다. 그러면 절삭 깊이(depth)에 따른 절삭 밀도(density)가 절삭 품질별로 색상이 다르게 표현된 밀도 그래프를 생성할 수 있다.

```
ggplot(diamonds, aes(depth, colour = cut)) + geom_density() + xlim(50, 75)
Warning message:                    # 경고 메시지
Removed 6 rows containing non-finite values
(stat_density)
```

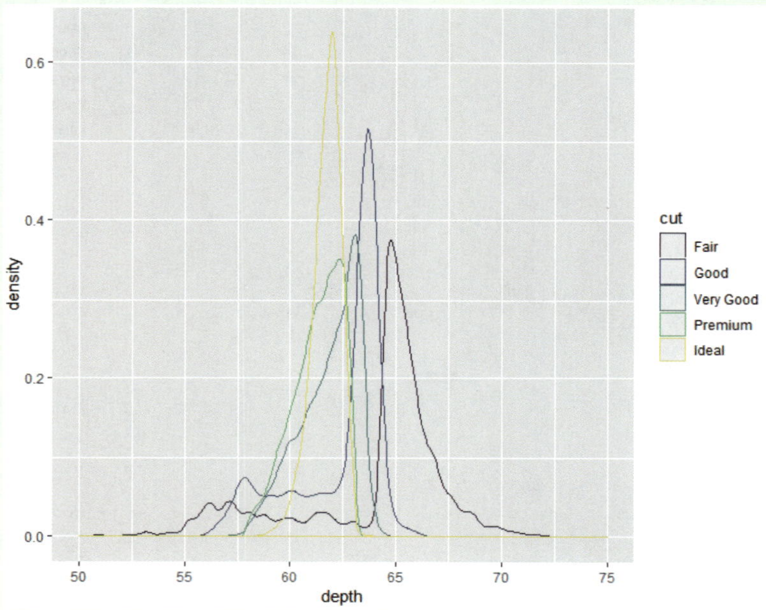

그래프의 밀도를 조정하려면 adjust 변수를 추가하며, 인자 값이 작을수록 세밀하게 밀도가 표현된다. adjust 변수의 기본값은 1이다. 예시에서는 adjust=0.2로 설정하여 밀도 그래프를 구현하였다.

```
ggplot(diamonds, aes(depth, colour = cut)) + geom_density(adjust=0.2) +
xlim(50, 75)
Warning message:                    # 경고 메시지
Removed 6 rows containing non-finite values
(stat_density)
```

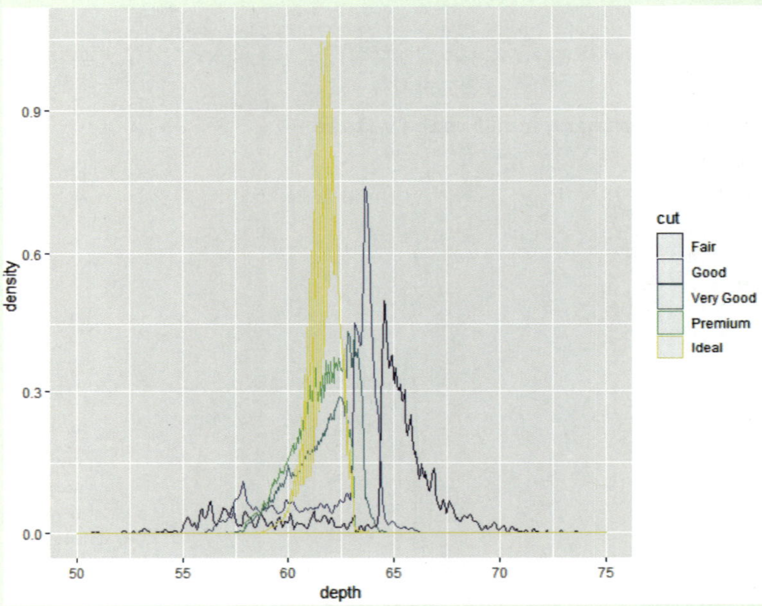

5-5 선 그래프

R 프로그램에 포함된 온도-압력 pressrue 데이터 세트에 대한 기본 그래프 배경 위에 4개 수준의 온도별로 색상을 다르게 나타내는 선 그래프를 구현하려면 미학 성분 aes() 객체에 색상 변수 colour=temperature를 추가하고, geom_line() 객체 함수를 상위 레이어에 종속시킨다. 그러면 온도 변화에 따른 압력 변화를 나타내는 선 그래프를 구현할 수 있다.

```
ggplot(pressure, aes(x=temperature, y=pressure, colour = temperature)) +
geom_line()
```

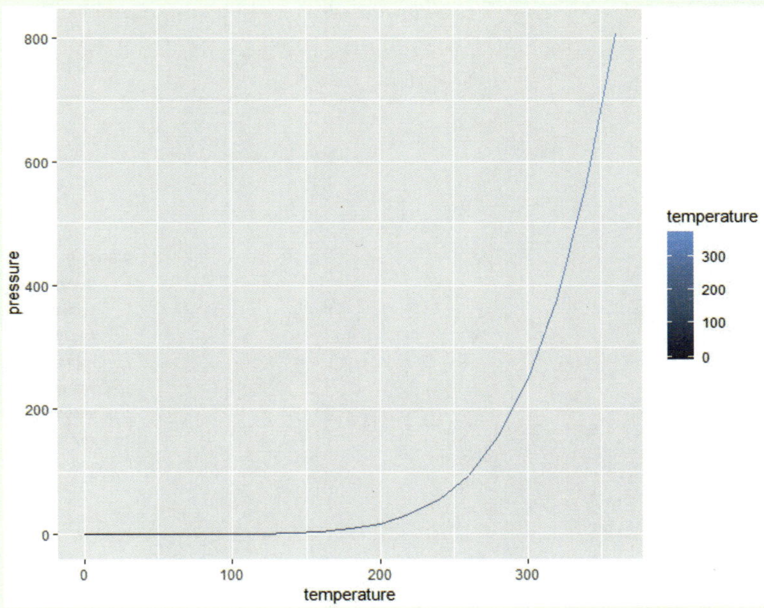

5-6 박스 플롯

ggplot2 패키지에 포함된 mpg 데이터 세트에 대한 기본 그래프 배경 위에 7개 수준의 자동차 유형별로 다른 색상을 나타내는 박스 플롯을 구현하려면 미학 성분 aes() 객체에 색상 변수 colour=class를 추가한 다음, x축과 y축에 사용할 데이터로 각각 구동 방식(drv)과 고속도로 연비(hwy)를 선택한다. 그리고 geom_boxplot() 객체 함수를 상위 레이어에 종속시키면 구동 방식에 따른 고속도로 연비를 나타내는 박스 플롯이 7개 자동차 유형별로 다른 색상으로 표현된다.

```
ggplot(mpg, aes(x=drv, y=hwy, colour = class)) + geom_boxplot()
```

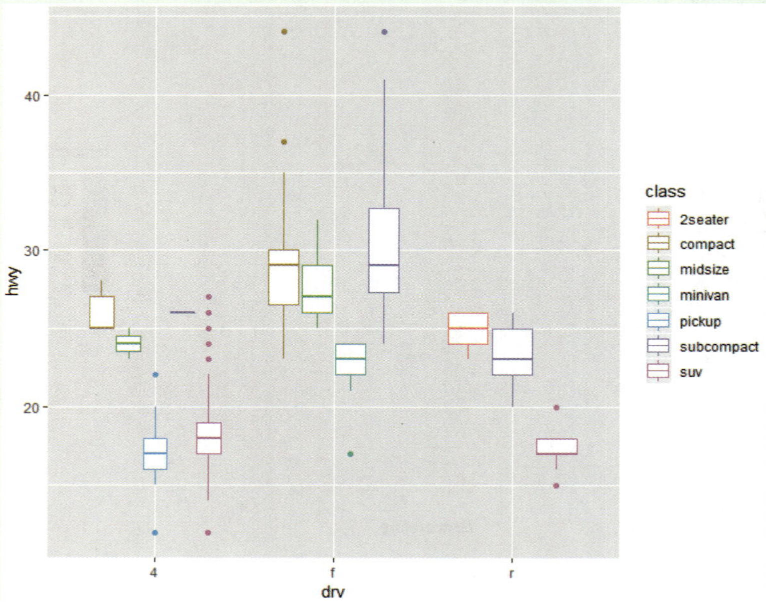

다음은 종속된 geom_boxplot() 객체 함수에 구동 방식(drv)별로 고속도로 연비(hwy)가 25.0 이상과 이하인 차량의 색상을 구분하고, 변수의 넓이(varwidth)를 추가한 박스 플롯을 구현한 것이다. 전진(f), 사륜(4), 후진(r) 구동 방식(drv)순으로 고속도로 연비가 높은 차량이 많은 것을 알 수 있다.

```
ggplot(mpg, aes(x=drv, y=hwy, colour = class)) + geom_boxplot(aes(colour =
hwy > 25.0), varwidth = TRUE)
```

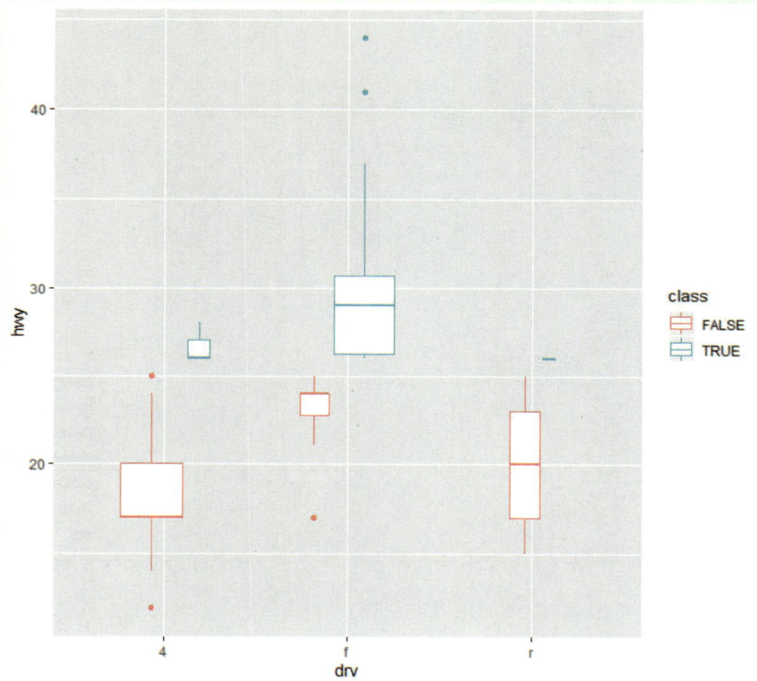

5-7 바이오린 그래프

ggplot2 패키지에 포함된 mpg 데이터 세트에 대한 기본 그래프 배경 위에 7개 수준의 자동차 유형별로 다른 색상을 나타내는 바이오린 그래프를 구현하려면 미학 성분 aes() 객체에 색상 변수 colour=class를 추가한 다음, x축과 y축에 사용할 데이터로 각각 구동 방식(drv)과 고속도로 연비(hwy)를 선택한다. 그리고 geom_violin() 객체 함수를 상위 레이어에 종속시키면 구동 방식에 따른 고속도로 연비(hwy)를 나타내는 바이오린 그래프가 7개 자동차 유형별로 다른 색상으로 표현된다.

```
ggplot(mpg, aes(x=drv, y=hwy, colour = class)) + geom_violin()
```

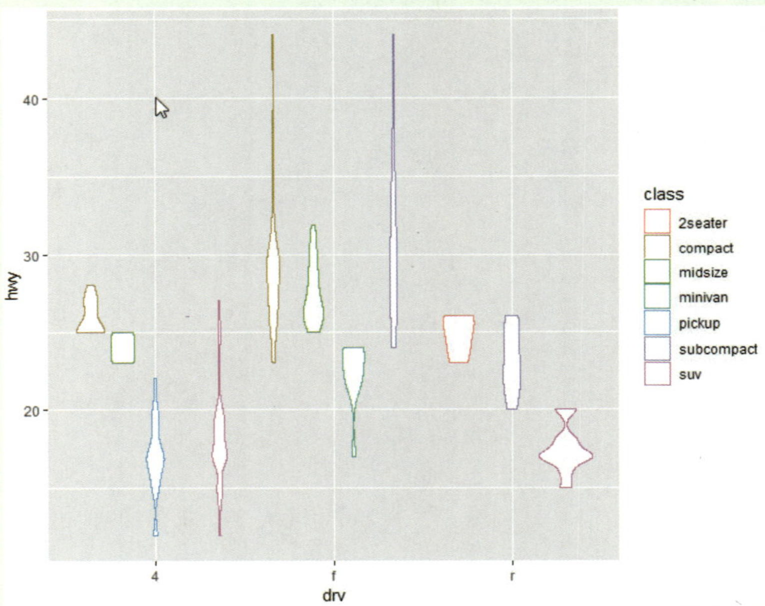

Part 2

R과 수치해석

chapter 12

오차

수치 오차는, 정확한 해석해(참값, 실제해) x를 구할 수 없는 경우, 수치적으로 접근해서 얻은 근삿값 $\hat{x}$으로 실제해를 대신 나타내기 때문에 발생하며, 참값과 근삿값의 차이로 정의된다.

$$e = x - \hat{x} \qquad \text{[식 12-1]}$$

여기서 오차는 정확한 수치를 근삿값으로 표현할 때 발생하는 절단 오차와 정확한 수치를 한정된 유효 자릿수로 나타낼 때 발생하는 반올림 오차를 포함한다.

1 반올림 오차

반올림 오차(round-off error)는 컴퓨터가 어떤 수를 표기할 때 크기와 정밀도의 제한으로 인하여 완전히 표현할 수 없는 경우에 발생하는 오차를 의미한다. 예를 들어, 컴퓨터는 유한한 수의 유효 자릿수를 가지기 때문에 e와 π 등의 초월적 무리수 또는 $\sqrt{2}$와 1/3 같은 대수적 무리수를 정확하게 표현할 수 없다. 이때 제외된 나머지 유효 숫자가 갖는 양을 반올림 오차라고 한다. 예를 들어, 1을 3으로 나누는 경우, 7자리의 유효 숫자까지만 저장할 수 있는 컴퓨터는 0.3333333으로 표기될 것이며, 이때 반올림 오차는 $0.0000000033\overline{3}(0.33\overline{3} \cdot 10^{-7})$이 된다. 두 배의 정확도를 갖는 컴퓨터에서 반올림 오차는 $0.333 \cdot 10^{-15}$이 된다. 대부분 한 단계에서 발생하는 반올림 오차는 허용할 수 있지만, 연산이 반복되는 경우 반올림 오차가 누적되어 오차 전파(error propagation)가 발생하게 된다. 즉, 일련의 계산 과정에서 이전 단계에 발생한 오차가 다음 단계에 영향을 주어 오차가 누적된다.

어떤 수치 알고리즘은 반올림 오차에 매우 민감하다. 따라서 반올림 오차는 컴퓨터가 산술연산을 수행하는 방식뿐 아니라 사용자(또는 특정 소프트웨어)가 수치 알고리즘을 구현하는 방식에 기인한다고 볼 수 있다. 즉, 반복과정을 포함하는 수치 알고리즘에서 반올림 오차는 구간의 크기, 최대 반복횟수, 수렴을 위한 오차허용한계 등에 의존한다.

다음은 R에서 초월무리수 π의 값을 출력했을 때 유효 자릿수의 변경으로 인해 발생하는 반올림 오차를 보여준다. R은 7자리의 유효 숫자까지만 저장하도록 기본 설정되어 있으며, options(digits=정수) 명령어를 사용하면 유효 숫자 자릿수를 변경할 수 있다.

```
pi
[1] 3.141593                              # R에서 유효 숫자는 7자리로 기본 설정
options(digits=17)
pi
[1] 3.1415926535897931
options(digits=22)
pi
[1] 3.1415926535897931
options(digits=23)
Error in options(digits = 23) :           # 오류 메시지
 invalid 'digits' parameter, allowed 0...22
                        # 사용하는 컴퓨터에서 표현할 수 있는 최대 유효 자릿수는 22개
```

참고로, 7자리와 15자리의 유효 숫자 사이에서 발생하는 반올림 오차는 3.1415926535897931 − 3.141593 = −3.464102e−07이다.

2 절단 오차

절단 오차(truncation error)는 참값 대신 근삿값을 사용할 때 발생한다. 예를 들어, 지수함수 e^x에 대한 무한급수는 다음과 같이 정의된다.

$$e^x = 1 + x + \frac{x^2}{2!} + \frac{x^3}{3!} + \cdots \qquad \text{[식 12-2]}$$

이 무한급수의 처음 두 항만으로 축약해서 e^x 값을 근사하면 다음과 같이 표현할 수 있다.

$$e^x \cong 1 + x \qquad \text{[식 12-3]}$$

따라서 두 번째 항 이후 나머지 모든 항 크기만큼의 절단 오차가 발생한다. 예를 들어 [식 12-3]을 이용하여 $x = 0.5$에서 e^x 값을 근사하는 경우, 다음과 같은 절단 오차(e_t)가 발생한다.

$$e_t = e^{0.5} - (1 + 0.5) = 1.648721 - 1.5 = 0.148721$$

여기서는 소수점 7자리의 정밀도를 갖는 컴퓨터를 이용하여 절단 오차 e_t를 유효 숫자 7번째까지 계산하였다. 일반적으로 컴퓨터는 무한급수로 표현된 삼각함수, 또는 지수함수 등의 값을 사용하며, 유한 항까지만 포함시키고 나머지 항들은 무시한다. 경우에 따라 절단 오차의 크기가 참값과 근삿값 사이 오차의 크기보다 커지기 때문에 수치 알고리즘을 작성할 때 절단 오차를 정확하게 예측해야 한다.

3 오차의 정확도

오차의 정확도는 나타내는 기준에 따라 절대 오차(absolute error)와 상대 오차(relative error)로 구분된다. 실제값과 근삿값 차이의 절댓값을 절대 오차라고 하며, 다음과 같이 정의된다.

$$e_a = \left| x - \hat{x} \right| \quad \text{[식 12-4]}$$

여기서 e_a는 절대 오차이다. 측정하거나 다루고 있는 양의 크기를 고려하여 오차의 정확도를 표현하는 또 다른 방법은 오차를 정규화(normalization)하는 것이다. 실제값과 근삿값 차이를 실제값으로 나눈 다음 절댓값을 적용한 양을 상대 오차라고 하며, 다음과 같이 표현한다.

$$e_r = \left| \frac{x - \hat{x}}{x} \right| \quad \text{[식 12-5]}$$

여기서 e_r은 상대 오차이다. 절대 오차는 실제값과 근삿값의 차이를 나타내며, 상대 오차는 실제값에 대한 절대 오차의 비율을 나타낸다. 상대 오차에 적용된 정규화로 인해 수축된 양을 증폭시키기 위하여 [식 12-5]에 100을 곱하여 다음과 같이 표현할 수 있다.

$$e_r(\%) = \left| \frac{x - \hat{x}}{x} \right| \times 100\% \quad \text{[식 12-6]}$$

여기서 $e_r(\%)$을 백분율 상대 오차라고 부른다.

[식 12-6]은 때때로 반복 절차(recursive procedure)를 거쳐 수치해를 구하는 알고리즘에서 수렴을 위한 오차허용한계(convergence tolerance limit)의 판별 조건으로 활용된다.

$$\left| \frac{x_{i+1} - x_i}{x_{i+1}} \right| \times 100\% < 0.005 \quad \text{[식 12-7]}$$

[식 12-7]은 여기서 i번째 반복 단계에서 얻은 x_{i+1}과 이전 단계에서 얻은 x_i 사이의 백분율 상대 오차가 0.005 이하면, 반복 과정을 멈추고 최종적으로 근사해 x_{i+1}을 반환하게 하는 조건으로 사용된다.

예제 12-1

π 값을 유효 자릿수 15까지 표현하면 3.1415926535897931이다. 이 값을 3.141593으로 근사했을 때 절대 오차, 상대 오차, 그리고 백분율 상대 오차를 구하라.

풀이

- 절대 오차

```
abs(|3.1415926535897931 - 3.141593) = 0.0000003464102099 = 3.4641E-07
```

- 상대 오차

```
abs((3.1415926535897931 - 3.141593)/3.1415926535897931) = 1.10266E-07
```

- 백분율 상대오차

```
abs((3.1415926535897931 - 3.141593)/3.1415926535897931)*100=1.10266E-05
```

4 오차를 줄이는 방법

사용자가 선택한 수치 알고리즘에 의해 발생하는 오차의 본질을 정확하게 추적하기는 어렵다. 오차를 정확하게 파악하는 체계적인 방법은 없으며 주로 경험에 의존한 방법이 사용된다. 실제로 수치 알고리즘을 개발하는 프로그래머는 계산 과정에서 발생할 수 있는 오차의 폭을 줄일 수 있는 몇 가지 지침이 있다.

첫째, 고가의 장비를 구축하기보다는, 계산기나 컴퓨터 시스템에서 사용하는 수의 체계로 인한 오차를 줄이기 위해 컴퓨터가 갖는 최대 정확도를 활용하여 반올림 오차를 최소화한다.

둘째, 반올림 오차를 줄이고 오버플로우(overflow)와 언더플로우(underflow)로 인한 오차의 발생 가능성을 줄이기 위하여 곱셈과 나눗셈 과정에서 중간 결과를 가능한 한 1에 가깝게 만든다. 예를 들어, xy/z를 계산하는 경우, 곱하려는 x와 y의 크기가 아주 다르면 x와 y를 곱한 다음 z로 나누고, 나누려는 y와 z의 크기가 아주 비슷하면 y를 z로 나눈 다음 x를 곱한다. 나누려는 x와 z의 크기가 아주 비슷하면 x를 z로 나눈 다음 y를 곱하여 오차를 줄일 수 있다. 예를 들어 $x=10$, $y=11$, 그리고 $n=33$일 때, $(10^{nx}/y^n)$보다 $(10^x/y)^n$으로 프로그래밍하면 오버플로우를 피할 수 있다.

셋째, 가능한 유의한 유효 숫자를 상실하지 않아야 한다. 나눗셈의 경우, 작은 수를 큰 수로 먼저 나누면 유효 숫자의 상실이 적다. 비슷한 두 숫자에 대하여 뺄셈을 하는 경우, 유효 숫자가 작아지므로 적합한 유효 숫자를 사용하지 않으면 반올림 오차가 커진다. 수식은 같지만 표현이 다른 수식으로 변환해서 연산한다. 예를 들어, 해석적으로 같지만 독립변수의 값에 따라 수치적으로 다르게 표현되는 다음 두 식을 생각해보자.

$$f_1(x) = \frac{1-\cos x}{x^2},\ f_2(x)= \frac{\sin^2 x}{x^2(1+\cos x)} \qquad [식\ 12\text{-}8]$$

여기서 $f_1(x)$ 식의 분자와 분모에 각각 $(1+\cos x)$를 곱하고 $\sin^2x+\cos^2x=1$ 공식을 적용하면 $f_2(x)$ 식이 되므로 두 식은 같다.

$$f_1(x) = \frac{1-\cos x\,(1+\cos x)}{x^2(1+\cos x)} = \frac{1-\cos^2 x}{a^2(1+\cos x)} = \frac{\sin^2 x}{x^2(1+\cos x)} = f_2(x) \qquad [식\ 12\text{-}9]$$

$x \approx \pi$에서 $f_2(x)$ 식의 분모에 있는 $(1+\cos x)$ 항의 값은 0에 근접해서 안정적이지 못하므로, $x \approx \pi$일 때 $f_1(x)$ 식을 사용하는 것이 권장된다. 그리고 $x \approx 0$에서 $f_2(x)$ 식의 분자에 있는 $(1-\cos x)$ 항의 값은 0에 근접해서 안정적이지 못하므로, $x \approx 0$일 때 $f_2(x)$ 식을 사용하는 것이 권장된다. 다음 두 식은 적절하지 않은 뺄셈으로 인한 유효 숫자의 상실을 보여주는 예이다.

$$f_1(x)= x(\sqrt{x+1}-\sqrt{x}),\ f_2(x)= \frac{z}{\sqrt{x+1}+\sqrt{x}} \qquad [식\ 12\text{-}10]$$

마지막으로, 오차 전파를 줄이려면 연산 횟수를 줄여야 한다. 데이터량이 무한히 증가하면서 컴퓨터로 하여금 효율적으로 연산을 하도록 학습시키는 머신러닝, 또는 컴퓨터가 스스로 연산 횟수를 줄이는 방법을 터득하는 딥러닝의 필요성이 부각되는 이유이기도 하다. 전체적으로 공식적 이론에 대한 수치적 오차를 시뮬레이션해 보는 것도 오차 전파의 가능성을 낮추는 방법이 될 수 있다.

실전 문제

Q1. e의 값을 유효 자릿수 15까지 나타내면 2.71828182845905이다. 이 값을 2.718282로 근사했을 때 절대 오차, 상대 오차 그리고 백분율 상대 오차를 구하라.

chapter 13

선형 시스템의 해찾기

1 선형 시스템의 행렬식

일반적으로 n개의 미지수 $x_1, x_2, \cdots x_n$과 m개의 선형대수 방정식들로 이루어진 선형 시스템, 또는 선형 연립 방정식은 다음과 같은 형태를 가진다.

$$\begin{aligned} a_{11}x_1 + a_{12}x_2 + \cdots + a_{1n}x_n &= b_1 \\ a_{21}x_1 + a_{22}x_2 + \cdots + a_{2n}x_n &= b_2 \\ &\vdots \\ a_{m1}x_1 + a_{m2}x_2 + \cdots + a_{mn}x_n &= b_m \end{aligned}$$ [식 13-1]

위에서 a_{ij}는 i번째 미지수와 j번째 선형 방정식의 계수이며 b_j는 j번째 선형 방정식의 상수이다. 이러한 선형 시스템은 행렬 형태로 나타낼 수 있다.

$$\begin{bmatrix} a_{11} & a_{12} & \cdots & a_{1n} \\ a_{21} & a_{12} & \cdots & a_{2n} \\ \vdots & & & \vdots \\ a_{m1} & a_{m2} & \cdots & a_{mn} \end{bmatrix} \begin{bmatrix} x_1 \\ x_2 \\ \vdots \\ x_3 \end{bmatrix} = \begin{bmatrix} b_1 \\ b_2 \\ \vdots \\ b_3 \end{bmatrix}$$ [식 13-2]

n개의 미지수를 갖는 선형 연립 방정식의 해를 구하려면 m개의 방정식이 주어져야 하며, 여기서는 $m=n$인 경우로 제한된다. 위의 행렬로 구성된 표현을 행렬 방정식으로 나타내면 다음과 같다.

$$Ax = b \qquad \text{[식 13-3]}$$

위에서 A는 선형 시스템의 계수들을 원소로 갖는 $(m \times n)$ 차원의 계수행렬이며, 특히 $m=n$인 정방행렬(square matrix)이어야 한다.

$$A = \begin{bmatrix} a_{11} & a_{12} & \cdots & a_{1n} \\ a_{21} & a_{12} & \cdots & a_{2n} \\ \vdots & & & \vdots \\ a_{m1} & a_{m2} & \cdots & a_{mn} \end{bmatrix} \qquad \text{[식 13-4]}$$

그리고 x는 각각의 미지수들을 원소로 갖는 열 벡터이며, b는 각 선형 방정식의 상수들을 원소로 갖는 $(n \times 1)$ 차원의 행렬, 또는 상수 열 벡터이다.

$$x = \begin{bmatrix} x_1 \\ x_2 \\ \vdots \\ x_n \end{bmatrix}, \quad b = \begin{bmatrix} b_1 \\ b_2 \\ \vdots \\ b_n \end{bmatrix} \qquad \text{[식 13-5]}$$

2 역행렬법

선형 방정식 시스템 $Ax=b$의 해가 존재하려면 두 가지 조건을 만족시켜야 한다. 첫째, 행렬 방정식의 계수행렬 A의 행과 열의 수가 동일한($m \times n$인) 정방행렬(또는 정사각행렬)이어야 한다. 둘째, 계수행렬 A는 역행렬 A^{-1}이 존재하는 가역행렬(invertible matrix) 또는 정칙행렬(non-singular matrix)이어야 한다. 즉, 계수행렬 A가 역행렬이 존재하지 않는 비정칙행렬 또는 특이행렬(singular matrix)이면 선형 시스템의 해를 구할 수 없다. 계수행렬 A의 역행렬 A^{-1}은 다음과 같이 정의되는 행렬이다.

$$AA^{-1} = A^{-1}A = I \qquad \text{[식 13-6]}$$

위에서 단위행렬(unit matrix)로 불리는 I는 주대각선의 모든 원소의 값들이 1이고, 이외의 모든 원소의 값들이 0인 정방행렬을 일컫는다.

위 두 가지 조건이 만족되면 선형 방정식 시스템의 해는 다음과 같이 구할 수 있다. $Ax=b$ 양변에 A의 역행렬 A^{-1}을 곱하면 좌변의 $A^{-1}A$는 단위행렬이 되며, 다음과 같이 선형 방정식 시스템의 해를 구할 수 있다.

$$\begin{aligned} &A^{-1}Ax = (I)x = A^{-1}b \\ &x = A^{-1}b \end{aligned} \qquad \text{[식 13-7]}$$

행렬 연산에서 단위행렬을 곱하거나 나누어도 연산한 결과에는 아무런 영향을 미치지 않는다.

다음 예제는 역행렬법을 이용하여 A 계수행렬의 역행렬 A^{-1}이 존재하는 $Ax=b$ 선형 방정식 시스템의 해를 구하는 R 스크립트를 보여준다.

예제 13-1

다음 선형 방정식 시스템의 해가 존재하는지 여부를 결정하고, 존재한다면 역행렬법을 이용하여 해를 구하라.

$$\begin{aligned} x_1 + x_2 + x_3 &= 1 \\ x_1 + 2x_2 + 3x_3 &= -1 \\ x_1 + 4x_2 + 9x_3 &= -9 \end{aligned}$$

풀이

```
# Solve_ex13-1.R: 역행렬법을 이용한 Ax=b 선형 방정식 시스템의 해 계산
# A: 계수행렬
# b: 상수항 벡터
# x:  Ax=b 선형 방정식 시스템의 해
# Usage: x <- solve(A, b)

A <- matrix(c(1,1,1, 1,2,4, 1,3,9), 3)
b <- matrix(c(1,-1,-9), 3)
# 역행렬의 존재 여부 확인(행렬값이 0이 아닐 때 해가 존재)
dvalue <- det(A)
dvalue
[1] 2
if(dvalue != 0)
x <- solve(A,b)
x
     [,1]
[1,]   1
[2,]   2
[3,]  -2
```

행렬의 행렬식 값이 det(A) = 0이라서 역행렬이 존재하지 않는 행렬을 비정칙행렬(singular matrix)이라고 부른다. 계수행렬 A의 역행렬을 구할 수 없는 경우에는 소거법을 이용하여 선형 방정식 시스템의 해를 구할 수 없으며, 대신 LU 또는 QR 분해법을 이용하여 해를 구해야 한다.

3 Cramer 법칙

규모가 작은 선형 방정식 시스템의 경우, 계수행렬의 행렬식(determinant)을 이용하는 Cramer 법칙이 비동차(상수항 벡터의 모든 원소들이 0이 아닌) 선형 방정식 시스템의 해를 구할 수 있는 체계적인 방법이다. 다음 2개의 미지수와 2개의 선형 방정식으로 이루어진 선형 시스템을 살펴보자.

$$\begin{aligned} a_{11}x + a_{12}y &= c_1 \\ a_{21}x + a_{22}y &= c_2 \end{aligned} \qquad \text{[식 13-8]}$$

일반화된 행렬 표현식의 미지수 x_1과 x_2를 각각 x와 y로 교체하였다. 이 방정식들을 행렬 방정식으로 나타내면 다음과 같다.

$$AX = c \qquad \text{[식 13-9]}$$

A는 계수들로 이루어진 정방행렬, X와 c는 각각 미지수 열 벡터와 상수 열 벡터이다. 이런 선형 방정식 시스템은 다음과 같이 행렬로 나타낼 수 있다.

$$\begin{bmatrix} a_{11} & a_{12} \\ a_{21} & a_{22} \end{bmatrix} \begin{bmatrix} x \\ y \end{bmatrix} = \begin{bmatrix} c_1 \\ c_2 \end{bmatrix} \qquad \text{[식 13-10]}$$

행렬 A의 행렬식은 다음과 같이 주어진다.

$$\text{행렬 } A\text{의 행렬식} = \begin{vmatrix} a_{11} & a_{12} \\ a_{21} & a_{22} \end{vmatrix} = a_{11}a_{22} - a_{21}a_{12} \qquad \text{[식 13-11]}$$

Cramer 법칙에 의하면 2개의 미지수를 갖는 선형 시스템의 해는 다음 비례 관계식으로부터 결정된다.

$$x = \frac{\begin{vmatrix} c_1 & a_{12} \\ c_2 & a_{22} \end{vmatrix}}{\begin{vmatrix} a_{11} & a_{12} \\ a_{21} & a_{22} \end{vmatrix}}, \quad y = \frac{\begin{vmatrix} a_{11} & c_1 \\ a_{21} & c_2 \end{vmatrix}}{\begin{vmatrix} a_{11} & a_{12} \\ a_{21} & a_{22} \end{vmatrix}} \qquad \text{[식 13-12]}$$

두 미지수의 분모는 행렬 A의 행렬식이다. 미지수 x의 분자는 x의 계수열이 상수 열 벡터 c로 교체되고, 미지수 y의 분자는 y의 계수열이 상수 열 벡터 c로 교체되었다. 미지수들은 다음 식으로부터 구할 수 있다.

$$x = \frac{c_1 a_{22} - c_2 a_{12}}{a_{11}a_{22} - a_{21}a_{12}}, \quad y = \frac{c_2 a_{11} - c_1 a_{22}}{a_{11}a_{22} - a_{21}a_{12}} \qquad \text{[식 13-13]}$$

분모(즉, 계수행렬의 행렬식 값)가 0이면(즉, 비정칙행렬이면), 해가 존재하기 위한 조건을 만족하지 않으므로 해는 존재하지 않는다.

예제 13-2

Cramer 법칙을 이용하여 수작업으로 다음 선형 방정식 시스템의 해를 구하고, R을 이용하여 구한 해와 비교하라.

$$\begin{aligned} 2x - y &= 2 \\ x - 3y &= -9 \end{aligned}$$

$$x = \frac{\begin{vmatrix} 2 & -1 \\ -9 & -3 \end{vmatrix}}{\begin{vmatrix} 2 & -1 \\ 1 & -3 \end{vmatrix}} = \frac{2(-3) - (-9)(-1)}{2(-3) - 1(-1)} = \frac{-6-9}{-6+1} = \frac{-15}{-5} = 3$$

$$y = \frac{\begin{vmatrix} 2 & 2 \\ 1 & -9 \end{vmatrix}}{\begin{vmatrix} 2 & -1 \\ 1 & -3 \end{vmatrix}} = \frac{2(-9) - (1)(2)}{2(-3) - 1(-1)} = \frac{-18-2}{-6+1} = \frac{-20}{-5} = 4$$

풀이

```
# Cramer_ex13-2.R: Cramer 법칙을 이용한 선형 방정식 시스템의 해 계산

A <- matrix(c(2, 1, -1, -3), 2)          # 계수행렬
c1 <- matrix(c(2, -9, -1, -3), 2)        # 미지수 x의 분자
c2 <- matrix(c(2, 1, 2, -9), 2)          # 미지수 y의 분자
A; c1; c2
     [,1] [,2]
[1,]    2   -1
[2,]    1   -3
     [,1] [,2]
[1,]    2   -1
[2,]   -9   -3
     [,1] [,2]
[1,]    2    2
[2,]    1   -9

det(A)                                                # 계수행렬 A의 행렬값
[1] -5

if(det(A) != 0)
+   x <- det(c1)/det(A);  y <- det(c2)/det(A)  # Cramer 법칙 적용
x; y
[1] 3
[1] 4
```

주어진 선형 방정식 시스템에 대하여 Cramer 법칙을 적용했을 때, 수작업과 R 프로그램 모두 x=3, y=4 라는 일치된 해를 얻었다.

4 Gauss 소거법

선형 방정식 시스템을 행렬 방정식으로 표현했을 때 두 방정식의 위치를 서로 바꾸거나 0이 아닌 상수를 곱하거나 나누어도, 또는 서로 다른 두 방정식을 더하거나 빼더라도 행렬 시스템은 변하지 않는다. 이러한 행렬의 속성을 이용하여 계수행렬을 상삼각행렬 또는 대각행렬로 변형시켜 해를 구하는 방법을 소거법이라고 한다. 주어진 시스템을 변형하지 않고 직접 계산하므로 직접법이라고도 부르며 미지수의 수가 많지 않은 소규모 선형 방정식 시스템에 적합하다.

행렬의 속성을 이용하여 계수행렬(예: $n \times n$ 정방행렬)의 계수들을 소거해서 상삼각행렬로 변형시킨 다음, 마지막 방정식으로부터 얻은 n번째 미지수 x_n을 마지막 두 번째 방정식에 대입하여 n−1번째 미지수 x_{n-1}을 구한다. 그런 다음 x_n과 x_{n-1}을 n−2번째 방정식에 대입하여 x_{n-2}를 구하는 과정을 첫 번째 방정식까지 반복하여 선형 방정식 시스템의 모든 해를 구하는 방법을 Gauss 소거법이라고 한다. 즉, $Ax=b$ 선형 시스템을 $Ux=c$(U는 상삼각행렬) 형태로 변형시킨 다음 선형 시스템의 해를 구하는 것이다.

미지수를 소거할 때는 전진 방향이고, 구한 값을 대입하여 다른 해를 구할 때는 후진 방향이므로 전진 소거 후진 대입법이라고도 부른다. 다음 예제를 통해 Gauss 소거법을 이용하여 선형 방정식 시스템의 해를 구하는 방법을 알아보자.

예제 13-3

수작업으로 Gauss 소거법을 이용하여 다음 선형 방정식 시스템의 해를 구하고, R을 이용해서 구한 해와 비교하라.

$$\begin{aligned} x_1 + x_2 + x_3 &= 1 \\ x_1 + 2x_2 + 3x_3 &= -1 \\ x_1 + 4x_2 + 9x_3 &= -9 \end{aligned}$$

풀이

선형 시스템을 행렬 형태로 표현하면,

$$\begin{bmatrix}1 & 1 & 1\\1 & 2 & 3\\1 & 4 & 9\end{bmatrix}\begin{bmatrix}x_1\\x_2\\x_3\end{bmatrix} = \begin{bmatrix}1\\-1\\-9\end{bmatrix}$$

행렬 방정식은

$$Ax = b$$

미지수를 소거하는 과정에서 변하는 것은 계수행렬의 원소와 상수 벡터뿐이므로 확대행렬 $A{:}B$를 생성하고 행연산을 수행하여 상삼각행렬로 변형시킨다.

$$A:B = \begin{bmatrix}1 & 1 & 1 & \vdots & 1\\1 & 2 & 3 & \vdots & -1\\1 & 4 & 9 & \vdots & -9\end{bmatrix} R2 = R1 - R2,\ R3 = R1 - R3$$

$$\rightarrow \begin{bmatrix}1 & 1 & 1 & \vdots & 1\\0 & -1 & -2 & \vdots & 2\\0 & -3 & -8 & \vdots & 10\end{bmatrix} R3 = 3R2 - R3 \rightarrow \begin{bmatrix}1 & 1 & 1 & \vdots & 1\\0 & -1 & -2 & \vdots & 2\\0 & 0 & 2 & \vdots & -4\end{bmatrix}$$

A 계수행렬이 상삼각행렬 형태로 변형되었으며 이 과정을 Gauss 소거법이라고 한다. 변화된 선형 방정식 시스템은 다음과 같다.

$$\begin{aligned} x_1 + x_2 + x_3 &= 1 \\ -x_2 - 2x_3 &= 2 \\ 2x_3 &= -4 \end{aligned}$$

이제 후진 대입법을 사용하여 마지막 식으로부터 얻은 $x_3=-2$를 두 번째 식에 대입하면 $-x_2-2(-2)=2$로부터 $x_2=2$, 그리고 첫 번째 방정식에 $x_3=-2$와 $x_2=2$를 대입하면 $x_1+2-2=1$을 이용해서 $x_1=1$을 얻을 수 있다. 최종적으로 얻어진 해는 $x_1=1, x_2=2, x_3=-2$이다.

다음은 선형 방정식 시스템을 위한 최적화 툴박스 optR 패키지를 이용하여 Gauss 소거법으로 선형 방정식 시스템의 해를 구할 수 있는 명령어이다. R 스크립트를 실행하기 전에 반드시 패키지를 설치하고 로딩시켜야 한다.

```
# optR_gauss_ex13-3.R: optR 패키지로부터 Gauss 소거법을 이용한 선형 방정식 시스템의 해 계산
# A: 계수행렬
# b: 상수항 벡터
# x:  Ax=b 선형 방정식 시스템의 해
# tol: 오차 허용 한계
# Usage: x <- optR(A, b, method="gauss", tol=1e-7)

install.packages("optR")          # optR 패키지 설치
library(optR)                     # optR 패키지 로딩

A<-matrix(c(1,1,1, 1,2,4, 1,3,9), 3)
b<-matrix(c(1,-1,-9), 3)
x <- optR(A, b, method="gauss", tol=1e-7)
x
call:
optR.default(x = A, y = b, method = "gauss", tol = 1e-07)

 Coefficients:
     [,1]
[1,]  1
[2,]  2
[3,] -2
```

Gauss 소거법과 동일하게 $x_1 = 1, x_2 = 2, x_3 = -2$라는 결과가 나왔다. Gauss 소거법 이외에 optR 패키지는 Gauss-Seidel 법, LU 분해법, Cholesky 분해법 등 선형 방정식 시스템의 해를 구하는 다양한 방법을 제공한다.

5 반복법

미지수의 수가 적은 선형 시스템에 적합한 소거법을 대규모 선형 방정식 시스템에 적용하면 연산 횟수가 많아지면서 cpu 점유 시간이 늘어나고, 동시에 각 단계에서 발생하는 오차들이 전파되어 정확한 값을 구하기 어려운 단점이 있다. 그러나 반복과정(iterative process)이 가능하도록 시스템을 변형시키면 미지수의 수가 많은 대규모 선형 방정식 시스템에 유용하다. 반복법에서는 초기 가정값(initial guess value)이 공급되어 반복과정이 시작되며, 단계마다 정확한 해로 접근하면서 오차 허용 한계를 만족할 때 근사해를 반환한다. 여기서는 이완을 고려하지 않은 Jacobi 반복법과 이완을 고려한 Gauss–Seidel 반복법을 다룰 것이다.

5-1 Jacobi 반복법

Jacobi 반복법은 대각 요소가 주도하는 계수행렬을 포함한 선형 방정식 시스템의 해를 구할 때 적합한 방법이다. 계수가 가장 큰 미지수가 좌변에 오도록 방정식을 변형시키면 반복할 수 있는 식의 형태가 되는데, 초기 추정값을 반복적으로 대입하여 근사해를 구하는 방법이다. 다음은 대각 원소값이 큰 계수행렬을 갖는 선형 방정식 시스템에 Jacobi 반복법을 적용한 사례이다.

$$\begin{aligned} 4x - y + z &= 5 \\ x + 6y - z &= 10 \\ x + y + 5z &= 18 \end{aligned} \qquad \text{[식 13-14]}$$

이 시스템의 해 x, y, z의 값을 구하기 위하여 계수가 큰 미지수에 대하여 이항 정리하면 다음과 같다.

$$x = \frac{(5+y-z)}{4}$$
$$y = \frac{(10-x+z)}{6}$$
$$z = \frac{(18-x-y)}{5} \qquad \text{[식 13-15]}$$

이 시스템을 반복 형태로 일반화시키면,

$$x_{i+1} = \frac{(5+y_i-z_i)}{4}$$
$$y_{i+1} = \frac{(10-x_i+z_i)}{6}$$
$$z_{i+1} = \frac{(18-x_i-y_i)}{5} \qquad \text{[식 13-16]}$$

$i=0$에 대한 초기 가정값 $x_0=0$, $y_0=0$, $z_0=0$을 각 식에 대입하면 다음 단계에 대한 x_1, y_1, z_1을 얻을 수 있다.

$$x_1 = \frac{(5+y_0(=0)-z_0(=0))}{4} = \frac{5}{4} = 1.25$$
$$y_1 = \frac{(10-x_0(=0)+z_0(=0))}{6} = \frac{5}{3} = 1.6667$$
$$z_1 = \frac{(18-x_0(=0)-y_0(=0))}{5} = \frac{18}{5} = 3.6 \qquad \text{[식 13-17]}$$

계산된 x_1, y_1, z_1을 같은 방법으로 각 식에 대입하면 x_2, y_2, z_2를 계산할 수 있다.

$$x_2 = \frac{(5+y_1(=1.67)-z_1(=3.6))}{4} = 0.7667$$
$$y_2 = \frac{(10-x_1(=1.25)+z_1(=3.6))}{6} = 2.0583$$
$$z_2 = \frac{(18-x_1(=1.25)-y_1(=1.67))}{5} = 3.01667 \qquad \text{[식 13-18]}$$

반복 단계마다 계산된 값을 정리하면 다음과 같다.

반복횟수, i	x	y	z
0(초기 가정값)	0	0	0
1	1.25	1.6667	3.6
2	0.7667	2.0583	3.01667
3	1.0104	2.0417	3.035
4	1.0017	2.0041	2.98958
5	1.0036	1.998	2.99885
6	0.9998	1.9992	2.99968
7	0.9999	2	3.0002
8	0.9999	2.0001	3.00003
9	1	2	3
10	1	2	3

위에서 보듯이 9번째 반복 단계에서 $x=1, y=2, z=3$으로 수렴되어 근사해를 얻은 것을 확인할 수 있다.

5-2 Gauss-Seidel 반복법

Jacobi 반복법은 수렴에 적합한 초기 가정값을 설정하는 방법이 까다롭고 수렴 속도가 느리기 때문에 일반적으로 수렴 속도가 향상된 Gauss-Seidel 반복법이 선호된다. Gauss-Seidel 법은 Jacobi 법처럼 반복 형태의 방정식으로 변형시키는 아이디어는 동일하다. 하지만 첫 번째 반복과정에서 첫 번째 미지수는 다른 미지수들의 가정된 초깃값으로 계산하며, 두 번째 미지수는 방금 계산된 첫 번째 미지수를 바로 대입하고 나머지 미지수들의 가정된 초깃값을 대입하여 계산한다. 다음 미지수는 동일 단계에서 이미 계산된 미지수 값들과 남아 있는 미지수들의 가정된 초깃값을 대입하여 계산하는 과정을 수렴할 때까지 반복한다. 이와 같이 Jacobi 법에서 이용된 선형 방정식 시스템을 변형하여 불러오면 다음과 같다.

$$x_{i+1} = \frac{(5 + y_i - z_i)}{4}$$
$$y_{i+1} = \frac{(10 - x_{i+1} + z_i)}{6}$$
$$z_{i+1} = \frac{(18 - x_{i+1} - y_{i+1})}{5} \quad [식\ 13\text{-}19]$$

$i=0$일 때 초기 가정값 $y_0=0$, $z_0=0$을 x_1에 대한 식에 대입해서 x_1을 계산한다.

$$x_1 = \frac{(5 + y_0 - z_0)}{4} = \frac{(5+0-0)}{4} = 1.25 \quad [식\ 13\text{-}20]$$

x_1의 계산값과 초기 가정값 $z_0=1$을 y_1에 대해 변형된 두 번째 방정식에 대입해서 y_1을 계산한다.

$$y_1 = \frac{(10 - x_1 + z_0)}{6} = \frac{(10 - 1.25 + 0)}{6} = 1.4583 \quad [식\ 13\text{-}21]$$

x_1과 y_1의 계산값을 z_1에 대해 변형된 세 번째 방정식에 대입해서 z_1을 계산한다.

$$z_1 = \frac{(18 - x_1 - y_1)}{5} = \frac{(18 - 1.25 - 1.4583)}{5} = 3.058 \quad [식\ 13\text{-}22]$$

이런 과정을 수렴할 때까지 반복한다.

$$x_2 = \frac{(5 + y_1 - z_1)}{4} = \frac{(5 + 1.4583 - 3.058)}{4} = 0.85$$
$$y_2 = \frac{(10 - x_2 + z_1)}{6} = \frac{(10 - 0.85 + 3.058)}{6} = 2.0347$$
$$z_2 = \frac{(18 - x_2 - y_2)}{5} = \frac{(18 - 0.85 - 2.0347)}{5} = 3.023 \quad [식\ 13\text{-}23]$$

반복 단계마다 계산된 값을 정리하면 다음과 같다.

반복횟수, i	x	y	z
0(초기 가정값)	0	0	0
1	1.25	1.4583	3.058
2	0.85	2.0347	3.023
3	1.003	2.0034	2.999
4	1.001	1.9996	3
5	1	2	3
6	1	2	3

계산 결과에서 보듯이 Gauss-Seidel 법에서는 5번째 반복 계산 단계에서 $x=1$, $y=2$, $z=3$으로 수렴되어 근사해를 얻은 것을 알 수 있으며, 9번의 반복 계산 단계에서 근사해가 수렴된 Jacobi 반복법과 비교하여 수렴 속도가 빠르다는 것을 확인할 수 있다.

다음 예제는 optR 패키지에 포함된 Gauss-Seidel 반복법을 이용하여 선형 방정식 시스템의 해를 구하는 R 스크립트와 실행 결과를 보여준다.

예제 13-4

optR 패키지의 Gauss-Seidel 반복법을 이용하여 다음 선형 방정식 시스템의 해를 구하라.

$$
\begin{aligned}
4x_1 + \ \ x_2 + \ \ x_3 &= 5 \\
-x_1 + 6x_2 + \ \ x_3 &= 10 \\
x_1 - \ \ x_2 + 5x_3 &= 18
\end{aligned}
$$

풀이

```
# optR_GaussSeidel_ex13-4.R: optR 패키지와 Gauss-Seidel 반복법을 이용한 Ax=b 선형 방정식 시스템의 해 계산
# A: 계수행렬
# b: 상수항 벡터
# x: Ax=b 선형 방정식 시스템의 해
# Usage: x<-optR(A, b, method="gaussseidel", iter=500, tol=1e-7)

install.packages("optR")          # optR 패키지 설치
library(optR)                     # optR 패키지 로딩

A <- matrix(c(4,1,1, -1,6,1, 1,-1,5), 3)
b <- matrix(c(5,10,18), 3)
x <- optR(A, b, method="gaussseidel", iter=500, tol=1e-7)
x
call:
optR.default(x = A, y = b, method = "gaussseidel", iter = 500,
  tol = 1e-07)

 Coefficients:
     [,1]
[1,]   1
[2,]   2
[3,]   3
```

optR 패키지의 Gauss-Seidel 방법의 tol은 오차 허용 한계를 나타내는 변수이며 기본적으로 10^{-7}으로 설정되었다. iter는 근사해의 수렴을 위한 최대 반복횟수를 나타내는 변수이며 기본값은 500으로 설정되었다. 계산된 결과는 수작업으로 얻은 결과와 동일하다.

6 분해법

이전에 지적했듯이, $Ax=b$ 선형 방정식 시스템을 구성하는 계수행렬 A의 역행렬이 존재하지 않을 때에는 소거법 또는 반복법을 이용하여 해를 구할 수 없다. 다음 결과는 계수행렬의 행렬값이 0이고 비정칙행렬(또는 특이행렬)인 선형 방정식 시스템에 R의 solve() 함수를 실행했을 때 해를 구할 수 없다는 결과를 보여준다.

```
# singular_Matrix.R
# Ax=b 선형 방정식 시스템의 해 계산
# A: 계수행렬
# b: 상수항 벡터
# x:  Ax=b 선형 방정식 시스템의 해
# Usage: x <- solve(A, b)

A <- matrix(c(1:9), 3)
b <- matrix(c(1,0,0), 3)

# 역행렬의 존재 여부 확인(행렬값이 0이 아닐 때 해가 존재)
dvalue <- det(A)
dvalue
[1] 0
   # 계수행렬이 비정칙행렬이므로 해를 구할 수 없음
solve(A, b)
Error in solve.default(A, b) :                    # 오류 메세지
 Lapack routine dgesv: system is exactly singular: U[3,3] = 0
```

하지만 행렬식의 계수행렬 A를 2개 행렬의 곱으로 분해하면 선형 방정식 시스템의 해를 구할 수 있다. 이렇게 해를 구하는 방법에는 *LU* 분해법, *QR* 분해법, Cholesky 분해법, 그리고 특이값 분해법 등이 있다.

분해 과정에서 상수항 벡터의 원소값은 변하지 않으므로, 일단 계수행렬 A가 분해되면 어떠한 상수항 벡터 b에도 적용할 수 있다. 계수행렬은 동일하고 상수항 벡터만 다른 많

은 선형 시스템들의 해를 구하는 경우, 분해법을 이용하면 매번 계수행렬을 분해할 필요가 없으므로 연산속도가 향상되는 장점이 있다.

6-1 LU 분해법

LU 분해법은 $Ax=b$ 선형 방정식 시스템의 해를 구하기 위하여 계수행렬 *A*를 *L*(하삼각행렬)과 *U*(상삼각행렬)의 곱 $A=LU$로 분해한 다음, 변형된 시스템 $(LU)x=b$에 순차적으로 2번 역행렬법을 적용하는 방법이다. 계수행렬은 역행렬이 존재하지 않는 비정칙행렬이기 때문에 역행렬법을 사용할 수 없을 때 유리하다. 그리고 일단 계수행렬이 분해되면 상수항 벡터의 원소값을 다른 많은 유사한 시스템들에 손쉽게 적용할 수 있다.

변형된 시스템 $(LU)x=b$ 양변의 왼쪽에 하삼각행렬의 역행렬 L^{-1}을 곱하면 다음과 같다.

$$\begin{aligned} &L^{-1}(LU)x = L^{-1}b \\ &Ux = L^{-1}b \end{aligned} \quad \text{[식 13-24]}$$

다시 양변에 상삼각행렬의 역행렬 U^{-1}을 곱하면 다음과 같다.

$$(U^{-1}U)x = x = U^{-1}L^{-1}b \quad \text{[식 13-25]}$$

삼각행렬 *L*과 *U*의 역행렬은 존재하므로 선형 방정식 시스템의 해를 얻을 수 있다.

R 프로그램을 이용하여 선형 방정식 시스템의 해를 구할 때 계수행렬의 행렬값이 0인 비정칙행렬, 또는 역행렬이 존재하지 않는 비가역 행렬인 경우, *LU* 분해법을 적용하려면 lu() 함수를 포함하고 있는 Matrix, optR, 또는 cmna 패키지를 활용해야 한다.

다음은 Matrix 패키지에 포함된 lu() 함수를 이용해서 선형 방정식 시스템의 해를 구하는 R 명령어와 실행 결과를 보여준다. 단, 조밀행렬(dense matrix)을 *LU* 분해하는 경우에는 expand() 함수로 lu() 함수를 감싼다. 희소행렬(sparse matrix)은 다수의 원소값이 0인 행렬이며 조밀행렬은 대부분의 원소값이 0이 아닌 행렬을 의미한다.

예제 13-5

Matrix 패키지의 lu() 함수를 이용하여 LU 분해법으로 다음 선형 방정식 시스템의 해를 구하라.

$$\begin{aligned} 2x_1 - 2x_2 + 4x_3 &= 8 \\ x_1 + 3x_2 \quad\quad &= 6 \\ -x_1 + 3x_2 - 5x_3 &= -3 \end{aligned}$$

풀이

$A=pLU$는 계수행렬 A가 3개의 행렬 pLU의 곱으로 변형되었으며, p는 결과에 영향을 미치지 않는 더미 희소행렬(dummy sparse matix)이다.

```
# Matrix_LU_ex13-5.R: Matrix 패키지의 LU 분해법을 이용한 선형 방정식 시스템의 해 계산
# A: 계수행렬
# b: 상수 벡터
# Usage: ALU <- lu(A)                    # 희소행렬(sparse matrix)의 경우
# Usage: ALU <- expand(lu(A))            # 조밀행렬(dense matrix)의 경우

install.packages("Matrix")               # Matrix 패키지 설치
library(Matrix)                          # Matrix 패키지 로딩

A <- matrix(c(2,1,-1, -2,3,3, 4,0,-5), 3)
b <- matrix(c(8, 6, -3), 3)
if(det(A) != 0)                          # 계수행렬 A가 비정칙행렬이 아니면 분해법 실행

ALU <- expand(lu(A))
ALU
$'L'
3 x 3 Matrix of class "dtrMatrix" (unitriangular)
     [,1] [,2] [,3]
[1,]  1.0  .    .
[2,]  0.5  1.0  .
[3,] -0.5  0.5  1.0
```

```
$U
3 x 3 Matrix of class "dtrMatrix"
   [,1] [,2] [,3]
[1,]  2  -2   4
[2,]  .   4  -2
[3,]  .   .  -2

$P
3 x 3 sparse Matrix of class "pMatrix"

[1,] | . .
[2,] . | .
[3,] . . |

> A3 <- ALU$P %*% ALU$L %*% ALU$U  # 주어진 A 행렬이 p*L*U의 곱으로 분해 변형됨
> x <- solve(ALU$U) %*% solve(ALU$L) %*% b
> x
3 x 1 Matrix of class "dgeMatrix"
     [,1]
[1,] 4.5
[2,] 0.5
[3,] 0.0
```

예제 13-6

optR 패키지의 lu() 함수를 이용하여 LU 분해법으로 다음 선형 방정식 시스템의 해를 구하라.

$$
\begin{aligned}
-8x_1 + x_2 + 2x_3 &= 0 \\
5x_1 + 7x_2 - 3x_3 &= 10 \\
2x_1 + x_2 - 2x_3 &= -2
\end{aligned}
$$

풀이

```
# optR_LU_ex13-6.R: optR 패키지의 LU 분해법을 이용한 선형 방정식 시스템의 해 계산
# A: 계수행렬
# b: 상수 벡터
# 사용법: x <- optR(A, b, method="LU", iter=100, tol=1e-5)

install.packages("optR")          # optR 패키지 설치
library(optR)                     # optR 패키지 로딩

A <- matrix(c(-8, 5, 2,  1, 7, 1,  2, -3, -2), 3)
b <- matrix(c(1, 10, -2), 3)
x <- optR(A, b, method="LU", iter=100. tol=1e-5)
Warning message:                  # 경고 메세지
ln opt.matrix.reorder(A, tol) : Singular Matrix
x
Call:
optR.default(x = A, y = b, method = "LU", iter = 100, tol = 1e-05)

 Coefficients:
[[1]]
    [,1]
[1,]  1
[2,]  2
[3,]  3
```

예제 13-7

cmna 패키지의 lumatrix() 함수를 이용하여 LU 분해법으로 다음 선형 방정식 시스템의 해를 구하라.

$$\begin{aligned} x_1 + x_2 - x_3 &= -2 \\ x_1 + 2x_2 + x_3 &= 3 \\ 2x_1 + 3x_2 - x_3 &= -1 \end{aligned}$$

풀이

```
# cmna_LU_ex13-7.R: optR 패키지의 LU 분해법을 이용한 선형 방정식 시스템의 해 계산
# A: 계수행렬
# b: 상수 벡터
# 사용법: x <- lumatrix(A)

install.packages("cmna")          # cmna 패키지 설치
library(cmna)                     # cmna 패키지 로딩

A <- matrix(c(1, 1, 2,  1, 2, 3,  -1, 1, -1), 3)
b <- matrix(c(2, 3, -1), 3)

luA <- lumatrix(A)                # lumatrix() 실행
luA
$'P'
     [,1] [,2] [,3]
[1,]    1    0    0
[2,]    0    1    0
[3,]    0    0    1

$L
     [,1] [,2] [,3]
[1,]    1    0    0
[2,]    1    1    0
[3,]    2    1    1

$U
     [,1] [,2] [,3]
[1,]    1    1   -1
[2,]    0    1    2
[3,]    0    0   -1

A3 <- luA$P %*% luA$L %*% luA$U # 주어진 A 행렬이 p*L*U의 곱으로 분해 변형됨
x <- solve(A3, b)
x
     [,1]
[1,]   19
[2,]  -11
[3,]    6
```

6-2 QR 분해법

QR 분해법은 계수행렬 *A*를 2개의 다른 행렬 *Q*와 *R*의 곱으로 쪼개는 방법으로, 대수학의 인수분해라고 볼 수 있다. 행렬 *Q*는 역행렬과 전치행렬이 동일한(즉, $Q^{-1}=Q^T$) 직교행렬(orthogonal matrix)이며, 행렬 *R*은 상삼각행렬이다. 계수행렬 *A*가 비정칙행렬일 때 *QR* 분해법을 $Ax=b$ 선형 방정식 시스템에 적용하면 $(QR)x=b$로 변형되며, 직교행렬의 속성을 이용하여 양변에 Q^T와 R^{-1}을 순서대로 좌측에 곱하면 선형 방정식의 시스템의 해를 계산할 수 있다.

$$\begin{aligned}\left(Q^TQ\right)Rx &= Q^Tb\\ Rx &= Q^Tb\\ \left(R^{-1}R\right)x &= R^{-1}Q^Tb\\ x &= R^{-1}Q^Tb\end{aligned}$$

[식 13-26]

다음은 R에 내장된 qr() 함수를 이용해서 비정칙행렬 *A*를 *Q* 행렬과 *R* 행렬의 곱으로 분해시키는 명령어와 결과를 보여준다.

```
# qr.R: QR 분해법으로 비정칙행렬인 계수행렬 A를 Q와 R 행렬의 곱으로 변형
# A: 계수행렬
# b: 상수 열 벡터
# Q: 직교행렬
# R: 상삼각행렬
# 사용법: Aqr <- qr(A, tol=1e-7, LAPACK=TRUE)
# 사용법: x <- qr.solve(A, b, tol=1e-10)
# 사용법: x <- solve(qr(A), b, tol=1e-10)

A <- matrix(1:9, 3)
det(A)                                # 행렬값 = 0인 비정칙행렬(또는 특이 행렬) 검정
[0] 0
if (det(A) == 0)
Aqr <- qr(A, tol=1e-7. LAPACK=TRUE)   # 기본 설정으로 LINPACK 라이브러리 사용
Q <- qr.Q(Aqr) ; Q
```

```
      [,1]       [,2]       [,3]
[1,] -0.2672612  0.8728716  0.4082483
[2,] -0.5345225  0.2182179 -0.8164966
[3,] -0.8017837 -0.4364358  0.4082483

R <- qr.R(Aqr) ; R
          [,1]      [,2]          [,3]
[1,] -3.741657 -8.552360 -1.336306e+01
[2,]  0.000000  1.963961  3.927922e+00
[3,]  0.000000  0.000000  1.776357e-15

X <- qr.X(Aqr) ; X                         # A = Q.R 임을 확인
     [,1] [,2] [,3]
[1,]    1    4    7
[2,]    2    5    8
[3,]    3    6    9
```

R 프로그램의 qr() 함수는 QR 분해법을 수행할 때 LAPACK 변수를 지정하여 LAPACK 또는 LINPACK 라이브러리의 알고리즘을 선택적으로 사용할 수 있다. 분해하려는 행렬의 원소들이 수치형이면 LAPACK을 사용하고, 그렇지 않고 복소수형 원소로 구성된 행렬이면 LINPACK을 사용한다. 논리형 행렬은 수치형 행렬로 강제 변환되며 LINPACK 라이브러리의 알고리즘을 사용하도록(즉, LAPACK=FALSE) 기본 설정되어 있다.

qr 분해법을 이용하여 선형 방정식 시스템의 해를 계산하려면 qr(), qr.solve(), 또는 solve(qr()) 함수를 사용할 수 있다. 하지만 계수행렬이 역행렬이 존재하는 정칙행렬(non-singular matrix)인 선형 시스템에 대해서는 반드시 qr() 또는 solve() 함수만을 사용해야 한다.

예제 13-8

R의 QR 분해법 함수 solve(qr()), qr.solve(), 그리고 qr.coef()를 이용하여 다음 선형 방정식 시스템의 해를 구하라.

풀이

```
# QR_solve_ex13-8.R: QR 분해법을 이용한 선형 방정식 시스템의 해 계산
# A: 계수행렬
# b: 상수 열 벡터
# Q: 직교행렬
# R: 상삼각행렬
# 사용법: Aqr <- qr(A, tol=1e-7, LAPACK=TRUE): 역행렬이 존재하는 가역행렬일 때만 사용
#      xcoef <- qr.coef(Aqr, b)
# 사용법: x <- qr.solve(A, b, tol=1e-10)
# 사용법: x <- solve(qr(A), b, tol=1e-10):역행렬이 존재하는 가역행렬일 때만 사용

A <- matrix(c(3,1,1, 1,-2,2, 1,3,2), 3)
b <- matrix(c(19,3,23), 3)
det(A)
[1] -25
Aqr <- qr(A, tol=1e-10, LAPACK=TRUE)
x <- qr.solve(A,b, tol=1e-10)
xsol <- solve(qr(A, LAPACK=TRUE), b)
        # 역행렬이 존재하는 정칙행렬(nonsingular matrix)일 때만 사용
xcoef <- qr.coef(Aqr, b)
        # solve(A, b)와 동일하지만, 모든 행렬을 처리할 수 있음
x ; xsol; xcoef
     [,1]
[1,]    3
[2,]    6
[3,]    4
     [,1]
[1,]    3
[2,]    6
[3,]    4
     [,1]
[1,]    3
[2,]    6
[3,]    4
```

6-3 Cholesky 분해법

Cholesky 분해법은 정사각행렬(또는 정방행렬)이며 동시에 대칭행렬(symmetric matrix)에서만 실행되는 또 다른 형태의 행렬 인수분해이다. 다른 분해법과 마찬가지로 Cholesky 분해법도 상수항 벡터의 원소값이 다른 대규모 선형 방정식 시스템들의 해를 구할 때 계산의 부담을 줄여준다.

기본 아이디어는 LU 분해법과 유사하지만 대칭행렬이기 때문에 상삼각행렬이 하삼각행렬의 전치행렬과 같다는 사실을 적용한 분해법이다. 대칭행렬 A가 LU로 분해되면 $A=LU=A^T=U^TL^T$이 되어, 상삼각행렬 U는 하삼각행렬의 전치행렬 L^T과 같게 된다.

$$\begin{aligned} &U=L^T \\ &A=LU=LL^T=U^TU \end{aligned} \qquad \text{[식 13-27]}$$

계수행렬 A를 2개의 삼각행렬의 곱으로 분해하는 것은 이전과 동일하지만, Cholesky 분해법은 하삼각행렬 L과 하삼각행렬의 전치행렬 L^TU^T의 곱 또는 상삼각행렬 U와 상삼각행렬의 전치행렬 U^T의 곱으로 분해하는 방법이다. R 프로그램에서 Cholesky 분해법을 실행하려면 라이브러리의 기본 패키지에 포함된 chol() 함수를 이용한다. chol() 함수를 실행하면 상삼각행렬만 반환하므로 $A=U^TU$의 곱으로 분해된 형태로 선형 방정식 시스템에 적용하는 것이 바람직하다.

$$\begin{aligned} Ax &= b \\ \left(U^TU\right)x &= b \\ \left(U^{T,-1}U^T\right)Ux &= U^{T,-1}b \\ \left(U^{-1}U\right)x &= U^{-1}U^{T,-1}b \\ x &= U^{-1}U^{T,-1}b \end{aligned} \qquad \text{[식 13-28]}$$

다음 예제는 Cholesky 분해법을 이용하여 선형 방정식 시스템의 해를 구하는 R 명령어와 실행 결과를 보여준다. chol() 함수로 얻어진 상삼각행렬과 그 왼쪽에 상삼각행렬의 전치행렬을 곱하면 대칭행렬 A를 재구성할 수 있다.

예제 13-9

R의 Cholesky 분해법 함수 chol()을 이용하여 다음 선형 방정식 시스템의 해를 구하라.

$$\begin{aligned} 4x_1 - x_2 + x_3 &= 5 \\ -x_1 + 6x_2 - x_3 &= 8 \\ x_1 - x_2 + 5x_3 &= 14 \end{aligned}$$

풀이

```
# Chol_ex13-9.R: Cholesky 분해법을 이용한 선형 방정식 시스템의 해 계산
# A: 계수행렬(대칭행렬)
# b: 상수 벡터
# 사용법: Cup <- chol(A, pivot = TRUE,  LINPACK = FALSE, tol = 1e-10)

A <- matrix(c(4,-1,1, -1,6,-1, 1,-1,5), 3)
b <- matrix(c(5,8,14), 3)
Cup <- chol(A, pivot = TRUE, tol = 1e-10)     # 상삼각행렬 반환, U
Cup
     [,1]     [,2]       [,3]
[1,]    2 -0.500000  0.5000000
[2,]    0  2.397916 -0.3127716
[3,]    0  0.000000  2.1568899
Cupt <- t(Cup)
Cupt
     [,1]       [,2]      [,3]
[1,]  2.0  0.0000000 0.00000
[2,] -0.5  2.3979158 0.00000
[3,]  0.5 -0.3127716 2.15689
A <- Cupt %*% Cup         # t(Cup)*Cup= UᵀU로 재구성해서 A 행렬을 검정
A
     [,1] [,2] [,3]
[1,]    4   -1    1
[2,]   -1    6   -1
[3,]    1   -1    5
```

```
x <- solve(Cup) %*% solve(t(Cup)) %*% b  # x = (U-1UT,-1) * b
x
     [,1]
[1,]    1
[2,]    2
[3,]    3
```

6-4 특이값 분해법

특이값 분해법(single-value decomposition, SVD)은 조건이 불량한 행렬을 포함하는 선형 방정식 시스템의 해를 구할 때 사용하는 분해법이다. 계수행렬 A를 세 행렬의 곱으로 변형시키며, 특이행렬이거나 그렇지 않은 행렬이라도 변형이 가능하다.

$$A = UDV^T \qquad \text{[식 13-29]}$$

U와 V 행렬은 자신의 역행렬과 전치행렬이 동일한 특징을 갖는 직교행렬(orthogonal matrix)이다. 즉 $U^{-1}=U^T$, $V^{-1}=V^T$이며, D 행렬은 대각선 원소 d_i 값들만 0이 아닌 대각행렬(diagonal matrix)이다. 특이값으로 분해되는 A 행렬은 반드시 정사각행렬(정방행렬)이어야 할 필요는 없다. A는 $(m \times n)$, U는 $(m \times n)$, D는 $(n \times n)$, 그리고 V는 $(n \times n)$ 차원을 갖는 행렬들이며, $m=n$이면 정사각행렬에 해당된다.

직교행렬 D의 d_i의 값으로 행렬의 불량 정도를 파악할 수 있다. d_i 값이 모두 0이면 A는 특이행렬이 되며, d_i 값이 크면 A 행렬의 불량 정도가 크다고 간주한다. 특이값들로 분해된 계수행렬을 선형 시스템에 적용하려면 역행렬을 구해야 한다. 대각행렬의 속성을 이용하여 변형된 행렬 방정식의 양변 왼쪽에 순차적으로 (역행렬과 동일한) 전치행렬들을 곱하면 계수행렬 A의 역행렬을 구할 수 있다.

$$\begin{aligned}
U^TA &= \left(U^TU\right)DV^T = DV^T \\
D_I U^TA &= \left(D_ID\right)V^T = V^T \\
\left(VD_IU^T\right)A &= VV^T = I \\
A^{-1} &= VD_IU^T
\end{aligned} \qquad \text{[식 13-30]}$$

D_I는 대각 원소값들이 $1/d_i$인 대각행렬이므로, $D_I D=I$가 된다. 변형된 A의 역행렬을 선형 방정식 시스템 $Ax=b$에 대입하면 다음과 같다.

$$\begin{aligned} &Ax = b \\ &(A^{-1}A)x = x = A^{-1}b = \left(VD_I U^T\right)b \end{aligned} \qquad \text{[식 13-31]}$$

다음 예제는 특이값 분해법을 이용하여 선형 방정식 시스템의 해를 구하는 방법을 보여준다.

예제 13-10

R의 특이값 분해법 함수 svd()를 이용하여 다음 선형 방정식 시스템의 해를 구하라.

$$\begin{aligned} 3x_1 - 2x_2 + 3x_3 &= 1 \\ 4x_1 + 2x_2 - 2x_3 &= 1 \\ x_1 + x_2 + 2x_3 &= 1 \end{aligned}$$

풀이

```
# SVD_ex13-10.R:   특이값(svd) 분해법을 이용하여 선형 방정식 시스템의 해 계산
# A: SVD로 분해되는 (mxn) 차원의 수치형(또는 복소수형) 행렬이 계산되는 계수행렬
# b: 상수항 열 벡터
# 사용법: single<- svd(A, LINPACK = FALSE)

A <- matrix(c(3,4,1,  -2,2,1,  3,-2,2), 3)
b <- matrix(c(1, 1, 1), 3)
single<- svd(A, LINPACK = FALSE)
single
$'d'                                    # 대각행렬 D
[1] 5.189947 4.664933 1.817374

$u                                      # 상삼각행렬(직교행렬)
          [,1]       [,2]       [,3]
[1,] -0.6854962 -0.6413242  0.3446711
[2,] -0.6665703  0.7432416  0.0572355
[3,] -0.2928804 -0.1905128 -0.9369770\
```

```
$v                                       # 상삼각행렬의 전치행렬(직교행렬)
            [,1]        [,2]       [,3]
[1,] -0.96641641  0.1840286  0.1793678
[2,] -0.04913897  0.5527666 -0.8318861
[3,] -0.25223933 -0.8127623 -0.5251597

single$u %*% D %*% t(single$v)      # A = U D V'으로 재구성하여 검정
     [,1] [,2] [,3]
[1,]    3   -2    3
[2,]    4    2   -2
[3,]    1    1    2

# Apply to linear equation system
D <- diag(1/single$d)              # 대각선 원소값들을 역수로 변환한 대각행렬
invA <- single$v %*% D %*% t(single$u)
x <- invA %*% b
x
     [,1]
[1,]  0.25
[2,]  0.25
[3,]  0.25
```

실전 문제

Q1. 다음 선형 방정식 시스템의 해가 존재하는지 여부를 결정하고, 존재한다면 역행렬법을 이용하여 해를 구하라.

$$\begin{aligned} x_1 - x_2 - 2x_3 &= -6 \\ x_1 + x_2 + x_3 &= 2 \\ 2x_1 + 3x_2 + x_3 &= 3 \end{aligned}$$

Q2. Cramer 법칙을 이용하여 수작업으로 다음 선형 방정식 시스템의 해를 구하고, R을 이용하여 구한 해와 비교하라.

$$\begin{aligned} 2x - 2y &= -8 \\ 2x - 3y &= -11 \end{aligned}$$

Q3. optR 패키지의 Gauss 소거법을 이용하여 다음 선형 방정식 시스템의 해를 구하라.

$$\begin{aligned} x_1 - 2x_2 + 4x_3 &= 12 \\ 2x_1 - x_2 + 5x_3 &= 18 \\ -x_1 + 3x_2 - 3x_3 &= -8 \end{aligned}$$

Q4. optR 패키지의 Gauss-Seidel 반복법을 이용하여 다음 선형 방정식 시스템의 해를 구하라.

$$\begin{aligned} 4x - y + z &= 12 \\ -x + 4y - 2z &= -1 \\ x - 2y + 4z &= 5 \end{aligned}$$

Q5. Matrix 패키지의 lu() 함수를 이용하여 LU 분해법으로 다음 선형 방정식 시스템의 해를 구하라.

$$\begin{aligned} 3x_1 + x_2 + x_3 &= 19 \\ x_1 - 2x_2 + 3x_3 &= 3 \\ x_1 + 2x_2 + 2x_3 &= 23 \end{aligned}$$

Q6. optR 패키지의 lu() 함수를 이용하여 LU 분해법으로 다음 선형 방정식 시스템의 해를 구하라.

$$\begin{aligned} 6x_1 - 3x_2 + x_3 &= 11 \\ 2x_1 + x_2 - 8x_3 &= -15 \\ x_1 - 7x_2 + x_3 &= 10 \end{aligned}$$

Q7. cmna 패키지의 lumatrix() 함수를 이용하여 LU 분해법으로 다음 선형 방정식 시스템의 해를 구하라.

$$\begin{aligned} x_1 + 2x_2 - x_3 &= 4 \\ -3x_1 + 2x_2 + x_3 &= 2 \\ 3x_1 + x_2 - 2x_3 &= 3 \end{aligned}$$

Q8. R의 QR 분해법 함수 solve(qr()), qr.solve(), 그리고 qr.coef()를 이용하여 다음 선형 방정식 시스템의 해를 구하라.

$$\begin{aligned} x_1 + x_2 + x_3 &= 2 \\ 2x_1 + 3x_2 + x_3 &= 3 \\ x_1 - x_2 - 2x_3 &= -6 \end{aligned}$$

Q9. R의 Cholesky 분해법 함수 chol()을 이용하여 다음 선형 방정식 시스템의 해를 구하라.

$$\begin{aligned} -x_1 + 3x_2 - 5x_3 &= -3 \\ 2x_1 - 2x_2 + 4x_3 &= 8 \\ x_1 + 3x_2 &= 6 \end{aligned}$$

Q10. R의 특이값 분해법 함수 svd()를 이용하여 다음 선형 방정식 시스템의 해를 구하라.

$$\begin{aligned} 6x_1 - 3x_2 + x_3 &= 11 \\ 2x_1 + x_2 - 8x_3 &= -15 \\ x_1 - 7x_2 + x_3 &= 10 \end{aligned}$$

chapter 14

보간법

함수 $y=f(x)$가 연속 함수로 주어지지 않고, (x_0, y_0), (x_1, y_1), $\cdots$, (x_{n-1}, y_{n-1}), (x_n, y_n)처럼 이산 점들에서만 종속변수 y값이 주어지는 이산 데이터(disctete data)를 자주 접하게 된다. 그러면, '다른 x값에서 y값은 어떻게 구할 수 있을까'라는 의문이 생긴다. $(n+1)$개의 점을 통과하는 함수 $f(x)$와 이에 상응하는 $(n+1)$개의 데이터 값을 대표할 수 있는 수학적 연속 함수 $f(x)$를 얻을 수 있다면 어떠한 x값에서도 y값을 구할 수 있게 된다. 이렇게 측정하지 않았거나, 측정할 수 없는 값을 근사할 수 있는 연속 함수(즉, 보간 다항식)를 찾는 수치적 방법을 다항식 보간법(polynomial interpolation)이라 부른다. 다음은 가장 보편적으로 사용하는 $(n+1)$개의 점을 모두 통과하는 n차 보간 다항식의 일반화된 표현식이다.

$$f(x)= a_0 + a_1 x + a_2 x^2 + \cdots + a_n x^n \qquad \text{[식 14-1]}$$

보간 다항식(interpolation polynomials)은 다양한 형태로 나타낼 수 있으며, 그중에서 Newton 차분 보간 다항식(Newton's divided-difference polynomials)과 Lagrange 보간 다항식이 가장 보편적이고 활용도가 높다. 용량이 큰 데이터에 보간 다항식을 사용하는 것이 부적절한 경우에는 Spline 보간법이 유용하다.

이외에도 이산 데이터가 주어진 x 영역 밖에 x값에 대응하는 y값을 짐작하는 경우, 안짐작이라고 부르지 않고 바깥짐작, 또는 외삽(extrapolation)이라고 부른다. 그리고 주어진 종속변수 y값에 대응하는 독립변수 x값을 어림하는 역보간법(inverse interpolation)이 있다. 이 장에서는 Newton 차분 보간법, Langrange 보간법, 그리고 Spline 보간법 등을 다룰 것이다.

1 Newton 차분 보간법

1-1 선형 보간법

[그림 14-1]에서 보듯이, 가장 간단한 형태의 선형 보간법(linear interpolation)은 인접한 두 점 $(x_i, f(x_i))$와 $(x_{i+1}, f(x_{i+1}))$ 사이의 관계가 선형이라고 가정하고, 직선으로 연결한 일차식으로 x 데이터를 보간하는 원리이다. x 데이터는 오름차순으로 정렬되어 $x_i < x_{i+1}$이며, 보간하려는 x점은 x_i와 x_{i+1} 사이에 위치하는 $x_i < x < x_{i+1}$인 점으로 간주한다. 두 점 $(x_i, f(x_i))$와 $(x_{i+1}, f(x_{i+1}))$을 통과하는 선형 보간식은 닮은꼴 삼각형으로부터 성립된 관계식에서 얻을 수 있다.

$$\frac{f(x_{i+1}) - f(x_i)}{x_{i+1} - x_i} = \frac{p_1(x) - f(x_i)}{x - x_i} \qquad \text{[식 14-2]}$$

여기서 $p_1(x)$는 x점에서 $f(x)$ 함수의 1차 보간값이다. [식 14-2]를 $p_1(x)$ 항에 대해 이항하고 정리하면 다음과 같다.

$$p_1(x) = f(x_i) + \frac{f(_{i+1}) - f(x_i)}{x_{i+1} - x_i} \qquad \text{[식 14-3]}$$

이 식을 이용하면 임의의 x값에서 함수의 1차 보간값 $p_1(x)$를 구할 수 있다. 선형(또는 1차) 보간법은 최소제곱법의 선형회귀, 1차 수치 미분법, 수치 적분의 사다리꼴 법칙, 미분방정식의 Euler 법 등 다양한 수치해석의 근거로 사용된다. 그렇지만 [그림 14-1]에서 볼 수 있듯이 오차가 크다는 단점이 있으므로 닫힌 구간의 크기가 아주 작거나 정밀한 근삿값을 요구하지 않는 문제에 주로 사용된다.

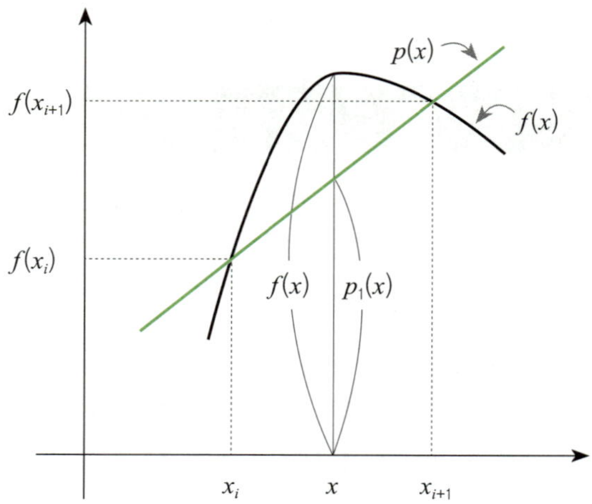

[그림 14-1] 선형 보간법

예제 14-1

e^x 함수는 $e^1=2.718282$, $e^2=7.389056$의 값을 갖는다. 선형 보간법을 이용하여 $x=1.5$에서 e^x값을 근사하라.

풀이

```
# linpol_ex14-1.R: 선형 보간법
# x, y: 독립변수와 종속변수 데이터 세트
# newx: 새로운 x 값

x <- c(1, 2) ; y <- c(2.718, 7.389)     # y = e^x 함숫값
dx <- x[2] - x[1]
dy <- y[2] - y[1]
newx <- 1.5
x[1]+(newx-x[1])*(dy/dx)
[1] 3.336
```

예제 14-2

cmna 패키지에 포함된 linterp() 함수를 이용하여 [예제 14-1]을 반복하라.

풀이

```
# cmna_linterp_ex14-2.R: cmna 패키지를 이용한 선형 보간법
# x1, x2: x 데이터
# y1, y2: y 데이터
# newx: 새로운 x 값
# b: 절편
# m: 기울기
# 사용법: linterp(x1, x2, y1, y2)

install.packages("cmna")          # cmna 패키지 설치
library(cmna)                     # cmna 패키지 로딩

# 데이터
x1 <- 1 ; x2 <- 2 ; y1 <- 2.718282 ; y2 <- 7.389056

options(digits=4)
f2x <- linterp(x1, y1, x2, y2)
f2x                               # 절편과 기울기순으로 반환
newx <- 1.5
f2x[1] + f2x[2]*newx
[1] 5.504
```

또 다른 방법으로 R의 stats 패키지에 포함된 approx() 함수 또는 approxfun() 함수를 이용하여 선형 보간을 수행할 수 있다. 이산 데이터에 대하여 approx() 함수를 이용하며, 연속 함수로 나타낸 데이터에 대하여 approxfun() 함수를 사용한다.

```
# approx.R: approx() 함수를 이용한 선형 보간법
# x, y: 독립변수와 종속변수 데이터
# xout: 보간하려는 x 값
# method: linear, or constant
# 사용법: approx(x, y, xout, method="linear")

# 이산 데이터(1)
x <- c(1, 2)
y <- c(2.718, 7.389)
approx(x, y, xout=1.4, method="linear")
$'x'
[1] 1.4
$y
[1] 4.5864

# 함수(2)
x <- c(1, 2)
function(x) exp(x)              # y=exp(x) 함수
approx(x, y, xout=1.4, method="linear")
$'x'
[1] 1.4
$y
[1] 4.5864
```

이중 선형 보간법(bilinear interpolation)은 2차원 평면을 이루는 네 꼭짓점 사이 임의의 위치에서의 보간값을 구하는 방법이다. [그림 14-2]는 이중 선형 보간법이 구현되는 단계별 과정을 보여준다. 선형 보간법을 사용하여 A1과 A2 두 점 사이에 있는 A의 값을 알아내고, B1과 B2 두 점 사이에 있는 B의 값을 알아낸다. 그런 다음 A와 B 두 점 사이에 있는 P의 값을 선형 보간법을 사용하여 알아내는 방법이 이중 선형 보간법이다.

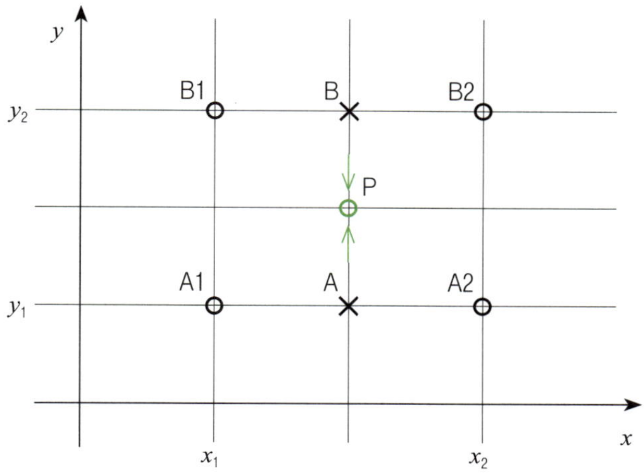

[그림 14-2] 이중 선형 보간법

cmna 패키지의 bilinear() 함수를 이용하여 이중 선형 보간법으로 데이터를 근사할 수 있다. 다음은 네 점으로 이루어진 $x-y$ 평면 위 z 공간에 4개의 꼭짓점이 주어졌을 때 새로운 x, y값에 상응하는 z값을 이중 선형 보간법으로 구하는 예를 보여준다.

```
# cmna_bilinear.R: 이중 선형 보간법
# x1, x2: x 데이터
# y1, y2: y 데이터
# z:  평면 공간에 상응하는 다른 공간
# newx: 보간하려는 x 값
# newy: 보간된 y 값
# 사용법: bilinear(x, y, z, newx, newy)

install.packages("cmna")            # cmna 패키지 설치
library(cmna)                       # cmna 패키지 로딩

x <- c(3, 6)
y <- c(2, 8)
z <- matrix(c(50, 55, 60, 65), nrow = 2)

# 새로운 x,y 값에서 z값 보간
newx <- c(3, 4, 5);
newy <- c(4.5, 5, 5.5)
bilinear(x, y, z, newx, newy)
[1] 52.08 55.83 59.58
```

1-2 2차 보간법

두 점을 사용하는 선형 보간법보다 더욱 정확하게 데이터를 보간하려면 더 많은 데이터를 사용해야 한다. 즉, 직선 방정식(1차 보간식)이 아닌, 주어진 모든 데이터를 통과하는 고차 보간 다항식(interpolation polynomials)을 사용해야 한다. 세 점을 통과하는 곡선은 2차 다항식을 이용하여 보간하며, 네 점을 통과하는 곡선은 3차 다항식을 이용하여 보간한다. 그리고 $n+1$개의 점을 통과하는 곡선은 n차 다항식을 이용하여 보간한다. 일반적인 n차 다항식을 이용하는 다항식 보간법은 다음 절에서 자세히 다룰 것이다. 여기서는 세 점을 통과하는 2차 다항식을 이용하여 함숫값을 근사하는 2차 보간법(quadratic interpolation)을 공부할 것이다.

[그림 14-3]에서 보듯이, 오름차순으로 인접한 세 점 $(x_i, f(x_i))$, $(x_{i+1}, f(x_{i+1}))$, 그리고 $(x_{i+2}, f(x_{i+2}))$ 모두를 통과하는 곡선은 2차 다항식을 이용하여 함숫값을 보간할 수 있다. 일반적인 n차 다항식(식 14-1)을 2차 항까지 축약하고 보간 과정에 필요한 형태로 나타내면 다음과 같다.

$$p_2(x) = b_0 + b_1(x - x_0) + b_2(x - x_0)(x - x_1) \quad \text{[식 14-4]}$$

[식 14-4]는 2차 보간 다항식이며, $p_2(x)$는 x점에서 $f(x)$ 함수의 2차 보간값이다. [식 14-4]를 다시 다항식의 형태로 정리하면 다음과 같다.

$$p_2(x) = a_0 + a_1 x + a_2 x^2$$

여기서,

$$\begin{aligned} a_0 &= b_0 - b_1 x_0 + b_2 x_0 x_1 \\ a_1 &= b_1 - b_2 x_0 - b_2 x_1 \\ a_2 &= b_2 \end{aligned}$$

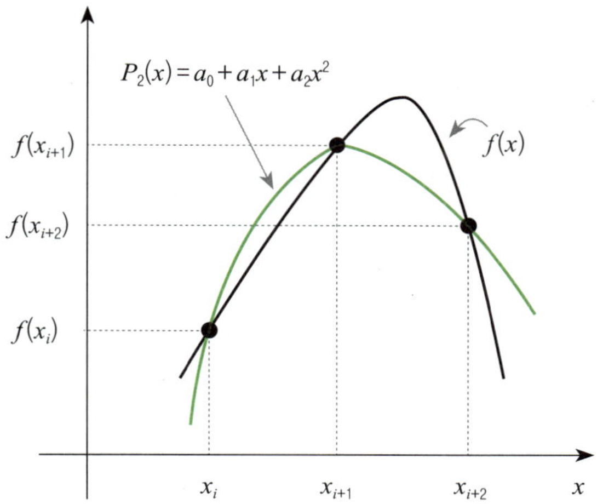

[그림 14-3] 2차 보간법

이제 보간법 실행에 필요한 [식 14-4]의 계수 값들을 결정해야 한다. 우선, [식 14-4]에서 $x=x_0$으로 놓으면 b_0 값이 구해진다.

$$b_0 = p_2(x_0) \quad \text{[식 14-5]}$$

[식 14-5]를 [식 14-4]에 대입하고 $x=x_1$로 놓고 정리하면 b_1 값이 결정된다.

$$b_1 = \frac{f(x_1) - f(x_0)}{x_1 - x_0} \quad \text{[식 14-6]}$$

b_1 값은 점 x_0와 x_1을 연결하는 직선의 기울기이며, [식 14-4]의 처음 두 항은 1차 보간 값 $p_1(x)$를 구할 수 있는 두 점에 대한 선형 보간식(식 14-3)과 같아진다. 마지막으로, 이전에 결정된 b_0와 b_1 값을 [식 14-4]에 대입하고 $x=x_2$로 놓고 정리하면 b_2 값이 결정된다.

$$b_2 = \frac{\dfrac{f(x_2) - f(x_1)}{x_2 - x_1} - \dfrac{f(x_1) - f(x_0)}{x_1 - x_0}}{x_2 - x_0} \quad \text{[식 14-7]}$$

b_2 값은 2차 항의 기울기이며, 세 점 x_0, x_1, x_2를 연결하는 곡선의 곡률을 나타낸다. 이제 [식 14-5], [식 14-6], 그리고 [식 14-7]로부터 결정된 계수 b_0, b_1, b_2 값들을 [식 14-4]에 대입하면 임의의 x값에서 2차 다항식으로 계산된 $p_2(x)$ 보간값을 얻을 수 있다.

이런 절차를 순서대로 반복하면 3차, 4차, 또는 그 이상의 고차 보간 다항식을 구할 수 있다. 하지만 이전에 언급한 것처럼 용량이 큰 데이터 보간에 다항식을 이용하는 것은 적절하지 않기 때문에 차분 근사법 또는 Spline 보간법 등의 다른 근사법을 모색해야 한다. 다음은 주어진 세 점에 대하여 2차 보간 다항식을 사용하여 임의의 x점에서 보간값을 계산하는 예제이다.

예제 14-3

e^x 함수는 $e^1=2.718$, $e^2=7.389$, $e^3=20.086$의 값을 갖는다. 2차 보간법을 이용하여 $x=1.5$에서 e^x 값을 근사하라.

풀이

```
# quadpol_ex14-3.R: 2차 보간법
# x, y: 독립변수와 종속변수 데이터
# x.new: 임의의 x 값
# p2x: 2차 보간값

x <- 1:3 ;
y <- c(2.718, 7.389, 20.086)
b0 <- fx[1]
b1 <- (y[2]-y[1])/(x[2]-x[1])
dx1 <- x[3]-x[2] ; dx2 <- x[2]-x[1]
dy1 <- y[3]-y[2] ; dy2 <- y[2]-y[1]

newx <- 1.5                          # 새로운 x 값에서 보간
num <- (dy1/dx1)-(dy2/dx2)
dem <- x[3]-x[1]
b2 <- num/dem
p2x <- b0 + b1*(x.new-x[1]) + b2*(x.new-x[1])*(x.new-x[2])   # 2차 보간식
[1] 4.05025
```

1-3 다항식 보간법

$(n+1)$개의 데이터 점을 통과하는 다항식을 유일한 n차 다항식에 접합(fitting)시킬 수 있다. [식 14-3]에서처럼 n차 다항식의 일반 표현식(식 14-1)을 n차 보간 다항식으로 표현하면 다음과 같다.

$$p_n(x)=b_0+b_1(x-x_0)+\cdots+b_n(x-x_0)(x-x_1)\cdots(x-x_{n-1})$$

[식 14-8]

1차 및 2차 보간법처럼 $(n+1)$개의 주어진 데이터 $(x_0, f(x_0)), (x_1, f(x_1)), \cdots, (x_n, f(x_n))$을 이용하여 결정된 n차 보간 다항식의 계수 $b_0, b_1, \cdots, b_n$ 값들을 [식 14-8]에 대입하면 다음과 같이 방정식 시스템을 얻을 수 있다.

$$\begin{aligned}
&p(x_0)=b_0=f(x_0)\\
&p(x_1)=b_0+b_1(x_1-x_0)=f(x_1)\\
&p(x_2)=b_0+b_1(x_2-x_0)+b_2(x_2-x_0)(x_2-x_1)=f(x_2)\\
&\qquad\vdots\\
&p(x_n)=b_0+b_1(x_n-x_0)+b_2(x_n-x_0)(x_n-x_1)\cdots\\
&\qquad+\cdots b_n(x_n-x_0)(\cdots)(x_n-x_{n-1})=f(x_n)
\end{aligned}$$

[식 14-9]

[식 14-8]의 첫번째 식에서 결정된 b_0 값을 두 번째 식에 대입해서 b_1 값을 얻는다. 그리고 결정된 b_0와 b_1 값을 세 번째 식에 대입해서 b_2를 결정한다. 이렇게 이전에 결정된 낮은 차수 보간 다항식의 계수를 이용해서 순차적으로 고차 다항식의 계수를 결정하는 순환 과정(recursive process)을 되풀이해서 전진 대입(forward substitution)을 계속하면 모든 계수 값 $b_1, b_2, b_3, \cdots, b_n$을 결정할 수 있으며, 이 값들을 이용하면 다항식 함수의 보간값을 구할 수 있다. 그러나 이런 방법에서 유도되는 전개식은 매우 복잡하고 계산이 어렵기 때문에 유한 차분의 형태로 근사해서 보간 다항식을 계산하는 것이 보편적이다.

다음 예제는 네 점의 데이터가 주어질 때 cmna 패키지에 포함된 polyinterp() 함수를 이용하여 3차 보간 다항식을 구하고, 임의의 x값에서 함숫값을 보간한 예를 보여준다. polyinterp() 함수를 실행하면 $a_0, a_1, a_2, \cdots$ 순으로 보간 다항식의 계수 값들을 반환할 것이며, 이 값들을 이용하면 임의의 x점에서 보간값을 구할 수 있다.

예제 14-4

e^x 함수는 $e^1=2.718$, $e^2=7.389$, $e^3=20.086$, $e^4=54.598$의 값을 갖는다. cmna 패키지의 polyinterp() 함수를 이용한 3차 다항식 보간법을 이용하여 $x=2.5$에서 e^x값을 근사하라.

풀이

```
# cmna_poyinterp_ex14-4.R: 3차 다항식 보간법(cubic polynomial interpolation)
# x, y: 독립변수, 종속변수 데이터
# newx: 보간하려는 x 값
# p3x: 3차 다항식 보간값
# 사용법: f <- polyinterp(x, y).
# a0, a1, a2, a3순으로 다항식의 계수 값 반환

install.packages("cmna")          # cmna 패키지 설치
library(cmna)                     # cmna 패키지 로딩

x <- 1:4
y <- c(2.718, 7.389, 20.086, 54.598)
f <- polyinterp(x, y)
f
[1] -7.71600 17.91183 -9.77600  2.29817

newx <- 2.5                       # 새로운 x 값에서 보간
p3x <- f[1] + f[2]*newx + f[3]*newx^2+f[4]*newx^3
p3x
[1] 11.8724
```

또 다른 보간 다항식을 이용하는 방법은 polynom 패키지에 포함된 poly.calc() 함수를 이용해서 얻은 다항 보간식을 이용하여 함숫값을 근사하는 것이다. poly.calc() 함수를 실행시키면 $a_0, a_1, a_2, \cdots$ 순으로 보간 다항식의 계수 값들을 반환할 것이며, 이 값들을 이용하면 새로운 점에서 보간값을 구할 수 있다.

예제 14-5

e^x 함수는 $e^{1.0}=2.718$, $e^{1.2}=3.32012$, $e^{1.4}=4.05520$, $e^{1.6}=4.95303$, $e^{1.8}=6.04965$의 값을 갖는다. polynom 패키지의 poly.calc() 함수를 이용한 4차 다항식 보간법을 이용하여 $x=1.5$에서 e^x값을 근사하라.

풀이

```
# polynom_poly.calc_ex14-5.R: 4차 다항식 보간법(cubic polynomial interpolation)
# x, y: 데이터
# newx: 보간하려는 x 값
# f: 4차 보간 다항식
# 사용법: f <- poly.calc(x, y).   a0, a1, a2, a3, a4순으로 다항식의 계수 값 반환

install.packages("polynom")        # polynom 패키지 설치
library(polynom)                   # polynom 패키지 로딩

x <- c(1.0, 1.2, 1.4, 1.6, 1.8)
y <- c(2.71828, 3.32012, 4.05520, 4.95303, 6.04965)    # f=exp(x)
f <- poly.calc(x, y)
f
1.13193 + 0.526204*x + 1.15957*x^2 - 0.269479*x^3 +  0.170052*x^4

# 새로운 x 값에서 보간
newx <- 1.5
f[1] + f[2]*newx + f[3]*newx^2 + f[4]*newx^3 + f[5]*newx^4
[1] 4.48167
```

1-4 Newton 분할 차분법

간격이 일정하지 않은 $x_0, x_1, \cdots, x_n$에서 $n+1$개의 데이터 $(x_0, f(x_0)), (x_1, f(x_1)), \cdots, (x_n, f(x_n))$을 분할 차분 형태로 근사하는 방법을 분할 차분 보간법(divided-difference interpolation)이라고 한다. 일반적으로 x_i에서 유한 차분은 다음과 같이 정의된다.

$$f[x_i] = f(x_i) \qquad \text{[식 14-10]}$$

대괄호 [ ]로 표현된 함수는 유한 차분을 의미한다. 그리고 1차 유한 차분은 일반적으로 다음과 같이 표현된다.

$$f[x_i, x_j] = \frac{f[x_j] - f[x_i]}{x_j - x_i} = \frac{f(x_j) - f(x_i)}{x_j - x_i} \qquad \text{[식 14-11]}$$

2차 유한 차분은 2개의 1차 유한 차분이 필요하며 다음과 같이 표현된다.

$$f[x_i, x_j, x_k] = \frac{f[x_j, x_i] - f[x_k, x_j]}{x_k - x_i} = \frac{\dfrac{f(x_j) - f(x_i)}{x_j - x_i} - \dfrac{f(x_k) - f(x_j)}{x_k - x_j}}{x_k - x_i}$$

[식 14-12]

같은 방법으로 n차 유한 차분은 다음과 같이 정의된다.

$$f[x_0, x_1, \cdots, x_{n-1}, x_n] = \frac{f[x_1, \cdots, x_{n-1}, x_n] - f[x_0, x_1, \cdots, x_{n-1}]}{x_n - x_0}$$

[식 14-13]

[식 14-10]부터 [식 14-13]까지의 유한 차분 표현식을 이용하면 n차 보간 다항식(식 14-8)의 계수들을 결정할 수 있다.

$$b_0 = f[x_0] \qquad \text{[식 14-14]}$$

$$b_1 = f[x_0, x_1] = \frac{f(x_1) - f(x_0)}{x_1 - x_0} \qquad \text{[식 14-15]}$$

$$\begin{aligned} b_2 = f[x_0, x_1, x_2] &= \frac{f[x_1, x_2] - f[x_0, x_1]}{x_2 - x_0} \\ &= \left[\frac{f(x_2) - f(x_1)}{x_2 - x_1} - \frac{f(x_1) - f(x_0)}{x_1 - x_0} \right] / (x_2 - x_0) \end{aligned} \qquad \text{[식 14-16]}$$

이제 결정된 계수 값들을 다항식 근사식에 대입하면 다음과 같은 유한 차분 형태의 Newton 보간 다항식을 얻을 수 있다.

$$p_n(x) = f[x_0] + (x - x_0)f[x_0, x_1] + (x - x_0)(x - x_1)f[x_0, x_1, x_2] + \cdots + (x - x_0)(x - x_1)\cdots(x - x_{n-1})f[x_0, x_1, \cdots, x_n]$$

[식 14-17]

이 식을 Newton 차분 보간 다항식이라 부른다. $x_0, x_1, \cdots, x_n$ 데이터는 오름차순이 아니어도 상관없고, 간격이 일정할 필요도 없다. [표 14-1]은 분할 차분표를 나타내며, 낮은 차수의 차분 값은 순차적으로 높은 차수의 차분 값을 단계별로 계산할 때 사용된다.

[표 14-1] 분할 차분표

i	x_i	초기 단계, $f[x_i]$	첫 번째 단계	두 번째 단계	세 번째 단계	
0	0	$f[x_0]$	$f[x_0, x_1]$	$f[x_0, x_1, x_2]$	$f[x_0, x_1, x_2, x_3]$	⋮
1	1	$f[x_1]$	$f[x_1, x_2]$	$f[x_1, x_2, x_3]$	⋮	
2	2	$f[x_2]$	$f[x_2, x_3]$	⋮		
3	3	$f[x_3]$	⋮			
⋮	⋮	⋮				

예제 14-6

e^x 함수는 $e^1 = 2.718$, $e^{1.2} = 3.320$, $e^{1.5} = 4.482$, $e^2 = 7.389$의 값을 갖는다. 이 데이터로부터 얻은 Newton 3차 분할 차분 근사식을 이용하여 $x = 1.4$에서 e^x 값을 근사하라.

풀이

```
# div_diff_ex14-6.R: Newton 분할 차분 근사법
# x, y: 데이터
# newx: 보간하려는 x 값
```

```
x <- c(1, 1.2, 1.5, 2)
y <- c(2.718, 3.320, 4.482, 7.389)
n <- length(x)
b <- matrix(rep(0, n*n), n)
b[,1] <- y
newx <- 1.4

# 분할 차분표
for (i in 2:n) {
 for (j in 1:(n-i+1)) {
   b[j,i] <- (b[j+1, i-1]-b[j, i-1])/(x[i+j-1]-x[j])
}
}

  prod <- 1
  p3x <- b[1,1]
  for (j in 1:(n-1)) {
   prod <- prod*(newx - x[j])
   p3x <- p3x + prod*b[1, j+1]
  }
p3x
[1] 4.05454
```

cmna 패키지의 findiff()와 rdiff() 함수를 이용해서 Newton 유한 분할 차분 보간법(Newton finite divided difference interpolation)을 실행할 수 있으며, x에 대한 y 데이터는 함수로 주어져야 한다. 다음은 함수 e^x에 대한 Newton 유한 분할 차분법을 실행하여 $x = 1.4$에서 $e^{1.4}$를 근사한 결과를 보여준다.

```
# div_diff_newton.R: Newton 유한 분할 차분 보간법
# f: 차분하려는 함수
# x: 차분하려는 x 값
# h: 간격 크기
# n: rdiff() 함수의 최대 수렴 횟수
# 사용법: rdiff(f, x, n, h)
```

```
install.packages("cmna")                    # cmna 패키지 설치
library(cmna)                               # cmna 패키지 로딩

findiff(f=exp, x=1.4, n=10, h=1e-4)         # Newton 유한 차분 보간법
[1] 4.055403
rdiff(f=exp, x=1.4, n=10, h=1e-04)          # 차분법을 이용한 x=1.4에서 보간
[1] 4.0552
```

참고로, x=1.4에서 e^x 참값은 4.055199967이다.

1-5 Newton 전향 차분법

주어진 데이터의 간격이 일정한 경우, Newton의 전향, 후향, 그리고 중심 차분법을 이용하여 보간할 수 있다. 17장 1절에서 도함수를 근사할 때 유한 차분 근사법에 대해 자세히 다룰 것이므로 여기서는 전향 차분 근사법(forward divided-difference interpolation)만 살펴보자. 예를 들어, $n+1$개의 점 $x_0, x_1, \cdots, x_n$의 간격 h가 일정한 경우, 다음 관계가 성립한다.

$$x_{i+1} - x_i = h \qquad (i = 0, 1, 2, \cdots, n-1) \qquad \text{[식 14-18]}$$

여기서 h는 상수이며, [식 14-9] Newton의 n차 보간 다항식에 적용하면 다음과 같이 쓸 수 있다.

$$\begin{aligned}
p(x_0) &= f(x_0) = b_0 \\
p(x_1) &\equiv f(x_1) = b_0 + b_1(x_1 - x_0) = b_0 + b_1 h \\
p(x_2) &\equiv f(x_2) = b_0 + b_1(x_2 - x_0) + b_2(x_2 - x_0)(x_2 - x_1) = b_0 + b_1(2h) + b_2(2h)(h) \\
&\vdots \\
p(x_n) &= f(x_n) = b_0 + b_1(x_n - x_0) + b_2(x_n - x_0)(x_n - x_1)\cdots \\
&\quad + \cdots b_n(x_n - x_0)(\cdots)(x_n - x_{n-1}) = b_0 + b_1(nh) + b_2(n)(n-1)(h^2) + \cdots + b_n(n!)h^n
\end{aligned}$$

[식 14-19]

[식 14-19]를 계수 $b_0, b_1, \cdots, b_n$에 관하여 표현하면 다음과 같다.

$$
\begin{aligned}
b_0 &= f(x_0) = \triangle^0 f(x_0) \\
b_1 &= \frac{f(x_1) - f(x_0)}{h} = \frac{f(x_1) - b_0}{h} = \frac{\triangle f(x_0)}{h} \\
b_2 &= \frac{1}{2h^2}(f(x_2) - f(x_0) - 2ha_1) = \frac{1}{2h^2}(f(x_2) - 2f(x_1) + f(x_0)) = \frac{1}{2h^2}\triangle^2 f(x_0) \\
&\vdots \\
b_n &= \frac{1}{n!\,h^2}\triangle^n f(x_0)
\end{aligned}
\qquad \text{[식 14-20]}
$$

여기서 $\triangle^0 f(x_0), \triangle f(x_0), \triangle^2 f(x_0), \cdots \triangle^i f(x_0)\cdots$은 각각 0, 1, 2, i차 전향 차분을 의미하며 다음과 같이 표현된다.

$$
\begin{aligned}
\triangle^0 f(x_0) &= f(x_0) \\
\triangle^1 f(x_0) &= f(x_1) - f(x_0) \\
\triangle^2 f(x_0) &= \triangle(\triangle f(x_0)) = \triangle f(x_1) - \triangle f(x_0) \\
\triangle^3 f(x_0) &= \triangle(\triangle f(x_1) - \triangle f(x_0)) = \triangle^2 f(x_1) - \triangle^2 f(x_0) \\
&\vdots \\
\triangle^k f(x_0) &= \triangle\left(\triangle^{k-2} f(x_1) - \triangle^{k-2} f(x_0)\right) = \triangle^{k-1} f(x_1) - \triangle^{k-1} f(x_0)
\end{aligned}
$$

[식 14-21]

[식 14-20]을 n차 보간 다항식(식 14-8)에 대입하면 Newton의 n차 전향 차분 근사식이 얻어진다.

$$
\begin{aligned}
p_n(x) = f(x_0) &+ \frac{\triangle f(x_0)}{h}(x - x_0) + \frac{\triangle^2 f(x_0)}{2!\,h^2}(x - x_0)(x - x_1) \\
&+ \cdots + \frac{\triangle^n f(x_0)}{n!\,h^n}(x - x_0)(x - x_1)(\cdots)(x - x_{n-1})
\end{aligned}
\qquad \text{[식 14-22]}
$$

다음 전향 차분 계산 과정을 단계별로 보여주는 [표 14-2]는 대각선의 값들로 [식 14-22]의 계수 값들을 제공한다. 예를 들어, 네 점의 데이터에 대하여 Newton 3차 전향 차분법을 적용해서 세 번째 단계까지 된 $\Delta^0 f(x_0)$, $\Delta f(x_0)$, $\Delta^2 f(x_0)$, $\Delta^3 f(x_0)$ 값들을 [식 14-22]에 대입하면 $p_3(x)$ 보간 다항식을 얻을 수 있다.

[표 14-2] 3차 분할 차분표

i	x_i	초기 단계, $f[x_i]$	첫번째 단계	두 번째 단계	세 번째 단계	⋯
0	x_0	$f(x_0)$				
			$\Delta f(x_0)$			
1	x_1	$f(x_1)$		$\Delta^2 f(x_0)$		
			$\Delta f(x_1)$		$\Delta^3 f(x_0)$	⋯
2	x_2	$f(x_2)$		$\Delta^2 f(x_1)$	⋮	
			$\Delta f(x_2)$	⋮		
3	x_3	$f(x_3)$	⋮			
⋮	⋮	⋮				

예제 14-7

e^x 함수는 $e^1=2.718$, $e^{1.2}=3.320$, $e^{1.5}=4.482$, $e^2=7.389$의 값을 갖는다. 이 데이터에 대하여 Newton 전향 차분 근사식과 cmna 패키지의 symdiff() 함수로부터 얻은 Newton 중앙 차분 근사식을 이용하여 $x=1.4$에서 e^x값을 근사하라.

풀이

```
# div_diff_ex14-7.R: Newton 전향 차분법
# x, y: 데이터
# newx: 보간하려는 x 값
# p3x: 보간값

x <- c(1, 1.2, 1.5, 2)
y <- c(2.718, 3.320, 4.482, 7.389)
n <- length(x)
b <- matrix(rep(0, n*n), n)
b[ ,1] <- y
newx <- 1.4
```

```
# 전향 차분표
for (i in 2:n) {
 for (j in 1 : (n-i+1)) {
 b[j,i] <- b[j+1, i-1] - b[j, i-1]
}
}
  prod <- 1
  p3x <- b[1,1]
  for (j in 1 : (n-1)) {
   prod <- (prod/factorial(j)) * (newx - x[j])
   p3x <- p3x + prod*b[1, j+1]
  }

p3x
[1] 4.05454
```

다음은 cmna 패키지의 symdiff() 함수를 이용해서 함수 ex에 대한 Newton 중심 차분 보간법을 실행하여 x = 1.4에서 ex를 근사한 결과를 보여준다.

```
# Newton 중앙 차분 보간법(Newton centered difference interpolation)
# f: 차분하려는 함수
# x: 차분하려는 x 값
# h: 간격 크기
# 사용법: symdiff(f, x, h = 1e-04)

install.packages("cmna")          # cmna 패키지 설치
library(cmna)                     # cmna 패키지 로딩

symdiff(f=exp, x=1.4, h = 1e-5)
[1] 4.0552
```

2 Lagrange 보간법

주어진 데이터량이 많아지면 보간 다항식의 차수가 높아지면서 유한 차분의 계산 횟수도 늘어나는 어려움이 있다. 이런 불편함을 해소하기 위하여 유한 차분 값을 계산하지 않도록 접근해서 Newton 보간 다항식을 간단하게 일반화시킨 것이 Lagrange 보간 다항식이다. $n+1$개의 데이터 $(x_0, f(x_0))$, $(x_1, f(x_1))$, $\cdots$, $(x_n, f(x_n))$에 대한 Lagrange 보간 다항식은 다음과 같이 정의된다.

$$p_n(x) = b_0L_0(x) + b_1L_1(x) + \cdots + b_nL_n(x) = \sum_{i=0}^{n} b_i L_i(x) \qquad \text{[식 14-23]}$$

위 식에서 $L_i(x)$는 Lagrange 계수 다항식이라고 부르며, 다음과 같이 정의된다.

$$\begin{aligned} L_i(x) &= \frac{(x-x_0)(x-x_1)\cdots(x-x_{i-1})(x-x_{i+1})\cdots(x-x_n)}{(x_i-x_0)(x_i-x_1)\cdots(x_i-x_{i-1})(x_i-x_{i+1})\cdots(x_i-x_n)} \\ &= \prod_{j=0,\, j\neq i}^{n} \frac{x-x_j}{x_i-x_j} \end{aligned} \qquad \text{[식 14-24]}$$

여기서 Π 기호는 곱(product)을 의미한다. [식 14-24]는 Newton 다항식으로부터 직접 유도될 수 있으며, 다음과 같은 간단한 관계식으로 요약할 수 있다.

$$L_i(x_j) = \begin{cases} 1 \ \text{if } i = j \\ 0 \ else \ \ i \neq j \end{cases} \qquad \text{[식 14-25]}$$

예를 들어, 1차 선형 보간($n=1$)의 경우, [식 14-23]은 다음과 같이 표현된다.

$$\begin{aligned} p_1(x) &= L_0(x)f(x_0) + L_1(x)f(x_1) \\ &= \frac{x-x_1}{x_0-x_1}f(x_0) + \frac{x-x_0}{x_1-x_0}f(x_1) \end{aligned} \qquad \text{[식 14-26]}$$

2차 보간의 경우, [식 14-23]은 다음과 같이 표현된다.

$$p_2(x) = L_0(x)f(x_0) + L_1(x)f(x_1) + L_2(x)f(x_2)$$
$$= \frac{(x-x_1)(x-x_2)}{(x_0-x_1)(x_0-x_2)}f(x_0) + \frac{(x-x_0)(x-x_2)}{(x_1-x_0)(x_1-x_2)}f(x_1) + \frac{(x-x_0)(x-x_1)}{(x_2-x_0)(x_2-x_1)}f(x_2)$$

[식 14-27]

이 같은 보간을 되풀이하면 [식 14-23]에서 계산되는 모든 항들의 합으로부터 $n+1$개의 모든 데이터 점을 통과하는 유일한 n차 Lagrange 보간 다항식을 구할 수 있다.

예제 14-8

e^x 함수는 $e^{0.5}=1.648721$, $e^{1.2}=3.320117$, $e^{1.5}=4.481689$의 값을 갖는다. 이 데이터로부터 구한 1차와 2차 Lagrange 보간 다항식을 이용하여 $e^{1.0}$ 값을 근사하고 실제값과 비교하라.

풀이

$x=1.0$을 1차 Larange 보간 다항식 [식 14-26]에 대입해서 계산하면 다음 결과를 얻을 수 있다.

$$f_1(1) = \frac{1-1.2}{0.5-1.2}(1.648721) + \frac{1-0.5}{1.2-0.5}(3.320117) = 2.842572$$

$x=1.0$을 2차 Lagrange 보간 다항식 [식 14-27]에 대입해서 계산하면 다음 결과를 얻을 수 있다.

$$f_2(0.5) = \frac{(1-1.2)(1-1.5)}{(0.5-1.2)(0.5-1.5)}(1.648721) + \frac{(1-0.5)(1-1.5)}{(1.2-0.5)(1.2-1.5)}(3.320117) + \frac{(1-0.5)(1-1.2)}{(1.5-0.5)(1.5-1.2)}(4.481689) = 2.694155$$

$e^{1.0}$의 실제값 2.718282과 1차 Lagrange 보간법으로부터 계산된 값 사이의 백분율 상대오차를 구하면 다음과 같다.

$$\% \text{ 상대오차} = \left|\frac{2.718282-2.842572}{2.718282}\right| * 100 = 4.57\%$$

실제값과 2차 Lagrange 보간법으로부터 계산된 값 사이의 백분율 상대오차를 구하면 다음과 같다.

$$\% \text{ 상대오차} = \left|\frac{2.718282-2.694155}{2.718282}\right| * 100 = 0.89\%$$

예제 14-9

$\ln(x)$ 함수는 $\ln(1)=0.0000000$, $\ln(2)=0.6931472$, $\ln(3)=1.0986123$, $\ln(4)=1.3862944$의 값을 갖는다. 사용자 정의 함수를 이용하여 네 점에 대한 Lagrange 3차 보간 다항식으로 $e^{1.5}$ 값을 근사하고 실제값과 비교하라.

풀이

R에서 사용자가 직접 함수를 정의해서 Lagrange 보간법을 구현하려면 다음과 같은 스크립트를 작성해야 한다. 다음은 사용자 정의 함수를 이용하여 네 점에 대한 Lagrange 3차 보간법을 구현한 결과를 보여준다.

```
# lagrange_poly_ex14.9.R: 사용자 정의 함수를 이용한 Lagrange 다항식 보간법
# x, y: 데이터
# newx: 보간하려는 x 값
# 사용법: Lx(newx)

x <- c(1, 2, 3, 4)
y <- c(0.0000000, 0.6931472, 1.0986123, 1.3862944)
n <- length(x)
summ <- 0

# Lagrange 보간법
Lx <- function(newx) {
 for (i in 1:n) {
  lag <- y[i]
  for (j in 1:n) {
    if(i != j)
     lag <- lag *(newx-x[j])/(x[i]-x[j])
  }
 }
 summ = summ + lag
 return (summ)
}

Lx(1.5)
[1] 0.0866434
```

3 Spline 보간법

다항식 보간법은 $n+1$ 데이터 점을 통과하는 n차 다항식을 찾는 방법이며, 직접법, Newton 분할 차분법, Lagrange 보간법이 이에 속한다. 그러나 Spline 보간법은 이런 n차 다항식을 구하는 또 다른 방법이 아니다. 실제로 데이터량 n이 증가하면 진동하는 거동으로 인해 급격한 변화를 보이는 다항식을 얻는 경우가 많다. Runge는 연속 함수 $f(x)=1/(1+25x^2)$를 대상으로 다항식의 차수는 무한대가 되면서 다항식이 발산한다는 것을 알아냈다. 또한, 데이터의 수가 증가하면 전개식이 복잡하고 계산이 쉽지 않아 고차의 다항식으로 근사하기에 적합하지 않다. 따라서 인접하는 구간들을 설정하고 구간별로 소구간에 대한 보간을 실행시키는 방법이 바람직하며, 대표적으로 Spline 보간법이 이에 해당한다. Spline 보간법은 선형, 2차, 3차 Spline 보간법이 있으며, 특히 3차 spline 보간법은 불연속 데이터를 가장 부드럽게 연결하는 특징을 갖기 때문에 가장 보편적으로 사용하는 방법 중 하나이다.

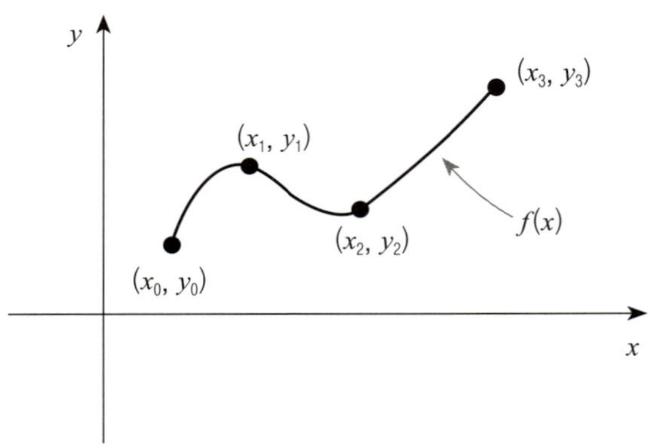

[그림 14-4] 이산 데이터에 대한 3차 Spline 보간법

3차 Spline 보간법은 인접하는 소구간의 두 점을 3차 다항식으로 표현하며 4개의 미지수를 갖기 때문에, 다음과 같은 4개의 조건을 만족시켜야 한다.

- 3차 다항식은 이웃에 인접하는 두 점을 반드시 통과해야 한다.
- 인접하는 두 점에서 3차 다항식의 1차 도함수는 연속이어야 한다.
- 인접하는 두 점에서 3차 다항식의 2차 도함수는 연속이어야 한다.
- 인접하는 두 점에서 3차 다항식의 2차 도함수 값은 0이어야 한다.

예를 들어, 두 점 $(x_i, f(x_i))$와 $(x_{i+1}, f(x_{i+1}))$로 규정되는 i번째 소구간에 대한 3차 다항식의 일반형은 다음과 같이 표현된다.

$$s(x)= a_i(x-x_i)^3 + b_i(x-x_i)^2 + c_i(x-x_i)+ d_i \quad (x_i < x < x_{i+1})$$

[식 14-28]

소구간의 양쪽 끝점에서 각각 $(x_i, f(x_i))$와 $(x_{i+1}, f(x_{i+1}))$ 점을 통과해야 하므로, 두 점을 대입하면 다음과 같이 쓸 수 있다.

$$f(x_i)= d_i$$ [식 14-29]

$$\begin{aligned} f(x_{i+1}) &= a_i(x_{i+1}-x_i)^3 + b_i(x_{i+1}-x_i)^2 + c_i(x_{i+1}-x_i)+ d_i \\ &= a_i h_i^3 + b_i h_i^2 + c_i h_i + d_i \end{aligned}$$ [식 14-30]

여기서 소구간의 등간격 $h_i = x_{i+1} - x_i$이다. 이제 3차 다항식의 1차 및 2차 도함수를 구하면 다음과 같다.

$$s'(x)= 3a_i(x-x_i)^2 + 2b_i(x-x_i) + c_i$$ [식 14-31]

$$s''(x)= 6a_i(x-x_i)+ 2b_i$$ [식 14-32]

s_i와 s_{i+1}을 각각 두 점 $(x_i, f(x_i))$와 $(x_{i+1}, f(x_{i+1}))$에서 2차 도함수라고 가정하면 다음과 같이 나타낼 수 있다.

$$s_i = 2b_i$$ [식 14-33]

$$s_{i+1} = 6a_i(x_{i+1}-x_i)+ 2b_i$$ [식 14-34]

그러면 3차 다항식의 계수 a_i와 b_i는 [식 14-35]와 [식 14-36]으로부터 얻을 수 있다.

$$b_i = s_i/2 \tag*{[식 14-35]}$$

$$a_i = (s_{i+1} - s_i)/6h_i \tag*{[식 14-36]}$$

[식 14-29]의 d_i, [식 14-35]의 b_i, [식 14-36]의 a_i를 [식 14-28]에 대입하면 다음 식을 얻을 수 있다.

$$f(x_{i+1}) = \left(\frac{s_{i+1} - s_i}{6h_i}\right)h_i^3 + \left(\frac{s_i}{2}\right)h_i^2 + c_i h_i + f(x_i) \tag*{[식 14-37]}$$

위 식을 c_i에 대하여 정리하면 다음 식을 얻을 수 있다.

$$c_i = \frac{f(x_{i+1}) - f(x_i)}{h_i} - \frac{2h_i s_i + h_i s_{i+1}}{6} \tag*{[식 14-38]}$$

인접하는 두 소구간이 공통으로 갖는 한 점에서 다항식의 미분값이 같아야 한다는 조건을 이용해서 [식 14-31]에 $(x_i, f(x_i))$를 대입하면 다음 관계식을 얻을 수 있다.

$$s'(x_i) = c_i \tag*{[식 14-39]}$$

또한 x_{i-1}에서 x_i에 관한 1차 도함수는 다음과 같이 쓸 수 있다.

$$\begin{aligned} s'(x_i) &= 3a_{i-1}(x_{i-1} - x_i)^2 + 2b_{i-1}(x_{i-1} - x_i) + c_{i-1} \\ &= 3a_{i-1}h_{i-1}^2 + 2b_{i-1}h_{i-1} + c_{i-1} \end{aligned} \tag*{[식 14-40]}$$

[식 14-39]와 [식 14-40]은 같은 기울기를 가지므로 같게 놓고, 계수 a_i, b_i, c_i, d_i 값들을 대입하면 다음 식이 성립된다.

$$\begin{aligned} f'(x_i) &= \frac{f(x_{i+1}) - f(x_i)}{h_i} - \frac{2h_i s_i + h_i s_{i+1}}{6} \\ &= 3\left(\frac{s_i - s_{i-1}}{6s_{i-1}}\right)h_{i-1}^2 + 2\left(\frac{s_{i-1}}{2}\right)h_{i-1} + \frac{f(x_i) - f(x_{i-1})}{h_{i-1}} - \frac{2h_{i-1}s_{i-1} + h_{i-1}s_i}{6} \end{aligned}$$

[식 14-41]

이 식을 다시 정리하면 다음과 같다.

$$h_{i-1}s_{i-1}+(2h_{i-1}+2h_i)s_i+h_is_{i+1}=6\left(\frac{f(x_{i+1})-f(x_i)}{h_i}-\frac{f(x_i)-f(x_{i-1})}{h_{i-1}}\right)$$

[식 14-42]

이제 [식 14-42]를 모든 소구간에 대해 적용하면 주어진 n개의 점에서 양쪽 끝의 두 점을 제외한 $n-2$개의 s_i 값을 갖게 될 것이다.

$$\begin{aligned}
&h_1s_1(2h_1+2h_2)s_2+h_2s_3=6\left(\frac{f(x_3)-f(x_2)}{h_2}-\frac{f(x_2)-f(x_1)}{h_1}\right)\\
&h_2s_2(2h_2+2h_3)s_3+h_3s_4=6\left(\frac{f(x_4)-f(x_3)}{h_3}-\frac{f(x_3)-f(x_2)}{h_2}\right)\\
&\qquad\vdots\\
&h_{n-2}s_{n-2}(2h_{n-2}+2h_{n-1})s_{n-1}+h_{n-1}s_n=6\left(\frac{f(x_n)-f(x_{n-1})}{h_{n-1}}-\frac{f(x_{n-1})-f(x_{n-2})}{h_{n-2}}\right)
\end{aligned}$$

[식 14-43]

s항들을 미지항으로 간주하고 행렬식으로 표현하면 다음과 같이 나타낼 수 있다.

$$\begin{bmatrix}
h_1 & 2(h_1+h_2) & h_2 & 0 & 0 & 0 & \cdots & & \cdots & 0\\
0 & h_2 & 2(h_2+h_3) & h_3 & 0 & 0 & \cdots & & \cdots & 0\\
0 & 0 & h_3 & 2(h_3+h_4) & h_4 & 0 & \cdots & & \cdots & 0\\
\vdots & \vdots & \vdots & \vdots & \vdots & \vdots & \cdots & & \cdots & \vdots\\
0 & 0 & 0 & 0 & & & \cdots & 0 & h_{n-2}\ (h_{n-2}+h_{n-1}) & h_{n-1}
\end{bmatrix}
\begin{bmatrix} s_1\\ s_2\\ s_3\\ \vdots\\ s_{n-1}\end{bmatrix}$$

$$=6\begin{bmatrix}
\frac{y_3-y_2}{h_2}-\frac{y_2-y_1}{h_1}\\
\frac{y_4-y_3}{h_3}-\frac{y_3-y_2}{h_2}\\
\vdots\\
\frac{y_{n-1}-y_{n-2}}{h_{n-2}}-\frac{y_{n-2}-y_{n-3}}{h_{n-3}}\\
\frac{y_n-y_{n-1}}{h_{n-1}}-\frac{y_{n-1}-y_{n-2}}{h_{n-2}}
\end{bmatrix}$$

[식 14-44]

그러나 소구간의 양쪽 경계에서 Spline 함수를 규정할 수 없으므로 임의로 s_1과 s_n을 가정해야 한다. 보편적으로 s_1과 s_n을 가정하는 세 가지 방법이 있다.

- 1차 함수로 가정하는 경우(자연 Spline), $s_1=0$, $s_n=0$
- 2차 함수로 가정하는 경우, $s_1=s_2$, $s_n=s_{n-1}$
- 선형 보간법을 적용하는 경우, $s_1=(s_2+s_3)/2$, $s_n=(s_{n-1}+s_{n-2})/2$

여기서는 $s_1=0$, $s_n=0$으로 가정한 자연 Spline 방법만을 다루기로 한다. 소구간 양쪽 경계에서 Spline 함수형이 1차 함수라고 가정하고 [식 14-44]의 계수행렬을 정리하면 다음과 같이 다시 쓸 수 있다.

$$\begin{bmatrix} h_1 & 2(h_1+h_2) & h_2 & 0 & 0 & 0 & \cdots & & \cdots & 0 \\ 0 & h_2 & 2(h_2+h_3) & h_3 & 0 & 0 & \cdots & & \cdots & 0 \\ 0 & 0 & h_3 & 2(h_3+h_4) & h_4 & 0 & \cdots & & \cdots & 0 \\ \vdots & \vdots & \vdots & \vdots & \vdots & \vdots & \cdots & & \cdots & \vdots \\ 0 & 0 & 0 & 0 & & & \cdots & 0 & h_{n-2} \ (h_{n-2}+h_{n-1}) & h_{n-1} \end{bmatrix}$$

[식 14-45]

소구간의 양쪽 경계에서 Spline 함수형이 2차 함수라고 가정하고 [식 14-44]의 계수행렬을 다시 쓰면 다음과 같다.

$$\begin{bmatrix} 3(h_1+h_2) & h_2 & 0 & \cdots & & & & \cdots & 0 \\ h_2 & 2(h_2+h_3) & h_3 & \cdots & & & & \cdots & 0 \\ 0 & 0 & h_3 & 2(h_3+h_4) & h_4 & 0 & & \cdots & 0 \\ \vdots & \vdots & \vdots & \vdots & \vdots & \vdots & & \vdots & \vdots \\ 0 & 0 & 0 & 0 & & & & \cdots 0 & (2h_{n-2}+3h_{n-1}) \end{bmatrix}$$

[식 14-46]

13장 선형 시스템의 해찾기를 참고하면 행렬 방정식의 해를 구할 수 있다. 행렬 방정식의 해는 각 소구간에 대한 s_i값이며, 이 값들을 이용하여 다음 식들에 각각 대입하면 3차 Spline 보간 다항식의 계수들이 결정될 것이다.

$$a_i = \frac{s_{i+1} - s_i}{6h_i} \qquad [식\ 14\text{–}36]$$

$$b_i = \frac{s_i}{2} \qquad [식\ 14\text{–}35]$$

$$c_i = \frac{f(x_{i+1}) - f(x_i)}{h_i} - \frac{3h_i s_i + h_i s_{i+1}}{6} \qquad [식\ 14\text{–}38]$$

$$d_i = f(x_i) \qquad [식\ 14\text{–}29]$$

이제 주어진 데이터로부터 결정된 계수 a_i, b_i, c_i, d_i 값들을 [식 14–28]에 적용하면 3차 자연 Spline 보간 다항식을 얻을 수 있다.

예제 14-10

e^x 함수는 $e^{0.5}=1.649$, $e^{1.2}=3.320$, $e^{1.5}=4.482$, $e^{2.0}=7.389$의 값을 갖는다. R에 내장된 함수로 선형, 2차, 3차 자연 Spline 보간법을 이용하여 $x=1$에서 e^x 값을 근사하고 실제값과 비교하라.

풀이

R의 기본 라이브러리에 포함된 `spline()` 함수를 이용하여 x=0.5와 1.5 사이 x=1에서 e^x의 근삿값을 구하려면, 등간격 소구간의 수를 조율해서 인접하는 소구간 사이의 경계가 x = 1에 놓이도록 지정해야 하므로 소구간의 수를 홀수로 지정한 것에 주목한다.

```
# Spline_123order_ex14-10.R: 선형, 2차, 3차 Spline 보간법
# x, y: 데이터
# xout: 보간하려는 x 값
# yout: 보간된 y 값
# n: 등간격 소구간의 수, 홀수
```

```
# 선형 Spline 보간법
x <- c(0.5, 1.5)
y <- c(1.649, 4.482)
spline(x, y, n=3)
$'x'
[1] 0.5 1.0 1.50
$y
[1] 1.6490 3.0655 4.4820

# 2차 Spline 보간법
x <- c(0.5, 1.2, 1.5)
y <- c(1.649, 3.320, 4.482)
spline(x, y, n=3)
$'x'
[1] 0.5 1.0 1.5
$y
[1] 1.649000 2.693952 4.482000

# 3차 자연 Spline 보간법
x <- c(0.5, 1.2, 1.5, 2)
y <- c(1.649, 3.320, 4.482, 7.389)
spline(x, y, n=10)
$'x'
 [1] 0.5000000 0.6666667 0.8333333 1.0000000 1.1666667 1.3333333
 [7] 1.5000000 1.6666667 1.8333333 2.0000000

$y
 [1] 1.649000 1.961153 2.314111 2.725274 3.212042 3.791817
 [7] 4.482000 5.299991 6.263190 7.389000
```

선형, 2차, 그리고 3차 Spline 보간법으로부터 얻은 결과를 정리하면 다음과 같다.

보간 방법	선형 Spline 보간법	2차 Spline 보간법	3차 Spline 보간법	실제값
결과	3.0655	2.694	2.726	2.718
%상대오차	12.77%	0.89%	0.25%	

보간 다항식의 n이 증가하면(즉, 차수가 높아지면) 근사의 정확도가 높아지는 것이 당연해보이지만, 경우에 따라 데이터의 변화(예, 진동 현상)가 심할 때는 각별한 주의를 기울여야 한다.

cmna 패키지에 포함된 cubicspline() 함수를 실행시켜서 또 다른 방법으로 3차 자연 Spline 보간법을 구현할 수 있다. 함수를 실행시키면 주어진 데이터를 근사하는 구간적 3차 Spline 함수(piecewise cubic spline function)를 찾아주며, 3차 근사 다항식의 4개의 계수들로 구성된 벡터 a_i, b_i, c_i, d_i를 반환할 것이다. 이 계수 값들을 자연 Spline 보간 다항식인 [식 14-38]에 대입하면 원하는 점에서 데이터를 근사할 수 있다. 다음은 cmna 패키지에 포함된 cubicspline() 함수를 이용한 예제이다.

예제 14-11

cmna 패키지에 포함된 cubicspline() 함수를 보간 다항식으로 사용하여 x=(2, 4, 6, 8, 10)과 y=(0.645, 1.433, 1.702, 2.113, 2.293) 데이터에 대한 Spline 보간 다항식 계수들을 구하고, x=5에서 근삿값을 구하라.

풀이

```
# CubicSpline_cmna_ex14-11.R: 3차 자연 Spline 보간법 by cmna 패키지
# x, y: 데이터
# newx: 보간하려는 x 값
# newy: 보간된 y 값

install.packages("cmna")          # cmna 패키지 설치
library(cmna)                     # cmna 패키지 로딩

rm(list = ls())                   # 메모리에 남아 있을지 모르는 모든 변수 제거
x <- c(2, 4, 6, 8, 10)
y <- c(0.645, 1.433, 1.702, 2.113, 2.293)
f <- cubicspline(x, y)
f
```

```
$'a'
[1] 0.645 1.433 1.702 2.113

$b
[1] 0.4706429 0.2407143 0.1520000 0.1712857

$c
[1]  0.00000000 -0.11496429  0.07060714 -0.06096429

$d
[1] -0.01916071  0.03092857 -0.02192857  0.01016071

newx <- 5.0
newy <- f$a[2]*(newx-x[2])^3 + f$b[2]*(newx-x[2])^2 + f$c[2]*(newx-x[2]) + f$d[2]
                                                            # [식 14-28]
newx; newy
[1] 5
[1] 1.589679
```

구하려는 x=5가 데이터 집합의 두 번째 구간에 위치하기 때문에 4개 계수의 두 번째 요소들을 사용하여 x=5에서 y=1.589679로 근사하였다.

실전 문제

Q1. x=[1, 2, 3, 4, 5], y=[0.100 0.693 1.098 1.385 1.601] 이산 데이터에 대하여 4차 다항식 보간법을 적용하여 $x=3.5$에서 y값을 근사하라.

Q2. $\ln(x)$ 함수는 $\ln(1)=0.000$, $\ln(2)=0.693$, $\ln(3)=1.099$의 값을 갖는다. 1차와 2차 Lagrange 보간 다항식을 이용하여 $x=1.5$에서 $\ln(x)$ 값을 근사하고 실제값과 비교하라.

Q3. e^x 함수는 $e^{0.5}=1.648721$, $e^{1.2}=3.320117$, $e^{1.5}=4.481689$의 값을 갖는다. 사용자가 직접 함수를 정의하고, 네 점에 대한 Lagrange 3차 보간 다항식을 이용하여 $e^{1.0}$ 값을 근사하고 실제값과 비교하라.

Q4. $y=\sin(x)+x^2$ 함수는 $x=1.0$, 1.4, 1.8, 2.2에서 각각 $y=1.841471$, 2.94545, 4.213848, 5.648496의 값을 갖는다. 선형, 2차, 그리고 3차 자연 Spline 보간법을 이용하여 $x=1.2$에서 y값을 근사하고 실제값과 비교하라.

Q5. cmna 패키지에 포함된 cubicspline() 함수를 보간 다항식으로 사용하여 함수 $y=1+x^2$의 데이터 $x=(3, 6, 9, 12, 15)$와 $y=(10, 37, 82, 145, 226)$에 대한 Spline 보간 다항식 계수들을 구하고, $x=10$에서 근삿값을 구하라.

chapter 15

비선형 함수의 해찾기

비선형 함수의 수치해는 반복 단계마다 얻어지는 일련의 추정값이 해석해(실제해)의 허용 오차 범위 이내로 수렴되면서 얻어지는 근사해이다. 순환적 처리(recursive process)를 통하여 비선형 함수의 수치해에 빠르게 수렴하는 다양한 알고리즘들이 개발되었으며, 초기 추정값의 유형에 따라 구간법과 개방법으로 구분된다. 구간법은 실제해가 포함된 일정 구간의 경계를 초깃값으로 사용하여 근사해를 구하는 방법이다. 개방법은 실제해와 연관된 구간의 경계는 아니지만, 빠른 수렴 속도를 보장하는 하나 또는 그 이상의 초깃값으로 근사해를 추적하는 방법이다. 이 장에서는 구간법으로 분류되는 이분법(bisection method)과 가위치법(false position method), 그리고 개방법으로 구분되는 고정점 반복법(fixed point method), Newton-Raphson 법과 할선법(secant method)의 알고리즘을 다룰 것이다.

수치적으로 얻은 해는 실제해가 아니고 함수의 유형, 또는 선택된 수치기법의 아이디어에 따라 얻은 것이다. 그러므로 본래 함수에 대입하여 실제해와 비교해 오차를 확인하는 것이 바람직하다. 오차는 수치기법의 알고리즘에 기인하는 오차뿐 아니라 컴퓨터의 연산 과정에서 발생하는 반올림 오차도 포함한다. 대부분 알고리즘은 백분율 상대 오차에 기초해서 오차 허용한계 $\epsilon_{r,i}$를 계산한다. 반복과정마다 다음 식을 이용하여 백분율 상대오차를 계산할 수 있다.

$$e_{r,i} = \left| \frac{x_i - x_{i-1}}{x_i} \right| \times 100\% \qquad \text{[식 15-1]}$$

여기에서 $e_{r,i}$는 i번째 백분율 상대오차이며, x_i와 x_{i-1}은 각각 i번째와 i–1번째 반복과정에서 계산된 추정값이다.

비선형 함수의 근사해를 구하기 위하여 개발된 대부분의 수치기법 알고리즘은 반복과정을 종료시키기 위해 두 가지 변수(오차 허용한계, 최대 반복횟수)를 지정한다. 알고리즘은 추정값이 오차허용한계 이내로 실제해에 수렴하거나, 최대 반복횟수에 도달하면 반복과정을 종료시키고 수치적 근사해를 반환한다.

1 이분법

가장 단순한 비선형 방정식의 해찾기 알고리즘으로 여겨지는 이분법(bisection method)은 함수 $f(x)$가 구간 $[x_1, x_2]$에서 연속적이며 $f(x_1)$과 $f(x_2)$의 부호가 다르면, 즉 $f(x_1) \cdot f(x_2) < 0$이면 x_1과 x_2 사이에 $f(x)=0$을 충족시키는 해가 적어도 하나 이상 존재한다는 중간값 정리(intermediate value theorem)에 근거한다. 이런 조건에 의해 반복과정을 위한 초기 추정값으로 공급된 x_1과 x_2 사이에 해가 존재한다고 판별된다면 두 점 사이를 이등분한 점을 x_3으로 설정한다(그림 15–1).

$$x_3 = \frac{x_1 + x_2}{2} \qquad \text{[식 15–2]}$$

반복적으로 $f(x_3)$의 부호가 $f(x_1)$과 다르면 구간 $[x_1, x_3]$에 해가 존재하며, 그렇지 않으면 해는 구간 $[x_3, x_2]$에 존재한다.

만약 $f(x_1) \cdot f(x_3) < 0$의 경우, x_1과 x_3 사이에 해가 존재하므로 이 구간을 다시 이등분하여 실제해에 더욱 가까운 x_4를 설정한다. 이 과정을 반복하여 $x_5, x_6, \cdots, x_n$으로 해에 접근하다가 오차 허용한계 이내로 수렴할 때의 x_i를 함수의 근사해로 만족하고 반복과정을 종료한다. 단, 탐색 구간을 잘못 지정하면 근사해에 도달할 수 없으므로 신중하게 초기의 추정 구간을 선택해야 한다.

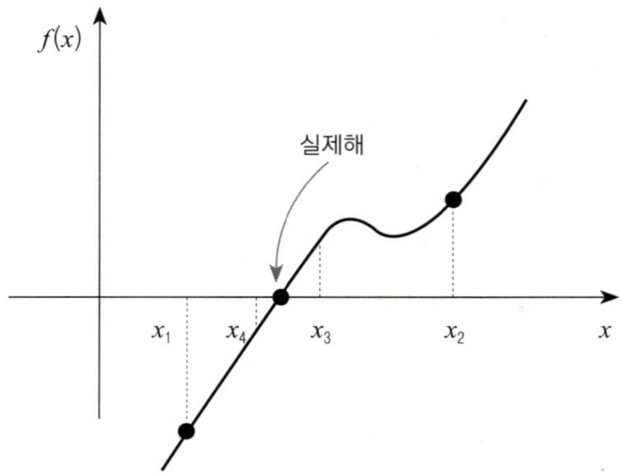

[그림 15-1] 이분법 아이디어

다음은 이분법 알고리즘을 이용하여 비선형 목적함수의 근사해를 구하는 R 스크립트를 보여준다. 저장된 스크립트를 실행시킨 다음, 목적함수를 정의하면 이분법 알고리즘으로 얻은 수치해가 반환될 것이다.

```
# (bisect.R) 이분법을 이용한 함수의 근사해 계산 알고리즘
# f: (수치)해를 구하려는 목적함수
# a: 탐색 구간의 왼쪽 경계
# b: 탐색 구간의 오른쪽 경계
# num: 탐색 구간을 나눈 구획 수
# tol: 오차 허용한계
# 사용법: bisect (f, a, b)

bisect <- function (f, a, b, num = 10, tol = 1e-05)
{
 h = abs(b - a)/num
 i = 0
 j = 0
 a1 = b1 = 0
 while (i <= num) {
  a1 = a + i * h
  b1 = a1 + h
  if (f(a1) == 0) {
```

```
    print(a1)
    print(f(a1))
   }
   else if (f(b1) == 0) {
    print(b1)
    print(f(b1))
   }
   else if (f(a1) * f(b1) < 0) {
    repeat {
     if (abs((b1 - a1)/b1)*100 < tol)        # 백분율 상대 오차 계산
      break
     x <- (a1 + b1)/2
     if (f(a1) * f(x) < 0)
      b1 <- x
     else a1 <- x
    }
    print(j + 1)
    j = j + 1
    print((a1 + b1)/2)
    print(f((a1 + b1)/2))
   }
   i = i + 1
  }
  if (j == 0)
   print("해찾기 실패")
  else
   print("해찾기 성공")
}
```

위의 알고리즘은 반복과정에서 수렴 여부를 판별하기 위하여 오차 계산에 백분율 상대 오차 기준에서 오차 허용한계를 1e-05로, 탐색 구간을 나눈 구획 수를 10개로 지정하였다. [식 15-3]으로부터 계산된 오차 허용한계 이내로 수렴했을 때 목적함수의 근사해를 얻을 수 있다.

$$\left|\frac{b-a}{b}\right| * 100 < 10^{-5} \qquad [식\ 15\text{-}3]$$

예제 15-1

이분법을 이용하여 다음 함수의 근사해를 구하라. 단, 초기 탐색 구간으로 $[x_0, x_1]=[0, 2]$를 사용한다.

(a) $f(x)=\ln(x)-e^{-x}$ (b) $f(x)=x^3-x-1$

풀이

(a)

RStudio에서 bisect.R을 불러와 스크립트 창에서 Ctrl+Enter 키를 눌러 실행한 후, 콘솔 창에서 다음과 같이 함수를 정의하고 실행

```
# bisect_ex15-1a.R: 이분법을 이용한 비선형 함수의 근사해 계산 알고리즘
# bisect.R을 실행시킨 다음 아래 스크립트를 실행

f <- function(x) {log(x) - exp(-x)}   # 목적함수 정의
bisect(f, 0, 2)                       # 실행
[1] 1
[1] 1.3098                            # 이분법으로 얻은 근사해
[1] -3.894202e-08                     # 마지막 반복과정의 오차
[1] "해찾기 성공"
```

(b)

```
# bisect_ex15-1b.R: 이분법을 이용한 비선형 함수의 근사해 계산 알고리즘
# bisect.R을 실행시킨 다음 아래 스크립트를 실행

f <- function(x) {x^3-x-1}    # 목적함수 정의
bisect(f, 0, 2)               # 실행
[1] 1
[1] 1.324718                  # 이분법으로 얻은 근사해
[1] -2.739525e-08             # 마지막 반복과정의 오차 변화
[1] "해찾기 성공"
```

다음은 cmna 패키지에 포함된 bisection() 함수를 이용하여 3차 함수식 $f(x)=x^3-2x^2-159x-540$의 근사해를 구하는 R 스크립트 명령어와 결과를 보여준다. bisection() 함수를 이용하려면 사전에 cmna 패키지를 설치해야 한다.

```
# (bisection_cmna.R) cmna 패키지의 이분법을 이용한 비선형 함수의 근사해 계산
# f: 목적함수
# x1: 탐색 영역의 왼쪽 경계
# x2: 탐색 영역의 오른쪽 경계
# tol: 허용 오차 한계
# m: 최대 반복횟수
# 사용법: bisection (f, x1, x2, tol=1e-7, m=100)

install.packages("cmna")            # cmna 패키지 설치
library(cmna)                       # cmna 패키지 로딩

f <- function(x) { x^3 - 2 * x^2 - 159 * x - 540}
options(digits=5)                                   # 소수점 조율
root1 <- bisection(f, -20, 10, tol=1e-7, m=100)  # [-20, 10]으로 탐색 구간 지정
root2 <- bisection(f, -5, 0, tol=1e-7, m=100)    # [-5, 0]으로 탐색 구간 지정
root3 <- bisection(f, 0, 20, tol=1e-7, m=100)    # [0, 20]으로 탐색 구간 지정
root1; root2; root3
[1] -9
[1] -4
[1] 15
```

목적함수가 3개의 근을 갖는 삼차식인 경우, 반복과정에 필요한 x의 탐색 구간을 3번 다르게 설정하였다.

알고리즘의 정확도를 비교할 목적으로 R의 기본 라이브러리 패키지에 포함된 polyroot() 함수를 이용하여 주어진 3차 함수의 실제해를 계산한다. 변수 z는 다항식의 계수로 이루어진 벡터이며, 상수항부터 독립변수 x차수가 높아지는 방향으로 벡터의 요솟값을 입력한다. [식 15-3]을 이용하면 추정된 근사해와 계산된 실제해로부터 백분율 상대오차를 계산하여 각 알고리즘의 정확도를 비교할 수 있다.

```
# (polyroot.R) 급수의 해 계산(Find Zeros of a Real or Complex Polynomial) 알고리즘
# z: 다항식의 계수 벡터 x0부터 xn 까지 순서로 벡터형 데이터로 입력
# 사용법: polyroot(z)

z <- (c(8.28, -6.06, -1.9, 1))                # f(x) = x^3 - 1.9*x^2 - 6.06*x + 8.28
root <- polyroot(z)
root
[1] 1.2+0i -2.3+0i 3.0-0i                     # 복소수형 데이터
root <- as.numeric(root)                      # 복소수형 데이터를 수치형 데이터로 강제 변환
Warning message:
imaginary parts discarded in coercion # 복소수의 허수 부분 강제로 폐기
root
[1] 1.2 -2.3 3.0                              # 세 번째가 실수해
```

근사해가 복소수형으로 표기되지 않도록 강제 할당 함수 as.numeric()을 적용하여 수치형 데이터로 변환되었다. 근사해를 반환할 때 허수 부분이 강제로 폐기되었다는 경고 메시지가 보인다.

2 가위치법

가위치법은 이분법을 약간 수정한 것이지만 이분법과 비교하여 수렴 속도가 매우 빠르다. 초기 추정 구간을 이등분하는 대신 근사해에 가까운 새로운 점을 선택하기 위하여, 추정값에서 계산된 함숫값 $f(x_1)$과 $f(x_2)$를 직선으로 연결시켜 x축과 교차하는 점 x_3를 새로

운 추정값으로 설정한다. 그리고 이분법에서처럼 $f(x_1) \cdot f(x_3) < 0$이면 실제해는 구간 $[x_1, x_3]$에 존재하며, 그렇지 않으면 구간 $[x_2, x_3]$에 존재한다는 중간값 원리를 적용한다. $f(x_1) \cdot f(x_3)$ 곱의 부호에 따라 실제해의 위치가 판별되면, 다시 두 점을 지나는 직선이 x축과 만나는 교차점(즉, x_4)을 다음 반복과정에서 실제해의 위치 판별에 사용한다. 그리고 수렴할 때까지 이 같은 절차를 반복한다.

[그림 15-2]에서 보듯이, 두 함숫값을 연결한 직선은 2개의 닮은꼴 삼각형의 빗면을 이루며 기울기가 같다는 사실이 가위치법 알고리즘의 기본 원리이다.

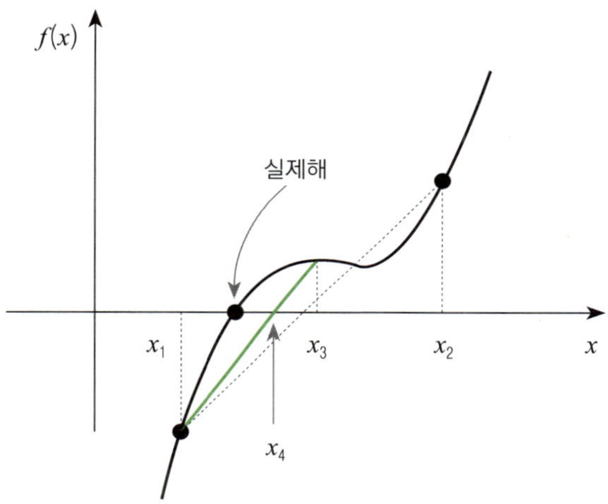

[그림 15-2] 가위치법 아이디어

닮은꼴 삼각형의 기울기가 같으므로 다음 관계가 성립된다.

$$\frac{f(x_1)}{x_1 - x_3} = \frac{f(x_2)}{x_3 - x_2} \qquad \text{[식 15-4]}$$

새로운 추정값 x_3에 관하여 이항 정리하면 다음과 같이 쓸 수 있다.

$$x_3 = x_2 - \frac{f(x_2)}{f(x_2) - f(x_1)}(x_2 - x_1) \qquad \text{[식 15-5]}$$

반복과정에 적용할 수 있도록 [식 15-5]를 일반화시키면 다음과 같이 쓸 수 있다.

$$x_{i+2} = x_{i+1} - \frac{f(x_{i+1})}{f(x_{i+1}) - f(x_i)}(x_{i+1} - x_i) \quad (i = 1, 2, 3, \cdots \ m)$$

[식 15-6]

다음은 가위치법 알고리즘을 이용하여 비선형 함수의 근사해를 구할 수 있는 R 스크립트를 보여준다. 스크립트를 작성하고 저장하면 언제라도 불러와 실행시킬 수 있고, 함수를 정의하고 실행시키면 가위치법 알고리즘으로 계산한 수치해를 구할 수 있다.

```
# (false.R) 가위치법을 이용한 함수의 근사해 계산 알고리즘
# f: 목적함수
# x1: 탐색 구간의 왼쪽 경계
# x2: 탐색 구간의 오른쪽 경계
# tol: 오차 허용한계
# m: 최대 반복횟수
# 사용법: false (f, x1, x2)

false <- function(f, x1, x2, m=500, tol=1e-7) {

 if(f(x1)*f(x2) > 0) print("탐색 구간을 잘못 설정했습니다!")
 x3 <- x2

 for ( i in 1:m) {
  x_old <- x3
  x3 <- x2 - f(x2)*(x2-x1)/(f(x2)-f(x1))              # [식 15-5]
  cat(i, "번째에서 반복과정에서 얻은 중간값=", x3, "\n")

   if(x3 != 0 & abs((x3-x_old)/x3)*100 < tol)  return(x3)

  {
   if(f(x1)*f(x2) == 0) break
   else if(f(x1)*f(x2) < 0) x2 <- x3
   else x1 <- x3
  }
 }
 stop("허용된 반복횟수를 초과했습니다.")
}
```

예제 15-2

가위치법을 이용하여 $f(x)=e^x-x^2$ 함수의 근사해를 구하라. 단, 초기 탐색 구간으로 $[x_1, x_2]=[-1, 0]$을 사용한다.

풀이

false.r을 불러와 실행시킨 후에 콘솔 창에서 다음과 같이 목적함수를 정의하고 실행시킨다.

```
# false_ex15-2.R: # 가위치법을 이용한 함수의 근사해 계산 알고리즘
# f: 목적 함수
# x1: 탐색 구간의 왼쪽 경계
# x2: 탐색 구간의 오른쪽 경계
# tol: 오차 허용한계
# m: 최대 반복횟수
# 사용법: false (f, x1, x2)

f <- function(x) exp(x)-x^2          # 목적함수 정의
false (f, x1=-1, x2=0)              # 실행
1번째에서 반복과정에서 얻은 중간값 = -0.6126998
2번째에서 반복과정에서 얻은 중간값 = -0.6934401
3번째에서 반복과정에서 얻은 중간값 = -0.7023831
4번째에서 반복과정에서 얻은 중간값 = -0.7033504
5번째에서 반복과정에서 얻은 중간값 = -0.7034548
6번째에서 반복과정에서 얻은 중간값 = -0.7034661
7번째에서 반복과정에서 얻은 중간값 = -0.7034673
8번째에서 반복과정에서 얻은 중간값 = -0.7034674
9번째에서 반복과정에서 얻은 중간값 = -0.7034674
10번째에서 반복과정에서 얻은 중간값 = -0.7034674
11번째에서 반복과정에서 얻은 중간값 = -0.7034674
[1] -0.7034674
```

위 결과는 가위치법 알고리즘을 적용했을 때 7번의 반복과정을 거친 후에 허용 오차 한계 1e-7 이내로 수렴된 -0.7034674의 근사해를 보여준다.

3 고정점 반복법

고정점 반복법(fixed-point iteration method)은 주어진 함수 $f(x)$를 $x=g(x)$ 형태로 변형시켜 근사해를 구하는 방법이다. 편의상 $x=f_1(x)$, $g(x)=f_2(x)$로 간주하고, 초기 추정값 x_1를 변형된 식의 오른쪽에 있는 $g(x)$에 대입하면 방정식 왼쪽에 계산된 x_2가 새로운 x값이 된다.

$$x_2 = g(x_1) \qquad [식\ 15\text{-}7]$$

x_2값을 다시 [식 15-5]의 오른쪽 $g(x)$에 대입하는 반복과정을 일반화시키면 순환 형태(recursive form)로 나타낼 수 있다.

$$x_{i+1} = g(x_i) \qquad (i = 1, 2, 3, \cdots) \qquad [식\ 15\text{-}8]$$

반복과정이 진행되면서 허용 오차 한계 이내로 수렴할 때 근사해가 반환된다(그림 15-3). 그림으로부터 알 수 있듯이 $g(x)$의 기울기 절댓값이 1보다 클 때(즉, $|g'(x)| > 1$) 반복과정에서 반복해 x_i는 근사해로부터 멀어지면서 발산하며, $g(x)$의 기울기 절댓값이 1보다 작을 때(즉, $|g'(x)| < 1$) 반복과정의 반복해 x_i는 근사해를 향하여 수렴한다. 따라서 수렴과 발산에 영향을 미치는 초기 추정값을 신중하게 선택해야 한다.

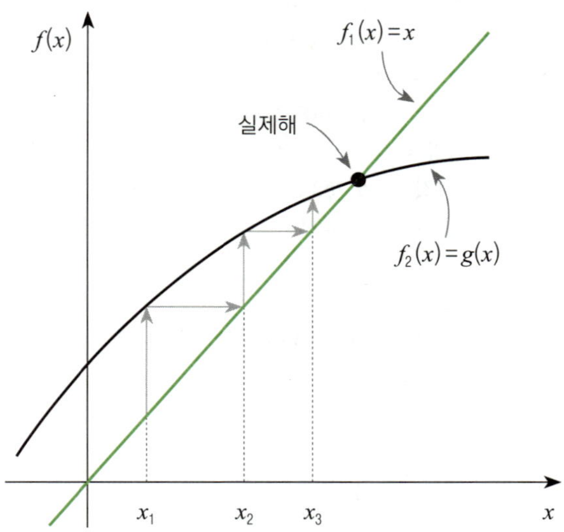

[그림 15-3(a)] 고정점 반복법 아이디어(수렴)

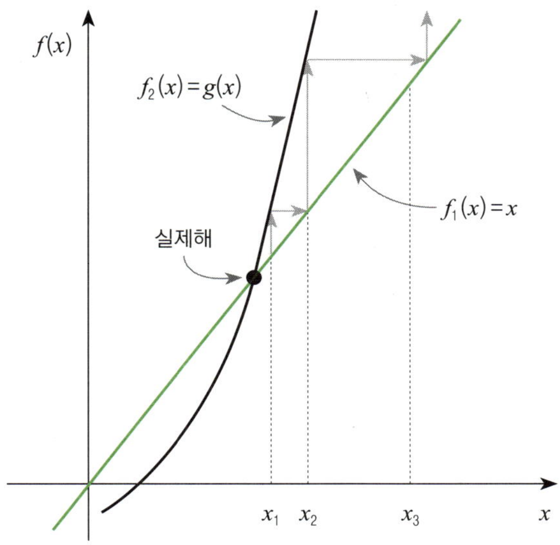

[그림 15-3(b)] 고정점 반복법 아이디어(발산)

```
# (fixedpoint.R): 고정점 반복법 알고리즘
# gfun: g(x). 변형된 함수
# x1: 초기 추정값
# tol: 오차 허용한계
# m: 최대 반복횟수
# 사용법: fixedpoint (gfun, 2, tol, m)

fixedpoint <- function(f, x1, tol=1e-7, m=500) {
  xold <- x1
  xnew <- f(xold)
 for (i in 1:m) {
   xold <- xnew
   xnew <- f(xold)
 if ( abs((xnew-xold)/xnew)*100 < tol ) {
 cat(i, "번째에서 반복과정에서 얻은 중간값 = ", xnew, "\n")
  return(xnew)
 break
 }
}
stop("허용된 반복횟수를 초과했습니다.")
}
```

예제 15-3

고정점 반복법을 이용하여 $f(x)=\ln(x)-e^{-x}$ 함수의 근사해를 구하라. 단, 초기 추정값 $x=2$를 사용한다.

풀이

fixedpoint.R을 불러와 실행시킨 다음 변형된 함수 $g(x)$를 정의하고 명령어를 실행시킨다.

```
# fixedpoint_ex15-3.R: 고정점 반복법 알고리즘
# f(x): 목적함수
# g(x): 변형함수
# x1: 초기 추정값
# tol: 오차 허용한계
# m: 최대 반복횟수
# 사용법: fixedpoint (gfun, 2, tol=1e-7, m=100)

f <- function(x) {log(x) - exp(-x)}                # 목적함수 정의
gfun <- function(x)  { x - log(x) + exp(-x) }      # 변형함수 정의

x <- fixedpoint(gfun, x1=2, tol=1e-7, m=100)       # 실행
7 번째에서 반복과정에서 얻은 반복해 =  1.3098
[1] 1.3098
x ; f(x)                         # 근사해와 수렴했을 때의 함수 f(x) 값
[1] 1.3098
[1] 3.626655e-12
```

위 내용은 고정점 반복법을 이용하여 비선형 함수의 근사해를 구한 결과를 보여준다. 수렴 판별 조건이 충족된 7번째 반복과정에서 얻은 근사해로 계산된 함숫값이 거의 0에 근접한 것을 알 수 있다.

4 Newton–Raphson 법

Newton–Raphson 법은 $f(x)=0$ 목적함수의 수치해를 구할 수 있는 가장 효율적인 방법이며, 공학 분야에서 가장 많이 선호되는 방법이다. 이 방법의 아이디어는 초기 추정값 x_1이 주어졌을 때 $[x_1, f(x_1)]$ 점에서 그은 접선이 x축과 교차하는 위치를 새로운 점 x_2로 설정하고, 다시 $[x_2, f(x_2)]$ 점에서 접선을 그어 x축과 교차하는 위치를 또 다른 점 x_3로 정하는 과정을 허용 오차 이내로 수렴할 때까지 반복하는 것이다. 단, Newton–Raphson 법칙을 이용하려면 함수는 연속이어야 하며, 함수의 도함수를 구할 수 있어야 한다는 조건이 따른다.

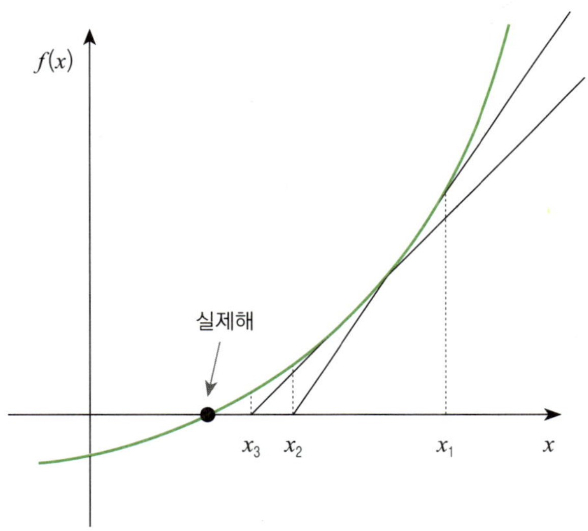

[그림 15-4] Newton–Raphson 법 아이디어

[그림 15-4]를 보면 점 x_1에서 함수의 기울기 $f'(x_1)$은 수치적으로 다음과 같이 근사될 수 있다.

$$f^{'}(x_1) = \frac{f(x_1) - f(x_2)}{x_1 - x_2} \qquad \text{[식 15-9]}$$

접선과 x축이 만나는 점에서 $f(x_2)=0$이므로 정리하면 다음과 같다.

$$x_2 = x_1 - \frac{f(x_1)}{f^{'}(x_1)} \qquad \text{[식 15-10]}$$

위 식은 초기에 추정된 x_1 값으로부터 반복과정의 중간해 x_2를 얻을 수 있는 식이다. 계산을 반복할 수 있는 식의 형태를 갖추었으므로, 다음과 같이 일반화된 식으로 표현할 수 있다.

$$x_{i+1} = x_i - \frac{f(x_i)}{f^{'}(x_i)} \qquad (i = 1, 2, 3, \cdots) \qquad \text{[식 15-11]}$$

이런 Newton-Raphson 법의 반복과정은 고정점 반복법보다 매우 빠르게 해에 수렴한다는 장점이 있다. 초기 추정값 x_1에 따라 원하는 수치해로 수렴하지 않고 발산하므로 최대 반복횟수를 지정하여 반복과정을 멈추어야 한다. Newton-Raphson 법의 알고리즘에 의하면, 오차 허용한계 이내로 수렴될 때 반복과정이 멈추면서 가장 최근에 얻은 중간해를 근사해로 반환하게 된다. 개략적으로 함수 해의 위치를 예측하거나 발산 가능성을 파악하기 위하여 gplot() 등의 그래프 함수를 사용하기도 한다. 하지만 함수의 도함수를 구할 수 없다면 이 방법을 사용할 수 없으며, 다음 절에서 공부할 할선법 등을 이용해야 한다.

다음은 Newton-Raphson 법을 이용하여 단일변수 비선형 함수의 근사해를 구하기 위한 R 스크립트이다.

```
# (newton_raphson.R) f(x)=0의 해를 구하기 위한 Newton_Raphson 알고리즘
# 함수는 함숫값과 그 미분형을 크기 2의 벡터로 반환하도록 단변수 함수로 가정한다.
# x1: 초기 추정값
# tol: 오차 허용한계
# m: 최대 반복횟수
# 사용법: newton_raphson(f, x1, tol=1e-07, m=100)

newton_raphson <- function(f, x1, tol = 1e-7, m = 100)
{
 x <- x1
 fx <- f(x)
 iter <- 0
 while ((abs(fx[1]) > tol) & (iter < m)) {
  x <- x - fx[1]/fx[2]
  fx <- f(x)
  iter <- iter + 1
  cat("At", iter, "th 반복과정에서 중간값 x = ", x, "\n")
 }
 # 출력은 알고리즘 실행 결과에 의존
 if (abs(fx[1]) > tol) {
  print("수렴 실패 !")
  return(NULL)
 }
 else {
  print("수렴 성공 !")
  return(x)
 }
}
```

예제 15-4

Newton-Raphson 법을 이용하여 $f(x)=\ln(x)-e^{-x}$ 함수의 근사해를 구하라. 단, 초기 추정값으로 $x_1=2$를 사용한다.

풀이

newton_raphson.r을 불러와 실행한 다음 목적함수를 정의하고 실행시키면 수치적으로 근사된 해를 구할 수 있다.

```
# newton_raphson_ex15-4.R: f(x)=0의 해를 구하기 위한 Newton_Raphson 알고리즘
# 함수는 함숫값과 그 미분형을 길이 2의 벡터로 반환하도록 단변수함수로 가정한다.
# x1: 초기 추정값
# tol: 오차 허용한계
# m: 최대 반복횟수
# 사용법: newton_raphson(f, x1, tol, m)

f <- function(x) {
 fx <- log(x) - exp(-x)
 dfx <- 1/x + exp(-x)
 return(c(fx, dfx))
}
newton_raphson(f, 2)              # 실행
At 1 th 반복과정에서 x값 = 1.12202
At 2 th 반복과정에서 x값 = 1.295
At 3 th 반복과정에서 x값 = 1.30971
At 4 th 반복과정에서 x값 = 1.3098
[1] "수렴 성공 !"
[1] 1.3098
```

위 결과로부터 4번의 반복과정을 거친 후에 오차 허용한계 1e-7 이내로 수렴되어 근사해 1.3098을 구했음을 알 수 있다. 동일한 오차 허용한계를 사용하여 7번의 반복과정을 거쳐 같은 값의 근사해를 얻은 고정점 반복법(예제 15-3)과 비교하여 수렴 속도가 매우 빠르다는 것을 확인할 수 있다.

또 다른 방법으로 cmna 패키지를 사용해서 $f(x)=0$ 함수의 근사해를 구할 수 있다. Newton-Raphson 알고리즘을 구현한 newton() 함수를 이용하는 것이며 사전에 cmna 패키지가 설치되어 있어야 한다.

예제 15-5

cmna 패키지에 포함된 Newton-Raphson 법을 이용하여 $f(x)=\ln(x)-e^{-x}$ 함수의 근사해를 구하라. 단, 초기 추정값으로 $x_1=2$를 사용한다.

풀이

```
# cmna_NewtonRaphson_ex15-5.R: cmna 패키지의 newton 함수를 이용하여 함수의 해 구하기(Newton_Raphson 알고리즘)
# x1: 초기 추정값
# tol: 오차 허용한계
# m: 최대 반복횟수
# 사용법: newton (f, fp, x1, tol=1e-7, m=100)

install.packages("cmna")                  # cmna 패키지 설치
library(cmna)                             # cmna 패키지 로딩

f <- function(x) { log(x) - exp(-x) }     # 목적 함수 정의
fp <- function(x) {1/x + exp(-x) }        # 목적 함수의 1차 도함수 정의
newton(f, fp, 2)
[1] 1.309799
```

5 할선법

가위치법을 수정한 할선법에서 사용되는 목적함수는 연속이어야 하지만, 도함수 계산을 요구하지는 않는다. 할선법은 목적함수를 선형으로 근사해서 도함수 계산을 대체하며, 수렴 조건은 Newton–Raphson 법과 유사하다. 즉 초기 추정값에 따라 반복과정에서 계산된 중간해가 수렴하거나 발산할 수 있으므로 초기 추정값을 선택할 때 주의를 기울여야 한다. 또한 할선법은 함수의 도함수를 요구하지 않기 때문에 도함수를 구할 수 없거나 구하기가 난해한 경우에 Newton–Raphson 법을 대체할 수 있다. 초기 두 추정값 x_1과 x_2에서 함숫값의 부호가 서로 반대일 필요가 없으므로 근사해 부근에서 초기 두 점을 선택할 때 제약이 없다는 장점이 있다.

초기 추정값 x_1과 x_2에서 함숫값 $f(x_1)$과 $f(x_2)$를 연결한 할선과 x축이 만나는 교점을 x_3으로, 그리고 x_2와 x_3에서 함숫값 $f(x_2)$와 $f(x_3)$을 연결한 할선과 x축이 만나는 또 다른 교점을 x_4로 설정하는 과정을 허용 오차 한계 이내로 수렴할 때까지 반복한다.

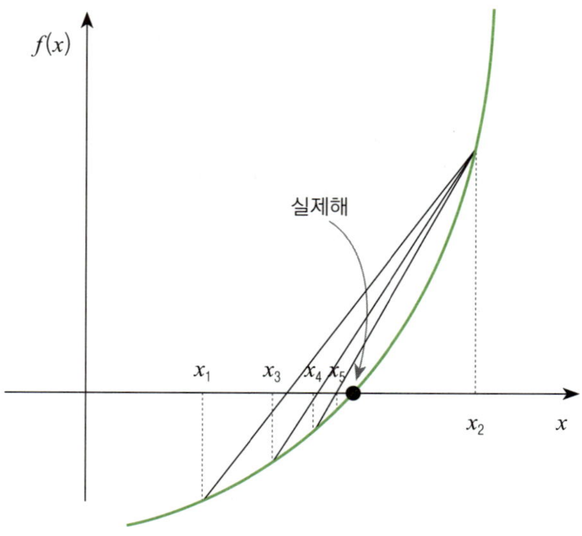

[그림 15-5] 할선법 아이디어

[그림 15-5]에서 보듯이 $f(x_1)$과 $f(x_2)$를 연결한 할선과 x축이 만나는 교점 x_3을 중심으로 생성되는 2개의 닮은꼴 삼각형 빗변의 직선 방정식을 쓰고, 두 빗변의 기울기가 같음을 적용하면 다음과 같은 관계가 성립된다.

$$\frac{f(x_2)-f(x_1)}{x_2-x_1}=\frac{f(x_3)-f(x_2)}{x_2-x_3}=\frac{-f(x_2)}{x_2-x_3} \quad \text{[식 15-12]}$$

x축과 교차하는 점 x_3에 대하여 다시 쓰면 다음과 같다.

$$x_3=x_2-\frac{x_2-x_1}{\left(f(x_2)-f(x_1)\right)}f(x_2) \quad \text{[식 15-13]}$$

x_1과 x_2 구간을 선형으로 근사하면 함수의 기울기는 다음과 같이 표현할 수 있다.

$$f^{'}(x_2)=\frac{f(x_2)-f(x_1)}{x_2-x_1} \quad \text{[식 15-14]}$$

[식 15-14]를 [식 15-13]에 대입하면,

$$x_2=x_1-\frac{f(x_1)}{f^{'}(x_1)} \quad \text{[식 15-15]}$$

할선법의 반복과정을 초기화하기 위하여 일반화시키면 다음과 같이 쓸 수 있다.

$$x_{i+1}=x_i-\frac{f(x_i)}{f^{'}(x_i)} \qquad (i=1,2,3,\ \cdots) \quad \text{[식 15-16]}$$

위 식은 Newton-Raphson 법의 반복 알고리즘과 같아 보이지만, 식의 오른쪽 분모 $f'(x_i)$의 속성이 다르다. Newton-Raphson 법에서 $f'(x_i)$는 미분가능 함수의 도함수이며 단일변수 함수의 경우 하나의 초기 추정값 x_i만 필요하지만, 할선법에서 $f'(x_i)$는 [식 15-14]로 주어진다. 그러므로 단일변수 함수의 경우 2개의 초기 추정값 x_i와 x_{i+1}이 필요하다. [식 15-14]의 분모가 0이 되면(즉, $i=1$의 경우, $f(x_2)-f(x_1)=0$) 예측할 수 없는 해가 얻어지거나 근사해를 구할 수 없다.

```
# (secant.R) 할선법을 이용한 함수의 근사해 계산 알고리즘
# f: 목적함수
# x1: 탐색 구간의 왼쪽 경계
# x2: 탐색 구간의 오른쪽 경계
# m: 최대 반복횟수
# tol: 오차 허용한계
# 사용법: secant (f, x1, x2, tol, m)

secant <- function(fun, x1, x2, tol=1e-07, m=100) {
        for ( i in 1:m ) {
                x3 <- x2 - fun(x2)*(x2-x1)/(fun(x2)-fun(x1))    # [식 15-13]
                if (abs(fun(x3)) < tol)
                        return(x3)
                x1 <- x2
                x2 <- x3
      cat(i, "번째에서 반복과정에서 얻은 중간값 = ", x3, "\n")
        }
        stop("최대 반복횟수를 초과했습니다 !")
}
```

예제 15-6

할선법을 이용하여 $f(x)=\ln(x)-e^{-x}$ 함수의 근사해를 구하라. 단, 초기 추정값으로 $x_0=1$과 $x_1=2$를 사용하라.

풀이

secant.R을 불러와 실행시킨 다음 목적함수를 정의하고 실행시키면 수치적으로 해를 구할 수 있다. secant.R을 실행시킨 후에 다음 스크립트를 실행시킨다.

```
# secant_ex15-6.R: 할선법을 이용한 함수의 근사해 계산 알고리즘
# f: 목적 함수
# x1: 탐색 구간의 왼쪽 경계
# x2: 탐색 구간의 오른쪽 경계
# m: 최대 반복횟수
# tol: 오차 허용한계
# 사용법: secant (f, x1, x2, tol, m)

f <- function(x) log(x) - exp(-x)          # 목적함수 정의
mysecant(f, 1, 2)                     # 실행
1번째에서 반복과정에서 얻은 중간값 = 1.39741
2번째에서 반복과정에서 얻은 중간값 = 1.285476
3번째에서 반복과정에서 얻은 중간값 = 1.310677
4번째에서 반복과정에서 얻은 중간값 = 1.309808
[1] 1.3098
```

위 결과로부터 4번의 반복과정을 거친 후에 허용 오차 한계 1e-7 이내로 수렴되어 근사해 1.3098을 구했음을 알 수 있다.

실전 문제

Q1. 다음 방법들을 이용하여 함수 $f(x)=x^2+x-0.75$의 근사해를 구하고 그 결과를 비교하라. 단, 탐색 구간은 [-2, 0]으로 지정한다.

(a) 이분법 알고리즘　　　(b) cmna 패키지

(c) polyroot 함수

Q2. 가위치법을 이용하여 함수 $f(x)=x^2+x-0.75$의 근사해를 구하라. 단, 초기 탐색 구간으로 $[x_1, x_2]=[-1, 0]$을 사용하라.

Q3. 고정점 반복법을 이용하여 함수 $f(x)=\sin(\sqrt{x})-x$의 근사해를 구하라. 단, 초기 추정값으로 $x=2$를 사용하라.

Q4. Newton-Raphson 법을 이용하여 $f(x)=x^3-x-1$ 함수의 근사해를 구하라. 단, 초기 추정값으로 $x_0=2$를 사용하라.

Q5. cmna 패키지에 포함된 Newton-Raphson 법을 이용하여 $f(x)=x^2-0.8x-1.05$ 함수의 근사해를 구하라. 단, 초기 추정값으로 $x_1=0$을 사용하라.

Q6. 할선법을 이용하여 $f(x)=x^3-x-1$ 함수의 근사해를 구하라. 단, 초기 추정값으로 $x_0=1$과 $x_1=2$를 사용하라.

chapter 16

최소제곱법

14장에서 이산 데이터의 임의의 점에서 중간값을 근사하는 보간법을 다루었으며, 다항식 보간법에서 $(n+1)$개의 모든 데이터 점을 통과하는 n차의 유일한 다항식이 존재한다고 언급한 바 있다. 본 장에서는 모든 데이터를 가장 잘 표현할 수 있는 수학 함수(또는 회귀 모델)를 찾는 방법을 다룰 것이다.

데이터를 가장 잘 대표하는 직선 또는 곡선 함수를 구하는 알고리즘은 대부분 주어진 데이터(또는 측정값)와 회귀 모델 방정식으로 계산된 추정값 사이 오차제곱을 최소화시킬 목적으로 작성되며, 이러한 접근 방법을 최소제곱법(least square method)이라고 부른다. 데이터를 가장 잘 대표할 수 있는 모델 방정식으로 나타내는 표현을 다른 용어로 데이터 접합(data fitting)이라 부르기도 한다.

여기서는 직선 방정식을 이용하여 데이터를 회귀(regression)시키는 방법, 곡선 방정식을 직선으로 선형화(linearization)한 다음 비선형 형태의 데이터를 선형 회귀 모델에 접합하는 방법, 데이터를 다항식 회귀 모델에 접합하는 방법, 그리고 비선형 함수를 이용하여 데이터를 접합하는 방법들을 공부할 것이다.

1 선형 회귀 모델

1-1 단일 선형 회귀

일반적인 최소제곱 선형 회귀 방법(ordinary least squares linear regression)은 종속변수와 하나 이상의 독립변수 사이의 선형 관계를 분석하고 모형화하기 위하여 사용된 통계 기법이다. 두 변수 사이의 상관관계가 선형으로 보인다면, 상관관계를 모형화하기 위하여 직선이 데이터에 접합될 수 있다. 이런 유형의 데이터를 가장 간단하게 나타내는 식은 선형 모델 방정식(또는 직선)이다. 선형 회귀에서 직선을 대표하는 회귀 모델식의 수학적 표현은 다음과 같다.

$$p(x) = a_0 + a_1 x \qquad \text{[식 16-1]}$$

여기서 $p(x)$는 데이터를 추정하는 회귀 모델식이며 a_0과 a_1은 데이터를 예측하는 회귀계수(regression coefficient)이다. 이 경우, 데이터를 가장 잘 나타내는 회귀계수 a_0과 a_1을 구하는 방법을 선형 회귀라고 부른다. 실제 데이터 $f(x)$ 또는 y는 다음과 같이 나타낼 수 있다.

$$y = p(x) + e \qquad \text{[식 16-2]}$$

또는,

$$y = (a_0 + a_1 x) + e \qquad \text{[식 16-3]}$$

여기서 $e = y - p(x)$는 오차로 부르며, 모든 n개의 데이터에 대하여 오차를 최소화시키는 것이 데이터 회귀 적합도(goodness of fit)의 판별 조건이다. 그러나 오차의 부호에 따라 오차가 상쇄되기 때문에 오차 제곱 e^2을 회귀 정확성의 판별 조건으로 사용한다. 오차제곱합 SSE(sum of squared error)가 최소화될 때의 a_0과 a_1을 구하는 수학적 알고리즘을 최소제곱법이라고 한다.

$$SSE = \sum_{i=1}^{n} e_i^2 = \sum_{i=1}^{n} [y_i - p(x_i)]^2 = \sum_{i=1}^{n} [y_i - a_0 - a_1 x_i]^2 \qquad \text{[식 16-4]}$$

SSE의 값은 최소화되어야 하며, 각각의 회귀계수에 대한 SSE의 편미분 값이 기댓값 0일 때 a_0과 a_1이 결정된다.

$$\frac{\partial SSE}{\partial a_0} = -2\sum_{i=1}^{n}\left[y_i - a_0 - a_1 x_i\right] = 0 \qquad [식\ 16\text{-}5]$$

$$\frac{\partial SSE}{\partial a_1} = -2\sum_{i=1}^{n}\left[x_i\left(y_i - a_0 - a_1 x_i - a_2 x_i^2\right)\right] = 0 \qquad [식\ 16\text{-}6]$$

이 식들을 정리하면 다음과 같이 쓸 수 있다.

$$\begin{aligned} n\,a_0 + \left(\sum_{i=1}^{n} x_i\right) a_1 &= \sum_{i=1}^{n} y_i \\ \left(\sum_{i=1}^{n} x_i\right) a_0 + \left(\sum_{i=1}^{n} {x_i}^2\right) a_1 &= \sum_{i=1}^{n} x_i y_i \end{aligned} \qquad [식\ 16\text{-}7]$$

[식 16-7]을 정규 방정식(normal equation)이라 부르며, 연립하여 풀면 a_1값이 다음 식으로 결정된다.

$$a_1 = \frac{n\sum_{i=1}^{n} x_i y_i - \sum_{i=1}^{n} x_i \sum_{i=1}^{n} y_i}{n\sum_{i=1}^{n} {x_i}^2 - \left(\sum_{i=1}^{n} x_i\right)^2} \qquad [식\ 16\text{-}8]$$

[식 16-8]로부터 얻은 a_1값을 [식 16-9]에 대입하면 다음과 같이 a_0값을 결정할 수 있다.

$$a_0 = \frac{\left(\sum_{i=1}^{n} y_i - a_1 \sum_{i=1}^{n} x_i\right)}{n} \qquad [식\ 16\text{-}9]$$

선형 회귀 모델식(식 16-1)을 데이터에 접합하는 경우, 추정값의 표준오차(standard error of estimate)는 선형 회귀 모델 방정식으로부터 함숫값을 추정할 때 $p(x_i)$와 y_i 또는 $f(x_i)$ 사이에 발생되는 오차이며, 다음 식을 이용해 구할 수 있다.

$$s_{y/x} = \sqrt{\frac{SSE}{n-(m+1)}} \qquad [식\ 16\text{-}10]$$

여기서 $s_{y/x}$는 추정값의 표준오차이며, 모든 n개의 데이터에 대하여 회귀 모델식 주변에 있는 데이터의 산포도(degree of scattering)를 나타내는 직접적인 척도가 된다. 추정값은 $s_{y/x}$값이 작을수록 모델식에 가깝게 분포한다고 말할 수 있다. [식 16-4]로 구하는 SSE는 오차제곱합을 최소화하는 과정에서 2개의 변수 a_0과 a_1로부터 결정되며, 이에 따라 $(m+1)$개의 자유도를 감소시키므로 $n-(m+1)$로 나누어서 표준오차가 계산되는 것을 알 수 있다.

선형 회귀 모델식으로 추정되는 회귀제곱합(regression sum of squares, SSR)과 회귀로부터 발생하는 오차제곱합(sum of squared error, SSE)을 더한 통계변수를 총제곱합(total sum of squares, SST)으로 부르며, 다음 식을 이용해 구할 수 있다.

$$\begin{aligned} SST &= \sum_{i=1}^{n}\left(y_i-\overline{y}\right)^2 = \sum_{i=1}^{n}\left(p(x_i)-\overline{y}\right)^2 + \sum_{i=1}^{n}\left(y_i-p(x_i)\right)^2 \\ &= \sum_{i=1}^{n}y_i^2 - \left(\sum_{i=1}^{n}y_i\right)^2 / n = SSR + SSE \end{aligned} \quad \text{[식 16-11]}$$

여기서 $\overline{y}$는 종속변수 y의 평균값이며, [식 16-1]로 주어진 $p(x_i)$는 i번째 데이터에 대한 추정값이다. 회귀 분석에서 사용되는 또 다른 통계변수는 결정계수(coefficient of determination) R^2(R-squared)이며, 다음과 같이 정의된다.

$$R^2 = \frac{SSR}{SST} = 1 - \frac{SSE}{SST} \quad \text{[식 16-12]}$$

여기서 얻어진 결정계수 R^2는 회귀 모델이 실제값을 어느 정도 대표해 그 적합도를 보여주고 있는가를 측정하는 판단 기준을 제공하며, 대부분의 회귀 모델을 판단할 때 아주 중요한 통계변수가 된다. 결정계수는 $0 < R^2 < 1$의 값을 가지며, 1에 가까울수록 회귀 모델식에 데이터를 더 우수하게 접합했다고 판단한다. 이는 회귀 모델의 타당성을 나타내는 판단 기준이기는 하지만 유일한 절대조건은 아니다.

결정계수 R^2의 제곱근, 상관계수(correlation coefficient) r은 독립변수와 종속변수의 상관관계의 정도를 나타내는 계수인 반면, 추정값의 표준오차 $s_{y/x}$는 선형 회귀의 정확도를 나타내는 척도가 된다. 자유도가 고려된 보정 결정계수(adjusted R-squared) 또한 결정계수와 비슷하게 해석되며, 다음 공식으로 정의된다.

$$Adjusted\ R^2 = 1 - \left(\frac{n-1}{n-m-1}\right)\frac{SSE}{SST} \qquad [식\ 16\text{-}13]$$

여기서 괄호 값은 자유도에 대한 보정값이다.

예제 16-1

다음 데이터를 직선 방정식으로 단일 선형 회귀 분석하라. 그리고 접합된 직선 방정식을 이용하여 $x=3.5$에서 y값을 추정하라. 사용자가 직접 정의한 R 함수를 이용하여 동일한 작업을 반복하라.

x	1	2	3	4	5	6	7	8
y	1.92	2.88	3.52	4.42	5.03	5.98	6.88	7.53

풀이

[식 16-9]와 [식 16-10]의 각 항목 값들을 계산하면 다음과 같다.

$$n = 8,\ \sum_{i=1}^{n} x_i = 36,\ \sum_{i=1}^{n} {x_i}^2 = 204,\ \sum_{i=1}^{n} y_i = 38.16,\ \sum_{i=1}^{n} x_i y_i = 205.35$$

a_1은 [식 16-8]로부터, a_0는 [식 16-9]로부터 다음과 같이 계산된다.

$$a_1 = \frac{8(205.36) - (36)(38.16)}{8(204) - (36)^2} = 1.1668$$

$$a_0 = \frac{38.16 - 1.1668(36)}{8} = 0.8007$$

최소제곱법을 이용하여 결정된 회귀계수들을 [식 16-1]에 대입하면 데이터를 접합할 수 있는 일반 선형 회귀 모델식을 얻을 수 있다.

$$p(x) = 1.1668\,x + 0.8007$$

이제 [식 16-4]를 이용하여 SSE(오차제곱합)를 계산하면 다음과 같다.

$$SSE = \sum_{i=1}^{7}(y_i - 0.8007 - 1.1668\,x_i)^2 = 0.05298$$

다음은 사용자가 직접 R 함수를 정의하고, 선형 회귀 분석한 결과를 보여준다.

```
# linear_sq_ex16-1.R: 선형 회귀 모델
# n: 데이터의 수
# m: 회귀계수의 수
# x, y: 독립변수, 종속변수
# a0, a1: 절편, 기울기
# px: 선형 회귀 모델
# SSE: 오차제곱합
# S.yx: 추정값의 표준오차
# SST: 총제곱합
# R.sq: 결정계수

# 데이터
x <- c(1:8)
y <- c(1.92, 2.88, 3.52, 4.42, 5.03, 5.98, 6.88, 7.53)

# 통계변수 결정
n <- length(x); m <- 2
sum.x <- sum(x); sum.xsq <- sum(x*x)
sum.y <- sum(y); sum.ysq <- sum(y*y)
sum.xy <- sum(x*y)

# 회귀변수 결정
a1 <- (n*sum.xy-sum.x*sum.y)/(n*sum.x2-sum.x^2)
a0 <- (sum.y - a1*sum.x)/n
round(a0, digits=4) ; round(a1, digits=4)
[1] 1.1668          # 절편
[1] 0.8007          # 기울기

# 모델식에 대한 통계변수: [식 16-4], [식 16-10], [식 16-11], [식 16-12]
SSE <- sum((y-a0- a1*x)^2)
S.yx <- sqrt(SSE/(n-(m+1)))
SST <- sum.ysq - sum.y^2/n        # 또는 SST <- sum((y - sum.y/n)^2)
```

```
R.sq <- 1 - SSE/SST
round(SSE, digits=4) ; round(S.yx, digits=4); round(R.sq, digits=4)
[1] 0.0530
[1] 0.1029
[1] 0.998

# 선형 회귀 모델식
newx <- 3.5
px <- function(newx) a0+a1*newx
px(newx)
[1] 3.969          # x=3.5에서 y의 추정값

# 그래프 생성
x.new <- seq(0.0, 8.0, length=100)
y.new <- a0 + a1*x.new
plot(x.new, y.new, type = "l",
col="blue", xlab = "x", ylab = "y", main
= "선형 회귀 모델\n(예제 16.1)")
lines(x, y, type = "p", pch=16,
col="black")
legend("topleft",legend=c("데이터",
"실선, p(x) = 1.1668 + 0.8007x"), text.
col=c("black","blue"), pch=c(16, 0),
col=c("black","blue"))
points(newx, newy, pch=1, col="Red")
```

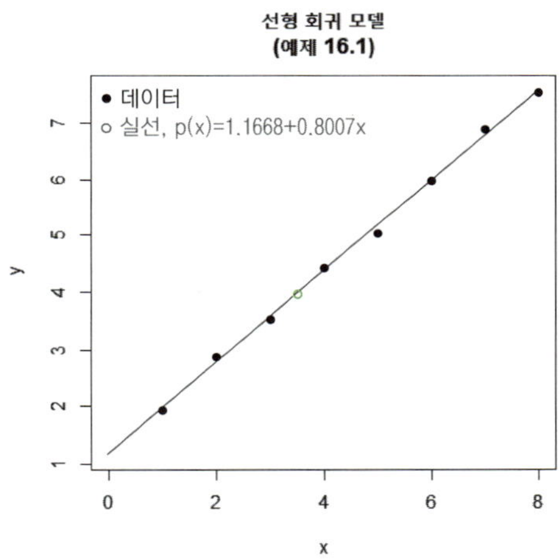

데이터를 직선 방정식에 접합한 결과 선형 회귀 모델식 $p(x)=1.1668+0.8007x$를 얻었으며, $x=3.5$에서 $p(x)=3.969$의 추정값을 얻은 결과를 보여준다. 통계적으로 상관계수 R 또는 결정계수 R^2의 값이 0.95 이상 1.0에 가까울수록 바람직한 회귀가 이루어졌다고 판단한다. 본 예제에서 얻은 0.998의 결정계수 값은 단일 선형 회귀 모델이 데이터에 바람직하게 접합했다는 것을 말해준다.

단일 선형 회귀 모델을 구현할 때 [식 16-8]과 [식 16-9]를 이용하여 [식 16-1]의 절편과 기울기를 구하거나, 또는 통계변수들(x와 y 각각에 대한 평균과 표준편차, 그리고 Pearson 상관계수)을 활용해서 회귀계수 a_0과 a_1을 구한다. 다음은 [예제 16-1]에 사용된 데이터에 대한 5개의 통계변수들을 이용하여 선형 회귀 모델의 절편과 기울기를 구하는 방법을 보여준다.

예제 16-2

5개의 통계변수들을 이용하여 다음 데이터를 직선 방정식으로 단일 선형 회귀 분석하라. 그리고 접합된 직선 방정식을 이용하여 $x=3.5$에서 y값을 추정하라.

x	1	2	3	4	5	6	7	8
y	1.92	2.88	3.52	4.42	5.03	5.98	6.88	7.53

풀이

```
# linear_sq_5par_ex16-2.R: R 통계변수들을 이용한 선형 회귀 모델
# n: 데이터의 수
# x, y: 독립변수, 종속변수
# a0, a1: 절편, 기울기
# cor: Pearson correlation coefficients
# px: 선형 회귀 모델

x <- c(1:8)
y <- c(1.92, 2.88, 3.52, 4.42, 5.03, 5.98, 6.88, 7.53)

# 절편과 기울기
slope <- cor(x, y) *(sd(y) / sd(x))
intercept <- mean(y) - slope * mean(x)
round(intercept,digits=4) ; round(slope, digits=4)
[1] 1.1668
[1] 0.8007
```

위 풀이는 R의 통계 함수 cor(), sd(), mean() 등으로부터 계산된 회귀변수 값들을 보여주며, [예제 16-1]에서 추정한 값들과 동일한 결과가 나왔음을 보여준다.

다음 예제는 또 다른 방법으로, R의 기본 라이브러리에 포함된 lm() 함수를 이용하여 선형 회귀 모델(linear regression model)을 구현하는 방법을 보여준다.

예제 16-3

lm() 함수를 이용하여 다음 데이터를 직선 방정식으로 선형 회귀 분석하라. 그리고 접합된 직선 방정식을 이용하여 $x=3.5$에서 y값을 추정하라.

x	0.8	2.2	3.0	4.5	5.7	6.2	7.6	11.2	14.5	16.8
y	5.92	6.77	8.80	9.77	9.24	11.84	13.94	16.99	21.47	25.18

풀이

```
# lm_ex16-3.R : lm 함수를 이용한 선형 회귀 모델
# x, y: 독립변수, 종속변수
# newx: 새로운 x값
# px: 선형 회귀 모델
# 사용법: lm(formular= , data, subset, method=, )

# 데이터
x <- c(0.8, 2.2, 3.0, 4.5, 5.7, 6.2, 7.6, 11.2, 14.5, 16.8)
y <- cc(5.92, 6.77, 8.80, 9.77, 9.24, 11.84, 13.94, 16.99, 21.47, 25.18)

# 실행
lin.model <- lm(formula= y ~ x)
coef (lin.model)          # lin.model$coefficients
(lntercept)     x
    4.497      1.186

lin.model$fit
lin.model$fit
    1      2      3      4      5      6      7      8      9     10
 5.445  7.105  8.053  9.832 11.254 11.847 13.507 17.775 21.687 24.414

summary(lin.model)
Call:
lm(formula = y ~ x)
```

```
Residuals:
  Min      1Q   Median    3Q    Max
-1.0144 -0.3056 -0.0345  0.4643 0.7661

Coefficients:
             Estimate Std. Error t value Pr(>|t|)
(Intercept)  4.4968     0.3585     12.5   1.5e-06 ***
 x           1.1855     0.0406     29.2   2.0e-09 ***
---
Signif. codes:  0 '***' 0.001 '**' 0.01 '*' 0.05 '.' 0.1 ' ' 1

Residual standard error: 0.649 on 8 degrees of freedom
Multiple R-squared:  0.991,    Adjusted R-squared:  0.99
F-statistic:  854 on 1 and 8 DF,  p-value: 2.03e-09

newx <- 3.5
px <- function(newx)          # 직선 모델 방정식
 lin.model$coefficients[1] + lin.model$coefficients[2]*newx
newy <- px(newx)
newx; newy
[1] 13
(Intercept)
  19.91                       # x=13에서 y의 추정값

# 그래프 생성
x.new <- seq(0.0, 18.0, length=100)
y.new <- px(x.new)
plot(x.new, y.new, type = "l",
col="blue", xlab = "x", ylab = "y", main
= "lm() 함수를 이용한 선형 회귀 모델\n(예제
16.3)")
lines(x, y, type = "p", pch=16,
col="black")
legend("topleft",legend=c("데이터",
"실선, p(x) = 4.4968 + 1.1855x"), text.
col=c("black","blue"), pch=c(16,1),
col=c("black","blue"))
points(newx, newy, pch=0, col="Red")
```

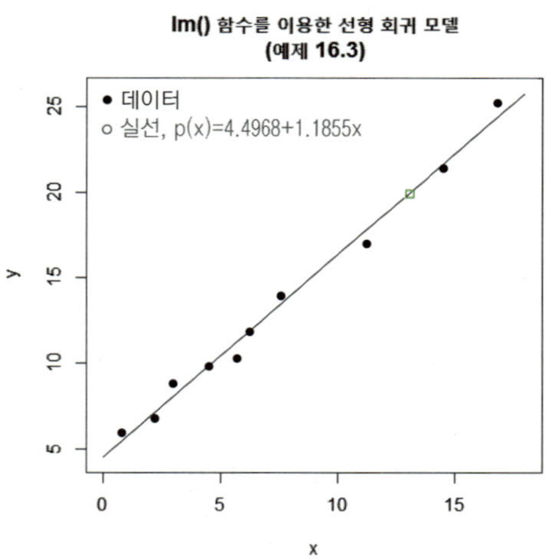

앞서 풀이는 R의 기본 패키지에 포함된 lm() 함수를 선형 회귀 모델식에 적용한 결과를 보여준다. 이로부터 회귀 모델식(formula)과 사분위수(quartile)로 나타낸 편차(residuals), 회귀계수에 대한 통계적 정보, 그리고 다중 및 보정 결정계수와 p-value 값을 파악할 수 있다.

이 예제의 경우, 선형 회귀 모델 방정식의 회귀계수(절편과 독립변수에 대한 기울기)는 각각 4.5와 1.19이며, 두 계수 모두에 대한 Pr(|t|) < 0.05를 만족하여 귀무가설(null hypothesis)은 기각된다. 즉 통계적으로 절편과 기울기의 상당성이 인정된다는 것을 보여준다. 그리고 0.649 값의 잔차 표준오차(residual standard error)도 요약에 포함되었다.

결정계수 R^2값은 회귀 모델이 데이터를 어느 정도 설명해주는지를 나타내는 적합도에 대한 우수한 판단 기준이며, 과접합(over fitting)이 없을 때 추정 능력의 척도로 사용될 수 있다. 일반적으로 0.95보다 크고 1에 가까운 결정계수 R^2값은 데이터가 회귀 모델에 비교적 적절하게 접합되었다는 것을 암시한다. 이 경우 0.991의 다중 결정계수(multiple R-squared)와 0.99의 보정 결정계수(adjusted R-squared) 값은 회귀 모델의 상당성이 인정된다는 것을 암시한다. 일반적으로 통계학에서 $p < 0.05$이면 귀무가설(즉, 회귀계수 값은 0이다)을 기각하고, 따라서 회귀계수 값은 0이 아니며 회귀 모델이 유의하다고 판단한다. 이 예제의 경우 2.03e-09의 p-value 값은 $p < 0.05$에 해당하므로 회귀 모델의 상당성이 인정된다고 판단할 수 있다.

결과로 얻은 선형 회귀 모델은 $p(x) = 4.497 + 1.186x$이며, 이 선형 회귀 모델식을 이용하여 $x = 13$에서 함숫값이 $p(13) = 19.91$로 추정된 것을 확인할 수 있다.

다음은 lm() 함수를 실행한 결과로부터 구체적인 회귀 분석 결과에 접근할 수 있는 선택 사항을 요약한 표이다. 예를 들어, 실행 결과로 할당된 변수명을 "lin.model"로 지정한 경우, 다음 표를 참고하여 입력한다.

선택 사항	사용법
회귀 요약	summary(lin.model)
회귀 과정으로 결정된 회귀계수	coef(lin.model), lin.model$coeffcients, 또는 lin.model$coeff
회귀 과정으로 추정된 종속변수 y값	lin.model$fit
회귀 과정에서 발생된 잔차	residuals(lin.model)

1-2 다중 선형 회귀

하나의 종속변수와 하나 이상의 독립변수 사이에 존재하는 선형 관계를 분석할 때도 직선 방정식을 이용하여 데이터에 접합할 수 있다. 최소제곱법으로 이런 유형의 데이터를 가장 잘 표현할 수 있는 선형 방정식을 찾는 통계기법을 다변수 선형 회귀(multivariate linear regression) 또는 다중 선형 회귀(multiple linear regression)라고 부른다. 예를 들어, 종속변수 y 또는 $f(x)$와 2개의 독립변수 x_1과 x_2 사이의 데이터가 각각 선형 관계처럼 보인다면, 이변수 선형 회귀(bivariate linear regression) 또는 이중 선형 회귀(double linear regression)를 이용하여 데이터를 접합시킬 수 있으며, 회귀 모델식은 다음과 같이 표현된다.

$$p(x) = a_0 + a_1 x_1 + a_2 x_2 \qquad \text{[식 16-14]}$$

그리고 실제값과 추정값 사이의 오차제곱합은 다음과 같이 나타낼 수 있다.

$$SSE = \sum_{i=1}^{n} e_i^2 = \sum_{i=1}^{n} [y_i - p(x_i)]^2 = \sum_{i=1}^{n} [y_i - a_0 - a_1 x_{1,i} - a_2 x_{2,i}]^2 \qquad \text{[식 16-15]}$$

여기서 합산기호 $\sum$는 n개의 데이터에 대한 것이다. 회귀계수 a_0, a_1, a_2 값들을 구하기 위하여 SSE의 값이 최소화되기 위한 필요조건은 각각의 회귀계수에 대한 편미분 값들이 0이 되는 것이며, 다음과 같이 표현할 수 있다.

$$\frac{\partial SSE}{\partial a_0} = -2\sum_{i=1}^{n} [y_i - a_0 - a_1 x_{1,i} - a_2 x_{2,i}] = 0$$

$$\frac{\partial SSE}{\partial a_1} = -2\sum_{i=1}^{n} x_{1,i} [y_i - a_0 - a_1 x_{1,i} - a_2 x_{2,i}] = 0$$

$$\frac{\partial SSE}{\partial a_2} = -2\sum_{i=1}^{n} x_{2,i} [y_i - a_0 - a_1 x_{1,i} - a_2 x_{2,i}] = 0 \qquad \text{[식 16-16]}$$

정규 방정식의 형태로 다시 정리하면 다음과 같이 나타낼 수 있다.

$$\begin{aligned}
(n)\ a_0 + \left(\sum_{i=1}^{n} x_{1,i}\right) a_1 + \left(\sum_{i=1}^{n} x_{2,i}\right) a_2 &= \sum_{i=1}^{n} y_i \\
\left(\sum_{i=1}^{n} x_{1,i}\right) a_0 + \left(\sum_{i=1}^{n} x_{1,i}^{2}\right) a_1 + \left(\sum_{i=1}^{n} x_{1,i}\, x_{2,i}\right) a_2 &= \sum_{i=1}^{n} x_{1.i}\, y_i \\
\left(\sum_{i=1}^{n} x_{2,i}\right) a_0 + \left(\sum_{i=1}^{n} x_{1,i}\, x_{2,i}\right) a_1 + \left(\sum_{i=1}^{n} x_{2,i}^{2}\right) a_2 &= \sum_{i=1}^{n} x_{2,i}\, y_i
\end{aligned}$$

[식 16-17]

위 식은 3개의 회귀계수(a_0, a_1, a_2)를 갖는 3개의 선형 방정식들로 구성된 연립 방정식 시스템을 이룬다. [식 16-13]을 $Ca=b$ 형태의 행렬식으로 취급하고, 선형 시스템의 해찾기를 참고해서 선형 방정식 시스템의 해를 구할 수 있다면, 이로부터 결정되는 이중 회귀 모델식을 데이터에 접합시킬 수 있다.

일반 선형 모델식을 이중 선형 방정식으로 확장한 것처럼 다중 선형 회귀로 쉽게 확장할 수 있으며, 다음과 같이 표현할 수 있다. m개의 독립변수에 대한 다중 선형 회귀 모델식은 다음과 같이 나타낸다.

$$p(x) = a_0 + a_1 x_1 + a_2 x_2 + \cdots + a_m x_m \qquad \text{[식 16-18]}$$

$x_1, x_2, \cdots, x_m$은 독립변수들이며, a_0은 직선 방정식의 절편, $a_1, a_2, \cdots, a_m$은 각 독립변수에 대한 기울기가 된다. [식 16-18]을 n개의 데이터 집합 내 i번째 데이터를 기준하여 집합 형태로 표현된 다중 선형 모델식은 다음과 같이 나타낼 수 있다.

$$p(x) = \sum_{i=1}^{n} p(x_i) = \sum_{i=1}^{n}\sum_{j=0}^{m} a_j x_{j,i} \qquad \text{[식 16-19]}$$

위 식에서 $x_{j,i}$는 i번째 데이터 집합 내 j번째 독립변수를 의미한다. 단 $x_{0,j}=1$이다.

[식 16-18]에 포함된 $(m+1)$개의 회귀계수 집합 $a_0, a_1, \cdots, a_m$을 구하는 문제는 선형대수학의 $(m+1)$개로 구성된 선형 방정식 시스템의 해를 구하는 문제로 취급되며, $Ca=b$ 형태의 행렬식으로 나타낼 수 있다.

$$C_{j,k} = \sum_{i=1}^{n}\sum_{j=0}^{m} x_{j,i}\, x_{j,i} \qquad \text{[식 16-20]}$$

$$b_j = \sum_{i=1}^{n}\sum_{j=0}^{m} x_{j,i}\, y_i \qquad \text{[식 16-21]}$$

여기서 C는 행렬식의 계수행렬이며 b는 상수 열 벡터이다. 선형 시스템의 해찾기를 참고해서 행렬식의 해가 구해지면 다중 선형 회귀 모델이 결정된다. $(m+1)$개의 변수를 포함한 다중 선형 회귀 모델식에 데이터를 접합하는 경우, 모델식에 대한 표준오차는 다음 공식으로 정의된다.

$$s_{y/x_1,x_2,\ldots,x_m} = \sqrt{\frac{SSE}{n-(m+1)}} \qquad \text{[식 16-22]}$$

여기서 SSE는 오차제곱합을 최소화하는 과정에서 $(m+1)$개의 변수 $(a_0, a_1, \cdots, a_m)$으로부터 결정되며, 이에 따라 $(m+1)$개의 자유도를 감소시키므로 $n-(m+1)$로 나누어서 표준오차가 계산되는 것을 알 수 있다. 이중 선형 회귀 모델에 데이터를 접합시킬 때 결정계수 R^2값은 회귀 모델의 추정 적합도를 판단할 때 활용된다.

예제 16-4

다음은 시간과 속도가 물체의 높이에 미치는 영향력을 보여주는 데이터이다. 이중 선형 회귀 모델을 이용하여 시간과 속도가 각각 물체의 높이에 미치는 효과를 파악하라. 그리고 5.5시간 후에 물체가 4.0km/hr의 속도로 움직일 때 물체의 높이를 추정하라.

시간, hr	0	1	2	3	4	5	6	7	8	9
속도, km/hr	0.00	0.39	1.90	3.21	4.30	6.55	7.06	9.07	9.89	11.7
높이, km	2.4	4.0	5.4	6.8	11.2	15.6	20.0	24.4	28.8	33.2

풀이

```
# lin_double_ex16-4.R: 이중 선형 회귀 모델
# n: 데이터의 수
# x1, x2, y: 데이터
# a0, a1, a2: 다항식의 변수, a0 + a1*x1 + a2*x2
# newx: 보간하려는 x 값
# px: 이중 선형 회귀 모델
# SSE: 오차제곱합
# S.yx: 추정값의 표준오차
# SST: 총제곱합
# R.sq: 결정계수

# R의 내장 rock 데이터
x1 <- 0:9
x2 <- c(0.00, 0.39, 1.90, 3.21, 4.30, 6.55, 7.06, 9.07, 9.89, 11.7)
y <- c(2.4, 4.0, 5.4, 6.8, 11.2, 15.6, 20.0, 24.4, 28.8, 33.2)
n <- length(y); m <- 3

# 통계변수 결정
sum.x1 <- sum(x1); sum.x2 <- sum(x2)
sum.x1sq <- sum(x1*x1); sum.x2sq <- sum(x2*x2); sum.x1x2 <- sum(x1*x2)
sum.y <- sum(y); sum.x1y <- sum(x1*y); sum.x2y <- sum(x2*y)'

# 계수행렬
C <- matrix(c(n,      sum.x1,   sum.x1x2,
        sum.x1,  sum.xsq,   sum.x1x2,
        sum.x2,  sum.x1x2,  sum.x2sq), nrow=3)
# 상수 벡터
b <- matrix(c(sum.y, sum.x1y, sum.x2y), nrow=3)

# 이중 선형 회귀 모델 방정식
coeffs <- solve(C, b)
a0 <- coeffs[1]; a1 <- coeffs[2]; a2 <- coeffs[3]
round(a0, digits=4); round(a1, digits=4); round(a2, digits=4)
[1] 0.0044
[1] 1.6441
[1] 1.4384
```

```
# 모델식에 대한 통계변수: [식 16-4], [식 16-10], [식 16-11], [식 16-12]
SSE <- sum((y-a0-a1*x1-a2*x2)^2)
S.yx1x2 <- sqrt(SSE/(n-(m+1)))
SST <- sum.ysq - sum.y^2/n
R.sq <- 1 - SSE/SST
round(SSE, digits=4) ; round(S.yx1x2, digits=4); round(R.sq, digits=4)
[1] 28.06
[1] 2.163
[1] 0.9742

# 이중 선형 회귀 모델을 이용한 y값 추정
newx1 <- 5.5  ; newx2 <- 4.0
px <- function(newx1, newx2) a0+a1*newx1+a2*newx2  # 이중 선형 회귀 모델
newy <- px(newx1, newx2)
newx1; newx2; newy
[1] 5.5
[1] 4
[1] 14.80
```

이중 선형 회귀를 실행한 결과, 이중 선형 모델식 $p(x)$는 $p(x) = 0.0044 + 1.6441x_1 + 1.4384x_2$로 결정되었으며, 0.9742의 결정계수 R^2값은 이중 선형 회귀 모델이 비교적 바람직하게 데이터를 접합했다는 것을 보여준다. 얻어진 회귀 모델 방정식을 이용해서 $x_1 = 5.5$와 $x_2 = 4.0$일 때 y의 추정값 $p(x_1, x_2) = 14.80$로 추정하였다.

예제 16-5

다음은 가격과 광고비에 따른 아이스크림의 판매수량을 보여주는 데이터이다. R의 기본 패키지에 포함된 lm() 함수를 이용하여 이중 선형 모델을 적용하여 회귀 분석하라. 아이스크림의 판매가격이 $3.5이고, 광고비를 $700 지출했을 때 판매수량을 추정하라.

가격, x_1	2	5	3	2	5	3	4
광고비, x_2	2800	200	400	500	3200	1800	900
판매수량, y	8500	4700	5800	7400	6200	7300	5600

풀이

```
# lm_double_ex16-5.R: lm() 함수를 이용한 이중 선형 회귀 모델
# n: 데이터의 수
# x1, x2, y: 데이터
# newx1, newx2: 보간하려는 x 값
# px: 이중 선형 회귀 모델

x1 <- c(2, 5, 3, 2, 5, 3, 4)
x2 <- c(2800, 200, 400, 500, 3200, 1800, 900)
y <- c(8500, 4700, 5800, 7400, 6200, 7300, 5600)

# lm() 함수 실행
x = cbind(x1, x2)
bilin.model <- lm(y ~ x)
round(bilin.model$coefficients, digits=4)
(lntercept)      xx1        xx2
  8536.2139   -835.7224   0.5922

summary(bilin.model)
Call:
lm(formula = y ~ x)

Residuals:
   Min       1Q      Median     3Q      Max
-2.56880  -0.96343  -0.06494  1.55370  2.11218

Coefficients:
             Estimate  Std. Error  t value  Pr(>|t|)
(lntercept)  0.6409     1.5777      0.406    0.697
 xx1          0.2935     2.3048      0.127    0.902
 xx2          2.4447     1.7098      1.430    0.196

Residual standard error: 1.954 on 7 degrees of freedom
Multiple R-squared:  0.9754,     Adjusted R-squared:  0.9684
F-statistic:  139 on 2 and 7 DF,  p-value: 2.321e-06
```

```
# 이중 선형 회귀 모델 방정식
newx1=3.5; newx2 <- 700
px <- function(newx1, newx2)
 bilin.model$coef[1] + bilin.model$coef[2]*newx1 + bilin.
model$coef[3]*newx2
newy <- px(newx1, newx2)
newx1; newx2; newy
[1] 3.5
[1] 700
(lntercept)
   6025.746
```

0.962의 결정계수 값으로부터 이중 선형 회귀 모델식 $y=8536.214-835.722x_1+0.592x_2$가 데이터에 바람직하게 접합되었다고 판단할 수 있으며, p-value < 0.05 값의 2.321e-06은 회귀 모델이 적절하게 설정되었다는 것을 의미한다. 모든 회귀계수(절편, x_1, x_2)에 대한 Pr(|t|) < 0.05를 만족하여 귀무가설은 기각되고 설정된 회귀 모델의 상당성이 인정된다. 또한 아이스크림의 판매 가격이 \$3.5이고 광고비를 \$700 지출했을 때 판매수량은 8536개로 추정하였다.

2 회귀 모델의 선형화

2-1 지수 함수 모델

화학반응의 농도 또는 방사능 감소 데이터는 주로 지수 함수의 형태를 가지며, 다음과 같이 표현된다.

$$y = ae^{bx} \qquad \text{[식 16-23]}$$

여기서 a, b는 회귀 과정에서 결정되는 회귀계수이다. 지수 함수는 특성상 독립변수 x의 변화율과 비교하여 종속변수 y의 증가 또는 감소율이 상대적으로 크다. 그렇기 때문에 양변에 로그를 취하면 다음과 같이 변형되어 선형 함수 형태를 갖는다.

$$\ln(y) = \ln(a) + bx \quad \text{[식 16-24]}$$

여기서 $\ln(y)$를 새로운 종속변수 $\ln.y$로 놓고, $\ln(a)$를 새로운 절편 $\ln.a$로 놓으면 [식 16-12]는 다음과 같은 직선 방정식으로 변형되어, 16장 1절에서처럼 선형 회귀 모델을 적용시킬 수 있다.

$$\ln.y = \ln.a + bx \quad \text{[식 16-25]}$$

이 식은 x와 $\ln.y$에 대하여 변형된 데이터 세트에 $\ln.a$는 절편으로, b는 기울기로 간주되며, 선형 회귀 모델에 접합될 것이다. 단, 선형 회귀 과정에서 얻어진 절편과 기울기 a_0, a_1 값이 계산되면 [식 16-23]에 보이는 상수 a는 e^{a_0}, 그리고 $b=a_1$이라는 사실을 기억해야 한다.

다음 예제는 사용자가 직접 R 함수를 정의하고, 주어진 비선형 데이터에 대하여 직선 방정식을 이용한 선형 회귀 분석 결과를 보여준다.

예제 16-6

사용자가 직접 R 함수를 정의하고, ae^{bx} 지수 함수 모델에 근거한 비선형 데이터를 선형화한 다음, 직선 방정식으로 선형 회귀 분석하라. 그리고 직선 방정식 모델을 원래 데이터에 접합시켜 $x=8.5$에서 y값을 추정하라.

x	5.0	5.5	6.0	6.5	7.0	7.5	8.0	9.0	10.0
y	14.62	15.03	19.89	23.97	29.13	39.79	47.27	90.12	124.03

풀이

```
# lin-z1_ex16-6.R: 선형화 지수 함수 모델
# n: 데이터의 수
# m: 매개변수의 수
# x, y: 독립변수, 종속변수
# a0, a1: 회귀계수 (절편, 기울기)
# newx: 보간하려는 x 값
# px: 지수 함수 모델, a*exp(b*x)
# SSE: 오차제곱합
# S.yx: 추정값의 표준오차
# SST: 총제곱합
# R.sq: 결정계수

# 데이터
x <- c(5.0, 5.5, 6.0, 6.5, 7.0, 7.5, 8.0, 9.0, 10.0)
y <- c(14.62, 15.03, 19.78, 23.97, 29.13, 39.79, 47.27, 90.12, 124.03)

# 통계변수 결정
n <- length(x); m <- 2
sum.x <- sum(x); sum.x2 <- sum(x*x)
ln.y <- log(y); sum.y <- sum(ln.y);
sum.ysq <- sum(ln.y*ln.y); sum.xy <- sum(x*ln.y)
```

```
# [식 16-8]과 [식 16-9]를 이용한 회귀계수 계산
a1 <- (n*sum.xy-sum.x*sum.y)/(n*sum.x2-sum.x^2)
a0 <- (sum.y - a1*sum.x)/n
a <- exp(a0) ; b <- a1                # 회귀계수 재해석
round(a, digits=4) ; round(b, digits=4)
[1] 1.2775
[1] 0.4586

# 모델식에 대한 통계변수: [식 16-4], [식 16-10], [식 16-11], [식 16-12]
SSE <- sum((y-a0- a1*x)^2)
S.yx <- sqrt(SSE/(n-(m+1)))
SST <- sum((y - sum.y/n)^2)
R.sq <- 1 - SSE/SST
round(SSE, digits=4) ; round(S.yx, digits=4); round(R.sq, digits=4)
[1] 140.5
[1] 4.838
[1] 0.9948

# 선형화 지수 함수 모델식으로부터 새로운 x값에서 y값 추정값
newx <- 8.5
px <- function(newx) a*exp(b*newx)  # 지수함수 회귀 모델
newy <- px(newx)
newx; newy
[1] 8.5
[1] 63.01632

# 그래프 생성
x.new <- seq(5, 10, length=100)
y.new <- a*exp(b*x.new)
plot(x.new, y.new, type = "l",
col="blue", xlab = "x", ylab = "y",
main = "선형화 지수 함수 모델\n(예제 16.6)")
lines(x, y, type = "p", pch=8,
col="black")
legend("topleft",legend=c("데이터",
"실선, p(x)=1.2775*exp(0.4586*x)"),
text.col=c("black","blue"), pch=c(8,
1), col=c("black","blue"))
points(newx, newy, pch=16, col="Red")
```

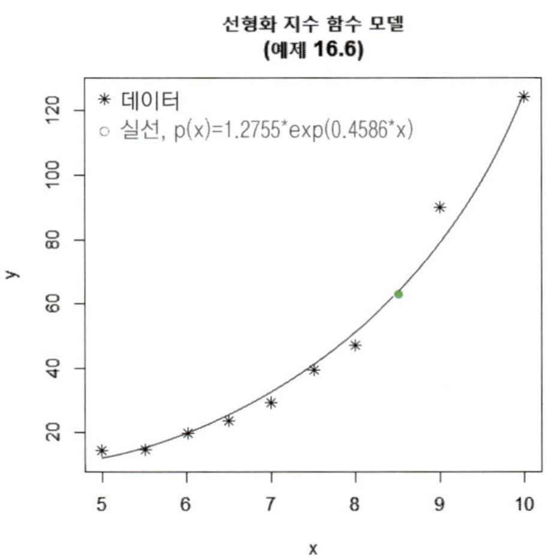

비선형 회귀 모델을 선형화시켜서 최소제곱법으로 결정된 지수함수 회귀 모델 방정식은 $p(x) = 1.278e^{0.4586x}$이며, 결정계수 $R^2 = 0.9948$은 회귀 모델식이 데이터를 바람직하게 대표함을 말해준다. 그리고 $x = 8.5$에서 추정된 y값, $p(8.5) = 63.02$의 결과를 보여준다.

R의 기본 패키지에 포함된 lm() 함수를 이용해도 회귀 모델을 선형화시켜서 최소제곱법으로 결정된 지수 함수 회귀 모델 방정식을 데이터에 접합시킬 수 있다.

```
# lm-z1_ex16-6.R: lm() 함수를 이용한 선형화 지수 함수 모델
# n: 데이터의 수
# x, y: 독립변수, 종속변수
# newx1, newx2: 보간하려는 x 값

# 데이터
x <- c(5.0, 5.5, 6.0, 6.5, 7.0, 7.5, 8.0, 9.0, 10.0)
y <- c(14.62, 15.03, 19.78, 23.97, 29.13, 39.79, 47.27, 90.12, 124.03)

# lm() 함수 실행
expfun.model <- lm(formula= log(y) ~ x)
expfun.model$coeff[1] <- exp(expfun.model$coeff[1])  # 회귀계수(a0) 재해석
expfun.model$coeff
(lntercept)       x
 1.2775392    0.4586421
expfun.model$fit
       1        2        3        4        5        6        7        8        9
2.538146 2.767467 2.996788 3.226110 3.455431 3.684752 3.914073 4.372715 4.831357

summary(expfun.model)
Call:
lm(formula = log(y) ~ x)

Residuals:
     Min        1Q      Median        3Q        Max
-0.083662  -0.057419  -0.012117  -0.001136  0.144244

Coefficients:
             Estimate  Std. Error  t value  Pr(>|t|)
(lntercept)   0.24494   0.13846     1.769   0.12
 x            0.45864   0.01889    24.285   5.11e-08 ***
---
```

```
Signif. codes:  0 '***' 0.001 '**' 0.01 '*' 0.05 '.' 0.1 ' ' 1

Residual standard error: 0.08757 on 7 degrees of freedom
Multiple R-squared:  0.9883,    Adjusted R-squared:  0.9866
F-statistic: 589.8 on 1 and 7 DF,  p-value: 5.111e-08

# 이중 선형 회귀 모델 방정식
newx=8.5
px <- function(newx)
 + expfun.model$coeff[1]*newx^expfun.model$coeff[2]
newy <- px(newx)
newx; newy
[1] 8.5
(lntercept)
  63.02

# 그래프 생성
x.new <- seq(5, 10, length=100)
y.new <- px(x.new)
plot(x.new, y.new, type = "l",
col="blue", xlab = "x", ylab = "y",
main = "lm() 함수를 이용한 지수함수 회귀 모
델\n(예제 16.6)")
lines(x, y, type = "p", pch=8,
col="black")
legend("topleft",legend=c("데이터",
"실선, p(x) = 1.2775*exp(0.4586*x)"),
text.col=c("black","blue"),
pch=c(8,1), col=c("black","blue"))
points(newx, newy, pch=0, col="Red")
```

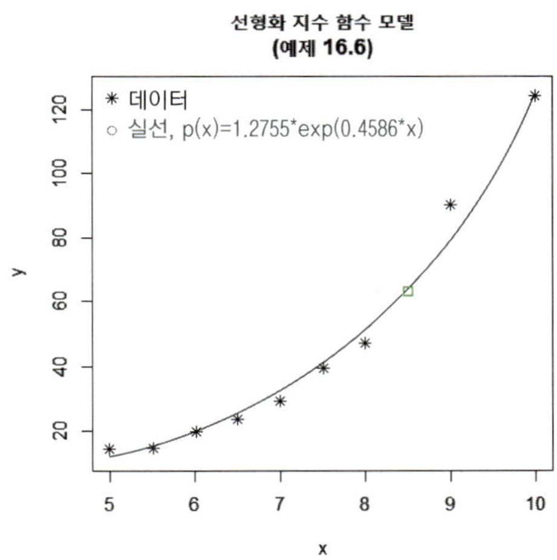

위에서는 지수 방정식을 선형화하고 직선 방정식 회귀 모델을 사용하여 데이터를 회귀시킨 결과를 보여준다. 0.988의 결정계수 R^2값은 데이터가 바람직하게 지수함수 회귀 모델식 $p(x) = 1.2775e^{0.4586x}$에 접합되었다는 것을 말해주며, 0.05보다 작은 p-value 값 5.111e−08은 회귀 모델이 적절하게 설정되었다는 것을 의미한다. 회귀계수에 대한 Pr(|t|) < 0.05 판별기준으로 판단했을 때, x에 대해서만 만족하여 귀무가설은 기각되므로 통계적

으로 절편과 기울기의 상당성이 인정된다. 그리고 절편에 대한 귀무가설이 인정되어 다른 회귀 방정식, 예를 들어 $y=x^a$의 비선형 지수함수 회귀 방정식이 추천된다.

$x=8.5$에서 종속변수 y값은 63.02로 추정되었다. 이 결과는 사용자가 정의한 선형화 지수함수 회귀 모델식으로부터 얻은 결과와 일치한다.

2-2 멱함수 모델

또 다른 회귀 모델로는 화학반응 속도식 등의 데이터가 보여주는 단순한 멱함수가 있으며, 다음과 같이 나타낸다.

$$y = ax^b \qquad \text{[식 16-26]}$$

이 식에서 a와 b는 회귀 과정에서 결정되는 회귀계수이다. 이전과 유사하게 양변에 로그를 취하면 다음과 같은 선형 방정식의 형태를 얻을 수 있다.

$$\log(y) = \log(a) + b\log(x) \qquad \text{[식 16-27]}$$

여기서 log(y)를 새 종속변수 log.y로 놓고, log(a)를 새 절편 log.a로, 그리고 log(x)를 새로운 독립변수 log.x로 놓으면 [식 16-26]은 다음과 같은 직선 방정식으로 변형할 수 있고, 16장 1절에서처럼 선형 회귀 모델을 적용할 수 있다.

$$\log.y = \log.a + b\ \log.x \qquad \text{[식 16-28]}$$

이 식에서 변형된 log.y와 log.a 데이터에 대하여 log.a는 절편으로, b는 기울기로 간주되며, 선형 회귀 모델로 데이터에 접합될 것이다. 단, 선형 회귀 과정에서 얻은 절편과 기울기 값이 a_0, a_1일 때 [식 16-26]에 보이는 상수 a는 10^{a_0}, 기울기 $b=a_1$이라는 사실을 반드시 반영해야 한다.

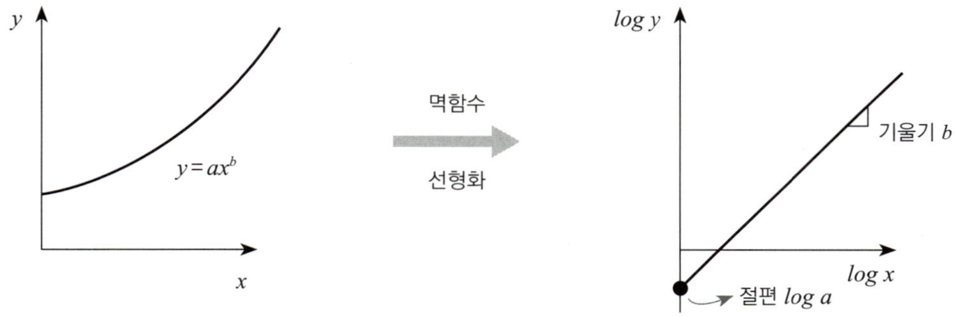

예제 16-7

ax^{bx} 멱함수 모델에 근거하여 데이터를 선형화한 다음, 직선 방정식으로 선형 회귀 분석하라. 그리고 $x=5.5$에서 y값을 추정하라.

x	1	2	3	4	5	6	7	8
y	12.150	1.106	0.265	0.095	0.047	0.022	0.011	0.008

풀이

```
# lin_z2_ex16-7.R: 멱함수 회귀 모델
# n: 데이터의 수
# m: 회귀계수의 수
# x, y: 독립변수, 종속변수
# a, b: 회귀계수
# newx: 보간하려는 x 값
# px: 멱함수 회귀 모델 (a*x^b)
# SSE: 오차제곱합
# S.yx: 추정값의 표준오차
# SST: 총제곱합
# R.sq: 결정계수

x <- 1:8
y <- c(12.150, 1.106, 0.265,0.095, 0.047, 0.022, 0.011, 0.008)

# 통계변수
n <- length(x); m <- 2
log.x <- log10(x); sum.x <- sum(log.x); sum.xsq <- sum(log.x*log.x)
log.y <- log10(y); sum.y <- sum(log.y); sum.ysq <- sum(log.y*log.y)
sum.xy <- sum(log.x*log.y)
```

```
# [식 16-8]과 [식 16-9]를 이용한 회귀변수 계산
a1 <- (n*sum.xy-sum.x*sum.y)/(n*sum.x2-sum.xsq)
a0 <- (sum.y - a1*sum.x)/n
a <- 10^a0 ; b <- a1                # 변수 재해석
round(a, digits=4) ; round(b, digits=4)
[1] 12.754
[1] -3.552

# 모델식에 대한 통계변수: [식 16-4], [식 16-10], [식 16-11], [식 16-12]
SSE<-sum((y - a*x^b)^2)
S.yx <- sqrt(SSE/(n-(m+1)))
SST <- sum.ysq - sum.y^2/n
R.sq <- 1 - SSE/SST
round(SSE, digits=4) ; round(S.yx, digits=4); ; round(R.sq, digits=4)
[1] 0.3654
[1] 13.3875
[1] 0.9727

newx <- 5.5
px <- function(newx) function(newx) a*newx^b  # 멱함수 회귀 모델
newy <- px(newx)
newx; newy
[1] 5.5
[1] 0.02994

# 그래프 생성
x.new <- seq(1, 8, length=100)
y.new <- px(x.new)
plot(x.new, y.new, type = "l",
col="blue", xlab = "x", ylab = "y",
main = "멱함수 회귀 모델\n(예제 16.7)")
lines(x, y, type = "p", pch=16,
col="black")
legend("topright",legend=c("데이터",
"실선, p(x) = 12.754*x^(-3.552)"), text.
col=c("black","blue"), pch=c(16, 1),
col=c("black","blue"))
points(newx, newy, pch=0, col="Red")
```

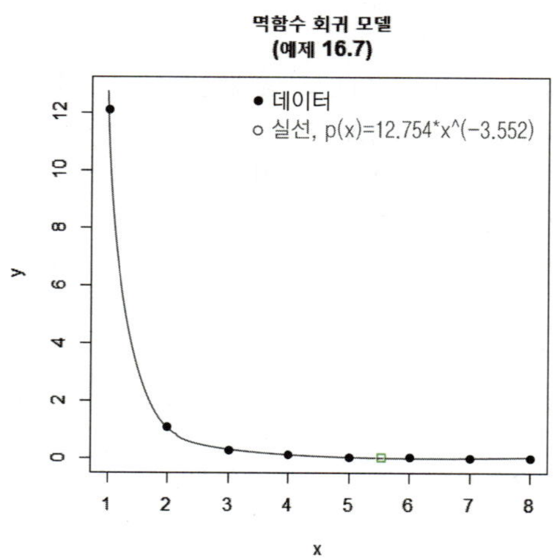

비선형 회귀 모델을 선형화시켜서 최소제곱법으로 결정된 멱함수 회귀 모델 방정식은 $p(x)=12.754x^{-3.552}$이며, 결정계수 $R^2=0.9727$은 회귀 모델식이 데이터에 아주 바람직하게 접합되었다는 것을 의미한다. 그리고 $x=5.5$에서 추정된 y값, $p(5.5)=0.02994$의 결과를 보여준다.

R의 기본 패키지에 포함된 lm() 함수를 이용해도 회귀 모델을 선형화시키고 최소제곱법으로 멱함수 회귀 모델 방정식을 결정하여 데이터를 접합시킬 수 있다.

예제 16-8

R의 기본 패키지에 포함된 lm() 함수를 이용해서 결정된 멱함수 회귀 모델식에 다음 데이터를 접합하라. 그리고 $x=5.5$에서 y값을 추정하라.

x	1	2	3	4	5	6	7	8
y	5.5	25.8	58.66	123.2	198.7	277.8	402.1	523.6

풀이

```
# lm-z2_ex16-8.R: lm() 함수를 이용한 멱함수 회귀 모델
# n: 데이터의 수
# x, y: 독립변수, 종속변수
# px: 멱함수 회귀 모델 (a*x^b)
# sse: 오차제곱합

x <- 1:8
y <- c(5.5, 25.8, 58.66, 123.2, 198.7, 277.8, 402.1, 523.6)
x <- log10(x); y <- log10(y)          # 데이터 변형
```

```
# lm() 함수 실행
power.model<- lm(formula = y ~ x)
a <- 10^power.model$coefficients[1]
b <- power.model$coefficients[2]
a ; b
(Intercept)
   5.5369
 x
   2.1995

Call:
lm(formula = y ~ x)

Residuals:
    Min        1Q      Median     3Q       Max
-0.024377 -0.010770 -0.000337 0.009044 0.023084

Coefficients:
            Estimate Std. Error t value Pr(>|t|)
(Intercept)  0.7433    0.0135     55.2  2.4e-09 ***
 x           2.1995    0.0210    104.9  5.1e-11 ***
---
Signif. codes:  0 '***' 0.001 '**' 0.01 '*' 0.05 '.' 0.1 ' ' 1

Residual standard error: 0.0169 on 6 degrees of freedom
Multiple R-squared:  0.999,	Adjusted R-squared:  0.999
F-statistic: 1.1e+04 on 1 and 6 DF,  p-value: 5.06e-11

# 멱함수 회귀 모델식을 이용한 y 값 추정
newx <- 5.5
px <- function(newx)  a*newx^b
newy <- px(newx)
newx; newy
[1] 5.5
(Intercept)
  235.358
```

```
# 그래프 생성
x <- 10^x ; y <- 10^y          # 원래 데이터로 환원
x.new <- seq(1, 8, length=100)
y.new <- px(x.new)
plot(x.new, y.new, type = "l", col="blue", xlab = "x", ylab = "y", main = "lm() 함수를 이용한 멱함수 회귀 모델\n(예제 16.8)")
lines(x, y, type = "p", pch=16, col="black")
legend("topleft",legend=c("데이터", "실선, p(x) = 5.537*x^2.2"), text.col=c("black","blue"), pch=c(16, 1), col=c("black","blue"))
points(newx, newy, pch=0, col="Red")
```

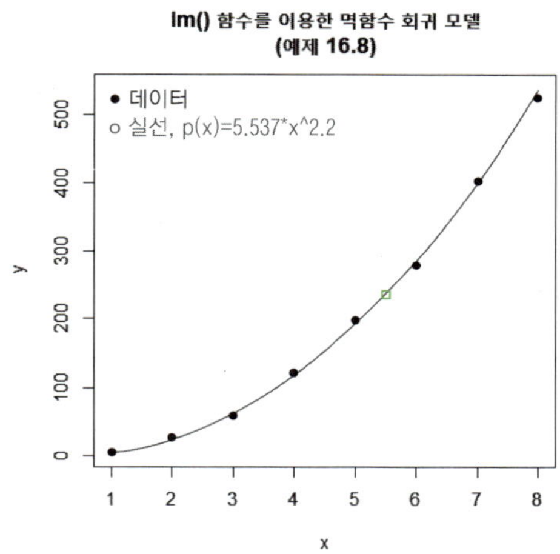

비선형 회귀 모델을 선형화시켜서 최소제곱법으로 결정된 멱함수 회귀 모델 방정식은 $p(x)=5.537x^{2.2}$이며, 0.999의 결정계수 R^2값은 회귀 모델식이 데이터를 아주 바람직하게 대표한다는 것을 의미한다. 회귀계수 a와 b 모두에 대하여 $\Pr(|t|) < 0.05$를 만족하여 귀무가설은 기각되고, 설정된 회귀 모델의 상당성이 인정된다. 그리고 $x=5.5$에서 추정된 y값, $p(5.5)=235.358$이라는 결과를 보여준다.

2-3 포화성장률 함수 모델

포화성장률 함수는 일정 조건에서 인구 성장 예측에 적합한 함수이며, 다음과 같이 표현된다.

$$y = a\frac{x}{x+b} \qquad \text{[식 16-29]}$$

단순하게 역수를 취하면 [식 16-29]는 다음과 같은 직선 방정식으로 변형되어 16장 1절에서처럼 선형 회귀 모델을 적용할 수 있다.

$$\frac{1}{y} = \frac{1}{a} + \frac{b}{a}\left(\frac{1}{x}\right) \qquad \text{[식 16-30]}$$

$1/x$과 $1/y$에 관하여 데이터를 재구성하면, $1/a$은 새로운 절편, b/a는 새로운 기울기로 취급하여 선형 회귀 모델식에 적용할 것이다. 단, 회귀 과정에서 얻은 절편과 기울기 값이 a_0, a_1일 때 [식 16-29]에 보이는 회귀계수 a는 $1/a_0$, 그리고 $b=a_1/a_0$이라는 것을 반드시 기억해야 한다.

예제 16-9

$a\dfrac{x}{x+b}$ 포화성장률 함수 모델에 근거하여 다음 데이터를 재구성하고, 직선 방정식으로 선형 회귀 분석하라. 그리고 $x=6.5$에서 y값을 추정하라.

x	1	2	3	4	5	6	7	8
y	0.247	0.499	0.633	0.903	0.964	1.145	1.218.	1.392

풀이

```
# lin-z3_ex16-9.R: 포화성장률 함수 회귀 모델
# n: 데이터의 수
# m: 매개변수의 수
# x, y: 독립변수, 종속변수
# a0, a1: 절편, 기울기
# newx: 보간하려는 x 값
# px: 포화성장률 함수 회귀 모델
# SSE: 오차제곱합
# S.yx: 추정값의 표준오차
# SST: 총제곱합
# R.sq: 결정계수

x <- 1:8
y <- c(0.247, 0.499, 0.633, 0.903, 0.964, 1.145, 1.218, 1.392)

# 통계변수 계산
n <- length(x); m <- 2
x.over <- 1/x; sum.x <- sum(x.over); sum.xsq <- sum(x.over*x.over)
y.over <- 1/y; sum.y <- sum(y.over); sum.ysq <- sum(y.over*y.over)
sum.xy <- sum(x.over*y.over)

# [식 16-9]와 [식 16-10]을 이용한 변수 계산
a1 <- (n*sum.xy-sum.x*sum.y)/(n*sum.xsq-sum.x^2)
a0 <- (sum.y - a1*sum.x)/n
a <- 1/a0 ; b <- a*a1                # 변수 재해석
round(a, digits=4) ; round(b, digits=4)
```

```
[1] 4.073
[1] 15.33

# 모델식에 대한 통계변수: [식 16-4], [식 16-10], [식 16-11], [식 16-12]
SSE <- sum((y - a*x/(x+b))^2)
S.yx <- sqrt(SSE/(n-(m+1)))
SST <- sum.ysq - sum.y^2/n
R.sq <- 1 - SSE/SST
round(SSE, digits=4); round(S.yx, digits=4); round(R.sq, digits=4)
[1] 0.0105
[1] 0.0459
[1] 0.9988

# x=6.5에서 y 값 추정
newx <- 6.5
px <- function(newx) a*newx/(newx+b)    # 포화성장률 함수 회귀 모델
newy <- px(newx=6.5)
newx; newy
[1] 6.5
[1] 1.213

# 그래프 생성
x.new <- seq(1, 8, length=100)
y.new <- a*x.new/(x.new+b)
plot(x.new, y.new, type = "l",
col="blue", xlab = "년도(year)", ylab =
"y, 인구(population)", main = "포화성장
률 함수 회귀 모델\n(예제 16.9)")
lines(x, y, type = "p", pch=8,
col="black")
legend("topleft",legend=c("데이터", "
실선, p(x)=4.073*(x/(x+15.33))"), text.
col=c("black","blue"), pch=c(8,1),
col=c("black","blue"))
points(newx, newy, pch=16,
col="Red")
```

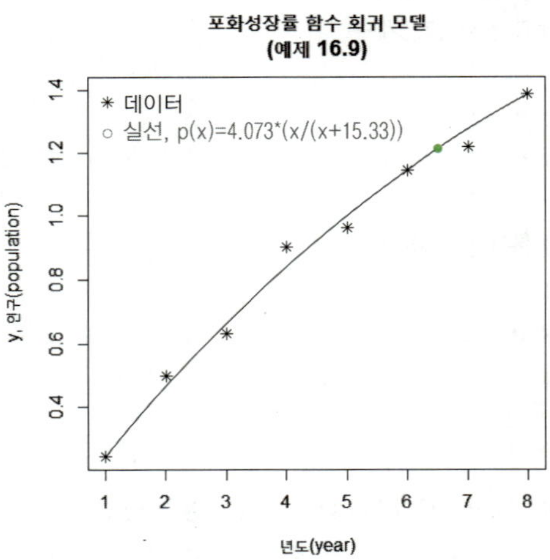

비선형 회귀 모델을 선형화시켜서 최소제곱법으로 결정된 포화성장률 함수 회귀 모델 방정식은 $p(x) = 4.073\left(\frac{x}{x+15.33}\right)$이며, 0.9988의 결정계수 R^2값은 회귀 모델식이 데이터에 매우 바람직하게 접합하였다는 것을 의미한다. 그리고 x=6.5에서 y값을 1.213으로 추정하였다.

예제 16-10

R의 기본 패키지에 포함된 lm() 함수를 사용하여 $a\frac{x}{x+b}$ 포화인구 성장률 함수 모델에 근거한 포화인구 성장률 데이터를 직선 방정식으로 변형한 다음, 선형 회귀 분석하라. 그리고 x=6.5에서 y값을 추정하라.

연도, x	1900	1905	12910	1915	1920	1925	1930	1935
인구, y	76.1	83.8	92.4	100.5	106.5	115.8	123.1	127.3

풀이

```
# lm-z3_ex16-10.R: lm() 함수를 이용한 포화성장률 함수 모델
# x, y: 독립변수, 종속변수
# px: 포화성장률 함수 회귀 모델

year <- seq(1900, 1935, 5)
polulation <- c(76.1, 83.8, 92.4, 100.5, 106.5, 115.8, 123.1, 137.3)
x <- year ; y <- polulation
x <- 1/x ; y <- 1/y

pop.data <- data.frame(x, y)
pop.model <- lm(formula = y ~ x, data=pop.data)
pop.model$coeff
a <- 1/pop.model$coeff[1]
b <- a*pop.model$coeff[2]
round(a, digits=4); round(b, digits=4)
```

```
(Intercept)
 -3.368
(Intercept)
 -1981
#pop.model$fit

summary(pop.model)
Call:
lm(formula = y ~ x, data = pop.data)

Residuals:
      Min         1Q      Median       3Q       Max
-3.492e-04  -1.526e-04  -2.343e-05  1.725e-04  4.157e-04

Coefficients:
             Estimate Std. Error t value Pr(>|t|)
(Intercept)  -0.2969    0.0164    -18.1   1.83e-06 ***
 x          588.3446   31.4545     18.7   1.51e-06 ***
---
Signif. codes:  0 '***' 0.001 '**' 0.01 '*' 0.05 '.' 0.1 ' ' 1
Residual standard error: 0.0002772 on 6 degrees of freedom
Multiple R-squared:  0.9831,    Adjusted R-squared:  0.9803
F-statistic: 349.9 on 1 and 6 DF,  p-value: 1.507e-06

# 포화성장률 함수 모델
newx <- 1923
px <- function(newx)  a*newx/(newx+b)
newy <- px(newx)
newx; newy
[1] 1923
(Intercept)
 110.8

# 그래프 생성
x <- 1/x ; y <- 1/y     # 본래 데이터로 환원
x.new <- seq(1900, 1935, length=100)
y.new <- px(x.new)
plot(x.new, y.new, type = "l", col="blue", xlab = "년도(year)", ylab = "y, 인구",
main = "lm() 함수를 이용한\n포화성장률 함수 회귀모델\n(예제 16.10)")
```

```
lines(x, y, type = "p", pch=8, col="black")
legend("bottomright",legend=c("데이터", "실선, p(x)=-3.368*x/(x-1981)"), text.
col=c("black","blue"), pch=c(8, 1), col=c("black","blue"))
points(newx, newy, pch=16, col="Red")
```

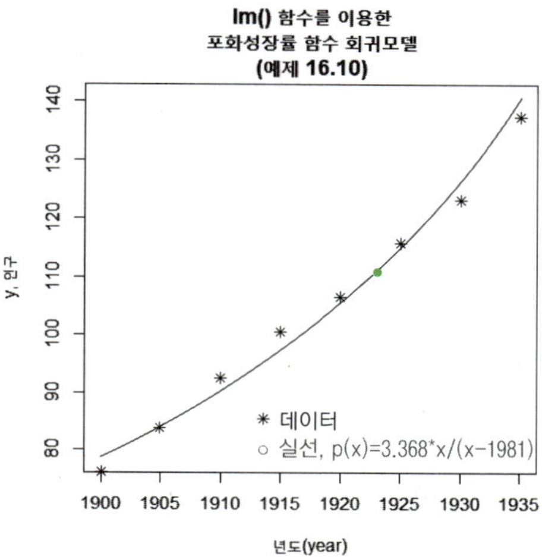

비선형 모델을 선형화시켜서 최소제곱법으로 결정된 포화성장률 함수 회귀 모델 방정식은 $p(x) = -3.368\left(\frac{x}{x-1981}\right)$이며, 결정계수 $R^2=0.983$은 회귀 모델식이 데이터를 바람직하게 표현한다는 것을 의미한다. 회귀계수 a와 b 모두에 대하여 $\Pr(|t|) < 0.05$를 만족하여 귀무가설은 기각되고, 설정된 회귀 모델의 상당성이 인정된다. 그리고 1923년 인구는 110.8명으로 추정되었다.

3 다항식 회귀 모델

16장 2절에서 직선을 나타내는 선형 모델을 이용하여 데이터를 회귀시키는 방법을 알아보았다. 그러나 선형 모델을 가지고 데이터의 특징을 충분히 나타낼 수 없는 경우도 많다. 이런 경우에 16장 1절의 변환을 통한 선형화 방법, 또는 다항식을 이용하는 방법이 있다. 이 절에서는 다항식 모델을 사용하여 데이터를 회귀시키는 방법을 다룰 것이다. 이런 방법을 다항식 회귀 분석(polynomial regression analysis)이라고 한다.

선형 회귀 모델식은 쉽게 다항식으로 확장되어 최소제곱법에 적용될 수 있다. 예를 들어, 2차 방정식을 데이터에 접합하려는 경우에는 다음과 같이 표현할 수 있다.

$$p(x) = a_0 + a_1 x + a_2 x^2 \qquad \text{[식 16-31]}$$

이런 경우, 실제값과 추정값 사이의 오차제곱합은 다음과 같이 나타낼 수 있다.

$$SSE = \sum_{i=1}^{n} e_i^2 = \sum_{i=1}^{n} [y_i - p(x_i)]^2 = \sum_{i=1}^{n} [y_i - a_0 - a_1 x_i - a_2 x_i^2]^2$$

[식 16-32]

회귀계수 a_0, a_1, a_2 값들을 구하려면 SSE 값이 최소화되기 위한 필요조건으로 각각의 회귀계수에 대한 편미분 값들이 0이어야 하며, 다음과 같이 표현할 수 있다.

$$\frac{\partial SSE}{\partial a_0} = -2\sum_{i=1}^{n} \left[\left(y_i - a_0 - a_1 x_i - a_2 x_i^2\right) \right] = 0$$

$$\frac{\partial SSE}{\partial a_1} = -2\sum_{i=1}^{n} \left[x_i \left(y_i - a_0 - a_1 x_i - a_2 x_i^2\right) \right] = 0$$

$$\frac{\partial SSE}{\partial a_2} = -2\sum_{i=1}^{n} \left[x_i^2 \left(y_i - a_0 - a_1 x_i - a_2 x_i^2\right) \right] = 0 \qquad \text{[식 16-33]}$$

회귀계수 a_0, a_1, a_2 값들을 구하기 위해 정규 방정식의 형태로 정리하면 다음과 같이 나타낼 수 있다.

$$
\begin{aligned}
(n)\ a_0 + \left(\sum_{i=1}^{n} x_i\right) a_1 + \left(\sum_{i=1}^{n} x_i^2\right) a_2 &= \sum_{i=1}^{n} y_i \\
\left(\sum_{i=1}^{n} x_i\right) a_0 + \left(\sum_{i=1}^{n} x_i^2\right) a_1 + \left(\sum_{i=1}^{n} x_i^3\right) a_2 &= \sum_{i=1}^{n} x_i y_i \\
\left(\sum_{i=1}^{n} x_i^2\right) a_0 + \left(\sum_{i=1}^{n} x_i^3\right) a_1 + \left(\sum_{i=1}^{n} x_i^4\right) a_2 &= \sum_{i=1}^{n} x_i^2 y_i
\end{aligned}
\qquad \text{[식 16-34]}
$$

[식 16-34]는 3개의 회귀계수(a_0, a_1, a_2)를 갖는 3개의 선형 방정식들로 구성된 연립 방정식 시스템을 이룬다. [식 16-34]를 계수행렬이 C이며 상수 열 벡터가 b인 $Ca=b$ 형태의 행렬식으로 취급하고, 선형 시스템의 해찾기를 참고하여 연립 방정식의 해를 구할 수 있다면, 이로부터 결정되는 2차 회귀 모델을 데이터에 접합시킬 수 있다.

직선 방정식이 2차 다항식으로 확장된 것처럼, m차 회귀 모델을 결정할 수 있도록 m차 다항식으로 쉽게 확장될 수 있으며, 다음과 같이 표현할 수 있다.

$$p(x)= a_0 + a_1 x + a_2 x^2 + \cdots + a_m x^m \qquad \text{[식 16-35]}$$

[식 16-35]를 구성하는 m개의 회귀계수를 구하는 문제는 $(m+1)$개의 선형 연립 방정식 시스템의 해를 구하는 문제로 간주된다. m차 다항식으로 데이터를 접합시키는 경우, 회귀 모델에 대한 표준오차는 다음 공식으로 정의된다.

$$s_{y/x,x^2,\ldots,x^m} = \sqrt{\frac{SSE}{n-(m+1)}} \qquad \text{[식 16-36]}$$

여기서 SSE는 오차제곱을 최소화하는 과정에서 $(m+1)$개의 변수(a_0, a_2, $\cdots$, a_m)로부터 결정되며, 이에 따라 $(m+1)$개의 자유도를 감소시키므로 $n-(m+1)$로 나누어서 표준편차가 계산되는 것을 알 수 있다. 다항식 회귀 모델에 데이터를 접합시킬 때도 결정계수 R^2값은 회귀 모델의 추정 정확도를 판단할 때 활용된다.

예제 16-11

다음 데이터를 2차 다항식 회귀 모델에 접합하라. 그리고 $x=3.5$에서 y값을 추정하라.

x	0	1	2	3	4	5	6	7	8
y	2.10	4.27	10.04	15.41	25.38	35.95	69.12	71.89	92.26

풀이

```
# lsm_poly2_ex16-11.R: 2차 다항식 회귀 모델
# n: 데이터의 수
# m: 다항식 모델의 차수
# x, y: 독립변수, 종속변수
# a0, a1, a2: 다항식의 변수, a0+a1x+a2*x^2
# newx: 보간하려는 x 값
# px: 2차 다항식 회귀 모델
# SSE: 오차제곱합
# S.yx: 추정값의 표준오차
# SST: 총제곱합
# R.sq: 결정계수

x <- c(0:8)
y <- c(2.10, 4.27, 10.04, 15.41, 25.38, 35.95, 69.12, 71.89, 92.26)
n <- length(x); m <- 3
sum.x <- sum(x); sum.xsq <- sum(x*x);
sum.xcu <- sum(x^3); sum.xqu <- sum(x^4)
sum.y <- sum(y); ; sum.ysq <- sum(y*y)
sum.xy <- sum(x*y); sum.x2y <- sum(x^2*y)

# 행렬식
A <- matrix(c(n,      sum.x,    sum.xsq,
        sum.x,    sum.xsq,   sum.xcu,
        sum.xsq,  sum.xcu,   sum.xqu), nrow=3)
b <- matrix(c(sum.y, sum.xy, sum.x2y), nrow=3)

coef <- solve(A, b)
a0 <- coef[1]; a1 <- coef[2]; a2 <- coef[3]
round(a0, digits=4); round(a1, digits=4); round(a2, digits=4)
[1] 1.185
```

```
[1] 1.65
[1] 1.257

# 모델식에 대한 통계변수: [식 16-4], [식 16-10], [식 16-11], [식 16-12]
SSE <- sum((y - a0 - a1*x - a2*x^2)^2)
S.yx <- sqrt(SSE/(n-(m+1)))
SST <- sum.ysq - sum.y^2/n
R.sq <- 1 - SSE/SST
SSE; S.yx; R.sq
[1] 211.7
[1] 6.507
[1] 0.9763

newx <- 3.5
px <- function(newx) a0+a1*newx+a2*newx^2   # 2차 다항식 회귀 모델
newy <- px(newx)
newx; newy
[1] 3.5
[1] 22.35

# 그래프 생성
x.new <- seq(0.0, 8.0, length=100)
y.new <- a0 + a1*x.new + a2*x.new^2
plot(x.new, y.new, type = "l",
col="blue", xlab = "x", ylab = "y",
main = "2차 다항식 회귀 모델\n(예제 16.11)")
lines(x, y, type = "p", pch=8,
col="black")
legend("topleft",legend=c("데이터", "
실선, p(x)=1.185+ 1.65*x + 1.257*x^2"),
text.col=c("black","blue"), pch=c(8,
1), col=c("black","blue"))
points(newx, newy, col="Red", pch=16)
```

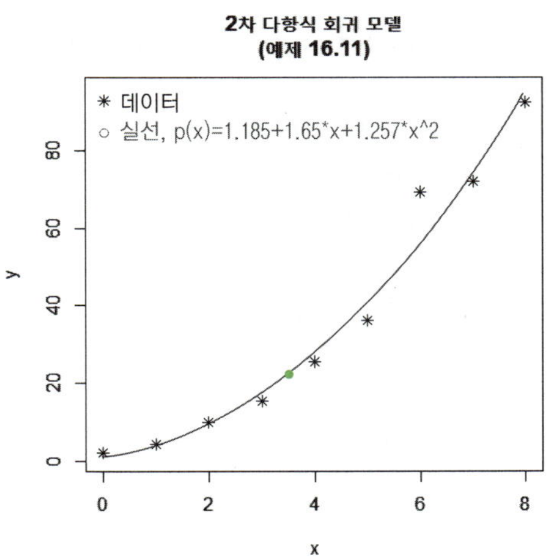

2차 함수에 최소제곱법을 적용하여 결정된 2차 다항식 회귀 모델 방정식은 $p(x) = 1.185 + 1.65x + 1.257x^2$이며, 0.9763의 결정계수 R^2값은 다항식 회귀 모델식이 데이터를 아주 바람직하게 표현한다는 것을 의미한다. $x = 3.5$에서 y값은 22.35로 추정하였다.

다음은 R의 기본 라이브러리에 포함된 lm() 함수를 이용해서 데이터를 접합시킬 수 있는 다항식 회귀 모델을 구성한 예를 보여준다.

예제 16-12

다음은 바람이 마라토너에게 미치는 영향력을 보여주는 데이터로, 풍속이 양이면 등 뒤에서 불어오는 바람을 의미하고, 음이면 앞에서 불어오는 바람을 의미한다. 즉 제동 시간의 변화가 양이면 마라토너에게 도움을 주고, 음이면 방해한다는 의미이다. R 기본 패키지에 포함된 lm() 함수를 이용하여 다음 데이터를 2차와 3차 다항식 회귀 모델로 접합하라. 그리고 역방향 풍속이 1.0 *m/s*일 때 마라토너가 받는 제동 시간의 변화를 추정하라.

풍속, m/s	−6	−4	−3	0	2	4	6
제동 시간, s	2.28	1.42	0.67	0	−0.57	−1.05	−1.42

풀이

```
# lsm_2ndQuad_ex16-12.R: 2차 다항식 회귀 모델
# n: 데이터의 수
# m: 다항식 모델의 차수
# x, y: 독립변수, 종속변수
# a0, a1, a2: 회귀계수, a0+a1*x+a2*x^2
# newx: 보간하려는 x 값
# px: 2차 다항식 회귀 모델

# 데이터
x <- c(-6, -4, -2, 0, 2, 4, 6)
y <- c(2.18, 1.22, 0.88, 0, -0.42, -1.25, -1.32)

new_x2 = cbind(x, x^2)
quad.model <- lm(y ~ new_x2)
# quad.model$fit
quad.model$coef
(lntercept)   new_x2x   new_x2
   0.04524    -0.29893  0.00869
```

```
summary(quad.model)
Call:
lm(formula = y ~ new_x2)

Residuals:
   1       2       3       4       5       6       7
 0.0283 -0.1600  0.2021 -0.0452  0.0979 -0.2386  0.1155

Coefficients:
             Estimate  Std. Error t value  Pr(>|t|)
(Intercept)  0.04524    0.11148     0.41    0.71
 new_x2x    -0.29893    0.01825   -16.38    8.1e-05 ***
 new_x2      0.00869    0.00527     1.65    0.17
---
Signif. codes:  0 '***' 0.001 '**' 0.01 '*' 0.05 '.' 0.1 ' ' 1

Residual standard error: 0.193 on 4 degrees of freedom
Multiple R-squared:  0.985,     Adjusted R-squared:  0.978
F-statistic:  136 on 2 and 4 DF,  p-value: 0.000211

# 2차 다항식 회귀 모델
newx <- 1.0
px <- function(newx)
 quad.model$coef[1] + quad.model$coef[2]*newx + quad.model$coef[3]*newx^2
newy <- px(newx)
newx; newy
[1] 1
(Intercept)
 -0.245

# 그래프 생성
x.new <- seq(-6, 6, length=100)
y.new <- px(x.new)
plot(x.new, y.new, type = "l", col="blue", xlab = "풍속 (m/s)", ylab = "제동 시간(s)
", main = "2차 다항식 회귀 모델\n(예제 16.12)")
lines(x, y, type = "p", pch=16, col="black")
legend("topright",legend=c("데이터", "실선, p(x)=0.04525-0.29863x+0.00869x^2"),
text.col=c("black","blue"), pch=c(16, 1), col=c("black","blue"))
points(newx, newy, pch=0, col="Red")
```

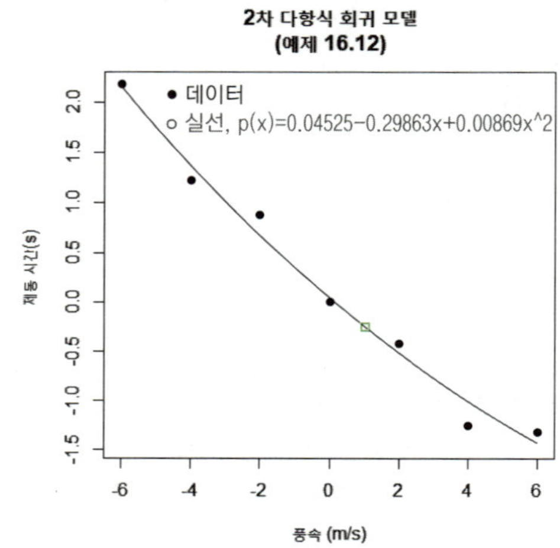

2차 방정식에 최소제곱법을 적용해서 결정된 다항식 회귀 모델 방정식은 $p(x) = 0.04525 - 0.29893x + 0.00869x^2$이며, 결정계수 $R^2 = 0.985$는 회귀 모델식이 데이터를 아주 바람직하게 표현한다는 것을 의미한다. 그러나 상수항 회귀계수에 대한 귀무가설이 인정되기 때문에 1차 선형 회귀 모델을 적용하면 2차 함수 모델과 비교할 만한 결과를 얻을 것이라는 것을 암시한다. 그리고 p-value = 0.000211 < 0.05 값은 회귀 모델식의 정확성이 인정된다고 해석할 수 있다. 또한 풍속이 1.0 *m/s*일 때 제동 시간의 변화가 –0.245로 추정되어 달리던 마라토너가 정지하는 데 걸리는 시간은 등 뒤에서 부는 바람의 영향으로 대략 0.245초 늦어질 것으로 추정하였다.

예제 16-13

lm() 함수를 이용하여 다음 데이터에 3차 다항식 회귀 모델식을 접합하라. 그리고 결정된 회귀 모델식을 이용하여 $x = 5.5$에서 y값을 추정하라.

x	0	1	2	3	4	5	6	7	8	9
y	1.33	6.11	26.3	49.8	95.8	157.5	193.4	224.5	235.4	250.7

풀이

```
# lsm_3rdCubic_ex16-13.R : lm() 함수를 이용한 3차 다항식 회귀 모델
# x, y: 독립변수, 종속변수
# px: 3차 다항식 회귀 모델

# 데이터
x <- c(0, 1, 2, 3, 4, 5, 6, 7, 8, 9)
y <- c(1.33, 6.11, 26.3, 49.8, 95.8, 157.5, 193.4, 224.5, 235.4, 250.7)

new_x3 = cbind(x, x^2, x^3)
cubic.model <- lm(y ~ new_x3)
cubic.model$coefficients
(lntercept)   new_x3x     new_x3     new_x3
  2.5323217  -11.3045921 12.7652914  -0.9451282
summary(cubic.model)
Call:
lm(formula = y ~ new_x3)

Residuals:
  Min     1Q  Median   3Q    Max
-9.769  -4.253 1.328   3.235  10.499

Coefficients:
             Estimate Std. Error t value  Pr(>|t|)
(lntercept)   2.5323    6.9781     0.363   0.729123
 new_x3x    -11.3046    7.1031    -1.591   0.162603
 new_x3      12.7653    1.8973     6.728   0.000525 ***
 new_x3      -0.9451    0.1383    -6.832   0.000483 ***
---
Signif. codes:  0 '***' 0.001 '**' 0.01 '*' 0.05 '.' 0.1 ' ' 1

Residual standard error: 7.688 on 6 degrees of freedom
Multiple R-squared:  0.996,     Adjusted R-squared:  0.994
F-statistic: 501.5 on 3 and 6 DF,  p-value: 1.369e-07
```

```
# 3차 다항식 회귀 모델
newx <- 5.5
px <- function(newx)
 cubic.model$coefficients[1] + cubic.model$coefficients[2]*newx + >
cubic.model$coefficients[3]*newx^2 + cubic.model$coefficients[4]*newx^3
newy <- px(newx)
newx; newy
[1] 5.5
(lntercept)
 169.2614

# 그래프
x.new <- seq(0, 9, length=100)
y.new <- px(x.new)
plot(x.new, y.new, type = "l",
ylim=c(0.8,300.0), col="blue",
xlab = "x", ylab = "y ", main = "3차
다항식 회귀 모델\n(예제 16.13)")
lines(x, y, type = "p", pch=16,
col="black")
legend("topleft",legend=c("
데이터", "실선, p(x) =
2.5323-11.3046x+12.7653x^2-
0.9451x^3"), text.
col=c("black","blue"),
pch=c(16,0), col=c("black","blue"))
points(newx, newy, pch=2, col="Red")
```

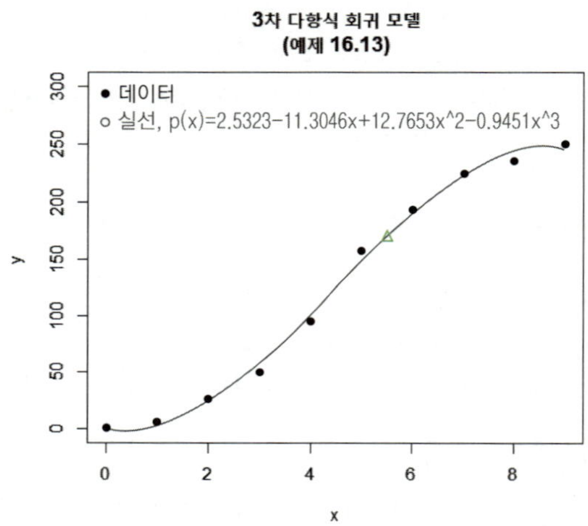

최소제곱법을 3차 방정식에 적용해서 결정된 다항식 회귀 모델 방정식은 $p(x)=2.5323 - 11.3046x + 12.7653x^2 - 0.9451x^3$이며, 0.996의 결정계수 R^2값은 회귀 모델식이 데이터에 아주 바람직하게 접합하였다는 것을 의미한다. p-value = 1.37e - 07 < 0.05 값은 회귀 모델식의 정확성이 우수하다는 것을 암시하며, $x=5.5$일 때 y값은 169.2614로 추정되었다.

4 비선형 회귀 모델

16장 3절에서는 2차와 3차 다항식 회귀 모델을 이용하여 데이터를 회귀시키는 방법에 대해 알아보았다. 이 절에는 선형화하지 않은 비선형 함수를 회귀 모델로 선정하고, 데이터를 가장 잘 대표할 수 있는 비선형 회귀 모델 방정식을 구축하는 방법을 다룰 것이다. 구체적으로 실제값과 추정값 사이 오차제곱합을 최소화시키는 최소제곱법을 이용하여 회귀계수를 얻는 방법을 공부한다. 예를 들어 다음과 같은 비선형 함수를 고려해보자.

$$y = a_0 \left(1 - e^{-a_1 x}\right) \qquad \text{[식 16-37]}$$

여기서 회귀계수 a_0, a_1은 최소제곱법을 이용하여 비선형 회귀 모델을 수립하는 과정에서 모든 데이터를 가장 우수하게 접합할 때 결정된다. 회귀 모델의 정확성을 판별하는 기준으로 오차제곱합을 사용한다면 다음과 같이 쓸 수 있다.

$$SSE = \sum_{i=1}^{n} \left[y_i - a_0\left(1 - e^{a_1 x_i}\right)\right]^2 \qquad \text{[식 16-38]}$$

오차제곱합이 최소화되는 필요조건을 만족할 때, 즉 각 회귀계수에 대한 오차제곱합의 편미분 값이 0일 때 a_0과 a_1이 구해진다.

$$\frac{\partial SSE}{\partial a_0} = 0, \text{ 그리고 } \frac{\partial SSE}{\partial a_1} = 0 \qquad \text{[식 16-39]}$$

2개의 매개변수를 포함하는 2개의 방정식으로 구성된 [식 16-7]과 유사한 정규 방정식으로 표현될 때 행렬식(비선형 방정식 시스템)의 해가 곧 회귀계수 a_0, a_1의 값으로 해석된다. 일반적으로 비선형 방정식 시스템을 수치적으로 최적화하면 손쉽게 근사해를 구할 수 있다.

R 기본 패키지에 포함된 nls() 함수를 이용하면 대부분의 비선형 함수로부터 비선형 회

귀 모델의 회귀변수들을 결정해서 데이터를 접합할 수 있다. 다음은 nls() 함수를 이용한 비선형 회귀 모델을 구하는 예제이다.

예제 16-14

회귀계수 a_0과 a_1을 포함하는 비선형 모델 방정식 $p(x)=a_0\left(1-e^{-a_1 x}\right)$를 이용하여 다음 데이터를 회귀 분석하라. 그리고 $x=5.5$일 때 y값을 추정하라.

x	1	2	3	4	5	6	7	8	9	10
y	1.44	4.08	6.26	7.88	10.8	15.7	18.9	23.3	29.5	33.7

풀이

```
#nls_ex16-14.R : 비선형 회귀 모델
#x, y: 독립변수, 종속변수
#px: 비선형 회귀 모델, a0(1-exp(a1*x))

#데이터
x <- 1:10
y <- c(1.44, 4.08, 6.26, 7.88, 10.8, 15.7, 18.9, 23.3, 29.5, 33.7)
nls.data <- data.frame(x, y)

#nls() 함수 실행
nl.model <- nls(y ~ a0*(1 - exp(- a1 * x)), data=nls.data, start=list(a0 = 1, a1
= -1))
coef(nl.model)
    a0       a1
-12.0120 -0.1351

a0 <- coef(nl.model)[1]; a1 <- coef(nl.model)[2]
summary(nl.model)       #predict(nl.model)     #residuals(nl.model)
Formula: y ~ a0 * (1 - exp(-a1 * x))
```

```
Parameters:
   Estimate Std. Error t value Pr(>|t|)
a0 -12.01199   1.45780    -8.24  3.5e-05 ***
a1  -0.13511   0.00973   -13.88  7.0e-07 ***
---
Signif. codes: 0 '***' 0.001 '**' 0.01 '*' 0.05 '.' 0.1 ' ' 1

Residual standard error: 0.648 on 8 degrees of freedom

Number of iterations to convergence: 17
Achieved convergence tolerance: 3.23e-07

# 비선형 회귀 모델
newx <- 5.5
px <- function(newx)
   a0*(1 - exp(-a1*newx))
newy <- px(newx)
newx; newy
[1] 5.5
  a0
13.24

# 그래프 생성
x.new <- seq(1.0, 10.0, length=100)
y.new <- px(x.new)
plot(x.new, y.new, type = "l",
col="blue", xlab = "x", ylab =
"y", main = "비선형 회귀 모델\n(예제
16.14)")
lines(x, y, type = "p", pch=16,
col="black")
legend("topleft",legend=c("
데이터", "실선, p(x)=-12.012(1-
exp(0.1351x))"), text.
col=c("black","blue"),
pch=c(16,0),
col=c("black","blue"))
points(newx, newy, pch=0,
col="Red")
```

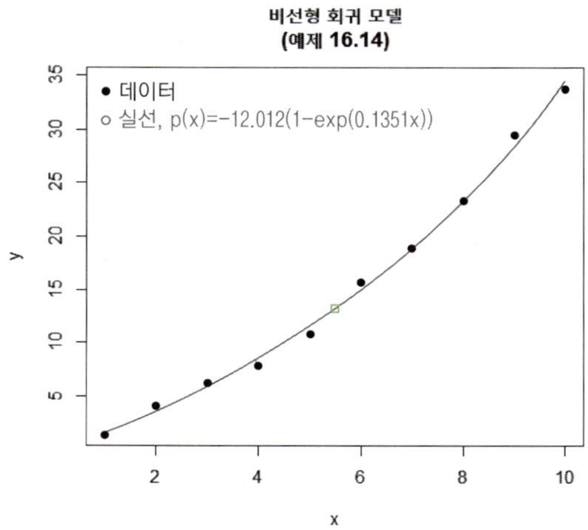

비선형 함수 $a_0(1-e^{-a_1 x})$에 최소제곱법을 적용했을 때, 3.23e-07의 수렴 허용 오차에 도달할 때까지 17번의 반복과정을 거친 후에 $p(x)=-12.012(1-e^{0.1351\,x})$의 비선형 회귀 모델 방정식이 결정되었다. 회귀변수 a_0, a_1 모두에 대한 귀무가설이 기각되어 설정된 비선형 회귀 모델의 상당성이 인정된다. 0.648의 잔차 표준오차는 회귀 모델식이 데이터를 적절하게 표현했다는 것을 의미한다. 그리고 $x=5.5$일 때 y값이 13.24로 추정되었다.

예제 16-15

3개의 회귀계수 a_0, a_1, a_2를 포함하는 비선형 모델 방정식 $p(x)=a_0 e^{a_1 x}(1-a_2 x)$를 이용하여 다음 데이터를 회귀 분석하라. 그리고 $x=5.5$일 때 y값을 추정하라.

x	1	2	3	4	5	6	7	8	9	10
y	0.98	-2.58	-8.70	-14.95	-24.48	-39.26	-58.34	-82.15	-115.3	-160.4

풀이

```
# nls_ex6-15.R: lm 함수를 이용한 비선형 회귀 모델
# x, y: 독립변수, 종속변수
# px: 비선형 회귀 모델, a0*x^bexp(-a1*x)(1-a2*x)

# 데이터
x <- 1:10
y <- c(0.98, -2.58, -8.7, -14.95, -24.48, -39.26, -58.34, -82.15, -115.3, -160.4)
nls.data <- data.frame(x, y)

# nls() 함수 실행
nl.model <- nls(y ~ a0*exp(-a1*x)*(1-a2*x), data=nls.data, start=list(a0=1,
a1= -1, a2=1))
coef(nl.model)
      a0        a1       a2
-2.36069 -0.55683 0.07421
a0 <- coef(nl.model)[1]; a1 <- coef(nl.model)[2]; a2 <- coef(nl.model)[3]
```

```
summary(nl.model)
Formula: y ~ a0 * exp(-a1 * x) * (1 - a2 * x)

Parameters:
  Estimate Std. Error t value Pr(>|t|)
a0 -2.36069   0.44823    -5.27   0.0012 **
a1 -0.55683   0.03513   -15.85  9.6e-07 ***
a2  0.07421   0.00459    16.15  8.5e-07 ***
---
Signif. codes:  0 '***' 0.001 '**' 0.01 '*' 0.05 '.' 0.1 ' ' 1
Residual standard error: 2.8 on 7 degrees of freedom
Number of iterations to convergence: 12
Achieved convergence tolerance: 5.58e-06

predict(nl.model)              # residuals(nl.model)
 [1]  -3.814  -6.122  -9.753 -15.396 -24.033 -36.992 -55.920 -82.518
 [9] -117.706 -159.517

# 비선형 회귀 모델
newx <- 5.5
px <- function(newx)
 a0*exp(-a1*newx)*(1 - a2*newx)
newy <-px(newx)
newx; newy
[1] 5.5
  a0
-29.88

# 그래프 생성
x.new <- seq(1.0, 10.0, length=100)
y.new <- px(x.new)
#
plot(x.new, y.new, type = "l", col="blue", xlab = "x", ylab = "y", main = "비선형
회귀 모델\n(예제 16.15)")
lines(x, y, type = "p", pch=16, col="black")
legend("bottomleft",legend=c("데이터", "실선, p(x)=-2.36*exp(0.5568*x)(1-
0.07421x)"), text.col=c("black","blue"), pch=c(16,0), col=c("black","blue"))
points(newx, newy, cex=1.5, pch=1, col="Red")
```

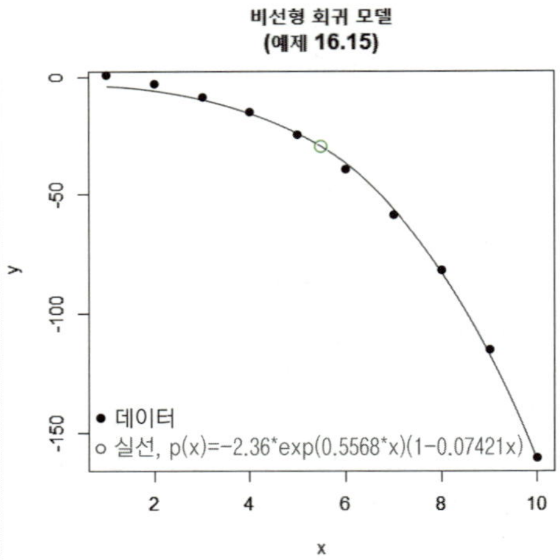

비선형 함수 $a_0 e^{a_1 x}(1-a_2 x)$에 최소제곱법을 적용했을 때, 5.558e-06의 수렴 허용 오차에 도달할 때까지 12번의 반복과정을 거친 후에 $p(x)= -2.36e^{0.5568}(1-0.07421x)$의 비선형 회귀 모델 방정식이 결정되었다. 3개의 회귀변수 a_0, a_1, a_2에 대하여 귀무가설이 모두 기각되어 설정된 비선형 회귀 모델의 상당성이 인정된다. 2.8의 잔차 표준오차로 회귀 모델식이 데이터를 매우 바람직하게 표현했다고 판단할 수 있다. 그리고 x=5.5일 때 y값은 −29.88로 추정하였다.

예제 16-16

Antoine 증기압식 $\ln P[kPa]=A-B/(T[°C]+C)$로 정의된다. 3개의 회귀계수 A, B, C를 포함하는 비선형 회귀 모델 방정식으로 다음 증기압 데이터를 회귀 분석하라. 그리고 T=20°C(293.15K)에서 증기압을 추산하라

T[°C]	−18.5	−9.5	0.2	10.8	23.1	32.7	44.4	52.1	63.3	75.5
P[kPa]	3.18	5.48	9.45	16.9	28.2	41.9	66.6	89.5	129.0	187.0

풀이

```
# nls_ex16-16.R : Antoine 증기압식 비선형 회귀 모델
# x, y: 독립변수, 종속변수
# px: 비선형 회귀 모델: Antoine 증기압식 ln P[kPa] = A - B/(T[K]+C)

# 데이터
T <- c(-18.5, -9.5, 0.2, 10.8, 23.1, 32.7, 44.4, 52.1, 63.3, 75.5)
P <- c(3.18, 5.48, 9.45, 16.9, 28.2, 41.9, 66.6, 89.5, 129.0, 187.0)
T <- T + 273.15; P <- log(P)
vap.data <- data.frame(T, P)

# nls() 함수 실행
vap.model <- nls(P ~ A - B/(T + C), data=vap.data, start=list(A = 4, B = -5, C=
-30))
coef(vap.model)
         A          B          C
  13.82873 2514.93603 -56.16163

summary(vap.model)   # predict(nl.model)
Formula: P ~ A - B/(T + C)

Parameters:
  Estimate Std. Error t value  Pr(>|t|)
A  13.8287     0.4529   30.535  1.04e-08 ***
B 2514.9360  216.9436   11.593  8.01e-06 ***
C  -56.1616    10.2013   -5.505  0.000901 ***
---
Signif. codes:
0 '***' 0.001 '**' 0.01 '*' 0.05 '.' 0.1 ' ' 1

Residual standard error: 0.01881 on 7 degrees of freedom

Number of iterations to convergence: 20
Achieved convergence tolerance: 5.739e-07

residuals(nl.model)
 [1] -0.0014022704 -0.0067706352 -0.0031987772
 [4]  0.0392540784 -0.0143635768 -0.0211434019
 [7] -0.0085706499  0.0116442164  0.0037572584
```

```
[10] 0.0007937545
attr(,"label")
[1] "Residuals"

# 비선형 회귀 모델
newT <- 293.15
px <- function(newT)
 exp(coef(vap.model)[1] - coef(vap.model)[2]/(newT + coef(vap.model)[3]))
newP <- px(newT)
newT; exp(newP)
[1] 293.15
   A
24.94475

# 그래프 생성
T.new <- seq(250, 350, length=100)
P.new <- px(T.new)
plot(T.new, exp(P.new), ylim=c(0,250),
type = "l", col="blue", xlab = "T(K)",
ylab = "P[kPa] ", main = "Antoine 증기압
식 회귀 모델\n(예제 16.16)")
lines(T, exp(P), type = "p", pch=16,
col="black")
legend("topleft",legend=c("데이
터", "실선, y = exp(13.83-2514.94/(T-
56.16))"), text.col=c("black","blue"),
pch=c(16,1), col=c("black","blue"))
points(newT, exp(newP), pch=1,
col="Red")
```

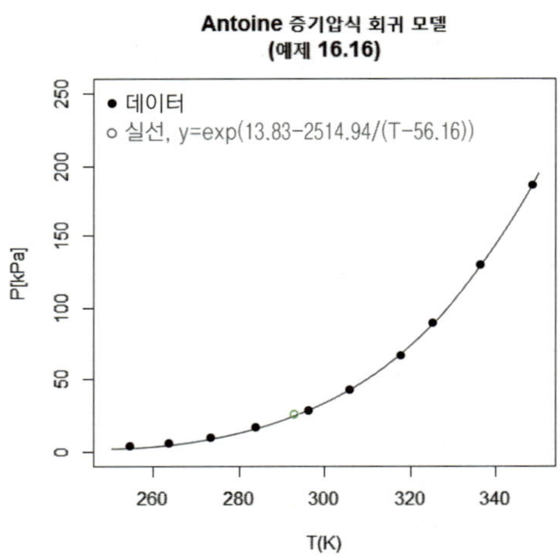

비선형 Antoine 증기압식 $\ln P[kPa] = A - B/(T[K] + C)$에 최소제곱법을 적용했을 때, 5.739e−07의 수렴 허용 오차에 도달할 때까지 20번의 반복과정을 거친 후에 $P[kPa] = e^{13.83-2514.94/(T(K)-56.16)}$의 비선형 회귀 모델 방정식이 결정되었다. 3개의 회귀변수 A, B, C 모두에 대하여 귀무가설이 기각되어 설정된 비선형 회귀 모델의 상당성이 인정된다. 0.01881의 잔차 표준오차 값으로부터 회귀 모델식이 데이터를 바람직하게 접합했다고 판단할 수 있다. 그리고 T=20°C−193.15K에서 $P[kPa]$=24.94475로 추정되었다.

실전 문제

Q1. 다음 데이터를 직선 방정식으로 선형 회귀 분석하라. 그리고 접합된 직선 방정식을 이용하여 $x=3.5$에서 y값을 추정하라. 사용자가 직접 정의한 함수를 이용하여 같은 작업을 반복하라.

x	1	2	3	4	5	6	7
y	0.332	0.113	−0.112	−0.367	−0.541	−0.822	−1.012

Q2. R의 기본 패키지에 포함된 lm() 함수를 이용하여 다음 데이터를 직선 방정식으로 선형 회귀 분석하라. 그리고 접합된 직선 방정식을 이용하여 $x=3.5$에서 y값을 추정하라.

x	1	2	3	4	5	6	7	8
y	10.47	8.7	7.76	5.89	3.15	3.04	0.073	−0.49

Q3. 다음 데이터를 이중 선형 회귀 모델식에 접합하고 $x_1=300$, $x_2=0.5$일 때 y값을 추정하라.

x_1	293.15	298.15	305.05	313.15	333.15	353.15	383.15	410.15
x_2	0.984	0.827	0.738	0.626	0.524	0.413	0.323	0.232
y	110.3	270.5	356.9	462.9	518.4	641.3	722.5	877.4

Q4. R의 기본 패키지에 포함된 lm() 함수를 이용하여 다음 데이터를 이중 선형 회귀 모델에 접합하라. 그리고 $x_1=50$, $x_2=0.5$일 때 y값을 추정하라.

x_1	11.3	27.5	35.7	46.3	51.8	64.1	72.3	87.7
x_2	0.984	0.827	0.738	0.626	0.524	0.413	0.323	0.232
y	−43.4	−129.8	−174.3	−227.8	−259.4	−323.2	−366.4	−448.5

Q5. 다음은 기체상태의 화합물 A의 분해반응 데이터이다. ae^{bx} 지수 함수 모델식을 선형화한 직선 방정식으로 다음 데이터를 회귀 분석하라. 그리고 직선 방정식 모델에 접합시켜 시간 $t=3.5s$에서 A의 농도 $[A](mol/L)$를 추정하라.

$t(s)$	0	1	2	3	4	5	6	7	8
$[A](mol/L)$	0.258	0.618	0.318	0.148	0.079	0.031	0.021	0.008	0.006

Q6. R의 기본 패키지에 포함된 lm() 함수를 이용해서 결정된 멱함수 회귀 모델식에 다음 데이터를 접합하라. 그리고 $x=6.5$일 때 y값을 추정하라.

x	1	2	3	4	5	6	7	8
y	0.886	2.583	5.547	9.993	15.112	23.497	33.164	47.139

Q7. 다음 데이터를 2차 다항식 회귀 모델에 접합하라. 그리고 $x=3.5$에서 y값을 추정하라.

x	0	1	2	3	4	5	6	7	8
y	−1.42	−3.84	−13.32	−20.86	−45.46	−59.12	−96.84	−119.62	−172.46

Q8. lm() 함수를 이용하여 다음 데이터로 2차 다항식 회귀 모델을 구하라. 그리고 결정된 회귀 모델식을 이용하여 $x=5.5$에서 y값을 추정하라.

x	6.47	6.27	5.72	5.09	4.30	3.33
y	80	40	−40	−120	−200	−280

Q9. lm() 함수를 이용하여 다음 데이터로 3차 다항식 회귀 모델을 구하라. 그리고 결정된 회귀 모델식을 이용하여 $x=3.5$에서 y값을 추정하라.

x	0	1	2	3	4	5	6	7	8	9
y	1.33	6.11	26.3	49.8	95.8	157.5	193.4	224.5	235.4	250.7

Q10. 회귀계수 a_0과 a_1을 포함하는 비선형 모델 방정식 $p(x)=a_0(1-e^{-a_1 x})$를 이용하여 다음 데이터를 회귀 분석하라. 그리고 $x=5.5$일 때 y값을 추정하라.

x	0	1	2	3	4	5	6	7	8	9
y	0.94	6.98	15.54	27.41	43.60	65.61	89.53	117.93	152.3	188.8

Q11. 3개의 회귀계수 a_0, a_1, a_2를 포함하는 비선형 모델 방정식 $p(x)=a_0 e^{a_1 x}(1-a_2 x)$를 이용하여 다음 데이터를 회귀 분석하라. 그리고 $x=5.5$일 때 y값을 추정하라.

x	0	1	2	3	4	5	6	7	8	9
y	1.33	6.11	26.3	49.8	95.8	157.5	193.4	224.5	235.4	250.7

Q12. 다음 증기압 데이터를 이용하여 회귀 모델식 $y=e^{A-B/(x+C)}$의 회귀계수 A, B, C를 결정하고, $x=3.5$에서 y값을 추정하라.

x	0	1	2	3	4	5	6	7	8	9
y	1.33	6.11	26.3	49.8	95.8	157.5	193.4	224.5	235.4	250.7

chapter 17

수치 미분과 수치 적분

1 Taylor 유한 차분 근사법

미적분학에서 함수의 도함수는 독립변수에 관한 종속변수의 순간 변화율을 나타낸다. 예를 들어, 물체의 속도는 시간에 관한 물체의 위치 변화율로 정의된다. 그러나 실제로 함수가 명확하게 정의되지 않거나 데이터 집합으로 표현되어 미분 불가능한 경우, 수치적으로 도함수를 근사하여 미분을 대신하는 것이 바람직할 수 있다.

함수의 미분을 근사식으로 표현하려면 우선 유한 차분 근사법(finite difference approximations)의 근거가 되는 Taylor 급수 전개식을 고려해야 한다. 예를 들어, 분할 차분 공식(divided-difference formula)은 Taylor 급수 전개 항들을 파악함으로써 얻을 수 있다. $x=x_i$ 부근에서 함수 $f(x)$의 Taylor 급수 전개식은 다음과 같이 표현된다.

$$\begin{aligned} f(x) &= f(x_i) + f'(x_i)(x-x_i) \\ &\quad + \frac{f''(x_i)}{2!}(x-x_i)^2 + \frac{f'''(x_i)}{3!}(x-x_i)^3 + \cdots \end{aligned} \qquad \text{[식 17-1]}$$

$x=x_{i+1}$에서 Taylor 급수 전개식이 얻어진다.

$$\begin{aligned} f(x_{i+1}) &= f(x_i) + f'(x_i)(x_{i+1}-x_i) \\ &\quad + \frac{f''(x_i)}{2!}(x_{i+1}-x_i)^2 + \frac{f'''(x_i)}{3!}(x_{i+1}-x_i)^3 + \cdots \end{aligned} \qquad \text{[식 17-2]}$$

위와 유사하게 $x=x_{i-1}$에서 Taylor 급수 전개식은 다음과 같이 쓸 수 있다.

$$f(x_{i-1}) = f(x_i) - f'(x_i)(x_i - x_{i-1}) + \frac{f''(x_i)}{2!}(x_i - x_{i-1})^2 - \frac{f'''(x_i)}{3!}(x_i - x_{i-1})^3 + \cdots \qquad \text{[식 17-3]}$$

[식 17-2]에서 $(x_{i+1}-x_i)$이 주어진 데이터 x의 간격 h라면 $(x_{i+1}-x_i)$를 h로 대체하고 $f'(x_i)$에 관하여 정리한다.

$$f'(x_i) = \frac{f(x_{i+1}) - f(x_i)}{h} - \frac{f''(x_i)}{2!}h^2 - \frac{f'''(x_i)}{3!}h^3 - \cdots \qquad \text{[식 17-4]}$$

여기서 오른쪽의 첫 항을 제외한 모든 항들을 근사의 정확도를 나타내는 항으로 다음과 같이 나타낼 수 있다.

$$-\frac{f''(x_i)}{2!}h^2 - \frac{f'''(x_i)}{3!}h^3 - \cdots \approx O(h) \qquad \text{[식 17-5]}$$

여기서 $O(h)$는 1차 수치 미분 근사의 오차이며 h에 비례한다는 것을 의미한다. [식 17-4]에 $O(h)$를 대입하면 다음과 같다.

$$f'(x_i) = \frac{f(x_{i+1}) - f(x_i)}{h} + O(h) \qquad \text{[식 17-6]}$$

이 식은 간격 h만큼 떨어진 두 점 x_i와 x_{i+1}에 대하여, $f(x_{i+1})$에서 $f(x_i)$를 빼서 계산된 함수의 변화값을 x의 간격 h로 나눔으로써 x_i에서 함수의 미분을 근사하였다. 이와 같은 방법을 전향 차분 근사법(forward difference approximations)이라고 부른다(그림 17-1).

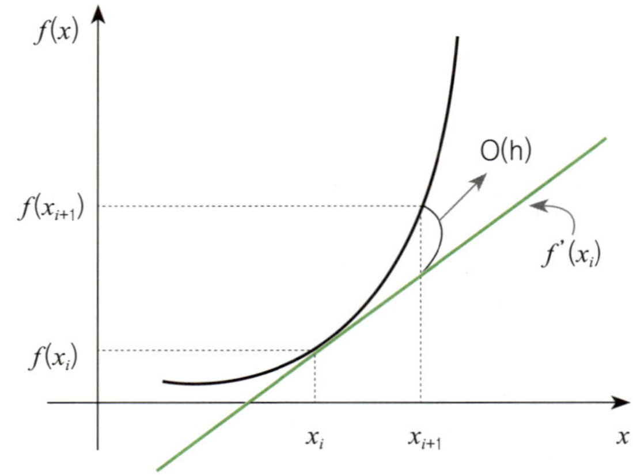

[그림 17-1] 전향 차분 근사법

같은 방법으로 점 x_{i+1} 대신 x_i보다 h만큼 작은 값의 x_{i-1}을 사용하면, x_i에서 후향 차분 근사법((backward difference approximation formula)을 적용할 수 있는 식을 얻을 수 있다(그림 17-2).

$$f'(x_i) = \frac{f(x_i) - f(x_{i-1})}{h} + O(h) \qquad [식\ 17\text{-}7]$$

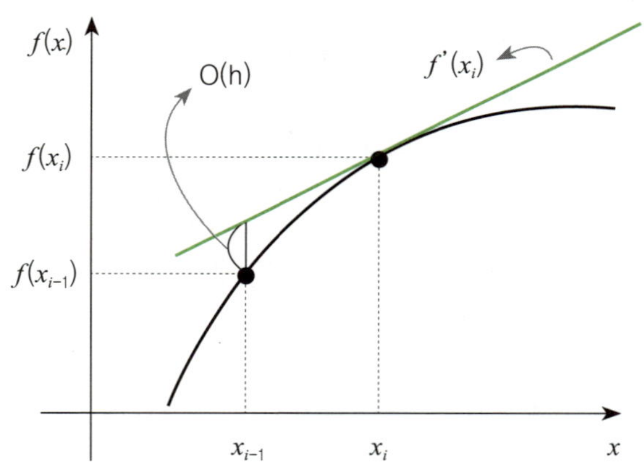

[그림 17-2] 후향 차분 근사법

그리고 [식 17-2]에서 [식 17-3]을 빼고 1차 미분항까지 근사하면, 중간점 규칙에 근거한 또 다른 형태의 1차 미분 근사식, 중간점 차분 근사법(midpoint difference approximations)을 얻을 수 있다.

$$f'(x_i) = \frac{f(x_{i+1}) - f(x_{i-1})}{2h} + O(h^2) \qquad \text{[식 17-8]}$$

여기서 오차는 h^2에 비례하며 $O(h)$의 근사 정확도를 포함하는 전향과 후향 차분 근사법보다 더 정확한 값을 계산할 수 있다. 2배 간격 $2h$의 x 변화에 대한 함수의 변화값을 미분 근사하는 방법을 중심 차분 근사법(central difference approximations)이라고 한다. 그리고 [식 17-2]와 [식 17-3]을 더하면 다음과 같은 식이 성립된다.

$$f(x_{i+1}) + f(x_{i-1}) = 2f'(x_i) + 2\left(\frac{h^2}{2!}\right)f''(x_i) + 2\left(\frac{h^4}{4!}\right)f^{(4)}(x_i) + \cdots \qquad \text{[식 17-9]}$$

이 식에서 2차 미분항까지 근사하면 2차 미분 근사식을 얻을 수 있다.

$$f''(x_i) = \frac{(f(x_{i+1}) - 2f(x_i) + f(x_{i-1}))}{h^2} + O(h^2) \qquad \text{[식 17-10]}$$

이 같은 방식으로 Taylor 급수 전개식을 더 높은 차수의 미분항까지 근사하면 고차 미분 근사식을 얻을 수 있다.

예제 17-1

다음 방법을 이용하여 $x=5$에서 $f(x)=150x^3+12x^2+20x+1$ 함수의 미분을 근사하고 실제값 사이의 백분율 상대오차를 구하라. 단, 간격 $h=0.5$를 사용한다.

(a) 1차 전향 차분 근사법

(b) 1차 후향 차분 근사법

(c) 1차 중심 차분 근사법

(d) 2차 중심 차분 근사법

풀이

함수를 정의하고, 그에 해당하는 유한 차분 근사법을 적용시킨다. 그리고 x값을 함수의 도함수에 대입해서 얻은 실제값을 계산하고 각 방법으로 계산된 근삿값과 백분율 상대 오차를 계산한다.

```
# diff_approx(ex17.1).R.r: 유한 차분법에 의한 수치 미분
# x: 수치 미분값을 구하려는 x 값
# h: x 간격
# df: 함수 f의 도함수

f <- function(x) 150*x^3 + 12*x^2 + 20*x + 1
x <- 5; h <- 0.5
fdf <- (f(x+h) - f(x))/h                # 1차 전향 차분 근사법
bdf <- (f(x) - f(x-h))/h                # 1차 후향 차분 근사법
cdf <- (f(x+h) - f(x-h))/(2*h)          # 1차 중심 차분 근사법
cdf2 <- (f(x+h) -2*f(x) + f(x-h))/h^2   # 2차 중심 차분 근사법
fdf; bdf; cdf; cdf2
[1] 12558.5
[1] 10296.5
[1] 11427.5
[1] 4524
df <- function(x) 450*x^2 +24*x + 20
df(x)                                   # x 값에서 f 함수의 기울기, 미분값
[1] 11390
err1 <- abs((df(x)-fdf)/df(x))*100      # 1차 전향 차분 근사법의 백분율 상대오차
err2 <- abs((df(x)-bdf)/df(x))*100      # 1차 후향 차분 근사법의 백분율 상대오차
err3 <- abs((df(x)-cdf)/df(x))*100      # 1차 중심 차분 근사법의 백분율 상대오차
err1; err2; err3
[1] 10.259
[1] 9.600527
[1] 0.3292362
```

위의 결과에서는 전향, 후향, 그리고 중심 유한 차분 근사법으로부터 얻은 근삿값은 실제값과 비교하여 각각 10.3%, 9.6%, 그리고 0.3%의 백분율 상대오차를 보여준다. $O(h^2)$의 근사 정확도를 갖는 중심 차분 근사법이 $O(h)$의 근사 정확도를 갖는 전향과 후향 차분 근사법보다 정확하다는 이전의 결론이 확인되었다.

2 직사각형 적분법

연속함수의 적분을 근사하는 가장 단순한 방법은 등간격으로 구분된 각 소구간에 대하여 형성된 직사각형의 면적들을 합하는 것이다. 이를 직사각형 수치 적분법, 또는 직사각형 적분 근사법이라 한다. 닫힌 구간에서 연속인 함수 $f(x)$의 적분을 근사한다고 하자. [그림 17-3]과 [그림 17-4]에서 보듯이 $[a, b]$ 구간을 n개의 소구간으로 나누면 $h=(b-a)/n$이 되며, 각 점 x에서 함숫값 $f(x_i)$를 계산할 수 있다. 그러면 x의 간격 h는 직사각형의 너비가 되고 각 x점에서 함숫값 $f(x_i)$는 직사각형의 높이가 되어 n개의 직사각형이 생성된다. 모든 직사각형의 면적을 합하면 함수의 수치적 적분값을 구할 수 있다. 예를 들어, 왼쪽 끝점, 오른쪽 끝점, 또는 중간점 선택에 따라 계산된 함숫값 $f(x_i)$를 세 가지 유형의 Riemann 합 공식에 적용하여 함수의 적분을 근사할 수 있다.

$$\int_a^b f(x)\,dx \approx \sum_{i=0}^{n-1} h f(x_i) = h\sum_{i=0}^{n-1} f(x_i) \text{ (왼쪽 Riemann 합)} \qquad [식\ 17\text{-}11]$$

$$\int_a^b f(x)\,dx \approx \sum_{i=1}^{n} h f(x_i) = h\sum_{i=1}^{n} f(x_i) \text{ (오른쪽 Riemann 합)} \qquad [식\ 17\text{-}12]$$

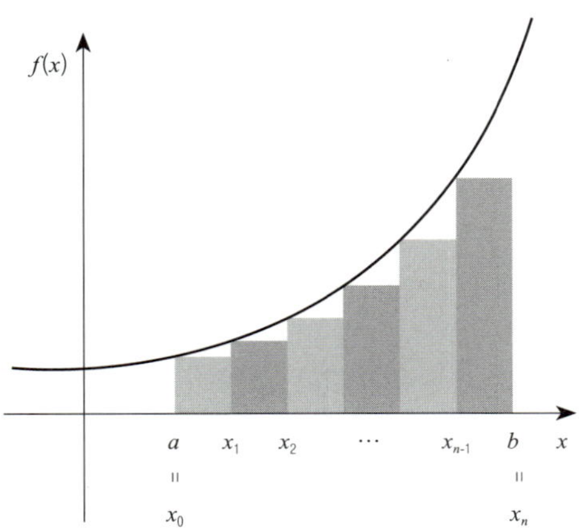

[그림 17-3] 직사각형 적분법(왼쪽 Riemann 합)

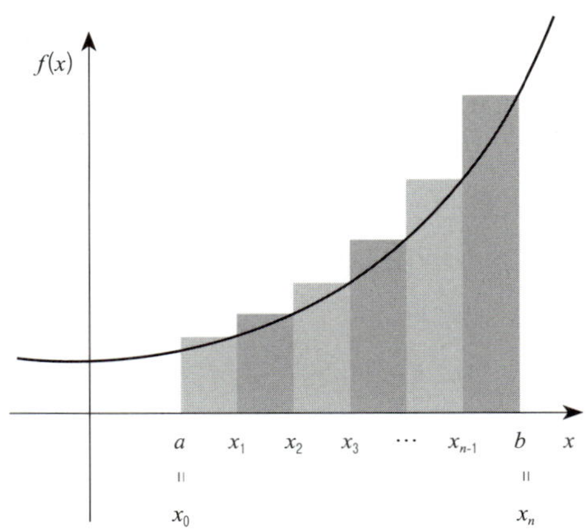

[그림 17-4] 직사각형 적분법(오른쪽 Riemann 합)

[식 17-11]과 [식 17-12]는 일정 간격에 대한 직사각형 적분법 공식이며, 간격이 일정하지 않을 때는 h 대신 h_i를 사용한 다음 공식을 이용하여 근사한다.

$$\int_a^b f(x)\,dx \approx \sum_i h_i f(x_i) \qquad \text{[식 17-13]}$$

직사각형 적분법은 가장 단순한 방법으로 오차가 가장 크기 때문에 h 간격을 줄이면(예를 들어, n의 수를 증가시키면) 오차를 줄일 수 있다.

중간점 규칙을 이용하여 각 소구간 x_i와 x_{i+1}의 중간점 $x_{i+1/2}$에서 계산된 함숫값 $f(x_{i+1/2})$을 직사각형의 높이로 간주하고 직사각형 수치 적분법에 적용하면 다음 식으로 표현할 수 있다(그림 17-5).

$$\int_a^b f(x)\,dx \approx \sum_{i=0}^{n-1} h\,f(y_i) = h\sum_{i=0}^{n-1} f\left(x_{i+1/2}\right) \text{ (중간점 Riemann 합)} \qquad \text{[식 17-14]}$$

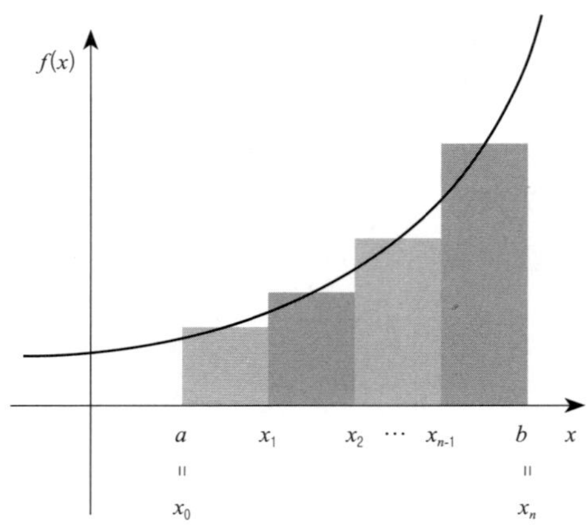

[그림 17-5] 직사각형 적분법(중간점 Riemann 합)

예제 17-2

함숫값(Riemann 합) 선택에 따른 직사각형 수치 적분법을 이용하여 $\int_0^1 x^2 e^{-x}\,dx$를 근사하고, R에 기본적으로 포함된 integrate() 함수를 이용한 실제값과 비교하라. 단, 일정 간격을 갖는 소구간의 수 $n=10$을 사용한다.

(a) 왼쪽 Riemann 합 기준

(b) 오른쪽 Riemann 합 기준

(c) 중간점 Riemann 합 기준

(d) 내장 integrate() 함수를 이용한 실제값

풀이

(a) 왼쪽 Riemann 합 기준

```
# intg_rect-ex17-2(a).R: 직사각형 적분법에 의한 수치 적분(왼쪽 Riemann 합)
# [a,b]: 수치 적분값을 구하려는 x 구간
# n: 소구간의 수
# h: x 간격
# f: 피적분 함수
# 사용법: rect.left(f, a, b, n=10)

rect.left <- function(f, a, b, n=10) {
 if (is.function(f) == FALSE) {
  stop(함수 f는 단일(매개)변수 함수여야 함)
 }
 h <- (b-a)/n; x <- seq(a, b, h)
area <- 0
for (i in 1:n) {                          # 왼쪽 구간 기준
 area <- area + f(x[i])
}
area <- h*area
return(area)
}

f <- function(x) return(x^2 * exp(-x))  # 피적분 함수 정의
rect.left(f, 0, 1)                       # 실행
[1] 0.1425146
```

(b) 오른쪽 Riemann 합을 기준

```
# intg_rect-ex17-2(b).R: 직사각형 적분법에 의한 수치 적분(오른쪽 Riemann 합)
# [a,b]: 수치 적분값을 구하려는 x 구간
# n: 소구간의 수
# h: x 간격
# f: 피적분 함수
# 사용법: rect.right(f, a, b, n=10)

rect.right <- function(f, a, b, n=10) {
 if (is.function(f) == FALSE) {
  stop('함수 f는 단일(매개)변수 함수여야 함')
 }
 h <- (b-a)/n; x <- seq(a, b, h)
area <- 0
for (i in 2:n+1) {                              # 오른쪽 구간 기준
 area <- area + f(x[i])
}
area <- h*area
return(area)
}

f <- function(x) return(x^2 * exp(-x))          # 피적분 함수
rect.right(f, 0, 1)                             # 실행
[1] 0.1783977
```

(c) 중간점 Riemann 합 기준

```
# intg_rect-ex17-2(c).R: 직사각형 적분법에 의한 수치 적분(중간점 Riemann 합)
# [a,b]: 수치 적분값을 구하려는 x 구간
# n: 소구간의 수
# h: x 간격
# f: 피적분 함수
# 사용법: rect.center(f, a, b, n=10)
rect.midpf <- function(f, a, b, n=10) {
 if (is.function(f) == FALSE) {
  stop(함수 f는 단일(매개)변수 함수여야 함)
 }
 h <- (b-a)/n; x <- seq(a, b, h)
```

```
area <- 0
 for (i in 1:n) {                    # 중간점 법칙 기준
  area <- area + (f(x[i]) + f(x[i+1]))/2  # = f(x[i+0.5])
}
area <- h*area
return(area)
}

f <- function(x) return(x^2 * exp(-x))  # 피적분 함수
rect.midpt(f, 0, 1)                     # 실행
[1] 0.1609086
```

(d) 내장 integrate() 함수를 이용한 실제값
R 기본 라이브러리 패키지에 포함된 integrate 함수를 이용하면 실제 적분값을 구할 수 있다.

```
# integrate_ex17-2(d).R: R 기본 라이브러리 패키지에 포함된 integrate 함수를 이용한 적분
# [a,b]: 수치 적분값을 구하려는 x 구간
# f: 피적분 함수
# 사용법: integrate(f, a, b)

f <- function(x) return(x^2 * exp(-x))       # 피적분 함수
integrate(f, 0, 1)                           # 실행
[1] 0.1606028 with absolute error < 1.8e-15
```

중간점 Riemann을 합의 기준으로 선택했을 때 직사각형 적분으로 얻은 근삿값이 다른 기준을 선택해서 얻은 근삿값과 비교하여 실제값과 매우 일치하는 0.19%의 백분율 상대오차를 보여주며, 이는 수치 미분에 대한 [예제 17-1]에서 얻은 결론과 일치한다. 직사각형 수치 적분법에 적용된 왼쪽 Riemann 합과 오른쪽 Riemann 합은 각각 11.26%와 11.08%의 백분율 상대오차를 나타내어, 서로 비슷한 결과를 보여주는 것을 확인할 수 있다.

선택 방법	왼쪽 Riemann 합	오른쪽 Riemann 합	중간점 Riemann 합	실제값
결과	0.1425	0.1784	0.1609	0.1606
%상대오차	11.26%	11.08%	0.19%	

cmna 패키지를 설치하면 중심 Riemann 합에 근거하여 직사각형 적분법을 구현한 midpt() 함수를 이용할 수도 있다.

3 사다리꼴 적분법

사다리꼴 법칙은 닫힌 구간 [*a*, *b*]를 일정 간격의 소구간 *n*개로 나누고, 중간점 규칙을 약간 변형시킨 2-점 닫힌 Newton-Cotes 공식이다. 이 공식은 [그림 17-6]에서 볼 수 있듯이 소구간 양쪽의 두 점을 잇는 직선 아래 면적을 구하는 방법이며, 직사각형 적분 방법보다 더욱 정확하게 근사할 수 있다.

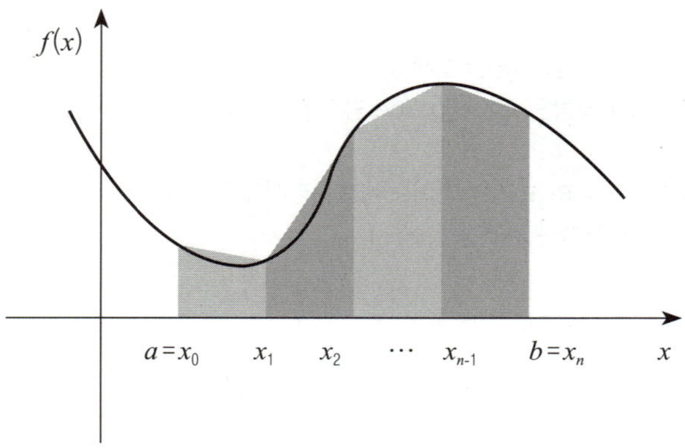

[그림 17-6] 사다리꼴 적분법

14장 2절의 Lagrange 보간법에 의하면, 소구간 $[x_0, x_1]$에서 두 점을 잇는 직선은 $(x_0, f(x_0))$와 $(x_1, f(x_1))$ 두 점을 통과하는 1차 Lagrange 보간 다항식으로 정의된다.

$$p_1(x) = \frac{x-x_1}{x_0-x_1}f(x_0)+\frac{x-x_0}{x_1-x_0}f(x_1) \qquad \text{[식 17-15]}$$

따라서 소구간 $[x_0, x_1]$에서 적분값은 다음과 같이 근사된다.

$$\begin{aligned} A(x) &= \int_{x_0}^{x_1} p_1(x)\,dx \\ &= \int_{x_0}^{x_1}\left[\frac{x-x_1}{x_0-x_1}f(x_0)+\frac{x-x_0}{x_1-x_0}f(x_1)\right]dx \\ &= \frac{(x_1-x_0)}{2}\left[f(x_0)+f(x_1)\right]=\frac{h}{2}\left[f(x_0)+f(x_1)\right] \qquad \text{[식 17-16]} \end{aligned}$$

여기서 $x_1 - x_0$는 일정한 소구간의 간격 h이다. [식 17-16]은 높이 h, 그리고 $f(x_0)$와 $f(x_1)$이 각각 밑변과 윗변인 사다리꼴 도형의 면적 $A(x)$와 같다. 이렇게 각 구간에 형성된 사다리꼴의 면적을 이용하는 적분 근사법을 사다리꼴 적분법이라 부른다.

소구간의 간격이 각각 $h_0, h_1, \cdots, h_{n-1}$일 때, 전체 구간 $[a, b]$에서 적분값은 다음과 같이 근사할 수 있다.

$$A_n(x) = \frac{h_0}{2}\left[f(x_0)+f(x_1)\right] + \frac{h_1}{2}\left[f(x_1)+f(x_2)\right] + \cdots + \frac{h_{n-1}}{2}\left[f(x_{n-1})+f(x_n)\right] \quad \text{[식 17-17]}$$

만일 모든 소구간의 간격이 일정하면(즉, $h_0 = h_1 = \cdots = h_{n-1}$), [식 17-17]은 다음과 같이 표현된다.

$$A_n(x) = \frac{h}{2}\left\{\left[f(x_0)+f(x_n)\right] + 2\left[f(x_1)+f(x_2)+\cdots+f(x_{n-1})\right]\right\} \quad \text{[식 17-18]}$$

직사각형 적분법처럼, 사다리꼴 적분법도 소구간의 수 n이 증가할수록(즉, h값이 작을수록) 실제 적분값에 더욱 가까운 근삿값을 얻을 수 있다.

예제 17-3

사다리꼴 수치 적분법을 이용하여 $\int_0^1 x^2 e^{-x}\,dx$를 근사하고, 실제 적분값 0.1606과 비교하라. 그리고 n=10, 50, 100, 500, 1000을 사용해서 소구간의 수가 증가할수록 실제값에 보다 정확하게 근사됨을 확인하라.

풀이

```
# trapezoidal_ex17.3.R: 사다리꼴 적분법에 의한 수치 적분
# [a, b]: 수치 적분값을 구하려는 x 구간
# n: 소구간의 수
# h: x 간격
# f: 피적분 함수
# 사용법: trapezoidal(f, a, b, n=10)

trapezoid <- function(f, a, b, n=10) {
  if (is.function(f) == FALSE) {
   stop('함수 f는 단일(매개)변수 함수여야 함')
  }
  h <- (b-a)/n; x <- seq(a, b, h)
  area <- f(x[1]) + f(x[n])
  for (i in 2:n-1) {
   area <- area + 2*f(x[i])
  }
  area <- 0.5*h*area
  return(area)
 }

f <- function(x) return(x^2 * exp(-x))          # 피적분 함수
trapezoid(f, 0, 1)                              # 실행
[1] 0.1260485                                   # n=10일 때 근삿값
```

다음은 사다리꼴 적분법에 대하여 50, 100, 500, 1000의 n값으로부터 계산된 근삿값과 실제 적분값 사이의 백분율 상대오차를 비교한 결과이다. 소구간의 등간격 h값이 작아질수록 적분 근삿값이 실제값에 더욱 가깝게 접근하는 것을 확인할 수 있다.

	근삿값					실제값
소구간의 수, n	10	50	100	500	1000	
	0.1260	0.1533	0.1569	0.1599	0.1602	0.1606
%상대오차	21.52%	4.53%	2.28%	0.46%	0.23%	

cmna 패키지에 포함된 trap() 함수를 이용해도 사다리꼴 적분법을 이용한 피적분 함수의 적분값을 근사할 수 있다. 다음은 trap() 함수를 이용하여 $\int_0^{\pi}\left(x^2 \sin(x)\right)dx$ 적분을 근사하는 R 스크립트와 실행 결과를 보여준다.

```
# cmna.trap.R
# "cmna" 패키지의 trap() 함수를 이용한 사다리꼴 적분 근사법
# [a, b]: 수치 적분값을 구하려는 x 구간
# m: 소구간의 수
# h: x 간격
# f: 피적분 함수
# 사용법: trap(f, a, b, m)

install.packages("cmna")          # cmna 패키지 설치
library(cmna)                      # cmna 패키지 로딩

f <- function(x) return( x^2*sin(x) )  # 함수 정의
trap (f, 0, pi, m=10)                  # 실행
[1] 5.78846
trap (f, 0, pi, m=50)
[1] 5.866357
trap (f, 0, pi, m=100)
[1] 5.868793
trap (f, 0, pi, m=500)
[1] 5.869572
trap (f, 0, pi, m=1000)
[1] 5.869596
```

이는 cmna 패키지에 포함된 trap() 함수를 이용한 결과를 보여준다. 구간의 간격 h가 작을수록(소구간의 수 n이 증가할수록) 실제해(5.8696)에 더욱 근접하는 것을 알 수 있다.

4 Simpson 1/3 적분법

Simpson 1/3 법칙은 인접한 2개의 소구간에 대하여 2차 다항식을 사용하여 적분을 근사하는 방법이다. [그림 17-7]에서 보듯이 닫힌 구간 $[a, b]$ 내 인접한 $[x_0, x_1]$과 $[x_1, x_2]$에서 $(x_0, f(x_0))$, $(x_1, f(x_1))$, $(x_2, f(x_2))$ 세 점을 통과하는 2차 Lagrange 보간 다항식은 다음과 같이 쓸 수 있다.

$$\begin{aligned} p_2(x) &= \frac{(x-x_1)(x-x_2)}{(x_0-x_1)(x_0-x_2)}f(x_0)+\frac{(x-x_0)(x-x_2)}{(x_1-x_0)(x_1-x_2)}f(x_1) \\ &+\frac{(x-x_0)(x-x_1)}{(x_2-x_0)(x_2-x_1)}f(x_2) \end{aligned} \quad \text{[식 17-19]}$$

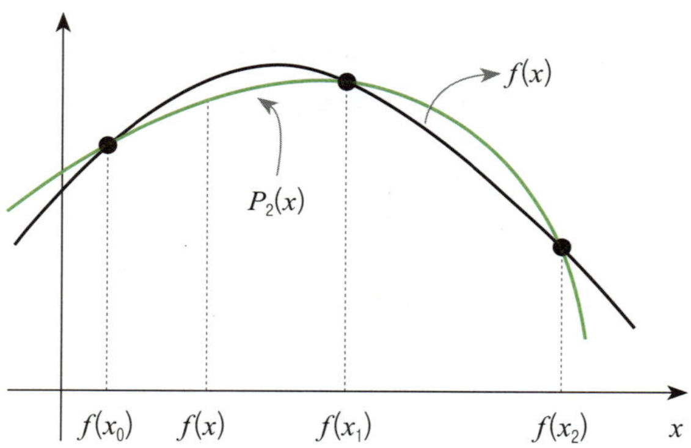

[그림 17-7] 2차 Lagramge 보간법

따라서 $[x_0, x_2]$에 대한 적분은 다음과 같이 근사할 수 있다.

$$\begin{aligned} A(x) = \int_{x_0}^{x_2} p_2(x)\,dx &= \frac{f(x_0)}{2h^2}\int_{x_0}^{x_2}(x-x_1)(x-x_2)\,dx \\ &- \frac{f(x_1)}{h^2}\int_{x_0}^{x_2}(x-x_0)(x-x_2)\,dx \\ &+ \frac{f(x_2)}{2h^2}\int_{x_0}^{x_2}(x-x_0)(x-x_1)\,dx \\ &\approx \frac{h}{3}\left[f(x_0)+4f(x_1)+f(x_2)\right] \end{aligned} \quad \text{[식 17-20]}$$

그러면 h 크기의 등간격과 n개의 소구간으로 구성되는 구간 $[a, b]$에 대한 적분 근사식은 다음과 같이 나타낼 수 있다.

$$\begin{aligned} A_n(x) &= \int_{x_0}^{x_2} p_0(x)dx + \int_{x_2}^{x_4} p_2(x_2)dx + \cdots + \int_{x_{n-2}}^{x_n} p_{n-2}(x)dx \\ &= \frac{h}{3}[f(x_0)+4f(x_1)+f(x_2)] + \frac{h}{3}[f(x_2)+4f(x_3)+f(x_4)] \\ &\quad + \cdots + \frac{h}{3}[f(x_{n-2})+4f(x_{n-1})+f(x_n)] \\ &\approx \frac{h}{3}\left[f(x_0)+4\sum_{i=1,\text{홀수}}^{n-1} f(x_{2i-1})+2\sum_{i=2,\text{짝수}}^{n-2} f(x_{2i-2})+f(x_n)\right] \end{aligned}$$

[식 17-21]

예제 17-4

Simpson 1/3 적분 근사 다항식을 이용하여 $\int_0^1 x^2 e^{-x} dx$ 적분을 근사하라. 단, 등간격을 갖는 소구간의 수 $n=10$을 사용한다.

풀이

```
# simpson13_ex17.4.R: simpson 1/3 근사 다항식에 의한 수치 적분
# [a, b]: 수치 적분값을 구하려는 x 구간
# n: 소구간의 수
# h: x 간격
# f: 피적분 함수
# 사용법: simpson13(f, a, b, n=10)

simpson13 <- function(f, a, b, n=10) {
  if (is.function(f) == FALSE) {
   stop('함수 f는 단일(매개)변수 함수여야 함')
  }
  h <- (b-a)/n; x <- seq(a, b, h)
  area <- f(x[1]) + f(x[n])
  for (i in 2:n-1) {
   area <- area + 4*f(x[i])
```

```
  }
  for (i in 3:n-2) {
   area <- area + 2*f(x[i])
  }
  area <- (h/3)*area
  return(area)
 }

f <- function(x) return(x^2 * exp(-x))    # 피적분 함수
simpson13(f, 0, 1)                         # 실행
[1] 0.2109709
```

cmna 패키지에 포함된 simp() 함수를 이용해도 simpson 1/3 법칙에 대한 피적분 함수의 적분값을 근사할 수 있다. 다음은 simp() 함수를 실행한 것이다.

```
# cmna.simp.R
# "cmna" 패키지의 simp() 함수를 이용한 simpson 1/3 적분법
# [a, b]: 수치 적분값을 구하려는 x 구간
# n: 소구간의 수 ()
# h: x 간격
# f: 피적분 함수
# 사용법: simp(f, a, b, n)

install.packages("cmna")         # cmna 패키지 설치
library(cmna)                    # cmna 패키지 로딩

f <- function(x) return( x^2*sin(x) )  # 함수 정의
simp(f, 0, pi, m=10)
[1] 5.869597
```

5 Simpson 3/8 적분법

Simpson 1/3 법칙은 인접한 세 점을 통과하는 2차 Lagrange 보간 다항식을 사용하여 적분을 근사했지만, Simpson 3/8 법칙은 인접한 3개의 소구간에 대하여 네 점을 통과하는 3차 다항식을 사용하여 적분을 근사하는 방법이다. [그림 17-8]에서 보듯이, 4개의 점 $(x_0, f(x_0))$, $(x_1, f(x_1))$, $(x_2, f(x_2))$, $(x_3, f(x_3))$를 통과하는 3차 Lagrange 보간 다항식은 다음과 같이 정의된다.

$$\begin{aligned} p_3(x) = & \frac{(x-x_1)(x-x_2)(x-x_3)}{(x_0-x_1)(x_0-x_2)(x_0-x_3)} f(x_0) + \frac{(x-x_0)(x-x_2)(x-x_3)}{(x_1-x_0)(x_1-x_2)(x_1-x_3)} f(x_1) \\ & + \frac{(x-x_0)(x-x_1)(x-x_3)}{(x_2-x_0)(x_2-x_1)(x_2-x_3)} f(x_2) + \frac{(x-x_0)(x-x_1)(x-x_2)}{(x_3-x_0)(x_3-x_1)(x_3-x_2)} f(x_3) \end{aligned}$$

[식 17-22]

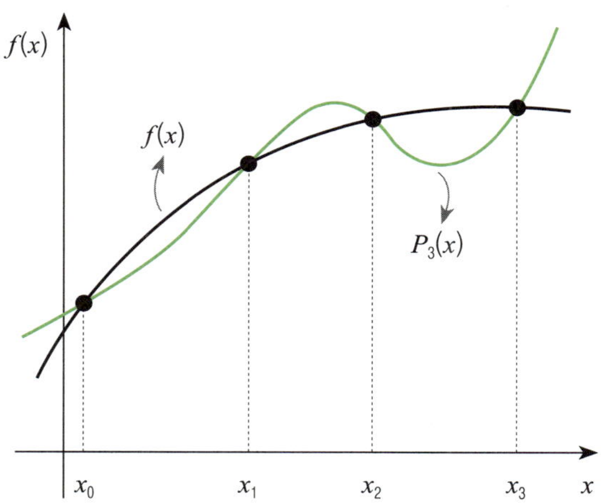

[그림 17-8] 3차 Lagrange 보간법

따라서 $[x_0, x_3]$ 구간에 대한 적분은 다음과 같이 근사할 수 있다.

$$\begin{aligned} A(x) &= \int_{x_0}^{x_3} p_3(x)\,dx \\ &= \frac{3h}{8}\left[f(x_0)+3f(x_1)+3f(x_1)+f(x_2)\right] \end{aligned} \qquad \text{[식 17-23]}$$

그러면 h 크기의 등간격과 n개의 소구간으로 구성된 $[a, b]$ 구간에 대한 적분 근사식은 다음과 같이 나타낼 수 있다.

$$\begin{aligned} A_n(x) &= \int_{x_0}^{x_3} p_{_0}(x)dx+\int_{x_3}^{x_6} p_2(x_2)dx+\cdots+\int_{x_{n-3}}^{x_n} p_{n-2}(x)dx \\ &= \frac{3h}{8}\left[f(x_0)+3f(x_1)+3f(x_2)+f(x_3)\right]+\frac{3h}{8}\left[f(x_3)+3f(x_4)+3f(x_5)+f(x_6)\right] \\ &\quad + \cdots + \frac{3h}{8}\left[f(x_{n-3})+3f(x_{n-2})+3f(x_{n-1})+f(x_n)\right] \\ &= \frac{3h}{8}\left[f(x_0)+3\sum_{i=2}^{n-2}f(x_i)+2\sum_{i=3}^{n-1}f(x_i)+f(x_n)\right] \end{aligned} \qquad \text{[식 17-24]}$$

예제 17-5

Simpson 3/8 근사 다항식을 이용하여 $\int_0^1 x^2 e^{-x} dx$ 적분을 근사하라. 단, 일정 간격을 갖는 소구간의 수 $n=10$을 사용한다.

풀이

```
# simpson38(ex17.5).R: simpson 3/8 근사식에 의한 수치 적분
# [a, b]: 수치 적분값을 구하려는 x 구간
# n: 소구간의 수
# h: x 간격
# f: 피적분 함수
# 사용법: my.simpson38(f, a, b, n=10)

simpson38 <- function(f, a, b, n=10) {
  if (is.function(f) == FALSE) {
   stop('함수 f는 단일(매개)변수 함수여야 함')
  }
  h <- (b-a)/n; x <- seq(a, b, h)
  area <- f(x[1]) + f(x[n])
  for (i in 2:n-1) {
   area <- area + 3*f(x[i])
  }
  for (i in 3:n-2) {
   area <- area + 2*f(x[i])
  }
  area <- (h/3)*area
  return(area)
 }

f <- function(x) return(x^2 * exp(-x))    # 피적분 함수
simpson38(f, 0, 1)                        # 실행
[1] 0.1744435
```

cmna 패키지에 포함된 simp() 함수를 이용해도 simpson 3/8 법칙에 대한 피적분 함수의 적분값을 근사할 수 있다. 다음은 simp38() 함수를 실행한 것이다.

```
# cmna.simp38.R
# cmna 패키지의 simp() 함수를 이용한 simpson 3/8 적분법
# [a, b]: 수치 적분값을 구하려는 x 구간
# n: 소구간의 수 ()
# f: 피적분 함수
# 사용법: simp38(f, a, b, n)

install.packages("cmna")          # cmna 패키지 설치
library(cmna)                     # cmna 패키지 로딩

f <- function(x) return( x^2*sin(x) )
simp38(f, 0, 1, pi, m=10)
[1] 5.869601
```

다음은 cmna 패키지에 포함된 수치 적분과 관련된 함수들이다.

함수 이름과 사용법	설명
mcint(f, a, b, m = 1000)	Monte Carlo 적분법
gaussint(f, x, w)	Gauss 적분법
romberg(f, a, b, m, tab = FALSE)	Romberg 적분법
adaptint(f, a, b, n = 10, tol = 1e-06)	adaptive 적분법

실전 문제

Q1. 다음 방법을 이용하여 $x=1.5$에서 $f(x)=150x^3+12x^2+20x+1$ 함수의 미분을 근사하고 실제값 사이의 백분율 상대오차를 구하라. 단, 간격 $h=0.3$을 사용한다.

(a) 1차 전향 차분 근사법　　(b) 1차 후향 차분 근사법
(c) 1차 중심 차분 근사법　　(d) 2차 중심 차분 근사법

Q2. Riemann 합의 선택에 따른 직사각형 수치 적분법을 이용하여 $\int_0^{\pi/2} \sin(x)\,dx$를 근사하고, 내장 integrate() 함수 이용한 실제값과 비교하라. 단, 일정 간격을 갖는 소구간의 수 $n=10$을 사용한다.

(a) 왼쪽 Riemann 합 기준　　(b) 오른쪽 Riemann 합 기준
(c) 중간점 Riemann 합 기준　　(d) 내장 integrate() 함수를 이용한 실제값

Q3. 사다리꼴 수치 적분법을 이용하여 $\int_0^{\pi} (\sin^2(x)+x^2)\,dx$를 근사하라. 그리고 $n=10$, 50, 100, 500, 1000을 사용해서 얻은 근삿값을 실제 적분값 11.909와 비교하라.

Q4. Simpson 1/3 적분 근사 다항식을 이용하여 $\int_0^{1} \sin^2(x)\,dx$ 적분을 근사하라. 등간격을 갖는 소구간의 수 $n=10$을 사용한다.

Q5. Simpson 3/8 근사 다항식을 이용하여 $\int_0^{1} \sin^2(x)\,dx$ 적분을 근사하라. 단, 일정 간격을 갖는 소구간의 수 $n=10$을 사용한다.

chapter 18

상미분 방정식

1 미분 방정식

미지함수와 미지함수의 도함수로 이루어진 방정식을 미분 방정식이라고 한다. 시간, 위치 또는 다른 독립변수에 관한 변화율을 사용해서 많은 물리적인 현상(입자의 낙하속도, 화학 반응 속도 등)들을 수식화하는 미분 방정식은 과학과 공학에서 흔히 접할 수 있다. 미분 방정식은 특징 따라 분리하는 것이 관례적이다. 하나의 독립변수에 관한 하나 이상의 종속 변수의 도함수를 포함한 미분 방정식을 상미분 방정식(ordinary differential equation, ODE)이라고 하며, 2개 이상의 독립변수에 관한 하나 이상의 종속변수의 도함수를 포함하는 있는 식을 편미분 방정식(partial differential equation, PDE)이라고 한다. 미분 방정식에 포함된 최고계 도함수가 갖는 계수를 미분 방정식의 계수(order)라고 한다. 그리고 대수 방정식에서처럼 최고 도함수의 차수(degree)를 붙여 미분 방정식을 구분한다. 요약하면, m계 미분 방정식은 m번째 도함수를 포함하며, n차 미분 방정식은 도함수를 n번 거듭제곱한 항을 포함한다. 다음은 m계 n차 미분 방정식의 일반적인 형태를 보여준다.

$$\left(\frac{d^m y}{dx^m}\right)^n = f(x, y) \qquad [식\ 18\text{–}1]$$

주어진 미분 방정식을 만족하는 임의의 상수를 포함하는 해를 미분 방정식의 일반해라고 한다. 해석적인 해를 구할 수 있는 미분과는 달리 미분 방정식의 정확한 해를 구하는 것은 일반적으로 매우 어렵다. 미분 방정식의 일반해 중에서 특정 조건을 적용해서 얻을 수 있는 해를 특수해(particular solution)라고 부른다. 이번 장에서는 수치 알고리즘을 이용하여 1계 1차 상미분 방정식의 특수해를 구하는 방법들을 다루기로 한다. 복잡한 미분 방정식을 계산 과정이 수월한 계차 방정식의 형태로 변경하여 실제 미분값을 효과적으로 근사시키는 것이 수치적으로 미분 방정식의 해를 구하는 방법의 본질이다.

2 Euler 법

Euler 법은 다항식의 형태로 미분 가능한 함수를 근사시키는 Taylor 급수 식으로부터 유도된 방법이다. 수치적으로 미분 방정식을 해결하는 다른 방법들과 비교할 때 1차 상미분 방정식의 해를 구할 수 있는 가장 기본적인 방법이다. 미분 방정식의 해를 구하기 위하여 복잡한 형태의 미분 방정식을 계차 방정식(difference equation)의 형태로 변환시키는 것이 Euler 법의 특징이다. Euler 법을 이용하여 다음과 같은 가장 간단한 형태의 1차 상미분 방정식의 수치해를 구한다고 하자.

$$y' = \frac{dy}{dx} = f(x, y) \qquad \text{[식 18-1]}$$

주어진 초기 조건을 이용하여 수치적으로 이 미분 방정식의 해를 구한다는 것은 미지 함수 f를 찾는 것을 의미한다. Euler 법은 함수를 근사하기 위하여 Taylor 급수 전개식으로부터 처음 두 항만 이용한다.

$$y(x_0 + h) \cong y(x_0) + h y'(x_0) \qquad \text{[식 18-2]}$$

여기서 h는 간격의 크기이다. Euler 법에서는 독립변수가 아주 조금만 변하더라도 비교적 큰 오차가 발생할 가능성이 있기 때문에 간격의 크기에 따라 수치해의 정확도에 미치는 영향력을 파악하는 것이 매우 중요하다. $x_1 = x_0 + h$로 놓고 [식 18-2]를 다시 쓰면 다음과 같이 표현할 수 있다(그림 18-1).

$$y_1 = y_0 + h y_0' \qquad \text{[식 18-3]}$$

여기서 $y_1 = y(x_1)$, $y_0 = y(x_0)$를 의미하며, 프라임 기호(′)는 미분을 나타낸다. 그리고 [식 18-3]을 일반적인 형태로 표현하면 반복적으로 사용할 수 있는 식을 얻을 수 있다.

$$y_{i+1} = y_i + h y_i' \quad (i = 0, 1, 2, \ ...) \qquad \text{[식 18-4]}$$

[식 18-4]에 [식 18-1]을 적용하면 다음과 같은 Euler 공식을 얻을 수 있다.

$$y_{i+1} = y_i + h f(x_i, y_i) \quad (i = 0, 1, 2, \ ...) \qquad \text{[식 18-5]}$$

여기서 $f(x_i, y_i) = y_i'$이다.

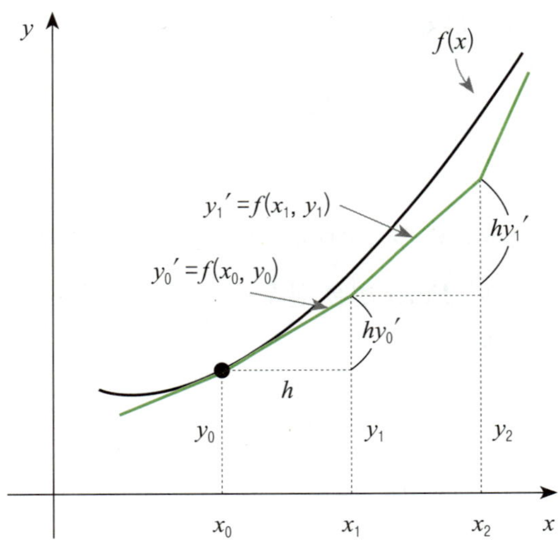

[그림 18-1] Euler 법

[그림 18-1]은 Euler 법을 이용하여 미분 방정식의 근사해를 구하는 계산 절차를 도식적으로 보여주는 그림이다. 여기서 h는 일정한 소구간의 간격이며, 함수 $f(x)$와 $[(x_0, y_0), (x_1, y_1), (x_2, y_2), \cdots]$ 데이터 집합을 보여준다.

$i=0$일 때 Euler 공식(식 18-5)에 $y_1=y_0+hy_0'$을 적용하려면, 우선 x_0에서 y_0'을 구하고 x_0+h인 x_1에서 y_1을 구한다. Euler 공식에 의하면 y_1은 y_0에 x_1점에서의 y의 증분값 hy_0'을 더한 것이다. 다시 x_1점을 시작점으로 기울기 y_1'을 계산하고, 이런 과정을 마지막 소구간까지 반복적으로 실행한다.

예제 18-1

미분 방정식 $y'(x)=1-3x+y$에 대하여 Euler 법을 x=0부터 x=1까지 간격 h=0.1과 h=0.2를 이용하여 y값을 근사하라. 단, 초기 조건 $y(0)=1.0$이다.

풀이

```
# Euler_ex18-1.R: (Euler 법을 이용한 미분 방정식의 해)
# start: 구간의 왼쪽 경계
# end: 구간의 오른쪽 경계
# h: 간격의 크기
# y0: x0에서 y 값
# 사용법: euler(dy.dx, h, y0, start, end)

# 상미분 방정식 정의
dy.dx <- function(x,y) { 1 - 3*x + y }

euler <- function(dy.dx=function(x,y){}, h, y0, start, end) {
 nsteps <- (end-start)/h
 ys <- numeric(nsteps+1)
 ys[1] <- y0

 for (i in 1:nsteps) {
  x <- start + (i-1)*h
  ys[i+1] <- ys[i] + h*dy.dx(x, ys[i])
 }
```

```
 return(ys)
}

# 함수 실행
x01 <- seq(0, 1, 0.1)        # 간격 h=0.1
euler_h01 <- euler(dy.dx, h=0.1, y0=1, start=0, end=1.0)
euler_h01
 [1] 1.000000 1.200000 1.390000 1.569000 1.735900 1.889490 2.028439
 [8] 2.151283 2.256411 2.342052 2.406258

x02 <- seq(0, 1, 0.2)        # 간격 h=0.2
euler_h02 <- euler(dy.dx, h=0.2, y0=1, start=0, end=1.0)
euler_h02
[1] 1.00000 1.40000 1.76000 2.07200 2.32640 2.51168

# 그래프 생성
x.new <- seq(0.0, 1.0, length=100)
y.new <- -exp(x.new) + 3*x.new + 2
plot(x.new, y.new, type = "l",
ylim=c(0.8, 2.6), col="blue", xlab =
"x", ylab = "y", main = "Euler 법을 이
용한 상미분 방정식\n(예제 18.1)")
lines(x01, euler_h01, type = "b",
pch=16, col="red")
lines(x02, euler_h02, type = "b",
pch=1, col="black")
legend("topleft",legend=c("근사
해 (h=0.1)", "근사해 (h=0.2)", "실선,
실제해 (y = -exp(x)+3x+2)"), text.
col=c("red","black", "blue"),
pch=c(16,0), col=c("red","black", "blue"))
```

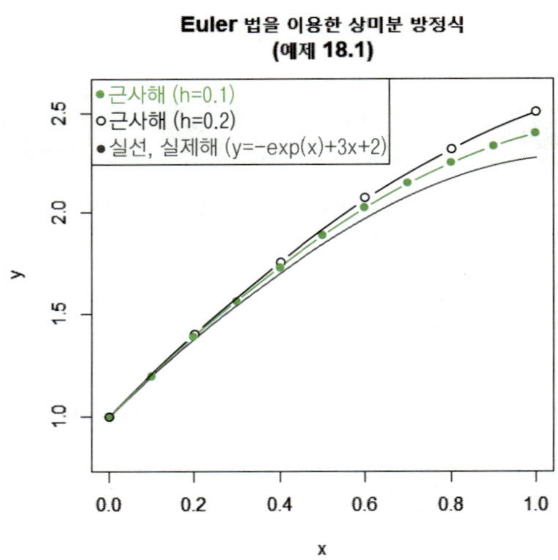

다음 표는 간격의 크기 h를 0.1과 0.2로 지정한 Euler 법으로 얻은 근사해와 주어진 미분 방정식의 해석해(실제해) $y(x)=-e^x+3x+2$ 사이의 백분율 상대오차를 보여준다. 계산 과정이 반복되면서 백분율 상대오차는 다소 증가하는 경향을 보이지만, 간격 h를 0.2에서 0.1로 작게 설정했을 때 백분율 상대오차가 4.40%에서 2.33%로 줄어드는 것을 파악할 수 있다.

x	해석해	근사해		백분율 상대오차(%)	
		h=0.2	h=0.1	h=0.2	h=0.1
0.0	1.000000	1.000000	1.00000	0.00	0.00
0.1	1.194829		1.20000		0.43
0;.2	1.378597	1.400000	0.39000	1.55	0.83
0.3	1.550141		0.56900		1.22
0.4	1.708175	1.760000	1.73590	3.03	1.62
0.5	1.851279		1.88949		2.06
0.6	1.977881	2.072000	2.02843	4.76	2.56
0.7	2.086247		2.15128		3.12
0.8	2.174459	2.326400	2.25641	6.99	3.77
0.9	2.240397		2.34205		4.54
1.0	2.281718	2.511680	2.40626	10.1	5.46
평균 백분율 상대오차(%)				4.40	2.33

3 수정된 Euler 법

Euler 법은 간단하지만 미분 방정식의 수치해를 구할 때 체계적으로 오차가 발생한다는 단점이 있다. 다시 말해, 구간의 처음 간격에서의 도함수가 이후의 모든 간격에 영향을 주는 것이 Euler 법에서 오차가 발생하는 근본적인 원인이다. 이런 오차를 줄이기 위하여 Euler 법을 수정한 중간점 법이 개발되었다. 이 방법은 [식 18-5]를 변형하여 소구간의 왼쪽 경계에서 기울기 y_i' 대신 소구간의 오른쪽 경계에서 기울기 y_{i+1}'과 평균한 기울기 $1/2(y_i' + y_{i+1}')$을 사용하여 다음과 같이 표현되며, 다음 절에서 설명할 2차 Runge-Kutta 법의 Heun 표현식과 유사하게 해석된다.

$$y_{i+1} = y_i + h\left(\frac{y_i + y_{i+1}}{2}\right) \quad (i = 0, 1, 2, \ ...) \qquad \text{[식 18-6]}$$

또는,

$$y_{i+1} = y_i + h\left(\frac{y_i' + y_{i+1}'}{2}\right) = y_i + h y_{i+1/2}' \quad (i = 0, 1, 2, \ ...) \qquad \text{[식 18-7]}$$

여기서 $y_{i+1/2}' = f(x_{i+1/2}, y_{i+1/2})$이며, x_i와 x_{i+1} 사이 중간점에서의 도함수 값이다.

예제 18-2

미분 방정식 $y'(x) = 1 - 3x + y$에 대하여 중간점 법(수정된 Euler 법)으로, x = 0.0에서 x = 1까지 간격의 크기 h = 0.2를 이용하여 x = 0.2, 0.4, 0.6, 0.8 1.0일 때의 y값을 근사하라. 단, 초기 조건 $y(0) = 1.0$이다.

풀이

```
# Euler.Modified_ex18-2.R (중간점 법, 수정된 Euler 법을 이용한 상미분 방정식)
# start: 구간의 왼쪽 경계
# end:  구간의 오른쪽 경계
# h: 소구간의 간격
# y0: x0 점에서 y 값
# ys: x 점에서 y 값
# 사용법: euler_mod(dy.dx, h=0.2, y0=1, start=0, end=1.0)

# 상미분 방정식 정의
dy.dx <- function(x,y) { 1 - 3*x + y}
```

```
euler_mod <- function(dy.dx=function(x,y) {}, h, y0, start, end) {
 nsteps <- (end-start)/h
 ys <- numeric(nsteps+1)
 ys[1] <- y0
 for (i in 1:nsteps) {
  x <- start + (i-1)*h
  ys[i+1] <- ys[i] + h*dy.dx(x,ys[i])
  x1 <- start + (i)*h
  ys[i+1] <- ys[i] + (h/2)*(dy.dx(x,ys[i])+dy.dx(x1,ys[i+1]))
 }
 return(ys)
}

# 함수 실행
xpt <- seq(0, 1, 0.2)
euler_mod <- euler_mod(dy.dx, h=0.2, y0=1, start=0, end=1.0)
euler_mod
[1] 1.000000 1.380000 1.711600 1.984152 2.184665 2.297292

# 그래프 생성
plot(x.new, y.new, type = "l",
ylim=c(0.8, 2.4), col="blue", xlab = "x",
ylab = "y", main = "중간점 법을 이용한 상미분
방정식\n(예제 18.2)")
lines(xpt, euler_mod, type = "b",
pch=18, col="black")
legend("topleft",legend=c("근사해 (중
간점 법)", "해석해 (y = -exp(x)+3x+2)"),
text.col=c("black", "blue"),
pch=c(18,0), col=c("black", "blue"))
#points(newx, newy, pch=10, col="Red")
```

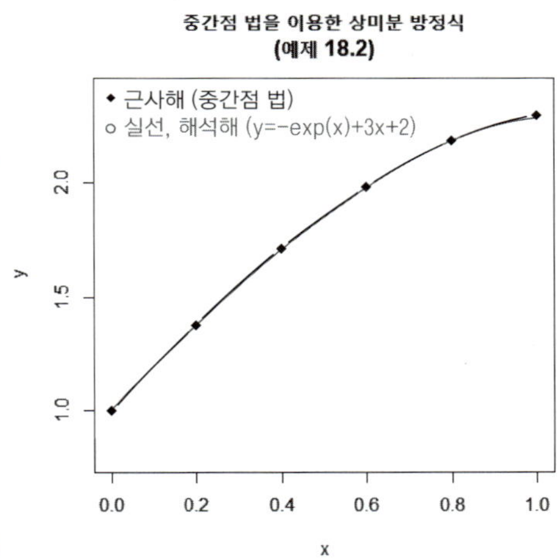

다음은 중간점 법을 이용해서 얻은 근사해를 미분 방정식의 해석해(실제해) $y(x) = -e^x + 3x + 2$와 비교한 표이다. 계산 과정이 반복되면서 상대오차가 어느 정도 증가하지만 Euler 법보다 향상된 결과를 보여준다. 예를 들어, 간격 h=0.2의 경우, Euler 법과 수정된 Euler 법은 각각 4.40%와 0.295%의 해석해와 근사해 사이 평균 백분율 상대오차(%)를 얻었다.

x	근사해	해석해	백분율 상대오차(%)	
			Euler 법	수정된 Euler 법
0	1.000000	1.000000	0.00	0.000
0.2	1.380000	1.378597	1.55	0.102
0.4	1.711600	1.708175	3.03	0.201
0.6	1.984152	1.977881	4.76	0.317
0.8	2.184665	2.174459	6.99	0.469
1.0	2.297292	2.281718	10.1	0.683
평균 백분율 상대오차(%)			4.40	0.295

cmna 패키지의 ivp() 함수를 이용하면 Euler 법에 근거한 상미분 방정식의 수치해를 구할 수 있다. ivp() 함수는 Euler 법, 중간점 법, 그리고 4차 Runge-Kutta 법을 이용하여 상미분 방정식의 초깃값 문제(initial value problem, IVP)의 수치해를 구할 수 있다. 다음 예제는 ivp() 함수에 포함된 euler() 함수와 midptivp() 함수를 이용하여 상미분 방정식의 해를 구하는 방법을 제시한다. 단, 실행하기 전에 반드시 cmna 패키지를 설치하고 로딩시켜야 한다.

예제 18-3

cmna 패키지의 Euler 법을 구현한 euler() 함수와 중점 법을 구현한 midptivp() 함수로, 상미분 방정식 $y'(x)=1-3x+y$에 대하여 간격 h=0.2를 사용하여 x=0.0부터 x=1까지 x=0.0, 0.2, 0.4, 0.6, 0.8, 1.0에서 y값을 근사하라. 단, 초기 조건 $y(0)=1.0$이다.

풀이

```
# cmna_Euler+midpt_ex18-3.R (cmna 패키지의 Euler 법과 중간점 법을 이용한 미분 방정식
의 초깃값 문제)
# f: 함수
# x0: x의 초깃값
# y0: y의 초기 벡터
# h: 간격의 크기
# n: 반복횟수
# 사용법: euler(f, x0=0, y0=1, h=1/10, n=100)
# 사용법: midptivp(f, x0=0, y0=1, h=1/10, n=100)

install.packages("cmna")
library(cmna)

f <- function(x, y) { exp(x) + y }              # 함수 정의
eul <- euler(f, x0=0, y0=1, h=0.2, n=5)         # Euler 법
eul
   x      y
1 0.0 1.00000
2 0.2 1.40000
3 0.4 1.76000
4 0.6 2.07200
5 0.8 2.32640
6 1.0 2.51168
midpoint <- midptivp(f, x0=0, y0=1, h=0.2, n=5)  # 중간점 법(수정된 Euler 법)
midpoint
   x       y
1 0.0 1.000000
2 0.2 1.380000
3 0.4 1.711600
4 0.6 1.984152
5 0.8 2.184665
6 1.0 2.297292
```

그래프 생성
```
x.new <- seq(0.0, 1.0, length=100)
y.new <- -exp(x.new) + 3*x.new + 2
plot(x.new, y.new, type = "l",
ylim=c(0.9,2.5), col="blue", xlab =
"x", ylab = "y", main = "cmna 패키지를 이
용한 상미분 방정식\n(예제 18.3)")
lines(eul, type = "b", pch=18,
col="black")
lines(midpoint, type = "b", pch=0,
col="red")
legend("topleft",legend=c("근사
해, (Euler 법)", "근사해 (중간점 법)", "
실선, 실제해 (y = -exp(x)+3x+2)"),
text.col=c("black","red", "blue"),
pch=c(8, 0, 18), col=c("black","red", "blue"))
```

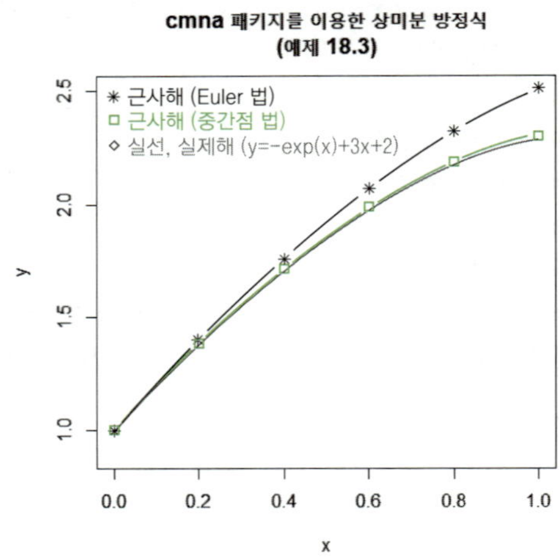

위 결과를 보면 사용자가 정의한 Euler 법(예제 18-1)과 중간점 법(예제 18-2)으로부터 얻은 결과와 거의 일치함을 알 수 있다.

4 Runge-Kutta 법

Runge-Kutta 법은 초깃값 문제에서 상미분 방정식의 수치해를 얻기 위하여 사용되는 가장 보편적인 방법이다. 고계 도함수를 계산하지 않고 높은 차수의 근사식을 이용하는 Runge-Kutta 법은 Taylor 급수 전개식과 대등한 근사해의 정확도를 얻을 수 있는 특징을 갖는다. Runge-Kutta 법은 다양한 형태의 근사식으로 표현되지만, 근본적으로 가장 단순한 형태의 Euler 법을 일반화시킨 것이다.

$$y_{i+1} = y_i + hf(x_i, y_i, h) \qquad \text{[식 18-8]}$$

[식 18-8]의 오른쪽에 있는 $hf(x_i, y_i, h)$를 증분치(increment value)라고 부르며, 기울기에 해당하는 미분 함수 $y_i' = f(x_i, y_i, h)$는 구간 (x_i, x_{i+1})에 걸쳐 측정한 평균 기울기를 다음과 같이 일반화된 형태로 사용한다.

$$y_i' = f(x_i, y_i, h) = a_1 k_1 + a_2 k_2 + \ldots + a_i k_i + \cdots + a_n k_n \quad (i = 1, 2, \ldots n)$$

[식 18-9]

이 식에 가중치 $a_i (i=1, 2, \cdots, n)$는 상수이며, $a_1 + a_2 + \cdots + a_n = 1$의 관계를 유지한다. [식 18-9]를 [식 18-8]에 적용하면 다음과 같이 표현된다.

$$y_{i+1} = y_i + h\left(a_1 k_1 + a_2 k_2 + \cdots + a_i k_i + \cdots + a_n k_n \right) \quad (i = 1, 2, \ldots, n)$$

[식 18-10]

여기서 k_i는 소구간 (x_i, x_{i+1})에 대한 $f(x, y)$ 함숫값이다. n은 차수(order)라고 하며, Taylor 급수 전개식의 차수와 연관된다. Taylor 급수에서 처음 몇 항으로 축약하여 사용하는가에 따라 Taylor 근사식의 차수가 결정되듯이, 증분치를 규정할 때 지정된 차수만큼의 항들을 선택함에 따라 다양한 차수(즉, 형태)의 Runge–Kutta 법들이 개발될 수 있다. 예를 들어, [식 18-9]의 첫 항만 사용하면 $n=1$인 1차 Runge–Kutta 법이 되며, $a_1 = 1$ 그리고 $k_1 = f(x_i, y_i)$로 설정하면 Euler 법이 된다.

또한, [식 18-9]의 처음 두 항만 취하면 $n=2$인 일반적인 형태의 2차 Runge–Kutta 법을 얻을 수 있다.

$$y_{i+1} = y_i + h\left(a_1 k_1 + a_2 k_2\right) \qquad \text{[식 18-11]}$$

위 식에서 a_1과 a_2를 1/2로 가정하고 k_1과 k_2는 다음과 같은 양을 갖는다고 가정하면 Heun 법에 근거한 2차 Runge–Kutta 법을 얻을 수 있으며, 수정된 Euler 법(중간점 법)과 동일하게 해석된다.

$$y_{i+1} = y_i + \frac{h}{2}\left(k_1 + k_2\right) \qquad \text{[식 18-12]}$$

여기서 k_1과 k_2는 다음과 같이 정의된다.

$$k_1 = f\left(x_i, y_i\right) \qquad \text{[식 18-12]}$$

$$k_2 = f\left(x_i + h,\, y_i + k_1 h\right) \qquad \text{[식 18-13]}$$

k_1은 소구간 시작점과 소구간 끝점의 기울기를 의미하며, 계산이 반복될 때마다 근사해는 두 기울기의 평균값만큼씩 증가한다.

n=3 또는 5인 경우, 3차 또는 5차 Runge-Kutta 법을 사용할 수 있지만, 가장 보편적으로 사용되는 방법은 4차 Runge-Kutta 법이다. 다양한 형태로 표현할 수 있지만 고전적인 4차 Runge-Kutta 법은 다음과 같은 형태로 표현된다.

$$y_{i+1} = y_i + \frac{1}{6}\left(k_1 + 2k_2 + 2k_3 + k_4\right) \qquad (n = 0, 1, \ldots, n-1)$$

[식 18-14]

위 식에서 k_1, k_2, k_3, k_4는 다음과 같은 양을 갖는다.

$$k_1 = f\left(x_i, y_i\right) \qquad \text{[식 18-15]}$$

$$k_2 = f\left(x_i + \frac{1}{2}h,\, y_i + \frac{1}{2}k_1 h\right) \qquad \text{[식 18-16]}$$

$$k_3 = f\left(x_i + \frac{1}{2}h,\, y_i + \frac{1}{2}k_2 h\right) \qquad \text{[식 18-17]}$$

$$k_4 = f\left(x_i + h,\, y_i + k_3 h\right) \qquad \text{[식 18-18]}$$

k_3과 k_4 변수가 추가된 4차 Runge-Kutta 법은 2차 Runge-Kutta 법보다 정확도가 훨씬 높아 가장 보편적으로 사용되는 방법이다. 다음은 2차 Runge-Kutta 법과 4차 Runge-Kutta 법을 이용한 상미분 방정식의 수치해를 구하는 예제이다.

예제 18-4

2차 및 4차 Runge-Kutta 법으로, 상미분 방정식 $y'(x)=1-3x+y$에 대하여 간격 h=0.2를 사용하여 x=0.0부터 x=1까지 x=0.0, 0.2, 0.4, 0.6, 0.8, 1.0에서 y값을 근사하라. 단, 초기 조건 $y(0)=1.0$이다.

풀이

```
# RK24_ex18-4.R (2차와 4차 Runge-Kutta 법을 이용한 상미분 방정식)
# start: 구간의 왼쪽 경계
# end: 구간의 오른쪽 경계
# h: 간격
# y0: x0에서 y 값
# 사용법: RK2 (dy.dx, start, end, h, y0)
# 사용법: RK4 (dy.dx, start, end, h, y0)
# 미분 방정식 정의
dy.dx <- function(x,y) { 1 - 3*x + y }

# 2차 Runge-Kutta 법
RK2 <- function(dy.dx=function(x,y){}, h, y0, start, end) {
 nsteps <- (end-start)/h
 ys2 <- numeric(nsteps+1)
 ys2[1] <- y0
 for (i in 1:nsteps) {
  x <- start + (i-1)*h
  k1 <- dy.dx(x, ys2[i])
  k2 <- dy.dx(x+h, ys2[i]+k1*h)
  ys2[i+1] <- ys2[i] + h*(k1 + k2)/2
 }
 ys2
}

RK2 <- RK2(dy.dx, start=0, end=1.0, h=0.2, y0=1)
RK2
[1] 1.000000 1.380000 1.711600 1.984152 2.184665 2.297292
```

```
# 4차 Runge-Kutta 법
RK4 <- function(dy.dx=function(x,y){}, h, y0, start, end) {
 nsteps <- (end-start)/h
 ys4 <- numeric(nsteps+1)
 ys4[1] <- y0
 for (i in 1:nsteps) {
  x <- start + (i-1)*h
  k1 <- dy.dx(x, ys4[i])
  k2 <- dy.dx(x+h/2, ys4[i]+k1*h/2)
  k3 <- dy.dx(x+h/2, ys4[i]+k2*h/2)
  k4 <- dy.dx(x+h,  ys4[i]+k3*h)
  ys4[i+1] <- ys4[i] + h*(k1 + 2*k2 + 2*k3 + k4)/6
 }
 ys4
}

RK4 <- RK4(dy.dx, start=0, end=1.0, h=0.2, y0=1)
RK4
[1] 1.000000 1.378600 1.708182 1.977894 2.174479 2.281749

# 그래프 생성
x.new <- seq(0.0, 1.0, length=100)
y.new <- -exp(x.new) + 3*x.new + 2
x <- seq(0, 1, 0.2)
x.new <- seq(0.0, 1.0, length=100)
y.new <- -exp(x.new) + 3*x.new + 2
plot(x.new, y.new, type = "l",
ylim=c(0.9,2.3), col="blue", xlab =
"x", ylab = "y", main = "Runge-Kutta 법
을 이용한 상미분 방정식\n(예제 18.4)")
lines(x, RK2, type = "b", pch=18,
col="black")
lines(x, RK4, type = "b", pch=0,
col="red")
legend("bottomright", legend=c("
근사해(2차 RK법)", "근사해(4차 RK법)", "
실제해 (y = -exp(x)+3x+2)"), text.
col=c("black", "red", "blue"),
pch=c(18,0,4), col=c("black", "red", "blue"))
```

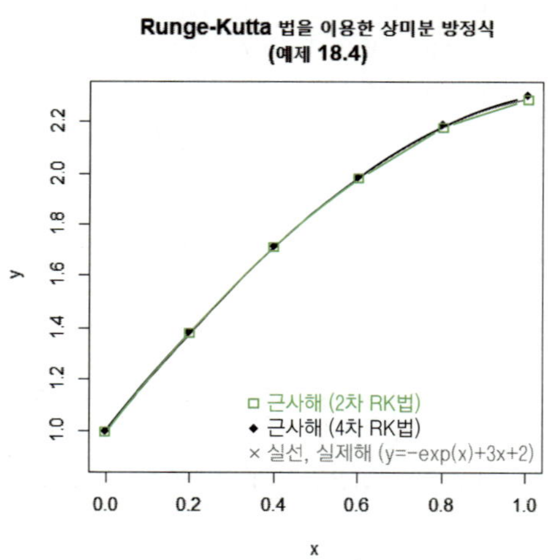

다음 표는 2차 Runge-Kutta 법과 4차 Runge-Kutta 법을 이용해서 얻은 상미분 방정식의 근사해를 실제해와 비교한 결과를 보여준다. 두 방법 모두 계산 과정이 반복되면서 상대오차가 증가하는 경향을 보이지만, Euler 법보다 향상된 결과를 보여준다.

x	근사해		해석해(실제해)	백분율 상대오차(%)	
	2차 R-K 법	4차 R-K 법		2차 R-K 법	4차 R-K 법
0	1.0000	1.0000	1.0000	0.000	0.000
0.2	1.3800	1.3786	1.3786	0.102	0.000
0.4	1.7116	1.7082	1.7086	0.201	0.001
0.6	1.9842	1.9779	1.9779	0.319	0.001
0.8	2.1847	2.1745	2.1745	0.471	0.002
1.0	2.2973	2.2818	2.2817	0.683	0.004
평균 백분율 상대오차(%)				0.296	0.005

간격 h=0.2라는 동일한 기준으로 각각 (Heun 법에 근거한) 2차 Runge-Kutta 법과 수정된 Euler 법(중간점 법)으로부터 0.295%와 0.296%의 백분율 상대오차를 얻을 수 있다. 이는 이전에 언급한 것처럼 두 방법이 서로 동일하게 해석된다는 사실을 입증한다. 0.001%의 해석해와 근사해 사이 평균 백분율 상대오차(%)를 얻은 4차 Runge-Kutta 법이 2차 Runge-Kutta 법보다 매우 우수하다는 것을 확인할 수 있다.

예제 18-5

cmna 패키지에 포함된 초깃값 문제 ivp() 함수의 4차 Runge-Kutta 법 함수 rungekutta4()로, 간격 h=0.2를 사용해서 상미분 방정식 $y'(x)=1-3x+y$에 대하여 x=0.0부터 x=1까지 y값을 근사하라. 단, 초기 조건 $y(0)=1.0$이다.

풀이

```
# cmna_RK4_ex18-5.R (cmna 패키지의 4차 Runge-Kutta 법을 이용한 미분 방정식의 초깃값 문제)
# f: 함수
# x0: x의 초깃값
# y0: y의 초기 벡터
# h: 간격의 크기
# n: 반복횟수
# 사용법: rungekutta4(f, x0, y0, h, n)

install.packages("cmna")            # cmna 패키지 설치
library(cmna)                       # cmna 패키지 로딩

f <- function(x, y) { 1 - 3*x + y }      # 함수 정의
ivp.rk4 <- rungekutta4(f, x0=0, y0=1, h=0.1, n=10)
ivp.rk4
   x       y
1 0.0 1.000000
2 0.2 1.378600
3 0.4 1.708182
4 0.6 1.977894
5 0.8 2.174479
6 1.0 2.281749

# 그래프 생성
x.new <- seq(0.0, 1.0, length=100)
y.new <- -exp(x.new) + 3*x.new + 2
plot(x.new, y.new, type = "l", ylim=c(0.9,2.5), col="blue", xlab = "x", ylab =
"y", main = "cmna 패키지의 rungekutte4() 함수를 이용한\n 상미분 방정식 (예제 18.5)")
lines(ivp.rk4, type = "b", pch=0, col="red")
```

```
legend("topleft",legend=c("근사해, (4차 Rungekutta 법)", "실선, 실제해 (y =
-exp(x)+3x+2)"), text.col=c("red","blue"), pch=c(16,0), col=c("red","blue"))
```

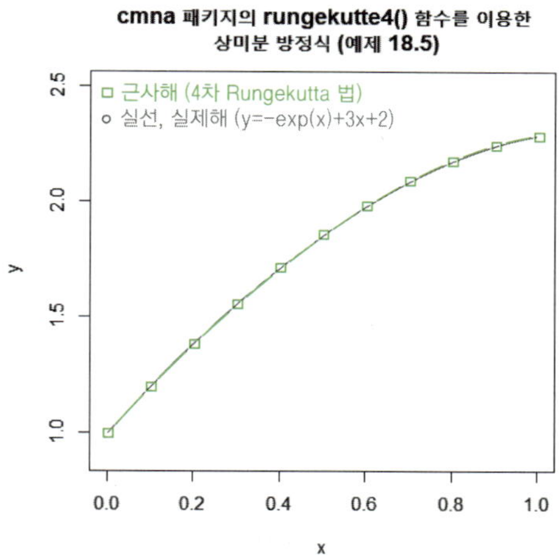

위 결과는 [예제 18-4]에서 사용자가 정의한 4차 Runge-kutta 함수로부터 얻은 결과와 동일하다는 것을 보여준다.

실전 문제

Q1. Euler 법으로 미분 방정식 $y'(x)=e^x+y$를 x=0부터 x=1까지 간격 h=0.1과 h=0.2를 이용하여 y값을 근사하라. 단, 초기 조건 $y(0)=1.0$이다.

Q2. 수정된 Euler 법으로 미분 방정식 $y'(x)=e^x+y$를 x=0부터 x=1까지 간격 h=0.2를 이용하여 y값을 근사하라. 단, 초기 조건 $y(0)=1.0$이다.

Q3. cmna 패키지의 Euler 법을 구현한 euler() 함수와 중점 법을 구현한 midptivp() 함수로, 상미분 방정식 $y'(x)=e^x+y$에 대하여 간격 h=0.2를 사용하여 x=0.0부터 x=1까지 y값을 근사하라. 단, 초기 조건 $y(0)=1.0$이다.

Q4. 4차 Runge-Kutta 법으로 상미분 방정식 $y'(x)=e^x+y$에 대하여 간격 h=0.2를 사용해서 x=0.0부터 x=1까지 x=0.0, 0.2, 0.4, 0.6, 0.8, 1.0에서 y값을 근사하라. 단, 초기 조건 $y(0)=1.0$이다.

Q5. cmna 패키지에 포함된 초깃값 문제 ivp() 함수의 4차 Runge-Kutta 법 함수 rungekutta4()로, 상미분 방정식 $y'(x)=e^x+y$에 대하여 간격 h=0.2를 사용하여 x=0.0부터 x=1까지 y값을 근사하라. 단, 초기 조건 $y(0)=1.0$이다.

실전 문제
풀이와 해답

ch.12 오차

Q1.

절대 오차, abs(2.71828182845905 – 2.718282) = 0.0000001715409499 = 1.71541E-07

상대 오차, abs((2.71828182845905 – 2.718282)/2.71828182845905)) = 6.31064E-08

백분율 상대오차, abs((2.71828182845905 – 2.718282)/2.71828182845905)) = 6.31064E-06

ch.13 선형시스템의 해찾기

Q1.

```
# Solve_ex13-1.R: 역행렬법을 이용한 Ax=b 선형 방정식 시스템의 해 계산
# A: 계수행렬
# b: 상수항 벡터
# x:  Ax=b 선형 방정식 시스템의 해
# Usage: x <- solve(A, b)

A <- matrix(c(1,1,2, -1,1,3, -2,1,1), 3)
b <- matrix(c(-6,2,3), 3)

# 역행렬의 존재 여부 확인(행렬값이 0이 아닐 때 해가 존재)
dvalue <- det(A)
dvalue
[1] -5
if(dvalue != 0)
x <- solve(A,b)
x
     [,1]
[1,]  -1
[2,]   1
[3,]   2
```

행렬의 행렬식의 값이 det(A)=0이라서 역행렬이 존재하지 않는 행렬을 비정칙행렬(singular matrix)이라고 부른다. 계수행렬 A의 역행렬을 구할 수 없는 경우, 소거법을 이용하여 선형 방정식 시스템의 해를 구할 수 없으며, 대신 LU 또는 QR 분해법을 이용해서 해를 구해야 한다.

Q2.

$$x = \frac{\begin{vmatrix} -8 & -2 \\ -11 & -3 \end{vmatrix}}{\begin{vmatrix} 2 & -2 \\ 2 & -3 \end{vmatrix}} = \frac{-8(-3)-(-2)(-11)}{2(-3)-2(-2)} = \frac{24-22}{-6+4} = \frac{2}{-2} = -1$$

$$y = \frac{\begin{vmatrix} 2 & -8 \\ 2 & -11 \end{vmatrix}}{\begin{vmatrix} 2 & -2 \\ 2 & -3 \end{vmatrix}} = \frac{2(-11)-(2)(-8)}{2(-3)-2(-2)} = \frac{-22+16}{-6+4} = \frac{-6}{-2} = 3$$

```
# Cramer.pr13-2.R: Cramer 법칙을 이용한 선형 방정식 시스템의 해 계산

A <- matrix(c(2, 2, -2, -3), 2)            # 계수행렬
c1 <- matrix(c(-8, -11, -2, -3), 2)        # 미지수 x의 분자
c2 <- matrix(c(2, 2, -8, -11), 2)          # 미지수 y의 분자
A; c1; c2
     [,1] [,2]
[1,]    2   -2
[2,]    2   -3
     [,1] [,2]
[1,]   -8   -2
[2,]  -11   -3
     [,1] [,2]
[1,]    2   -8
[2,]    2  -11

det(A)                                               # 계수행렬 A의 행렬값
[1] -2

if(det(A) != 0)
+    x <- det(c1)/det(A); y <- det(c2)/det(A)  # Cramer 법칙 적용
x; y
[1] -1
[1]  3
```

주어진 선형 방정식 시스템에 대하여 Cramer 규칙을 적용했을 때, 수작업과 R 프로그램 모두 x = -1과 y = 3이라는 일치된 해를 얻었다는 것을 확인할 수 있다.

Q3.

```
# optR_gauss_pr13-3.R: optR 패키지로부터 Gauss 소거법을 이용한 선형 방정식 시스템의 해 계산
# A: 계수행렬
# b: 상수항 벡터
# x:  Ax=b 선형 방정식 시스템의 해
# tol: 오차 허용 한계
# Usage: x <- optR(A, b, method="gauss", tol=1e-7)

install.packages("optR")           # optR 패키지 설치
library(optR)                      # optR 패키지 로딩

# 계수행렬과 상수항 벡터 정의
A<-matrix(c(1,2,-1, -2,-1,3, 4,5,-3), 3)
b<-matrix(c(12, 18, -8), 3)
x <- optR(A, b, method="gauss", tol=1e-7)
x

call:
optR.default(x = A, y = b, method = "gauss", tol = 1e-07)

 Coefficients:
     [,1]
[1,]  2
[2,]  1
[3,]  3
```

Q4.

```
# optR_GaussSeidel_pr13-4.R: optR 패키지와 Gauss-Seidel 반복법을 이용한 Ax=b 선형
방정식 시스템의 해 계산
# A: 계수행렬
# b: 상수항 벡터
# x:  Ax=b 선형 방정식 시스템의 해
# Usage: x <-optR(A, b, method="gaussseidel", iter=500, tol=1e-7)

install.packages("optR")          # optR 패키지 설치
library(optR)                     # optR 패키지 로딩

A < -matrix(c(4,-1,1, -1,4,-2, 1,-2,4), nrow=3,ncol=3, byrow = TRUE)
b <- matrix(c(12,-1, 5), nrow=3,ncol=1,byrow=TRUE)
x <- optR(A, b, method="gaussseidel", iter=500, tol=1e-7)
x
call:
optR.default(x = A, y = b, method = "gaussseidel", iter = 500,
  tol = 1e-07)

 Coefficients:
    [,1]
[1,]  3
[2,]  1
[3,]  1
```

Q5.

```
# Matrix_LU_pr13-5.R: Matrix 패키지의 LU 분해법을 이용한 선형 방정식 시스템의 해 계산
# A: 계수행렬
# b: 상수 벡터
# Usage: ALU <- lu(A)                  # 희소행렬(sparse matrix)의 경우
# Usage: ALU <- expand(lu(A))          # 조밀행렬(dense matrix)의 경우

install.packages("Matrix")             # Matrix 패키지 설치
library(Matrix)                        # Matrix 패키지 로딩

A <- matrix(c(3,1,1, 1,-2,2, 1,3,2), 3)
b <- matrix(c(19,3,23), 3)

ALU <- expand(lu(A))
ALU
$'L'
3 x 3 Matrix of class "dtrMatrix" (unitriangular)
         [,1]       [,2]      [,3]
[1,] 1.0000000          .         .
[2,] 0.3333333  1.0000000         .
[3,] 0.3333333 -0.7142857 1.0000000

$U
3 x 3 Matrix of class "dtrMatrix"
        [,1]      [,2]     [,3]
[1,] 3.000000  1.000000 1.000000
[2,]        . -2.333333 2.666667
[3,]        .         . 3.571429

$P
3 x 3 sparse Matrix of class "pMatrix"

[1,] | . .
[2,] . | .
[3,] . . |

A3 <- ALU$P %*% ALU$L %*% ALU$U  # 주어진 A 행렬이 p*L*U의 곱으로 분해 변형됨
x <- solve(ALU$U) %*% solve(ALU$L) %*% b
x
3 x 1 Matrix of class "dgeMatrix"
     [,1]
[1,]    3
[2,]    6
[3,]    4
```

$A = pLU$는 계수행렬 A가 3개의 행렬 pLU의 곱으로 변형되었으며, p는 결과에 영향을 미치지 않는 더미 희소행렬(dummy sparse matrix)이다.

Q6.

```
# optR_LU_pr13-6.R: optR 패키지의 LU 분해법을 이용한 선형 방정식 시스템의 해 계산
# A: 계수행렬
# b: 상수 벡터
# 사용법: x <- optR(A, b, method="LU", iter=100, tol=1e-5)

install.packages("optR")        # optR 패키지 설치
library(optR)                   # optR 패키지 로딩

A <- matrix(c(6, 2, 1,  -3, 1, -7,  1, -8, 1), 3)
b <- matrix(c(11, -15, 10), 3)
x <- optR(A, b, method="LU", iter=100, tol=1e-5)
Warning message:
ln opt.matrix.reorder(A, tol) : Singular Matrix
x
call:
optR.default(x = A, y = b, method = "LU", iter = 100, tol = 1e-05)

 Coefficients:
[[1]]
     [,1]
[1,]  1
[2,] -1
[3,]  2
```

Q7.

```
# cmna_LU_ex13-7.R: optR 패키지의 LU 분해법을 이용한 선형 방정식 시스템의 해 계산
# A: 계수행렬
# b: 상수 벡터
# 사용법: x <- lumatrix(A)

install.packages("cmna")          # cmna 패키지 설치
library(cmna)                     # cmna 패키지 로딩

A <- matrix(c(1, -3, 3,  2, 2, 1,  -1, 1, -2), 3)
b <- matrix(c(4, 2, 3), 3)

luA <- lumatrix(A)                # lumatrix() 실행
luA
$'P'
     [,1] [,2] [,3]
[1,]  1    0    0
[2,]  0    1    0
[3,]  0    0    1

$L
     [,1] [,2] [,3]
[1,]  1   0.000 0
[2,] -3   1.000 0
[3,]  3  -0.625 1

$U
     [,1] [,2] [,3]
[1,]  1    2  -1.00
[2,]  0    8  -2.00
[3,]  0    0  -0.25

A3 <- luA$P %*% luA$L %*% luA$U # 주어진 A 행렬이 p*L*U의 곱으로 분해 변형됨
x <- solve(A3, b)
x
     [,1]
[1,]  1
[2,]  2
[3,]  1
```

Q8.

```
# QR_solve_pr13-8.R: QR 분해법을 이용한 선형 방정식 시스템의 해 계산
# A: 계수행렬
# b: 상수 열 벡터
# Q: 직교행렬
# R: 상삼각행렬
# 사용법: Aqr <- qr(A, tol=1e-7, LAPACK=TRUE)
# 사용법: x <- qr.solve(A, b, tol=1e-10)
# 사용법: x <- solve(qr(A), b, tol=1e-10):역행렬이 존재하는 가역행렬에만 사용

A <- matrix(c(1,2,1, 1,3,-1, 1,1,-2), 3)
b <- matrix(c(2,3,-6), 3)
det(A)
[1] -5
Aqr <- qr(A, tol=1e-10, LAPACK=TRUE)
x <- qr.solve(A,b, tol=1e-10)
xsol <- solve(qr(A, LAPACK=TRUE), b)
        # 역행렬이 존재하는 정칙행렬(nonsingular matrix)일 때만 사용
xcoef <- qr.coef(Aqr, b)
        # solve(A, b)와 동일하지만, 모든 행렬을 처리할 수 있음
x ; xsol; xcoef
     [,1]
[1,]   -1
[2,]    1
[3,]    2
     [,1]
[1,]   -1
[2,]    1
[3,]    2
     [,1]
[1,]   -1
[2,]    1
[3,]    2
```

Q9.

```
# Chol_pr13-9.R: Cholesky 분해법을 이용한 선형 방정식 시스템의 해 계산
# A: 계수행렬(대칭행렬)
# b: 상수 벡터
# 사용법: Cup <- chol(A, pivot = TRUE, LINPACK = FALSE, tol = 1e-10)

A <- matrix(c(-1, 2, 1,  3, -2, 3,  -5, 4, 0), 3)
b <- matrix(c(-3, 8, 6), 3)
Cup <- chol(A, pivot = TRUE, tol = 1e-10)      # 상삼각행렬 반환, U
Cup
     [,1]      [,2]       [,3]
[1,]    2 -0.500000  0.5000000
[2,]    0  2.397916 -0.3127716
[3,]    0  0.000000  2.1568899
Cupt <- t(Cup)
Cupt
     [,1]       [,2]      [,3]
[1,]  2.0  0.0000000 0.00000
[2,] -0.5  2.3979158 0.00000
[3,]  0.5 -0.3127716 2.15689
A <- Cupt %*% Cup        # t(Cup)*Cup의 곱= U^TU 으로 재구성해서 A 행렬을 검정
A
     [,1] [,2] [,3]
[1,]    4   -1    1
[2,]   -1    6   -1
[3,]    1   -1    5

x <- solve(Cup) %*% solve(t(Cup)) %*% b  # x = (U^-1U^T,-1) * b
x
           [,1]
[1,] -0.7943925
[2,]  1.4766355
[3,]  1.6542056
```

Q10.

```
# SVD1_pr13-10.R:   특이값(svd) 분해법을 이용하여 선형 방정식 시스템의 해 계산
# A: SVD로 분해되는 (mxn) 차원의 수치형(또는 복소수형) 행렬이 계산되는 계수행렬
# b: 상수항 열 벡터
# 사용법: single<- svd(A, LINPACK = FALSE)

A <- matrix(c(6, 2, 1, -3, 1, -7, 1, -8, 1), 3)
b <- matrix(c(11, -15, 10), 3)
single<- svd(A, LINPACK = FALSE)
single

$'d'                          # 대각행렬 D
[1] 9.108455 8.030611 4.306428

$u                                                    # 상삼각행렬(직교행렬)
           [,1]       [,2]       [,3]
[1,]  0.4827603 -0.5203722  0.7043828
[2,] -0.5779618 -0.7935977 -0.1901653
[3,]  0.6579534 -0.3153021 -0.6838728

$v                                                    # 상삼각행렬의 전치행렬(직교행렬)
           [,1]       [,2]      [,3]
[1,]  0.2633368 -0.6256972 0.7342729
[2,] -0.7281055  0.3704119 0.5767646
[3,]  0.6328634  0.6865115 0.3580305

single$u %*% diag(single$d) %*% t(single$v)    # A = U D V'으로 재구성하여 검정
     [,1] [,2] [,3]
[1,]   6   -3    1
[2,]   2    1   -8
[3,]   1   -7    1

# Apply to linear equation system
D <- diag(1/single$d)                                # 대각선 원소값들을 역수로 변환한 대각행렬
invA <- single$v %*% D %*% t(single$u)
x <- invA %*% b
x
     [,1]
[1,]   1
[2,]  -1
[3,]   2
```

ch.14 보간법

Q1.

```
# cmna_polyinterp_pr14-1.R: 다항식 보간법(polynomial interpolation)
# x, y: 독립변수, 종속변수 데이터
# newx: 보간하려는 x 값
# p4x: 4차 다항식 보간값
# 사용법: f <- polyinterp(x, y).
# a0, a1, a2, a3, a4 순으로 다항식의 계수 값 반환

install.packages("cmna")          # cmna 패키지 설치
library(cmna)                     # cmna 패키지 로딩

options(digits=6)
x <- 1:5
y <- c(0.100, 0.693, 1.098, 1.385, 1.601)      # y=exp(x)
f <- polyinterp(x, y)
f
[1] -0.774000 1.051250 -0.197541 0.021250 -0.000958

newx <- 2.5                       # 새로운 x 값에서 보간
p4x <- f[1] + f[2]*newx + f[3]*newx^2 + f[4]*newx^3+ f[5]*newx^4
p4x
[1] 0.914086
```

Q2.

$x = 1.5$를 1차 Larange 보간 다항식 [식 14-26]에 대입하여 계산하면 다음과 같다.

$$f_1(1)=\frac{1.5-1}{2-1}(0.000)+\frac{1.5-2}{1-2}(0.693)=0.34655$$

$x = 1.5$를 2차 Lagrange 보간 다항식 [식 14-27]에 대입하여 계산하면 다음과 같다.

$$f_2(0.5)=\frac{(1.5-2)(1.5-3)}{(1-2)(1-3)}(0.000)+\frac{(1.5-1)(1.5-3)}{(2-1)(2-3)}(0.693)$$
$$+\frac{(1.5-1)(1.5-2)}{(3-1)(3-2)}(1.099)=0.382375$$

$e^{1.0}$의 실제값 2.718282와 1차 Lagrange 보간법으로부터 계산된 값 사이의 백분율 상대오차를 구하면 다음과 같다.

$$\%\ 상태\ 오차 = abs\left(\frac{0.4054651-0.34655}{0.4054651}\right)*100=14.53\%$$

실제값과 2차 Lagrange 보간법으로부터 계산된 값 사이의 백분율 상대오차를 구하면 다음과 같다.

$$\%\ 상태\ 오차 = abs\left(\frac{0.4054651-0.382375}{0.4054651}\right)*100=5.69\%$$

Q3.

```
# lagrange_poly_pr14.3.R: 사용자 정의 함수를 이용한 Lagrange 다항식 보간법
# x, y: 데이터
# newx: 보간하려는 x 값
# 사용법: Lx(newx)

x <- c(0.5, 1.2, 1.5)
y <- c(1.6487213, 3.3201169, 4.4816891)
n <- length(x)
summ <- 0

# Lagrange 보간법
Lx <- function(newx) {
 for (i in 1:n) {
  val <- y[i]
  for (j in 1:n) {
    if(i != j)
     val <- val *(newx-x[j])/(x[i]-x[j])
  }
 }
 summ = summ + val
 return (summ)
}

Lx(1.45)
[1] 3.5480039
```

Q4.

```
# Spline_123order_pr14-4.R: 선형, 2차, 3차 Spline 보간법
# x, y: 데이터
# xout: 보간하려는 x 값
# yout: 보간된 y 값
# n: 등간격 소구간의 수, 홀수

# 선형 Spline 보간법
x <- c(1.0, 1.4)
y <- c(1.841471, 2.94545)
spline(x, y, n=3)
$'x'
[1] 1.0 1.2 1.4

$y
[1] 1.841471 2.393461 2.945450

# 2차 Spline 보간법
x <- c(1.0, 1.4, 1.8)
y <- c(1.841471, 2.94545, 4.213848)
spline(x, y, n=5)
$'x'
[1] 1.0 1.2 1.4 1.6 1.8

$y
[1] 1.841471 2.372908 2.945450 3.559097 4.213848

# 3차 자연 Spline 보간법
x <- c(1.0, 1.4, 1.8, 2.2)
y <- c(1.841471, 2.94545, 4.213848, 5.648496)
spline(x, y, n=7)
$'x'
[1] 1.0 1.2 1.4 1.6 1.8 2.0 2.2

$y
[1] 1.841471 2.373023 2.945450 3.558982 4.213848 4.910276 5.648496
```

선형, 2차, 그리고 3차 Spline 보간법으로부터 얻은 결과를 정리하면 다음과 같다.

보간 방법	선형 Spline 보간법	2차 Spline 보간법	3차 Spline 보간법	실제값
결과	2.393461	2.372908	2.373023	0.2623643
%상대오차	0.903%	0.037%	0.041%	

Q5.

```
# CubicSpline_cmna_pr14-6.R: 3차 자연 Spline 보간법 by cmna 패키지
# x, y: 데이터
# newx: 보간하려는 x 값
# newy: 보간된 y 값

install.packages("cmna")          # cmna 패키지 설치
library(cmna)                     # cmna 패키지 로딩

rm(list = ls())                   # 메모리에 남아 있을지 모르는 모든 변수 제거
x <- c(3, 6, 9, 12, 15)
y <- c((10, 37, 82, 145, 226)
f <- cubicspline(x, y)
f
[1] 10 37 82 145

$b
[1] 7.714286 11.571429 18.000000 24.428571

$c
[1] 0.0000000 1.2857143 0.8571429 1.2857143

$d
[1] 0.14285714 -0.04761905 0.04761905 -0.14285714

newx <- 10.0
newy <- f$a[3]*(newx-x[3])^3 + f$b[3]*(newx-x[3])^2 + f$c[3]*(newx-x[3]) + f$d[3]
# [식 14-28]
newx; newy
[1] 10
[1] 98.14286
```

구하려는 x=10이 데이터 집합의 세 번째 구간에 위치하기 때문에 4개의 계수의 세 번째 요소들을 사용하여 x=10에서 y=8.14286으로 근사하였다.

ch.15 비선형 함수의 해찾기

Q1. 풀이와 해답

(a) 이분법 알고리즘 이용

bisect.R을 실행시킨 다음 아래 R 스크립트를 실행시킨다.

```
# bisect_pr15-1a.R:n 이분법을 이용한 함수의 근사해 계산 알고리즘
# f: 목적 함수
# a: 탐색 구간의 왼쪽 경계
# b: 탐색 구간의 오른쪽 경계
# num: 탐색 구간을 나눈 구획 수
# tol: 오차 허용한계
# 사용법: bisect (f, a, b)

f <- function(x) { x^2 + x - 0.75 }      # 목적함수 정의
bisect(f, -2, 0)                          # 실행
[1] 1
[1] -0.6823278                           # 근사해
[1] -3.605263e-08                         # 근사해에서 함수 f(x) 값
[1] "해찾기 성공"
```

(b) cmna 패키지 이용

```
# bisection_cmna_pr15-1b.R: cmna 패키지의 이분법을 이용한 비선형 함수의 근사해 계산
# f: (수치)해를 구하려는 함수
# x1: 탐색 영역의 왼쪽 경계
# x2: 탐색 영역의 오른쪽 경계
# tol: 오차 허용한계
# m: 최대 반복횟수
# 사용법: bisection(f, x1, x2, tol=0.001, m=100)

install.packages("cmna")                  # cmna 패키지 설치
library(cmna)                             # cmna 패키지 로딩

f <- function(x) { x^2 + x - 0.75 }
bisection(f, -2, 0)
[1] -1.500488
```

(c) polyroot 함수 이용

```
# polyroot_pr15.1c.R: 급수의 해 계산(Find Zeros of a Real or Complex Polynomial)
# z: 다항식의 계수 벡터 x0부터 xn까지 순서대로 입력
# 사용법: polyroot(z)

z <- c(-0.75, 1, 1)            # 목적함수 f = x^2 + x - 0.75
root <- polyroot(z)
as.numeric(root)
[1] 0.5 -1.5
```

Q2.

```
# false_pr15-2.R: 가위치법을 이용한 함수의 근사해 계산 알고리즘
# f: 목적 함수
# x1: 탐색 구간의 왼쪽 경계
# x2: 탐색 구간의 오른쪽 경계
# tol: 오차 허용한계
# m: 최대 반복횟수
# 사용법: false (f, x1, x2)

f<-function(x){x^2 + x - 0.751}        # 함수 정의
false (f, -1, 0)                        # 실행
1번째에서 반복과정에서 얻은 중간값= -0.6126998
2번째에서 반복과정에서 얻은 중간값= -0.6934401
3번째에서 반복과정에서 얻은 중간값= -0.7023831
4번째에서 반복과정에서 얻은 중간값= -0.7033504
5번째에서 반복과정에서 얻은 중간값= -0.7034548
6번째에서 반복과정에서 얻은 중간값= -0.7034661
7번째에서 반복과정에서 얻은 중간값= -0.7034673
8번째에서 반복과정에서 얻은 중간값= -0.7034674
9번째에서 반복과정에서 얻은 중간값= -0.7034674
10번째에서 반복과정에서 얻은 중간값= -0.7034674
11번째에서 반복과정에서 얻은 중간값= -0.7034674
[1] -0.7034674
```

Q3.

RStudio에서 fixedpoint.R을 불러와 실행시킨 다음 변형된 함수 $g(x)$를 정의하고 실행시킨다.

```
# fixedpoint_pr15-3.R: 고정점 반복법(Fixed-point iteration method)으로 알고리즘
# f(x): 목적함수
# g(x): 변형함수
# x1: 초기 추정값
# tol: 오차 허용한계
# m: 최대 반복횟수
# 사용법: fixedpoint (gfun, x1,, tol, m)

f <- function(x) sin(sqrt(x))-x          # 목적함수 정의
gfun <- function(x) sin(sqrt(x))         # 변형함수 정의

> x <- fixedpoint(gfun, 2)               # 실행
20번째에서 반복과정에서 얻은 반복해 =  0.7686489
> x ; f(x)                               # 근사해와 수렴했을 때의 함수 f(x) 값
[1] 0.7686489
[1] -1.964443e-10
```

Q4.

```
# newton_raphson_pr15-4.r: f(x)=0의 해를 구하기 위한 Newton_Raphson 알고리즘
# 함수는 함숫값과 그 미분형을 길이 2의 벡터로 반환하도록 단변수함수로 가정
# x1: 초기 추정값
# tol: 오차 허용한계
# m: 최대 반복횟수
# 사용법: newton_raphson(f, x1, tol, m)

f <- function(x) {
 fx <- x^3 - x - 1
 dfx <- 3*x^2 - 1
 return(c(fx, dfx))
}
newton_raphson(f, 2)                     # 실행
At 1 th 반복과정에서 x값 = 1.545455
At 2 th 반복과정에서 x값 = 1.359615
At 3 th 반복과정에서 x값 = 1.325801
At 4 th 반복과정에서 x값 = 1.324719
At 5 th 반복과정에서 x값 = 1.324718
[1] "수렴 성공 !"
[1] 1.324718
```

네 번의 반복과정을 마치면 오차 허용한계 이내로 수렴되며 수치해를 구한 결과를 보여준다.

Q5.

```
# cmna_NewtonRaphson_pr15-5.R: cmna 패키지의 newton 함수를 이용하여 함수의 해 구하기
(Newton_Raphson 알고리즘)
# x1: 초기 추정값
# tol: 오차 허용한계
# m: 최대 반복횟수
# 사용법: newton (f, fp, x1, tol=1e-7, m=100)

install.packages("cmna")                    # cmna 패키지 설치
library(cmna)                               # cmna 패키지 로딩

f <- function(x) { x^2 - 0.8x - 1.05 }      # 목적함수 정의
fp <- function(x) {2*x - 0.8 }              # 목적함수의 1차 도함수 정의
newton(f, fp, 0)
[1] -0.7
```

Q6.

secant.R을 실행시킨 후에 다음 스크립트를 실행시킨다.

```
# secant_pr15-6.R: 할선법을 이용한 함수의 근사해 계산 알고리즘
# f: 목적 함수
# x1: 탐색 구간의 왼쪽 경계
# x2: 탐색 구간의 오른쪽 경계
# m: 최대 반복횟수
# tol: 오차 허용한계
# 사용법: secant (f, x1, x2, tol, m)

f <- function(x) x^3 - x - 1           # 목적함수 정의
secant(f, 1, 2)                        # 실행
1번째에서 반복과정에서 얻은 중간값 = 1.166667
2번째에서 반복과정에서 얻은 중간값 = 1.253112
3번째에서 반복과정에서 얻은 중간값 = 1.337206
4번째에서 반복과정에서 얻은 중간값 = 1.32385
5번째에서 반복과정에서 얻은 중간값 = 1.324708
[1] 1.324718
```

위 결과로부터 다섯 번의 반복과정을 거친 후에 허용 오차 한계 1e-7 이내로 수렴되어 근사해를 구했음을 알 수 있다.

ch.16 최소제곱법

Q1.

```
# linear_sq_pr16-1.R: 실전 문제 16.1(단일 선형 회귀 모델)
# n: 데이터의 수
# m: 회귀계수의 수
# x, y: 독립변수, 종속변수
# a0, a1: 절편, 기울기
# newx: 보간하려는 x 값
# px: 선형 회귀 모델
# sse: 오차제곱합

# 데이터
x <- c(1:7)
y <- c(0.332, 0.113, -0.112, -0.367, -0.541, -0.822, -1.012)

# 통계변수 결정
n <- length(x);  m <- 2
sum.x <- sum(x); sum.x2 <- sum(x*x)
sum.y <- sum(y); sum.xy <- sum(x*y)

# 회귀변수 결정
a1 <- (n*sum.xy-sum.x*sum.y)/(n*sum.x2-sum.x^2)
a0 <- (sum.y - a1*sum.x)/n
round(a0, digits=4) ; round(a1, digits=4)
[1] 0.5603                # 절편
[1] -0.2261               # 기울기

# 모델식에 대한 통계변수: [식 16-4], [식 16-10], [식 16-11], [식 16-12]
SSE <- sum((y-a0- a1*x)^2)
S.yx <- sqrt(SSE/(n-(m+1)))
SST <- sum.ysq - sum.y^2/n
R.sq <- 1 - SSE/SST
SSE; S.yx; SST; R.sq
round(SSE, digits=4) ; round(S.yx, digits=4); round(R.sq, digits=4)
```

```
[1] 0.0022
[1] 0.0235
[1] 0.9985

# 선형 회귀 모델식
newx <- 3.5
px <- function(newx) a0+a1*newx
px(newx)
[1] -0.2311          # x=3.5에서 y의 추정값

# 그래프 생성
x.new <- seq(0.0, 8.0, length=100)
y.new <- a0 + a1*x.new
plot(x.new, y.new, type = "l",
col="blue", xlab = "x", ylab = "y", main
= "선형 회귀 모델\n(실전 문제 16.1)")
lines(x, y, type = "p", pch=16,
col="black")
legend("topright",legend=c("데이터",
"실선, p(x) = 0.5603 - 0.2261x"), text.
col=c("black","blue"), pch=c(16, 0),
col=c("black","blue"))
points(newx, newy, pch=8, col="Red")
```

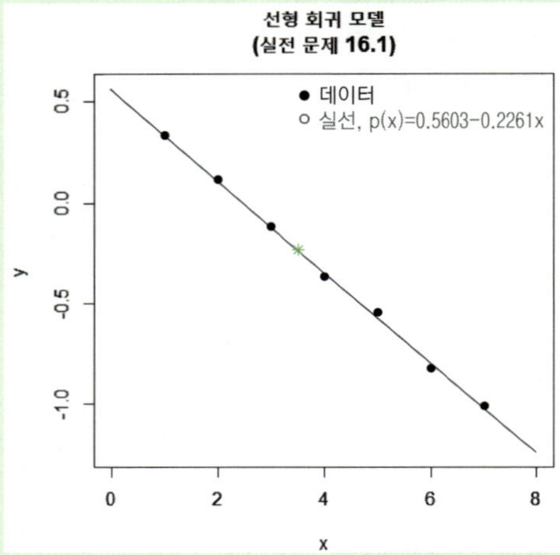

데이터를 직선 방정식에 접합한 결과 선형 회귀 모델식 $p(x) = 0.5603 - 0.231x$를 얻었으며, $x = 3.5$에서 $p(x) = -0.2311$의 추정값을 얻은 결과를 보여준다. 통계적으로 상관계수 R 또는 결정계수 R^2의 값이 0.95 이상 1.0에 가까울수록 바람직한 회귀가 이루어졌다고 판단한다. 본 예제에서 얻은 0.9985의 결정계수 값은 단일 선형 회귀 모델에 데이터를 바람직하게 접합했다고 판단할 수 있다.

Q2.

```
# lm_pr16-2.R : lm() 함수를 이용한 선형 회귀 모델
# x. y: 독립변수, 종속변수
# newx: 새로운 x값
# lm.est: 선형 회귀 모델
# 사용법: lm(formular= , data, subset, method=, )

# 데이터
x <- c(1:8)
y <- c(10.47, 8.7, 7.76, 5.89, 3.15, 3.04, 0.073, -0.49)

# 실행
lin.model <- lm(y ~ x)
coef (lin.model)              # lin.model$coefficients
summary(lin.model)
(lntercept)      x
  12.15    -1.63
lin.model$fit
  1      2     3     4     5     6     7      8
10.522 8.894 7.266 5.638 4.010 2.382 0.754 -0.874

summary(lin.model)
Call:
lm(formula = y ~ x)

Residuals:
  Min      1Q    Median    3Q     Max
-0.8601  -0.3159  0.0998  0.4115  0.6579

Coefficients:
            Estimate  Std. Error  t value  Pr(>|t|)
(lntercept)   12.150     0.464      26.2    2.1e-07 ***
 x            -1.628     0.092     -17.7    2.1e-06 ***
---
Signif. codes:  0 '***' 0.001 '**' 0.01 '*' 0.05 '.' 0.1 ' ' 1

Residual standard error: 0.596 on 6 degrees of freedom
Multiple R-squared:  0.981,     Adjusted R-squared:  0.978
F-statistic:  313 on 1 and 6 DF,  p-value: 2.09e-06
```

```
# 선형 회귀 모델/직선 방정식
newx <- 3.5
lm.est <- function(newx)
  lin.model$coefficients[1] + lin.model$coefficients[2]*newx
newy <- lm.est(newx)
[1] 3.5
(lntercept)
    6.45

# 그래프 생성
x.new <- seq(0.0, 8.0, length=100)
y.new <- lin.model$coefficients[1] +
lin.model$coefficients[2]*x.new
plot(x.new, y.new, type = "l",
col="blue", xlab = "x", ylab = "y", main
= "선형 회귀 모델\n(실전 문제 16.2)")
lines(x, y, type = "p", pch=16,
col="black")
legend("topright",legend=c("데이터", "
실선, p(x) = 12.1503 - 1.6280*x"), text.
col=c("black","blue"), pch=c(16,1),
col=c("black","blue"))
points(newx, newy, pch=0, col="Red")
```

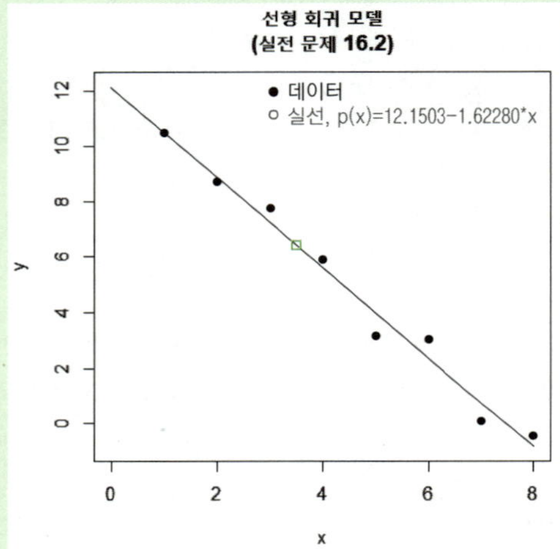

선형 회귀 모델 방정식의 두 회귀계수(절편과 기울기)에 대한 Pr(|t|) < 0.05를 만족하여 귀무가설은 기각되므로, 통계적으로 절편과 기울기의 상당성이 인정된다는 것을 보여준다. 그리고 0.596 값의 잔차 표준오차를 얻었다. 0.981의 다중 결정계수(multiple R-squared)와 0.978의 보정 결정계수(adjusted R-squared) 값은 회귀 모델의 상당성이 인정된다는 것을 암시한다. 2.09e-06의 p-value 값은 $p < 0.05$에 해당하므로 회귀 모델의 상당성이 인정된다고 판단할 수 있다.

절편과 기울기 변수, 각각 12.15와 –1.628로부터 얻은 선형 회귀 모델은 $p(x) = 12.15 - 1.628x$이며, 이 선형 회귀 모델식을 이용하여 $x = 3.5$에서 함숫값을 6.45로 추정한 것을 확인할 수 있다.

Q3.

```
# lin_double_pr16-3.R: 이중 선형 회귀 모델
# n: 데이터의 수
# m: 회귀계수의 수
# a0, a1, a2: 다항식의 변수, a0 + a1*x1 + a2*x2
# newx1, newx2: 보간하려는 x 값
# px: 선형 회귀 모델
# SSE: 오차제곱합
# S.yx: 추정값의 표준오차
# SST: 총제곱합
# R.sq: 결정계수

# longley 데이터 세트
x1 <- c(273.15, 298.15, 305.15, 313.15, 333.15, 353.15, 383.15, 410.15)
x2 <- c(0.984, 0.827, 0.738, 0.626, 0.524, 0.413, 0.323, 0.232)
y <- c(110.3, 270.5, 356.9, 462.9, 518.4, 641.3, 722.5, 877.4)
n <- length(x); m <- 3

# 통계변수 결정
> sum.x1 <- sum(x1); sum.x2 <- sum(x2)
> sum.x1sq <- sum(x1*x1); sum.x2sq <- sum(x2*x2); sum.x1x2 <- sum(x1*x2)
> sum.y <- sum(y); sum.x1y <- sum(x1*y); sum.x2y <- sum(x2*y)
> sum.ysq <- sum(y*y)

# 계수행렬
C <- matrix(c(n,     sum.x1,   sum.x1x2,
        sum.x1, sum.xsq,   sum.x1x2,
        sum.x2, sum.x1x2, sum.x2sq), nrow=3)
# 상수 벡터
b <- matrix(c(sum.y, sum.x1y, sum.x2y), nrow=3)

# 이중 선형 회귀 모델식
coeffs <- solve(C, b)
a0 <- coeffs[1]; a1 <- coeffs[2]; a2 <- coeffs[3]
round(a0, digits=4); round(a1, digits=4); round(a2, digits=4)
[1] -0.0032
[1] 2.4166
```

```
[1] -533.5717

# 모델식에 대한 회귀계수: [식 16-4], [식 16-10], [식 16-11], [식 16-12]
SSE <- sum((y-a0-a1*x1-a2*x2)^2)
S.yx1x2 <- sqrt(SSE/(n-(m+1)))
SST <- sum.ysq - sum.y^2/n
R.sq <- 1 - SSE/SST
round(SSE, digits=4) ; round(S.yx1x2, digits=4); round(R.sq, digits=4)
[1] 3662.23
[1] 30.2582
[1] 0.9916

# 이중 선형 회귀 모델을 이용한 y값 추정
newx1 <- 50  ; newx2 <- 50
px <- function(newx1, newx2) a0+a1*newx1+a2*newx2  # 이중 선형 회귀 모델
newy <- px(newx1, newx2)
newx1; newx2; newy
[1] 300
[1] 0.5
[1] 458.1928
```

위 내용은 $p(x) = 0.0032 + 2.4166x_1 + 533.5717x_2$의 이중 선형 회귀 모델식을 얻은 결과를 보여준다. 0.9916의 결정계수 R^2 값을 보면 회귀 모델이 아주 만족스럽게 데이터를 접합했다고 판단할 수 있다. 부정적 영향을 미치는 다중공선성(multicollinearity) 현상은 한 독립변수와 다른 독립변수의 상관 정도가 높아서 발생한다. 이 때문에 경우에 따라 추정된 회귀계수를 신뢰할 수 없게 된다. 이런 경우에는 상관관계가 높은 변수가 제거된 회귀 모델을 선택하는 것이 바람직하다. 그리고 얻어진 모델식을 이용해서 $x_1 = 300$, $x_2 = 0.5$일 때 값을 458.2로 추정하였다.

Q4.

```
# lm_double_pr16-4.R: lm() 함수를 이용한 이중 선형 회귀 모델
# n: 데이터의 수
# x1, x2, y: 데이터
# newx1, newx2: 보간하려는 x 값
# px: 이중 선형 회귀 모델

# 데이터
x1 <- c(11.3, 27.5, 35.7, 46.3, 51.8, 64.1, 72.3, 87.7)
x2 <- c(0.984, 0.827, 0.738, 0.626, 0.524, 0.413, 0.323, 0.232)
y <- c(-43.4, -129.8, -174.3, -227.8, -259.4, -323.2, -368.4, -448.5)

# lm() 함수 실행
x = cbind(x1, x2)
bilin.model <- lm(y ~ x)
round(coef(bilin.model), digits=4)
(Intercept)     xx1      xx2
    0.227    -5.154   14.536

summary(bilin.model)
Call:
lm(formula = y ~ x)

Residuals:
    1      2      3      4      5      6      7      8
 0.305 -0.323 -1.269  1.488 -0.284  0.919 -0.713 -0.123

Coefficients:
            Estimate Std. Error t value  Pr(>|t|)
(Intercept)   0.227    16.803     0.01   0.99
 xx1         -5.154     0.159   -32.39   5.3e-07 ***
 xx2         14.536    15.304     0.95   0.39
---
Signif. codes: 0 '***' 0.001 '**' 0.01 '*' 0.05 '.' 0.1 ' ' 1
```

```
Residual standard error: 1.05 on 5 degrees of freedom
Multiple R-squared:   1,        Adjusted R-squared:   1
F-statistic: 5.58e+04 on 2 and 5 DF, p-value: 1.34e-11

# 이중 선형 회귀 모델 방정식
newx1=50; newx2 <- 0.5
px <- function(newx1, newx2)
 coef(bilin.model)[1] + coef(bilin.model)[2]*newx1 + coef(bilin.model)*newx2
newy <- px(newx1, newx2)
newx1; newx2; newy
[1] 50
[1] 0.5
(lntercept)
 -250.2
```

이중 선형 회귀 모델 방정식의 3개의 회귀계수에 대한 Pr(|*t*|) < 0.05 판별기준으로 판단했을 때 x_1에 대해서만 만족하여 귀무가설은 기각되므로, 통계적으로 절편과 기울기의 상당성이 인정된다는 것을 보여준다. 절편과 x_2 계수에 대한 귀무가설이 허용되어 다른 회귀모델, 예를 들어 $y = a_0 + a_1x_1$의 선형 회귀 방정식이 추천된다. 그리고 1.05 값의 잔차 표준오차(residual standard error)를 얻었다. 1의 다중 결정계수와 1의 보정 결정계수 값은 회귀 모델의 상당성이 인정된다는 것을 암시한다. 1.34e−11의 *p*-value 값은 $p < 0.05$에 해당하므로 회귀 모델의 상당성이 인정된다고 판단할 수 있다.

그리고 결정된 회귀변수로부터 $p(x) = 0.227 - 5.154x_1 + 14.536x_2$의 이중 선형 회귀 모델식을 구했으며, 이 식을 이용하여 x_1−50, x_2= 0.5에서 함숫값을 −250.2로 추정한 것을 확인할 수 있다.

Q5.

```
# lin-z1_pr16-5.R: 선형화 지수함수 모델
# n: 데이터의 수
# m: 매개변수의 수
# t, Ca: 시간, 화합물 A의 농도
# x, y: 독립변수, 종속변수
# a0, a1: 절편, 기울기
# newx: 보간하려는 x 값
# px: 지수 함수 모델, a*exp(b*x)
# SSE: 오차제곱합
# S.yx: 추정값의 표준오차
# SST: 총제곱합
# R.sq: 결정계수

t <- 0:8
Ca <- c(1.358, 0.818, 0.302, 0.228, 0.119, 0.091, 0.027, 0.011, 0.009)
x <- t; y <- Ca

# 통계변수 계산
n <- length(x);  m <- 2
sum.x <- sum(x); sum.xsq <- sum(x*x)
ln.y <- log(y); sum.y <- sum(ln.y);
sum.ysq <- sum(ln.y*ln.y); sum.xy <- sum(x*ln.y)


# [식 16-9]와 [식 16-10]을 이용한 회귀변수 계산
a1 <- (n*sum.xy-sum.x*sum.y)/(n*sum.xsq-sum.x^2)
a0 <- (sum.y - a1*sum.x)/n
a <- exp(a0) ; b <- a1                # 변수 재해석
round(a, digits=4) ; round(b, digits=4)
[1] 1.446
[1] -0.6457

# 모델식에 대한 통계변수: [식 16-4], [식 16-10], [식 16-11], [식 16-12]
SSE <- sum((y - a*exp(b*x))^2)
S.yx <- sqrt(SSE/(n-(m+1)))
SST <- sum.ysq - sum.y^2/n
R.sq <- 1 - SSE/SST
round(SSE, digits=4) ; round(S.yx, digits=4); round(R.sq, digits=4)
```

```
[1] 0.022
[1] 0.0606
[1] 0.9991

# 지수함수 회귀 모델식을 이용한 y값 추정
newx <- 3.5
px <- function(newx)  a*exp(b*newx)     # 지수함수 회귀 모델
newy <- px(newx)
newx; newy
[1] 3.5
[1] 0.1509

# 그래프 생성
x.new <- seq(0, 8, length=100)
y.new <- px(x.new)
plot(x.new, y.new, type = "l",
col="blue", xlab = "시간(s)", ylab = "화합
물 A의 농도[mol/Liter]", main = "선형화 지수
함수 회귀 모델(화합물 A의 분해속도)\n(실전 문제
16.5)")
lines(x, y, type = "p", pch=16,
col="black")
legend("topright",legend=c("
지수함수 데이터", "실선, p(x) =
1.4455*exp(-0.6457*x)"), text.
col=c("black","blue"), pch=c(16, 1),
col=c("black","blue"))
points(newx, newy, pch=0, col="Red")
```

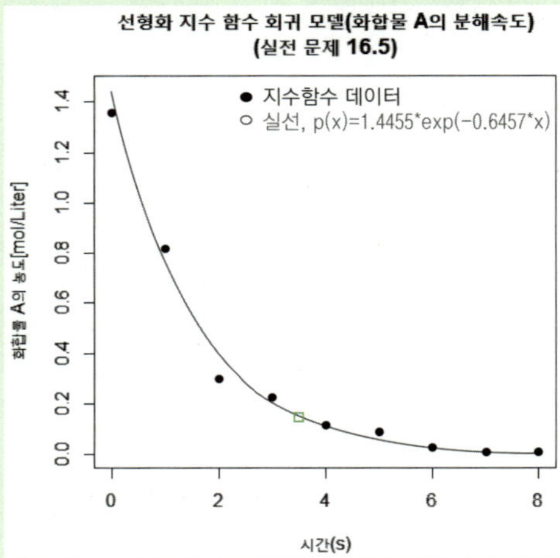

비선형 회귀 모델을 선형화시켜서 최소제곱법으로 결정된 지수 함수 회귀 모델 방정식은 $p(x) = 1.4455e^{-0.6457x}$이며, 결정계수 0.991의 R^2값은 회귀 모델식이 데이터를 매우 우수하게 접합하였다는 것을 말해준다. 그리고 시간이 3.5 s일 때 화합물 A의 농도는 0.1509 mol/L로 추정되었다.

Q6.

```
# lm-z2_pr16-6.R: lm() 함수로 선형화시킨 멱함수 모델
# n: 데이터의 수
# x, y: 독립변수, 종속변수
# px: 회귀 모델 (a*x^b)

# 데이터
x <- 1:8
y <- c(0.886, 2.583, 5.547, 9.993, 15.112, 23.497, 33.164, 47.139)
x <- log10(x); y <- log10(y)

lin.model<- lm(log10(y) ~ log10(x))
summary(lin.model)
Call:
lm(formula = y ~ x)

Residuals:
   Min       1Q   Median      3Q      Max
-0.04820 -0.03899 -0.01465 0.03435 0.06862

Coefficients:
            Estimate Std. Error t value Pr(>|t|)
(Intercept) -0.12119    0.04131   -2.934  0.0262 *
 x           1.91449    0.06427   29.786  9.5e-08 ***
---
Signif. codes:  0 '***' 0.001 '**' 0.01 '*' 0.05 '.' 0.1 ' ' 1

Residual standard error: 0.05195 on 6 degrees of freedom
Multiple R-squared:  0.9933,     Adjusted R-squared:  0.9922
F-statistic: 887.2 on 1 and 6 DF,  p-value: 9.495e-08

# 변수 재해석
a <- 10^lin.model$coefficients[1]
b <- lin.model$coefficients[2]
round(a, digits=4); round(b, digits=4)
```

```
(lntercept)
 0.7565
log10(x)
 1.9145

# x=6.5에서 y 값 추정
newx <- 6.5
px <- function(newx)
     newy <- a*newx^b
newy <- px(newx)
newx; newy
[1] 6.5
(lntercept)
  27.2347

# 그래프 생성
x <- 10^x ; y <- 10^y       # 원래 데이터로 환원
x.new <- seq(1, 8, length=100)
y.new <- a*x.new^b
plot(x.new, y.new, type = "l",
col="blue", xlab = "x", ylab = "y", main
= "lm() 함수로 선형화시킨 멱함수 회귀 모델\n(실
전문제 16.6)")
lines(x, y, type = "p", pch=8,
col="black")
legend("topleft",legend=c("데이터",
"실선, p(x)=0.7565*x^1.914"), text.
col=c("black","blue"), pch=c(8,1),
col=c("black","blue"))
points(6.5, newy, pch=16, col="Red")
```

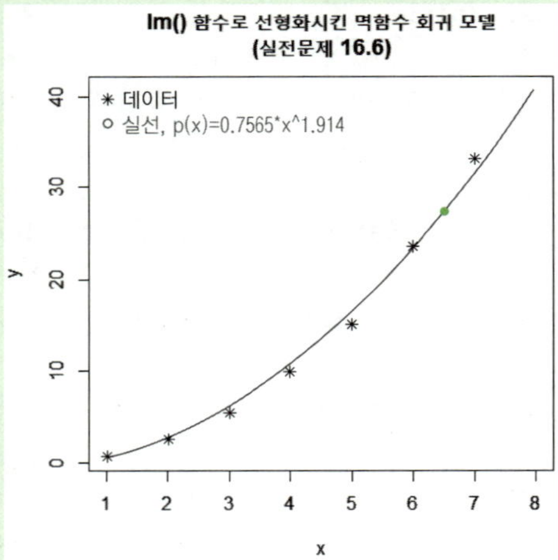

비선형 모델을 선형화시켜서 최소제곱법으로 결정된 멱함수 회귀 모델 방정식은 $p(x) = 0.7565x^{1.914}$으로 결정되었으며, 결정계수 $R^2 = 0.993$은 회귀 모델식이 데이터에 아주 바람직하게 접합하였다는 것을 말해준다. 회귀계수 a와 b 모두에 대하여 $\Pr(|t|) < 0.05$를 만족하여 귀무가설은 기각되고 설정된 회귀 모델의 상당성이 인정된다는 것을 말해준다. 그리고 $x = 6.5$일 때 y값을 27.23으로 추정하였다.

Q7.

```
# lsm_poly2_pr16-7.R: 2차 다항식 회귀 모델
# n: 데이터의 수
# m: 다항식 모델의 차수
# x, y: 독립변수, 종속변수
# a0, a1, a2: 다항식의 변수, a0+a1x+a2*x^2
# newx: 보간하려는 x 값
# px: 2차 다항식 회귀 모델
# SSE: 오차제곱합
# S.yx: 추정값의 표준오차
# SST: 총제곱합
# R.sq: 결정계수

x <- c(0:8)
y <- c(-1.42, -3.64, -13.32, -20.86, -45.46, -59.12, -96.84, -119.62, -172.46)

n <- length(x); m <- 3
sum.x <- sum(x); sum.xsq <- sum(x*x)
sum.xcu <- sum(x^3); sum.xqu <- sum(x^4)
sum.y <- sum(y); sum.ysq <- sum(y*y)
sum.xy <- sum(x*y); sum.x2y <- sum(x^2*y)

# 행렬식
A <- matrix(c(n,  sum.x,  sum.x2,
       sum.x, sum.x2, sum.x3,
       sum.x2, sum.x3, sum.x4), nrow=3)
b <- matrix(c(sum.y, sum.xy, sum.x2y), nrow=3)

coef <- solve(A, b)
a0 <- coef[1]; a1 <- coef[2]; a2 <- coef[3]
round(a0, digits=4); round(a1, digits=4); round(a2, digits=4)
[1] -2.774
[1] 1.726
[1] -2.794
```

```
# 모델식에 대한 통계변수: [식 16-4], [식 16-10], [식 16-11], [식 16-12]
SSE <- sum((y - a0 - a1*x - a2*x^2)^2)
S.yx <- sqrt(SSE/(n-(m+1)))
SST <- sum.ysq - sum.y^2/n
R.sq <- 1 - SSE/SST
SSE; S.yx; R.sq
#round(SSE, digits=4) ; round(S.yx, digits=4); round(R.sq, digits=4)
[1] 161.27
[1] 5.6793
[1] 0.9943

newx <- 3.5
px <- function(newx) a0+a1*newx+a2*newx^2  # 2차 다항식 회귀 모델
newy <- px(newx)
newy
[1] 3.5
[1] -30.96

# 그래프 생성
x.new <- seq(0.0, 8.0, length=100)
y.new <- a0 + a1*x.new + a2*x.new^2
plot(x.new, y.new, type = "l",
ylim=c(-200, 0), col="blue", xlab = "x",
ylab = "y", main = "2차 다항식 회귀 모델\n(실
전문제 16.7)")
lines(x, y, type = "p", pch=15,
col="black")
legend("bottomleft",legend=c("데이터",
"실선, p(x)=-2.774+1.716*x-2.704*x^2"),
text.col=c("black","blue"), pch=c(15,
1), col=c("black","blue"))
points(newx, newy, col="Red", pch=16)
```

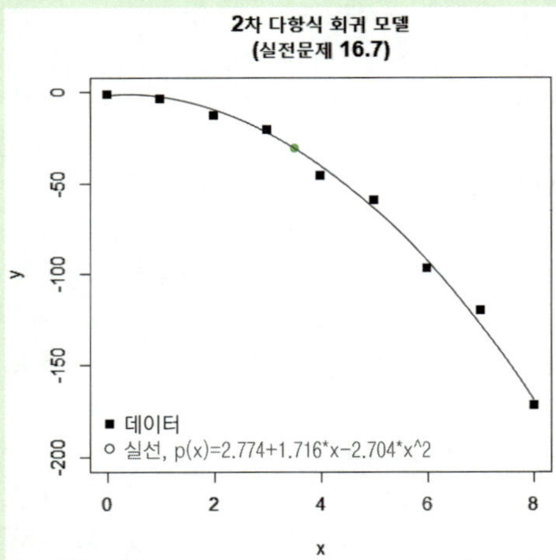

최소제곱법을 적용한 2차 함수로부터 결정된 2차 다항식 회귀 모델 방정식은 $p(x) = -2.774 + 1.716x - 2.794x^2$이며, 결정계수 $R^2 = 0.9943$은 회귀 모델식이 데이터를 우수하게 대표한다는 것을 말해준다. $x = 3.5$에서 y값을 −30.96으로 추정하였다.

Q8.

```
# lsm_2ndQuad_pr16-8.R: 2차 다항식 회귀 모델
# n: 데이터의 수
# m: 다항식 모델의 차수
# x, y: 독립변수, 종속변수
# a0, a1, a2: 회귀계수, a0+a1x+a2*x^2
# newx: 보간하려는 x 값
# px: 2차 다항식 회귀 모델

x <- c(6.47, 6.24, 5.72, 5.09, 4.30, 3.33)
y <- c(80, 40, -40, -120, -200, -280)

new_x2 = cbind(x, x^2)
quad.model <- lm(y ~ new_x2)
# quad.model$fit
quad.model$coef
(Intercept)   new_x2x   new_x2
  -297.99      -49.63    16.65
summary(quad.model)
Call:
lm(formula = y ~ new_x2)

Residuals:
     1       2       3       4      5       6
 2.1142 -0.6282 -2.8870 -0.7634 3.5392 -1.3748

Coefficients:
             Estimate  Std. Error  t value  Pr(>|t|)
(Intercept)  -297.986    29.947    -9.951   0.002160 **
 new_x2x      -49.630    12.606    -3.937   0.029194 *
 new_x2        16.650     1.273    13.083   0.000964 ***
---
Signif. codes:
0 '***' 0.001 '**' 0.01 '*' 0.05 '.' 0.1 ' ' 1
```

```
Residual standard error: 3.066 on 3 degrees of freedom
Multiple R-squared: 0.9997,    Adjusted R-squared: 0.9995
F-statistic: 5176 on 2 and 3 DF, p-value: 4.931e-06

# 2차 다항식 회귀 모델
newx <- 1.0
px <- function(newx)
 quad.model$coef[1] + quad.model$coef[2]*newx + quad.model$coef[3]*newx^2
newy <- px(newx)
newx; newy
[1] 5.5
(Intercept)
 -67.29

# 그래프
x.new <- seq(3, 7, length=100)
y.new <- px(x.new)
plot(x.new, y.new, type = "l",
col="blue", xlab = "x", ylab = "y",
main = "2차 다항식 회귀 모델\n(실전 문제
16-8)")
lines(x, y, type = "p", pch=16,
col="black")
legend("topleft",legend=c("
데이터", "실선, p(x) =
-297.98559-49.63014x+
16.64987x^2"), text.
col=c("black","blue"), pch=c(16,
1), col=c("black","blue"))
points(newx, newy, pch=0, col="Red")
```

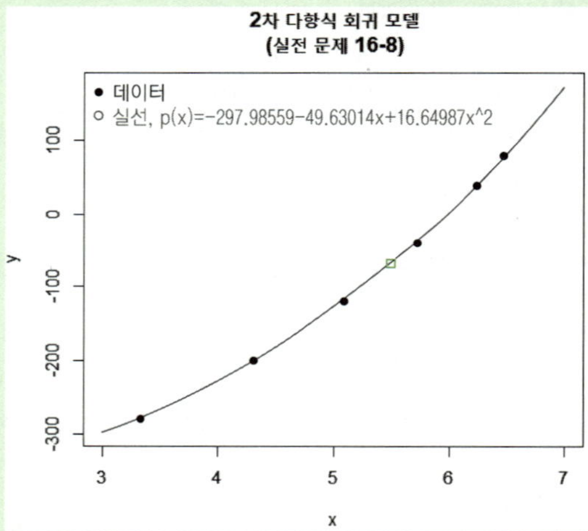

2차 방정식에 최소제곱법으로 적용하여 결정된 다항식 회귀 모델 방정식은 $p(x) = -297.98559 - 49.63014x + 16.64987x^2$이며, 결정계수 $R^2 = 0.9997$은 회귀 모델식이 데이터를 바람직하게 대표한다는 것을 의미한다. p-value = 4.931e−06 < 0.05 값은 회귀 모델식의 정확성이 매우 우수하다는 것을 암시한다. 그리고 $x = 5.5$일 때 y값은 −67.29로 추정되었다.

Q9.

```
# lsm_3rdCubic_pr16-9.R : lm() 함수를 이용한 3차 다항식 회귀 모델
# x, y: 독립변수, 종속변수
# px: 3차 다항식 회귀 모델

# 데이터
x <- c(2.3, 1.6, 4.5, 6.9, 5.5, 6.2, 8.5)
y <- c(12.6, 8.9, 98.3, 653.2, 246.1, 421.1, 900.3)

new_x3 = cbind(x, x^2, x^3)
cubic.model <- lm(y ~ new_x3)

cubic.model$coefficients
(lntercept)   new_x3x    new_x3    new_x3
 502.044074  -436.997020 100.267932  -5.075503

summary(cubic.model)
Call:
lm(formula = y ~ new_x3)

Residuals:
     1       2       3      4       5       6       7
  46.985 -29.845  -5.178 60.028 -41.129 -16.227 -14.634

Coefficients:
            Estimate  Std. Error t value  Pr(>|t|)
(lntercept) 502.044    262.558    1.912    0.152
 new_x3x    -436.997   207.505   -2.106    0.126
 new_x3      100.268    44.735    2.241    0.111
 new_x3       -5.076     2.857   -1.776    0.174

Residual standard error: 54.46 on 3 degrees of freedom
Multiple R-squared: 0.9873,    Adjusted R-squared: 0.9747
F-statistic: 77.95 on 3 and 3 DF, p-value: 0.002411
```

3차 다항식 회귀 모델

```
newx <- 3.5
px <- function(newx)
 cubic.model$coefficients[1] + cubic.model$coefficients[2]*newx + > cubic.
model$coefficients[3]*newx^2 + cubic.model$coefficients[4]*newx^3
newy <- px(newx)
newx; newy
[1] 3.5
(lntercept)
 -16.77554
```

그래프 생성

```
x.new <- seq(0, 9, length=100)
y.new <- px(x.new)
plot(x.new, y.new, type = "l",
ylim=c(-50,1100.0), col="blue",
xlab = "x", ylab = "y ", main = "3차 다
항식 회귀 모델\n(실전 문제 16.9)")
lines(x, y, type = "p", pch=16,
col="black")
legend("topleft",legend=c("
데이터", "실선, p(x) =
502.044-436.997x100.268*x^2-
5.076x^3"), text.
col=c("black","blue"), pch=c(16,0),
col=c("black","blue"))
points(newx, newy, pch=0, col="Red")
```

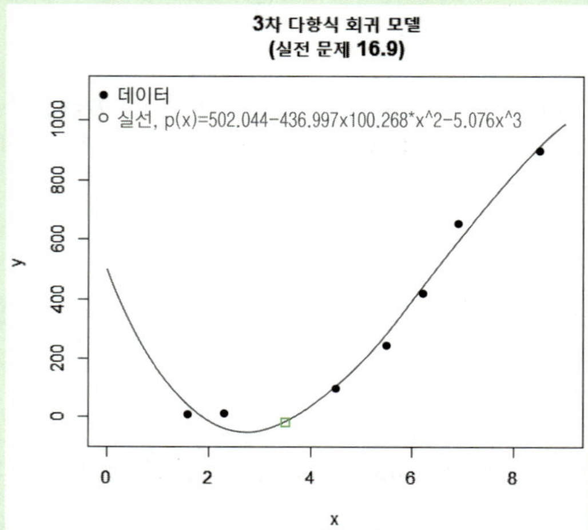

3차 방정식에 최소제곱법으로 적용시켜 결정된 다항식 회귀 모델 방정식은 $p(x) = 502.044 - 436.997x + 100.268x^2 - 5.076x^3$이며, 결정계수 $R^2 = 0.987$은 회귀 모델식이 데이터를 아주 바람직하게 표현한다는 것을 의미하다. p-value = 0.02241 < 0.05 값은 회귀 모델식의 정확성이 매우 우수하다는 것을 암시한다. 그리고 풍속이 $x = 3.5$일 때 y값은 −16.77554로 추정되었다.

Q10.

```
# nls_ex16-10.R : 비선형 회귀 모델
# x, y: 독립변수, 종속변수
# px: 비선형 회귀 모델, a0(1-exp(a1*x))

# 데이터
x <- 0:9
y <- c(0.94, 6.98, 15.54, 27.41, 43.60, 65.61, 89.53, 117.93, 152.3, 188.8)
nls.data <- data.frame(x, y)

# nls() 함수 실행
nl.model <- nls(y ~ a0*(1 - exp(- a1 * x)), data=nls.data, start=list(a0 = 1, a1 = -1))
coef(nl.model)
   a0     a1
-37.0932  0.2022
a0 <- coef(nl.model)[1]; a1 <- coef(nl.model)[2]

summary(nl.model)          # residuals(nl.model)
Formula: y ~ a0 * (1 - exp(a1 * x))
Parameters:
   Estimate Std. Error t value Pr(>|t|)
a0 -37.09321    3.09334     -12    2.2e-06 ***
a1  0.20216     0.00843      24    9.7e-09 ***
---
Signif. codes:  0 '***' 0.001 '**' 0.01 '*' 0.05 '.' 0.1 ' ' 1

Residual standard error: 2.61 on 8 degrees of freedom
Number of iterations to convergence: 12
Achieved convergence tolerance: 4.03e-06

predict(nl.model)
 [1]  0.00  8.31  18.48  30.93  46.18  64.83  87.67  115.62
 [9] 149.83 191.71
```

```
# 비선형 회귀 모델
newx <- 5.5
px <- function(newx)
    a0*(1 - exp(-a1*newx))
newy <- px(newx)
newx; newy
[1] 5.5
  a0
75.67

# 그래프 생성
x.new <- seq(1.0, 10.0, length=100)
y.new <- px(x.new)
#
plot(x.new, y.new, type = "l",
col="blue", xlab = "x", ylab = "y", main
= "비선형 회귀 모델\n(실전 문제 16.10)")
lines(x, y, type = "p", pch=16,
col="black")
legend("topleft",legend=c("데이터", "
실선, p(x)=-37.09(1-exp(0.2022*x))"),
text.col=c("black","blue"),
pch=c(16,1), col=c("black","blue"))
points(newx, newy, pch=0, col="Red")
```

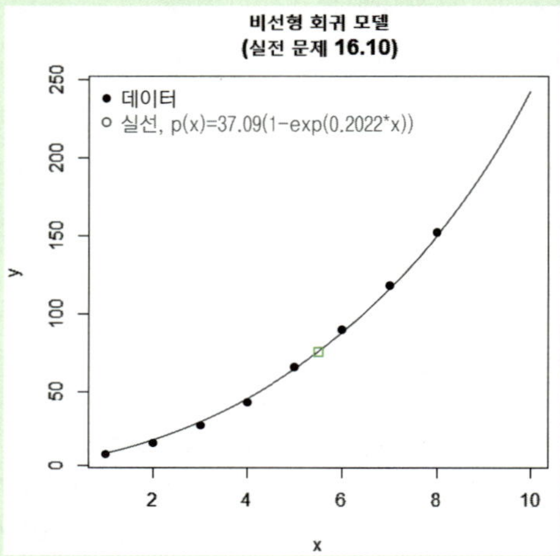

비선형 함수 $a_0(1-e^{-a_1 x})$에 최소제곱법을 적용했을 때, 4.03e-06의 수렴 허용오차에 도달할 때까지 12번의 반복과정을 거친 후에 $p(x)= -37.09\,(1-e^{0.2022\,x})$의 비선형 회귀 모델 방정식이 결정되었다. 회귀변수 a_0, a_1에 대하여 귀무가설이 모두 기각되어 설정된 비선형 회귀 모델의 상당성이 인정된다. 2.61의 잔차 표준오차는 회귀 모델식이 데이터를 적절하게 표현했다는 것을 의미한다. 그리고 $x = 5.5$일 때 y값이 75.674로 추정되었다.

Q11.

```
#nls_pr16-11.R : 비선형 회귀 모델
#x, y: 독립변수, 종속변수
#px: 비선형 회귀 모델, a0(1-exp(a1*x))

#데이터
x <- 0:9
y <- c(1.33, 6.11, 26.3, 49.8, 95.8, 157.5, 193.4, 224.5, 235.4, 250.7)
nls.data <- data.frame(x, y)

#nls() 함수 실행
nl.model <- nls(y ~ a0*exp(-a1*x)*(1-a2*x), data=nls.data, start=list(a0=1,
a1= -1, a2=1))
options(digits=4)
coef(nl.model)
    a0        a1      a2
19.09090 -0.51707  0.09773
a0 <- coef(nl.model)[1]; a1 <- coef(nl.model)[2]; a2 <- coef(nl.model)[3]

summary(nl.model)     #predict(nl.model)     #residuals(nl.model)
Formula: y ~ a0 * exp(-a1 * x) * (1 - a2 * x)

Parameters:
  Estimate Std. Error t value Pr(>|t|)
a0 19.09090   5.42510    3.52   0.0097 **
a1 -0.51707   0.05274   -9.80   2.4e-05 ***
a2  0.09773   0.00353   27.66   2.1e-08 ***
---
Signif. codes:  0 '***' 0.001 '**' 0.01 '*' 0.05 '.' 0.1 ' ' 1
Residual standard error: 21.2 on 7 degrees of freedom
Number of iterations to convergence: 14
Achieved convergence tolerance: 3.1e-06
```

```
# 비선형 회귀 모델
newx <- 5.5
px <- function(newx)
   a0*(1 - exp(-a1*newx))
newy <- px(newx)
newx; newy
[1] 5.5
  a0
151.7

# 그래프 생성
x.new <- seq(1.0, 10.0, length=100)
y.new <- px(x.new)
#
plot(x.new, y.new, type = "l",
ylim=c(-50, 300), col="blue", xlab =
"x", ylab = "y", main = "비선형 회귀 모
델\n(실전 문제 16-11)")
lines(x, y, type = "p", pch=16,
col="black")
legend("bottomright",legend=c("
데이터", "실선, p(x)=19.09*exp(0.517x)
(1-0.09773x)"), text.
col=c("black","blue"), pch=c(16, 0),
col=c("black","blue"))
points(newx, newy, pch=1, col="Red")
```

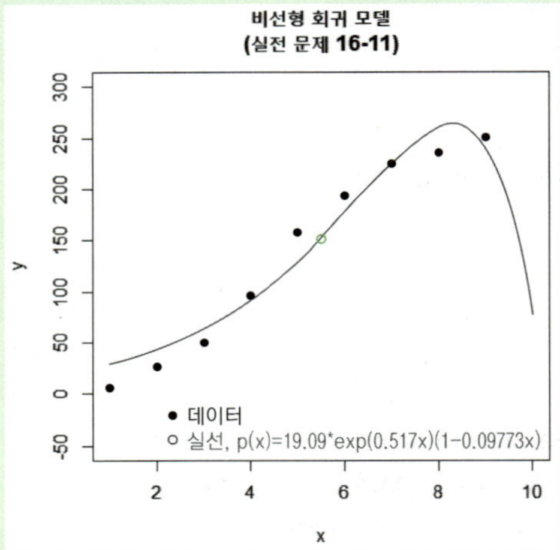

비선형 함수 $a_0 e^{a_1 x}(1-a_2 x)$에 최소제곱법을 적용했을 때, 3.1e-06의 수렴 허용오차에 도달할 때까지 14번의 반복과정을 거친 후에 $p(x)= 19.09e^{0.517x}(1-0.09773x)$의 비선형 회귀 모델 방정식이 결정되었다. 3개의 회귀변수 a_0, a_1, a_2 모두에 대하여 귀무가설이 기각되어 설정된 비선형 회귀 모델의 상당성이 인정된다. 21.2의 잔차 표준오차는 회귀 모델식이 데이터를 바람직하게 접합했다는 것을 의미한다. 그리고 x =5.5일 때 y값은 151.7로 추정되었다.

Q12.

```
# nls_pr16-12.R: 비선형 회귀 모델
# x, y: 독립변수, 종속변수
# px: 비선형 회귀 모델: Antoine 증기압식. y = exp(A - B/(x+C))

# 데이터
x <- c(0:9)
y <- c(1.33, 6.11, 26.3, 49.8, 95.8, 157.5, 193.4, 224.5, 235.4, 250.7)
y <- log(y)
vap.data <- data.frame(x, y)

# nls() 함수 실행
vap.model <- nls(y ~ A - B/(x + C), data=vap.data, start=list(A = 15, B = 12, C= 1))
coef(vap.model)
       A         B         C
 7.460730 20.424475  2.806556

summary(vap.model)          # predict(vap.model)
Formula: y ~ A - B/(x + C)

Parameters:
  Estimate  Std. Error  t value  Pr(>|t|)
A  7.4607     0.3388     22.018  1.01e-07 ***
B 20.4245     3.7317      5.473  0.000933 ***
C  2.8066     0.4212      6.663  0.000287 ***
---
Signif. codes:
0 '***' 0.001 '**' 0.01 '*' 0.05 '.' 0.1 ' ' 1

Residual standard error: 0.1789 on 7 degrees of freedom

Number of iterations to convergence: 7
Achieved convergence tolerance: 8.213e-06

residuals(vap.model)
 [1] 0.10186577 -0.28519772 0.05813469 -0.03522923
 [5] 0.10223943 0.21501933 0.12326629 0.03588296
 [9] -0.10943557 -0.20654597
attr(,"label")
[1] "Residuals"
```

```
# 비선형 회귀 모델
newx <- 3.5
px <- function(newx)
 coef(vap.model)[1] - coef(vap.model)[2]/(newx + coef(vap.model)[3])
newy <- px(newx)
newx; exp(newy)
[1] 3.5
    A
68.17784

# 그래프 생성
x.new <- seq(0, 9, length=100)
y.new <- px(x.new)
plot(x.new, exp(y.new), type = "l",
col="blue", xlab = "x", ylab = "y ", main =
"지수함수식 회귀 모델\n(실전 문제 16.12)")
lines(x, exp(y), type = "p", pch=10,
col="black")
legend("topleft",legend=c("데이터", "실
선, y = exp(7.466-20.43/(x+2.81))"), text.
col=c("black","blue"), pch=c(10,15),
col=c("black","blue"))
points(newx, exp(newy), pch=2,
col="Red")
```

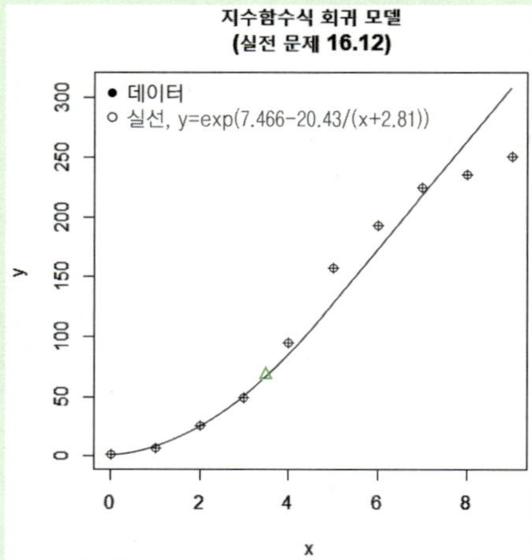

비선형 지수함수식 $y = e^{A - B/(x + C)}$에 최소제곱법을 적용했을 때, 8.213e-06의 수렴 허용오차에 도달할 때까지 7번의 반복과정을 거친 후에 $P[kPa] = e^{7.46 - 20.42/(x + 2.807)}$의 비선형 회귀 모델 방정식이 결정되었다. 3개의 회귀변수 A, B, C 모두에 대하여 귀무가설이 기각되어 설정된 비선형 회귀 모델의 상당성이 인정된다. 0.1789의 잔차 표준오차 값으로부터 회귀 모델식이 데이터를 바람직하게 접합했다고 판단할 수 있다. 그리고 T=20℃-193.15K에서 $P[kPa] = 24.94475$로 추정되었다.

ch.17 수치 미분과 수치 적분

Q1.

```
# diff_approx(pr17.1).R: 유한 차분법에 의한 수치 미분
# x: 수치 미분값을 구하려는 x 값
# h: x 간격
# df: 함수 f의 도함수

f <- function(x) sin(x)
x <- 1.5; h <- 0.3
fdf <- (f(x+h) - f(x))/h                # 1차 전향 차분 근사법
bdf <- (f(x) - f(x-h))/h                # 1차 후향 차분 근사법
cdf <- (f(x+h) - f(x-h))/(2*h)          # 1차 중심 차분 근사법
cdf2 <- (f(x+h) -2*f(x) + f(x-h))/h^2   # 2차 중심 차분 근사법
fdf; bdf; cdf; cdf2
[1] -0.07882452
[1] 0.2181863
[1] 0.06968091
[1] -0.9900362
df <- function(x) cos(x)
df(x)                                   # x 값에서 f 함수의 기울기, 미분값
err1 <- abs((df(x)-fdf)/df(x))*100      # 1차 전향 차분 근사법의 백분율 상대오차
err2 <- abs((df(x)-bdf)/df(x))*100      # 1차 후향 차분 근사법의 백분율 상대오차
err3 <- abs((df(x)-cdf)/df(x))*100      # 1차 중심 차분 근사법의 백분율 상대오차
err1; err2; err3
[1] 211.4329
[1] 208.4464
[1] 1.493264
```

Q2.

(a) 왼쪽 Riemann 합 기준

```
# intg_rect-pr17-2(a).R: 직사각형 적분법에 의한 수치 적분(왼쪽 Riemann 합)
# [a,b]: 수치 적분값을 구하려는 x 구간
# n: 소구간의 수
# h: x 간격
# f: 피적분 함수
# 사용법: rect.left(f, a, b, n=10)

rect.left <- function(f, a, b, n=10) {
 if (is.function(f) == FALSE) {
  stop('함수 f는 단일(매개)변수 함수여야 함')
 }
 h <- (b-a)/n; x <- seq(a, b, h)
area <- 0
for (i in 1:n) {                                    # 왼쪽 구간 기준
 area <- area + f(x[i])
}
area <- h*area
return(area)
}

f <- function(x) return( sin(x) )                   # 피적분 함수
rect.left(f, 0, pi/2)                               # 실행
[1] 0.9194032
```

(b) 오른쪽 Riemann 합 기준

```
# intg_rect-pr17-2(b).R: 직사각형 적분법에 의한 수치 적분(오른쪽 Riemann 합)
# [a,b]: 수치 적분값을 구하려는 x 구간
# n: 소구간의 수
# h: x 간격
# f: 피적분 함수
# 사용법: rect.right(f, a, b, n=10)

rect.right <- function(f, a, b, n=10) {
 if (is.function(f) == FALSE) {
  stop('함수 f는 단일(매개)변수 함수여야 함')
```

```
 }
 h <- (b-a)/n; x <- seq(a, b, h)
area <- 0
for (i in 2:n+1) {                          # 오른쪽 구간 기준
 area <- area + f(x[i])
}
area <- h*area
return(area)
}

f <- function(x) return( sin(x) )          # 피적분 함수
rect.right(f, 0, pi/2)                     # 실행
[1] 1.05191
```

(c) 중간점 Riemann 합 기준

```
# intg_rect-pr17-2(c).R: 직사각형 적분법에 의한 수치 적분(중간점 Riemann 합)
# [a,b]: 수치 적분값을 구하려는 x 구간
# n: 소구간의 수
# h: x 간격
# f: 피적분 함수
# 사용법: rect.center(f, a, b, n=10)

rect.center <- function(f, a, b, n=10) {
 if (is.function(f) == FALSE) {
  stop('함수 f는 단일(매개)변수 함수여야 함')
 }
 h <- (b-a)/n; x <- seq(a, b, h)
area <- 0
 for (i in 1:n) {                           # 중간점 법칙 기준
 area <- area + (f(x[i]) + f(x[i+1]))/2    # = f(x[i+0.5])
}
area <- h*area
return(area)
}

f <- function(x) return( sin(x) )          # 피적분 함수
rect.center(f, 0, pi/2)                    # 실행
[1] 0.997943
```

(d) 내장 integrate() 함수를 이용한 실제값

R 기본 라이브러리 패키지에 포함된 integrate 함수를 이용하면 실제 적분값을 구할 수 있다.

```
# integrate_pr17-2(d).R: R 기본 라이브러리 패키지에 포함된 integrate 함수를 이용한 적분
# [a,b]: 수치 적분값을 구하려는 x 구간
# f: 피적분 함수
# 사용법: integrate(f, a, b)

f <- function(x) return( sin(x) )        # 피적분 함수
integrate(f, 0, pi/2)                    # 실행
1.0 with absolute error < 1.1e-14        # 실제값 반환
```

중간점 Riemann을 합의 기준으로 선택했을 때 직사각형 적분으로 얻은 근삿값이 다른 기준을 선택해서 얻은 근삿값과 비교하여 실제값과 매우 일치하는 0.21%의 백분율 상대오차를 보여주며, 이는 수치 미분 연습(17장 1절)과 직사각형 수치 적분 연습(17장 2절)에서 얻은 결론과 일치한다. 직사각형 수치 적분법에 적용된 왼쪽 Riemann 합과 오른쪽 Riemann 합은 각각 8.06%와 5.19%의 백분율 상대오차를 나타내어 서로 비슷한 결과를 보여준다.

선택 방법	왼쪽 Riemann 합	오른쪽 Riemann 합	중간점 Riemann 합	실제값
결과	0.9194	1.0519	0.9979	1.0000
%상대오차	8.06%	5.19%	0.21%	

Q3.

```
# trapezoid_pr17.3.R: 사다리꼴 적분법에 의한 수치 적분
# [a, b]: 수치 적분값을 구하려는 x 구간
# n: 소구간의 수
# h: x 간격
# f: 피적분 함수
# 사용법: trapezoid(f, a, b, n=10)

trapezoid <- function(f, a, b, n=10) {
  if (is.function(f) == FALSE) {
   stop('함수 f는 단일(매개)변수 함수이어야 함')
  }
  h <- (b-a)/n; x <- seq(a, b, h)
  area <- f(x[1]) + f(x[n])
  for (i in 2:n-1) {
   area <- area + 2*f(x[i])
  }
  area <- 0.5*h*area
  return(area)
 }

f <- function(x) return( sin(x)^2 + x^2 )  # 피적분 함수
trapezoid(f, 0, pi, n=10)                   # 실행
[1] 9.136831
rapezoid(f, 0, pi, n=50)                    # 실행
[1] 11.30032
rapezoid(f, 0, pi, n=100)                   # 실행
[1] 11.59975
rapezoid(f, 0, pi, n=500)                   # 실행
[1] 11.84435
rapezoid(f, 0, pi, n=1000)                  # 실행
[1] 11.87525
```

다음은 사다리꼴 적분법에 대하여 10, 50, 100, 500, 1000의 n값으로부터 계산된 근삿값과 실제 적분값 사이의 백분율 상대오차를 비교한 결과이다. 소구간의 등간격 h값이 작아질수록 적분 근삿값이 실제값에 더욱 근접하는 것을 확인할 수 있다.

소구간의 수, n	근삿값					실제값
	10	50	100	500	1000	
	9.1368	11.3003	11.5998	11.8444	11.8753	11.906
%상대오차	23.28	5.11	2.60	0.54	0.28	

Q4.

```
# simpson13_pr17.4.R: simpson 1/3 근사 다항식에 의한 수치 적분
# [a, b]: 수치 적분값을 구하려는 x 구간
# n: 소구간의 수
# h: x 간격
# f: 피적분 함수
# 사용법: simpson13(f, a, b, n=10)

simpson13 <- function(f, a, b, n=10) {
  if (is.function(f) == FALSE) {
   stop('함수 f는 단일(매개)변수 함수여야 함')
  }
  h <- (b-a)/n; x <- seq(a, b, h)
  area <- f(x[1]) + f(x[n])
  for (i in 2:n-1) {
   area <- area + 4*f(x[i])
  }
  for (i in 3:n-2) {
   area <- area + 2*f(x[i])
  }
  area <- (h/3)*area
  return(area)
 }

f <- function(x) return( sin(x)^2 )      # 피적분 함수
simpson13(f, 0, 1, n=10)                 # 실행
[1] 0.339487
```

Q5.

```
# simpson38_pr17.5.R: simpson 3/8 근사식에 의한 수치 적분
# [a, b]: 수치 적분값을 구하려는 x 구간
# n: 소구간의 수
# h: x 간격
# f: 피적분 함수
# 사용법: simpson38(f, a, b, n=10)

simpson38 <- function(f, a, b, n=10) {
  if (is.function(f) == FALSE) {
   stop('함수 f는 단일(매개)변수 함수여야 함')
  }
  h <- (b-a)/n; x <- seq(a, b, h)
  area <- f(x[1]) + f(x[n])
  for (i in 2:n-1) {
   area <- area + 3*f(x[i])
  }
  for (i in 3:n-2) {
   area <- area + 2*f(x[i])
  }
  area <- (h/3)*area
  return(area)
 }

f <- function(x) return( sin(x)^2 )   # 피적분 함수
simpson38(f, 0, 1)                    # 실행
[1] 0.2805969
```

ch.18 상미분 방정식

Q1.

```
# Euler_pr18-1.R: (Euler 법을 이용한 미분 방정식의 해)
# start: 구간의 왼쪽 경계
# end:  구간의 오른쪽 경계
# h: 간격의 크기
# y0: x0에서 y 값
# 사용법: euler(dy.dx, h, y0, start, end)

# 상미분 방정식 정의
dy.dx <- function(x,y) { exp(x) + y }

euler <- function(dy.dx=function(x,y){}, h, y0, start, end) {
 nsteps <- (end-start)/h
 ys <- numeric(nsteps+1)
 ys[1] <- y0

 for (i in 1:nsteps) {
  x <- start + (i-1)*h
  ys[i+1] <- ys[i] + h*dy.dx(x, ys[i])
 }
 return(ys)
}

# 함수 실행
x01 <- seq(0, 1, 0.1)        # 간격 h=0.1
euler_h01 <- euler(dy.dx, h=0.1, y0=1, start=0, end=1.0)
euler_h01
 [1] 1.000000 1.200000 1.430517 1.695709 2.000266 2.349475 2.749295
 [8] 3.206436 3.728455 4.323854 5.002200

x02 <- seq(0, 1, 0.2)        # 간격 h=0.2
euler_h02 <- euler(dy.dx, h=0.2, y0=1, start=0, end=1.0)
euler_h02
[1] 1.000000 1.400000 1.924281 2.607502 3.493426 4.637219
```

```
# 그래프 생성
x.new <- seq(0.0, 1.0, length=100)
y.new <- exp(x.new)*(1 + x.new)
plot(x.new, y.new, type = "l",
ylim=c(0.8, 6.0), col="blue", xlab = "x",
ylab = "y", main = "Euler 법을 이용한 상미
분 방정식\n(실전 문제 18.1)")
lines(x01, euler_h01, type = "b",
pch=16, col="red")
lines(x02, euler_h02, type = "b",
pch=0, col="black")
legend("topleft",legend=c("근
사해 (h=0.1)", "근사해 (h=0.2)", "실
제해 (y = exp(x)*(1 + x))"), text.
col=c("red","black", "blue"),
pch=c(16,0), col=c("red","black",
"blue"))
```

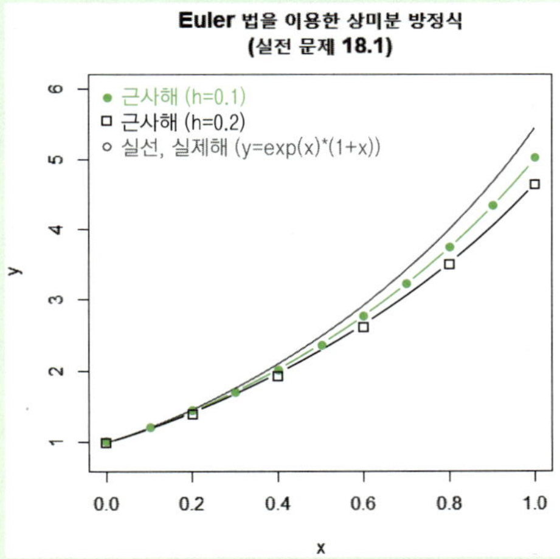

Q2.

```
# Euler.Modified_pr18-2.R (중심점 법, 수정된 Euler 법을 이용한 미분 방정식의 해)
# start: 구간의 왼쪽 경계
# end: 구간의 오른쪽 경계
# h: 간격의 크기
# y0: x0에서 y 값
# 사용법: euler_mod(dy.dx, h, y0, start, end)

# 상미분 방정식 정의
dy.dx <- function(x,y) { exp(x) + y }

euler_mod <- function(dy.dx=function(x,y){}, h, y0, start, end) {
 nsteps <- (end-start)/h
 ys <- numeric(nsteps+1)
 ys[1] <- y0
 for (i in 1:nsteps) {
  x <- start + (i-1)*h
  ys[i+1] <- ys[i] + h*dy.dx(x,ys[i])
  x1 <- start + (i)*h
#   ydd <- dy.dx(x, ys[i+1])
```

```
  ys[i+1] <- ys[i] + (h/2)*(dy.dx(x,ys[i])+dy.dx(x1,ys[i+1]))
 }
 return(ys)
}

# 함수 실행
xpt <- seq(0, 1, 0.2)
euler_mod <- euler_mod(dy.dx, h=0.2, y0=1, start=0, end=1.0)
euler_mod
[1] 1.000000 1.462140 2.079562 2.898296 3.977130 5.390992

# 그래프 생성
x.new <- seq(0.0, 1.0, length=100)
y.new <- exp(x.new)*(1 + x.new)
plot(x.new, y.new, type = "l",
ylim=c(0.8, 6.0), col="blue", xlab = "x",
ylab = "y", main = "중간점 법을 이용한 상미분
방정식\n(실전 문제 18.2)")
lines(xpt, euler_mod, type = "b",
pch=18, col="black")
legend("topleft",legend=c("근사
해 (중간점 법)", "해석해 (y = exp(x)*(1 +
x))"), text.col=c("black", "blue"),
pch=c(18,0), col=c("black", "blue"))
```

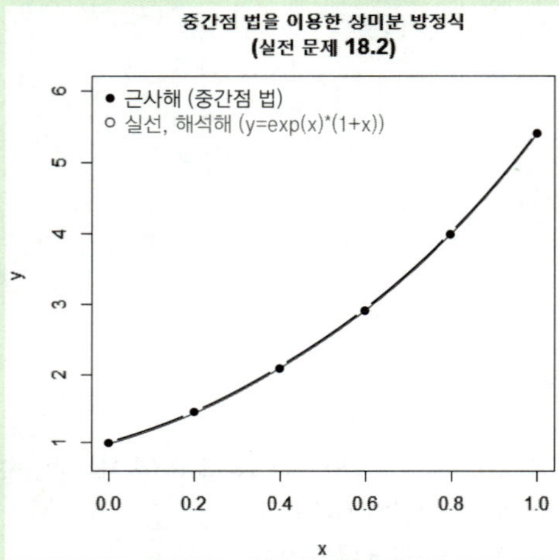

Q3.

```
# cmna_Euler+midpt_pr18-3.R (cmna 패키지의 Euler 법과 중간점 법을 이용한 미분 방정식의
초깃값 문제)
# f: 함수
# x0: x의 초깃값
# y0: y의 초기 벡터
# h: 간격의 크기
# n: 반복횟수
# 사용법: euler(f, x0=0, y0=1, h=1/10, n=100)
# 사용법: midptivp(f, x0=0, y0=1, h=1/10, n=100)

install.packages("cmna")
library(cmna)
```

```
f <- function(x, y) { 1 - 3*x + y }                # 함수 정의
eul <- euler(f, x0=0, y0=1, h=0.2, n=5)            # Euler 법
eul
  x     y
1 0.0 1.00000
2 0.2 1.40000
3 0.4 1.76000
4 0.6 2.07200
5 0.8 2.32640
6 1.0 2.51168
midpoint <- midptivp(f, x0=0, y0=1, h=0.2, n=5)   # 중간점 법 (수정된 Euler 법)
midpoint
  x      y
1 0.0 1.000000
2 0.2 1.380000
3 0.4 1.711600
4 0.6 1.984152
5 0.8 2.184665
6 1.0 2.297292

# 그래프 생성
x.new <- seq(0.0, 1.0, length=100)
y.new <- -exp(x.new) + 3*x.new + 2
plot(x.new, y.new, type = "l", ylim=c(0.9,2.5), col="blue", xlab = "x", ylab = "상
미분 방정식(y' = exp(x) + y)", main = "cmna
패키지를 이용한 상미분 방정식의 근사해와 해석
해\n(실전 문제 18.3)")
lines(eul, type = "b", pch=18,
col="black")
lines(midpoint, type = "b", pch=0,
col="red")
legend("topleft", legend=c("
근사해(Euler 법)", "근사해(중간
점 법)", "y = exp(x)(1+x)"), text.
col=c("black","red", "blue"),
pch=c(18,0), col=c("black","red",
"blue"))
```

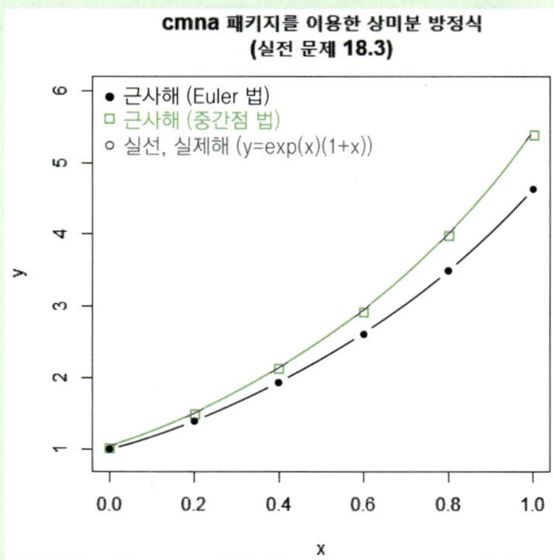

Q4.

```
# RK24_pr18-4.R (2차와 4차 Runge-Kutta 법을 이용한 상미분 방정식)
# start: 구간 시작점
# end:  구간 종발점
# h: 간격
# y0: x0에서 y 값
# 사용법: RK2 (dy.dx, start, end, h, y0)
# 사용법: RK4 (dy.dx, start, end, h, y0)
# 미분 방정식 정의
dy.dx <- function(x,y) { exp(x) + y }

# 2차 Runge-Kutta 법
RK2 <- function(dy.dx=function(x,y){}, h, y0, start, end) {
 nsteps <- (end-start)/h
 ys2 <- numeric(nsteps+1)
 ys2[1] <- y0
 for (i in 1:nsteps) {
  x <- start + (i-1)*h
  k1 <- dy.dx(x, ys2[i])
  k2 <- dy.dx(x+h, ys2[i]+k1*h)
  ys2[i+1] <- ys2[i] + h*(k1 + k2)/2
 }
 ys2
}

RK2 <- RK2(dy.dx, start=0, end=1.0, h=0.2, y0=1)
RK2

# 4차 Runge-Kutta 법
RK4 <- function(dy.dx=function(x,y){}, h, y0, start, end) {
 nsteps <- (end-start)/h
 ys4 <- numeric(nsteps+1)
 ys4[1] <- y0
 for (i in 1:nsteps) {
  x <- start + (i-1)*h
  k1 <- dy.dx(x, ys4[i])
  k2 <- dy.dx(x+h/2, ys4[i]+k1*h/2)
  k3 <- dy.dx(x+h/2, ys4[i]+k2*h/2)
  k4 <- dy.dx(x+h,  ys4[i]+k3*h)
```

```
  ys4[i+1] <- ys4[i] + h*(k1 + 2*k2 + 2*k3 + k4)/6
 }
 ys4
}

RK4 <- RK4(dy.dx, start=0, end=1.0, h=0.2, y0=1)
RK4

# 그래프 생성
x <- seq(0, 1, 0.2)
x.new <- seq(0.0, 1.0, length=100)
y.new <- exp(x.new)*(1 + x.new)
plot(x.new, y.new, type = "l", ylim=c(0.9,6.0), col="blue", xlab = "x", ylab = "y",
main = "Runge-Kutta 법을 이용한 상미분 방정식\n(실전 문제 18.4)")
lines(x, RK2, type = "b", pch=18, col="black")
lines(x, RK4, type = "b", pch=0, col="red")
legend("topleft",legend=c("근사해(2차 RK법)", "근사해(4차 RK법)", "실제해 (y = exp(x)
(1+x))"), text.col=c("black","red", "blue"), pch=c(18,0,4), col=c("black","red",
"blue"))
```

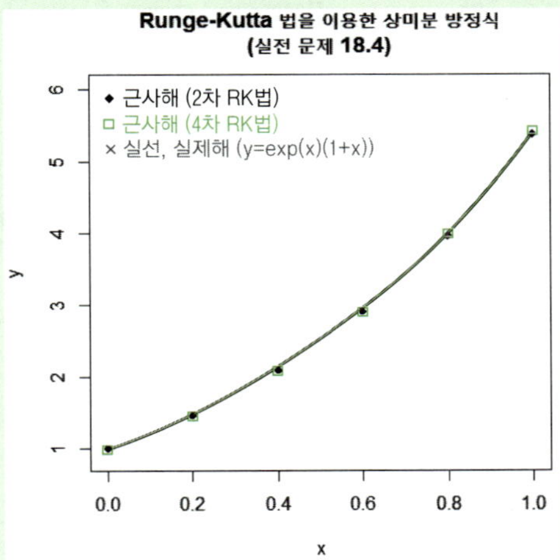

Q5.

```
# cmna_RK4_pr18-5.R (cmna 패키지의 4차 Runge-Kutta 법을 이용한 미분 방정식의 초깃값 문제)
# f: 함수
# x0: x의 초깃값
# y0: y의 초기 벡터
# h: 간격의 크기
# n: 반복횟수
# 사용법: rungekutta4(f, x0, y0, h, n)

install.packages("cmna")                    # cmna 패키지 설치
library(cmna)                               # cmna 패키지 로딩
f <- function(x, y) { exp(x) + y }          # 함수 정의
ivp.rk4 <- rungekutta4(f, x0=0, y0=1, h=0.2, n=5)
ivp.rk4
1 0.0 1.000000
2 0.2 1.465675
3 0.4 2.088534
4 0.6 2.915352
5 0.8 4.005909
6 1.0 5.436462

# 그래프 생성
x.new <- seq(0.0, 1.0, length=100)
y.new <- exp(x.new)*(1 + x.new)
plot(x.new, y.new, type = "l",
ylim=c(0.9,6.0), col="blue", xlab =
"x", ylab = "y", main = "cmna 패키지의
rungekutte4() 함수를 이용한 상미분 방정
식\n(실전 문제 18.5)")
lines(ivp.rk4, type = "b", pch=0,
col="red")
legend("topleft",legend=c("근사
해, (4차 Rungekutta 법)", "실선, 실
제해 (y = exp(x)(1 + x))"), text.
col=c("red","blue"), pch=c(16,0),
col=c("red","blue"))
```

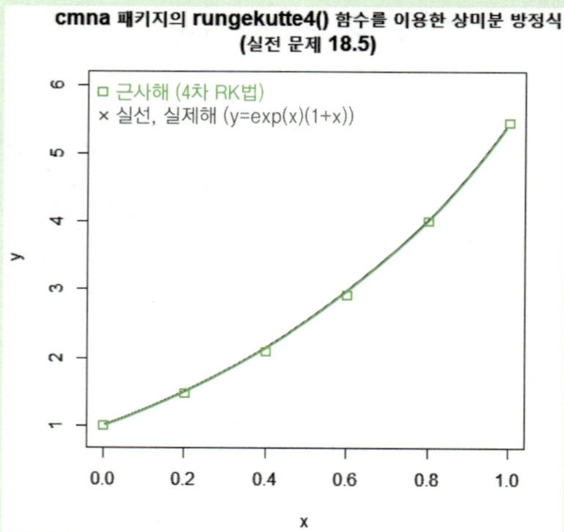

찾아보기

A

B

C

D

E

J

L

M

N

O

P

Q

R

S

T

U

V

W

X

Y

Z

ㄱ

ㄴ

ㄷ

ㄹ

ㅁ

ㅂ

ㅅ

ㅇ

ㅈ

ㅊ

ㅋ

ㅌ

ㅍ

ㅎ